网络空间安全
技术丛书

数据大泄漏

隐私保护危机与数据安全机遇

［美］雪莉·大卫杜夫 著　　马多贺 陈凯 周川 译
Sherri Davidoff

DATA
BREACHES

CRISIS AND OPPORTUNITY

机械工业出版社
CHINA MACHINE PRESS

图书在版编目（CIP）数据

数据大泄漏：隐私保护危机与数据安全机遇 /（美）雪莉·大卫杜夫（Sherri Davidoff）著；
马多贺，陈凯，周川译 . -- 北京：机械工业出版社，2021.5（2023.3 重印）
（网络空间安全技术丛书）
书名原文：Data Breaches: Crisis and Opportunity
ISBN 978-7-111-68227-1

I. ① 数…　II. ① 雪…　② 马…　③ 陈…　④ 周…　III. ① 数据处理 - 安全技术　IV. ① TP274

中国版本图书馆 CIP 数据核字（2021）第 088290 号

北京市版权局著作权合同登记　图字：01-2020-4205 号。

数据大泄漏：隐私保护危机与数据安全机遇

出版发行：机械工业出版社（北京市西城区百万庄大街 22 号　邮政编码：100037）
责任编辑：姚　蕾　张梦玲　　　　　　　　　责任校对：殷　虹
印　　刷：固安县铭成印刷有限公司　　　　　版　　次：2023 年 3 月第 1 版第 3 次印刷
开　　本：186mm×240mm　1/16　　　　　　印　　张：26.25
书　　号：ISBN 978-7-111-68227-1　　　　　定　　价：139.00 元

客服电话：（010）88361066　68326294

译 者 序

数据"泄漏"而不"露",揭示的是数据虽失窃但未必会被发现和曝光的现象,这也是数据泄漏危机的根源。正是因为数据泄漏极具隐蔽性,所以很多人既没有意识到泄漏正在蔓延的危机,也没有抓住增强数据安全的机遇。

危机源于未知和无知!

数据泄漏似乎太司空见惯,以至于人们对其熟视无睹。犹如每天都能见到的夜空——星座所在的方位、彗星出现的周期——人们似乎都了如指掌,偶有异常事件出现也视为流星,算作意料中的意外,见怪不怪。

危机从何而来? 在写下这篇序之前,译者将两部影片看了几十遍,一部是《宇宙与人》,另外一部是《切尔诺贝利》,前者让人认识到地球之外的未知,后者让人警惕人类自己的无知。

科教片《宇宙与人》讲述的是宇宙起源、发展,以及地球生命如何能在险恶多变的宇宙大爆炸进程中被孕育出来,这是不可复制的时空奇迹。认识宇宙与人类文明的关系之后,人类至少要学会谦卑和珍惜:一方面,在广袤深邃的宇宙面前,人类不过是一粒尘埃,微小到可以忽略不计,最不可狂妄自大;另一方面,人类能在时间和空间都不可复制的宇宙中找到地球这样一席生存之地,实属幸运至极。一位南极科考队队员曾经这样说:"人类对南极的了解还不如对月球的了解多,因为南极常年被厚厚的积雪覆盖,观测困难。"在广袤的宇宙中,除了目光和天文望远镜所及的点点星星,更多的是人类智慧所不及的未知。

网络空间是由数据累积起来的一个虚拟宇宙。我们对这个虚拟宇宙的了解也极为有限,日常所使用的互联网仅仅是网络空间的冰山一角,未知太多,例如,对于深藏在网络空间至暗之处的暗网,传统搜索引擎无法访问到。黑洞的可怕不在于看不见,而是它在移动:即使你不招惹它,它也会招惹你。暗网是网络空间中的黑洞,是人性丑恶面在网络空间中的畸形映射,也是泄漏数据的曝光和交易市场;而被贩卖、被交易的隐私数据会被用于敲诈、勒索,反过来影响社会空间的每个人。现实中,宇宙中看得见的星系加上看不见的黑洞等常规物质只占宇宙能量的很小一部分,95%以上的宇宙被暗物质和暗能量占据,令人恐惧的是，我们对暗物质一无所知。同样，流落到暗网的数据只是数据泄漏的极小部分，长期潜伏在网络空间中的大量泄漏数据就是暗物质。本书开篇就将数据泄漏比喻为暗物质，态度鲜明地指出人们对数据泄漏的认识还存在巨大的盲区。

未知生愚，无知生祸。影片《切尔诺贝利》以近似纪实的方式回忆了那场因为无知导致的令人谈"核"色变的核泄漏事件。阿纳托利·迪亚特洛夫是该核电站的副总工程师，也是事故的第一负责人。他在实验失误的情况下，仍然带着无知的假设继续鲁莽地操作，没有立即停止实验。他固执地认为"从理论上可以保证核堆芯是不可能爆炸的"。利欲熏心、逃避责任的谎言延误了宝贵的时间，最终酿成了那场世纪大灾难。

网络空间的数据泄漏不亚于物理世界的核泄漏，一旦发生即不可逆转，影响惨痛而深远。遗憾的是，如果认为掌握了加密等安全技术就能确保数据安全，就能高枕无忧，那么注定要有人为这些无知买单了。数字化的个人隐私信息是网络空间和物理空间相互映射的桥梁和纽带。大数据、人工智能的爆发式发展带来的繁荣，麻痹了人们对保护自身隐私重要性的认识。那些肆意挥霍人脸、指纹等生物数据和透支隐私的行为，是杀鸡取卵式的鲁莽。目前人们还没有能力构建或找到一个绝对安全的数据安全体系，网络空间也没有AZ-5（切尔诺贝利核电站那个决定命运的"一键终止核聚变"按钮），在无法应对网络空间复杂性的情况下，人们对隐私数据安全的轻视、漠视就是一种无知。

机遇来自哪里？

没有先知能随时提醒世人灾难何时何地会发生。在科学无法准确预知下一个灾难的时候，我们需要考虑挽救危机的机遇在哪里。切尔诺贝利核泄漏事件中的另一位关键人物是名为瓦列里·列加索夫的科学家，他以过硬的专业能力定位到导致事故发生的核反应堆的致命缺陷。最难能可贵的是，他冒着生命危险将事故的真相公布于众，让人们关注到其他核电站类似的缺陷，最终扭转了历史，最大限度地阻止了灾难的进一步恶化。

在接受邀请翻译此书之前，译者曾忐忑不安很久：一是对书中大量翔实的经典数据泄漏案例感到震惊；二是作为信息安全科研人员，应该如何解释数据泄漏危机与数据安全机遇之间对立统一的矛盾关系。好在成稿前得到几位安全前辈的点评与指导，化解了我们的顾虑。希望本书能为推动数据安全和隐私保护研究领域的发展贡献些许力量。真诚感谢机械工业出版社编辑的大力帮助，以及中国科学院信息工程研究所信息安全国家重点实验室五室领导、同事和研究生的大力支持。感谢炜衡律师事务所赵伟伟律师为本书大量法律知识提供的校对和咨询，作为民商法和金融法专家，赵律师对国内外法律异同有着独到的见解。由于时间仓促和水平有限，书中错漏难免，恳请指正！

译者

2021 年 1 月 1 日于北京西山脚下

前　　言

这是一场噩梦：有一天，IT团队发现你们被黑客入侵了。到底数据已经被泄漏出去多久了呢？几天？几周？实际上可能已经泄漏好几年了。你们所有的敏感数据（包括人事信息数据库、大量的电子邮件、财务详细信息）都被偷盗了，而这只是开始。接下来会发生什么？你们会怎么做？要在发现数据泄漏的头几个小时内做出决定绝非易事，但这却会影响你们的组织好多年。

数据已经成为现代社会的"命脉"，同时它也担负着巨大的责任。不管是大公司还是小公司，政府部门还是非营利组织，通常都会收集并产生越来越多的敏感信息，这些信息通常只是日常运营的副产品。一段时间以来，除了存储和处理数据的开销外，收集大量的数据看起来并没有什么坏处——数据越多越好，为什么要费尽心思处理掉它呢？

随着时间的推移，收集数据的真实成本就会显现出来。信用卡被盗会使商家感到尴尬，使顾客感到沮丧。被入侵的医院泄漏了医疗记录，会使病人感到恐惧。大量的电子数据泄漏会曝光政府机密。首席执行官会因为有关安全措施的问题引咎辞职、名誉受损，并面临持续数年的诉讼。

整个行业都在应对数据泄漏的挑战，因此出现了身份盗窃保护公司、数字取证公司、数据泄漏律师、信用监控服务，等等。新的规范也如雨后春笋般涌现，进而对工作职责和泄漏事件的报告提出了新的要求。全世界的IT员工都在通宵打补丁并担心系统漏洞。在各种可以想象的组织中，数据泄漏已在董事会、首席执行官、审计师、立法者、选民和消费者的头脑之中打上了深深的烙印并被提上了议程。

为什么有些组织可以毫发无损地从数据泄漏事件中脱身，而另一些却受到了严重破坏甚至倒闭呢？所有人如何在数据泄漏之前和之后都做出明智的选择呢？

这本书的目的是提供点亮数据泄漏世界的一盏明灯，并且给如何管理和响应数据泄漏打下切实可行的基础。"数据泄漏"不仅仅是一个新的研究领域，甚至这个词在2005年之前根本就不存在。就像科学家看着火山从海洋中升起一样，我们面临的挑战是，既要理解所看到的新环境，又要管理新环境给社会带来的潜在的破坏性后果。

幸运的是，降低数据泄漏风险的有效方法还是存在的。回顾具有代表性的案例，我们可以清楚地找出那些减少数据泄漏行为造成的损害的策略。从书中也能看到一些会致使数据泄漏失控的常见错误。我们的案例研究包括已发布的数据泄漏事件，例如影响易速传真（Equifax）、塔吉特（Target）、谷歌（Google）、雅虎（Yahoo）等公司的数据泄漏事件，以及花费了多年时间来处理数据泄漏事件的隐私保护专家的故事和见解。顺便我们会提出一个数据泄漏响应的新框架，并且用著名的数据泄漏实例来说明关键的转折点和经验教训。

本书的目标读者

本书对参与数据泄漏响应的以下人员非常有价值：

- 高管和担心数据泄漏的 IT 人员。
- 遭受数据泄漏的组织的员工。
- 涉及数据泄漏准备、响应的数字取证研究人员和事件响应团队成员。
- 信息安全专业人员。
- 负责网络安全事件预防和响应的 IT 顾问。
- 学习数据泄漏管理课程的学生。
- 任何担心被入侵或受到数据泄漏影响的人。

本书的组织方式

本书为数据泄漏管理和响应提供了坚实而实用的知识基础。以下是各章的摘要：

第 1 章 实际报告的数据泄漏事件的数量仅占实际发生的数据泄漏事件数量的一小部分，受管辖权、行业和其他因素的影响，即使是数据泄漏的定义也悬而未决。在该章中，我们将建立数据泄漏的通用术语，并探讨检测和衡量问题所涉及的挑战。

第 2 章 数据是有害材料。存储、处理或传输数据会给组织带来风险。为了有效地管理风险，安全专业人员必须了解导致数据泄漏风险的特定因素。在这里，我们将介绍五个数据泄漏风险因素，并讨论现代数据经济的崛起如何导致数据泄漏风险急剧上升。最后，我们将提供通过最小化和控制数据来降低风险的高级技巧。

第 3 章 数据泄漏是危机，应进行相应的处理。当数据泄漏使人头疼时，传统的 NIST 事件响应模型的价值就很有限了。因此，我们引入了危机管理模型，并展示了如何将其应用于数据泄漏响应中。我们将以易速传真公司的数据泄漏事件为例，说明危机沟通的重要性，并讨论在数据泄漏情况下最小化声誉损失的策略。最后，我们将以优步公司的泄漏事件为例，研究与通知相关的问题，最后给出一份便利的危机沟通技巧清单。

第 4 章　"数据泄漏"一词诞生于 2005 年,当时臭名昭著的 ChoicePoint 公司泄漏事件成为大众关注的焦点。在该章中,以 ChoicePoint 公司泄漏事件为例,我们介绍了一个数据泄漏响应模型,称为 DRAMA。这为数据泄漏响应提供了一个灵活、易于记忆的框架。

第 5 章　为了有效地防止和应对数据泄漏,安全专业人员需要了解犯罪分子寻求的数据类型以及原因。欺诈和转售(通过暗网)助长了早期的数据泄漏,并催生了现在仍然影响着我们的法规的建立。在该章中,我们将探讨暗网的内部工作原理,包括公钥加密、洋葱路由和加密货币等。我们将介绍在暗网上进行买卖的热门数据,包括个人身份信息、支付卡卡号、医疗记录、密码等。

第 6 章　支付卡泄漏事件可能非常复杂,并可能导致长达数年的诉讼。它的影响通常是广泛的,涉及商家、消费者、银行、支付处理商、信用卡品牌等。在该章中,我们将以TJX 泄漏事件为例探索支付卡泄漏的责任和影响,并讨论支付卡行业(PCI)标准的影响。

第 7 章　美国塔吉特(Target)公司泄漏事件是历史上著名的数据泄漏事件之一,这很大程度上是因为它是数据泄漏响应最佳实践的典范。当时,支付卡泄漏事件很普遍,零售商处于困境之中。犯罪分子已经开发出精密的工具来攻击网络和目标零售商,以便从销售点系统中窃取支付卡数据。在该章中,我们将从技术层面和危机沟通方面研究从塔吉特公司泄漏事件中吸取的教训。最后,我们将探讨其影响,包括随后推出的加密芯片(EMV)卡。

第 8 章　科技是全社会各个方面的基础,它通过庞大、复杂的网络将供应商与其客户联系在一起。供应商的安全风险可能会扩散到客户身上,有时会导致广泛的数据泄漏。在该章中,我们将讨论由于服务提供商访问客户的 IT 资源和数据而导致的风险转移。然后,我们将分析整个技术供应链(包括软件和硬件供应商)中引入的风险,并提供使数据泄漏风险最小化的技巧。

第 9 章　健康信息是高度敏感的,也受到了罪犯的重视,犯罪分子可以使用它们进行身份盗窃、保险欺诈、药品欺诈、勒索和许多其他犯罪。因此,医疗保健提供者和业务伙伴必须遵守最严格的数据泄漏法规,包括健康保险可携性与责任法案(HIPAA)。在该章中,我们将深入研究美国 HIPAA 法规的相关部分,这些法规定义了针对某些与健康信息相关的泄漏行为的预防和响应要求。然后,我们将分析仅限于医疗保健环境的挑战,并讨论数据如何"逃脱"HIPAA/HITECH 法规或"绕过"它们。最后,我们将列举数据泄漏的负面影响,并说明从处理医疗事故中吸取的经验教训也可以帮助我们解决数据泄漏问题。

第 10 章 数据曝光已成为各种组织的主要风险。出于各种目的,比如黑客行为、举报等,失窃数据被有意地公开了。在该章中,我们将讨论与曝光有关的关键策略和技术。特别是,我们将展示维基解密(WikiLeaks)是如何引入一种用于托管和分发大量泄漏数据的新模型的,该模型引发了"大解密"。我们还将概述关键的响应策略,包括验证、调查、数据删除和公共关系。

第 11 章 网络勒索十分普遍。世界各地的犯罪分子都会威胁破坏信息的完整性或可用性,以获取金钱或其他想要的结果。在该章中,我们将讨论网络勒索的四种类型(拒绝服务、修改、曝光和伪装),并提供应对技巧。

第 12 章 网络空间保险已经成为一个重要的新市场,但是它给保险公司和消费者都带来了挑战。尤其是泄漏响应保险已经从根本上改变了行业最佳实践,赋予了保险人重要的(通常是非常有益的)角色。该章的目的是给出对不同类型的网络空间保险覆盖范围的清晰描述,为选择网络空间保险提供指导,并讨论使组织保单价值最大化的策略。

第 13 章 云是数据泄漏的新兴场景。各个组织机构正在将敏感数据快速迁移到云中,而可见性和调查资源则没有得到重视。在该章中,我们将概述造成云泄漏的常见原因,包括安全漏洞、权限错误、缺乏控制和认证问题。我们以商务电子邮件泄漏事件为例,研究了诸如缺乏可见性之类的关键响应问题。好消息是,如果云提供商提高可见性和对数字证据的访问权限,基于云的监视和泄漏响应就有可能变得高度可扩展和高效。

致　　谢

　　写这本书是一段旅程，最初，它看起来很简单：我所要做的就是把戒指扔给魔多，即写一本关于数据泄漏的书。在我开始写作之后，雅虎就被攻破了，易速传真公司也被攻破了，网络勒索成为一种流行病，商务电子邮件泄漏案件像野火一样蔓延。于是我把计划丢到窗外，一次又一次地重新开始。这就像在漂流时试图标记一条快速移动的河流一样。

　　我非常感谢出现在这段旅程中的许多人。首先是我的两个孩子，在我写这本书期间，他们成长得非常快！感谢他们的爱和陪伴。

　　感谢我身边的三位杰出的女性：Kaloni Taylor、Karen Sprenger 和 Annabelle Winne。感谢她们的智慧和所做的一切。

　　感谢培生出版集团的优秀团队，特别是 Chris Guzikowski 编辑，他带我踏上了这次冒险之旅，并用耐心和智慧一路支持着我。责任编辑 Chris Cleveland 花了很多时间大幅删改我的手稿，确保方向正确。尽管我很舍不得删改亲手写下的文字，但得益于他的指导，这本书的成品要好得多。感谢 Haze Humbert 在我写作的最后阶段看了作品，也感谢她为了治愈我的流感而制作的好喝的 “hot toddy”。还要对顾问 Louisa Jordan 的工作深表感谢，她精心整理了整本书中的数百条阅读资料。

　　本书的生产团队使这本书得以出版，感谢出色的工作人员将我的文字展现在你面前。特别要感谢制作人 Julie Nahil、项目经理 Ramya Gangadharan 和她的团队，以及排版人员 Lisa Wehrle。

　　感谢所有参与审稿的人。我的朋友和导师 Michael Ford 在此过程的每个阶段都提供了很多建议和反馈，从早期的头脑风暴会议到技术评审，他阅读了本书的每一页并提供了深刻的评论。Mike Wright 和 Randy Marchany 也对本书进行了审阅，并提供了非常有用的反馈。还要感谢 Jeremy N. Smith 在编写过程中提供的指导和鼓励，并且令人震惊的是，他亲自在纸稿上修改了全书（然后告诉我哪些要重写，我照做了）。

　　在调研本书内容时，我接触了数十位同事，他们的知识和专长使本书变得更加丰富。非常感谢 Brett Anderson、Jay Combs、Heidi DeArment、Sherri Douville、Randy Gainer、

Katherine Keefe、Jason Kolberg、Scott Koller、Rob Lee、Dale Leschnitzer、Larry Pierce、Lynne Pizzini、Frank Quinn、Howard Reissner、David G. Ries、Donald Rome、Dave Sande、Shane Vannatta、Neil Wyler。

当我在电话会议中遇到律师 Chris Cwalina 并发现他曾是 ChoicePoint 公司事件的法律总顾问时，我简直不敢相信自己有这样的好运。他的观点非常宝贵，我非常荣幸有机会与读者分享这些观点。同样，我很幸运地见到了泄漏响应保险的发明者 Mike Donovan。Mike 分享了他在开发泄漏响应保险方面的经验，并提供了有关风险演变的见解。

LMG 安全公司的取证团队在帮助我及时了解最新威胁和泄漏响应问题方面发挥了重要作用。特别感谢 Matt Durrin 和 Ali Sawyer 抽出宝贵的时间分享他们的案例和观点。我还要感谢 LMG 安全公司的整个团队在此过程中以很多方式为我提供了支持，包括 Patrick Burns、Andy Carter、Nate Christoffels、Dan Featherman、Madison Iler、Ben Kast、Ross Miewald、Delaney Moore、Shalena Weagraff 和 Ashley Zhinin。最后，感谢 Bright Wise 和 AMC 的同事，特别是 Michelle Barker、Robin Caddell、Emily Caropreso、Pat Jury、Deb Madison-Levi、Wes Mallgren、Matt Oakley、Mike Powers、Corey Skadburg 和 Murray Williams。

一路上，我的朋友和家人让我非常振奋，感谢他们的爱与支持。特别感谢 E. Martin Davidoff、Laura Davidoff、Sheila Davidoff、Debra Shoenfeld、Eileen Shoenfeld、Norm Shoenfeld、Brian Shoenfeld、Beth Davidoff、Blake Brasher、Kaylie Johnson、Nadia Madden、Shannon O'Brien、Deviant Ollam、Ben Saunders、Sahra Susman 和 Jason Wiener。最后不能不提的是，我要感谢我出色的男友 Tom Pohl，他坚定不移的鼓励帮助我走完了这段旅程。

作 者 简 介

　　雪莉·大卫杜夫（Sherri Davidoff）是 LMG 安全公司和 BrightWise 公司的首席执行官。作为数字取证和网络安全领域公认的专家，雪莉被《纽约时报》称为"安全魔头"。

　　雪莉曾经为许多知名组织（包括 FDIC/FFIEC、美国律师协会、美国国防部等）进行过网络安全培训。她是太平洋海岸银行学院的教职人员，以及黑帽大会（Black Hat）的讲师，教授"数据泄漏"课程。她还是 *Network Forensics: Tracking Hackers Through Cyberspace*（Prentice Hall，2012）的合著者，这本书是在私企中流传很广的安全书籍，也是许多大学的网络安全课程的教科书。

　　雪莉是 GIAC 认证的取证鉴定专家（GCFA）和渗透测试工程师（GPEN），并拥有麻省理工学院的计算机科学和电气工程学位。她还是 *Breaking and Entering: The Extraordinary Story of a Hacker Called "Alien"* 中的主人公原型。

目　　录

第 1 章

暗 物 质

实际报告出来的数据泄漏事件数量仅占实际发生的数据泄漏事件数量的一小部分，受管辖权、行业和其他因素的影响，即使是数据泄漏的定义也悬而未决。在本章，我们将建立用于讨论数据泄漏的通用术语，并探讨检测和衡量问题所涉及的挑战。

这是感恩节后的星期天,在美国东海岸一个拥挤的汽车站中,一个年轻人在外面排队,等着从自动售票机购买车票,这样他就可以回家了。他刷了信用卡,机器吐出一张单程票和一张收据。

无人知晓的是,这台机器还将这名年轻人的信用卡卡号与其他数百万张信用卡卡号一起记录在了人行道上的一个庞大且不断增长的数据库中。这本不应该发生。

几年前,一位为票务系统供应商工作的编码人员调试一个棘手的问题。机器无法正确处理信用卡卡号。他迅速打开了一个调试程序,该程序将每个信用卡卡号自动写入磁盘。啊哈!他修改了代码,但忘记了关闭调试程序。该软件的新版本现已安装在全球部署的所有新售票机上。每台售票机都静静地矗立在人行道上多年,保存着曾经刷过的所有信用卡卡号。

年轻人刷了信用卡后仅几分钟,售票机就与市内一名员工的家用电脑建立了网络连接。这绝对是不应该发生的。

该市的员工允许在家工作,他们经常使用家用电脑连接到该市的网络,以便访问文件或查看电子邮件。晚上在家时,他们还使用电脑下载电影、玩游戏和上网。员工家里十几岁的孩子在电脑上回复电子邮件和即时消息,导致家用电脑感染了病毒和蠕虫。然后,在工作日开始时,员工又将电脑重新连接到城市的网络。防火墙允许员工的家用电脑完全访问市内的其他内部网络(包括自动售票机)。

该市的 IT 员工定期在台式机和服务器上安装软件补丁,以保护它们免受许多病毒和蠕虫的侵害,但售票机却有所不同。它们运行着微软的旧 Windows 操作系统版本。如果应用最新的 Windows 更新,售票机供应商将拒绝为这些机器提供支持,因此该市不得不等到供应商准备好应用补丁程序后才开始(更新)——而这种情况又是很少发生的。人们都不希望在没有供应商支持的情况下因为应用补丁而意外地破坏城市的公交车票基础设施。因此,这些机器立在街道上,未打补丁且易受攻击。

与此同时,员工受病毒感染的家用电脑频繁地探测整个网络,寻找其他易受攻击的系统,发现静静地立在人行道边的自动售票机里面竟然存储着数百万张信用卡卡号。

又过去了几年。最终,该市的 IT 管理人员意识到内部防火墙规则是完全开放的,并对其进行了修复。此后几个月,供应商将前述调试程序通知了市政官员。市政官员展开了调查。对此,管理层有一个问题:信用卡信息是否已经被盗?

我就是从这时开始介入工作的,身份是一个年轻的数字取证调查员。当时很少有人有实际的数字取证经验,所以我以转包商的身份谋生。

该市发起了数字取证调查,并将 10TB 的网络日志交给了第三方取证公司。该公司让我进行分析。当时 10TB 的日志数据量可谓巨大。接到任务后，我立刻购买了扩展存储系统，该存储系统配有用于处理案件的超快连接器。两天后，联邦快递（FedEx）送来了载有日志文件的硬盘，我立即开始了解压缩过程。

日志文件只是关于网络上所发生事件的记录。事件实际上可以是任何东西：用户登录或穿越防火墙的数据包，或杀毒软件警告你避免意外下载特洛伊木马程序的事件。这个看似简单的定义掩盖了一个极具挑战性的问题：当你有成千上万甚至数百万个已记录的事件时，如何在大海中捞针？更大的挑战是，日志文件没有标准格式。作为取证调查人员，你永远不知道需要提取哪些信息或遗漏了哪些信息。每个防火墙供应商和 IT 团队都以不同的方式设置其日志记录系统。你可能只是收到了每行包含很多数字的文件，而你的第一项工作就是弄清楚每个数字的含义。

在我处理自动售票机事件的时候，还没有分析日志的工具，可用的文档也很少。甚至在开始分析证据文件之前，我实际上必须进行一项小型调查，以了解我能得到哪些确定与案件有关的资料（如果确实存在这样的资料），还要找出最有效的方法来处理所有基于网络的证据。

在证据文件被解压缩时，我对日志进行了采样以分析其格式，并开始编写自定义脚本以期正确地"解析"这些证据。

日志文件里充满了空格（没有记录有效信息）。当然，有时它也能记录一些售票机的网络活动。与售票机有关的入侵检测系统（Intrusion Detection System，IDS）警报、远程连接记录和防火墙日志数据只会被存储 10 个月。所有这些数据都是非常高层次的协议信息，仅记录了源 IP 地址、目标 IP 地址和端口以及所传输的数据量。没有任何特别地表明何时传输了何种数据的信息。该城市没有数据防泄漏（Data-Loss Prevention，DLP）系统或文件系统监视程序，如果通过网络传输信用卡信息，该监视程序可能会发出警报。没有操作系统日志，没有数据包内容，也没有提供用于分析的硬盘。

证据表明，售票机已经与整个城市网络中的数十个系统进行了通信，其中包括许多员工的家用电脑。IDS 警报包括警报通知，例如"SMB 使用来宾特权成功登录""服务器服务代码执行""Windows 工作站服务溢出"和"爆发阻止签名"。售票机已与远程服务器（通常在国外）以及城市网络中的其他计算机交换了数据。

售票机显然很脆弱，并且已被受感染的家用电脑扫描和探测，这些家用电脑很容易在未打补丁的设备上安装病毒和恶意软件。入侵的攻击者会发现大量的信用卡卡号被未加密地存储在机器的硬盘上。这些机器时时刻刻都表现出奇怪的行为，例如与其他国家的无法解释的通信。流量模式显示出它们已明显感染恶意软件并被未经授权访问。

然而，并没有确凿的证据，也没有表明存储在自动售票机上的信用卡卡号已被攻击者窃取的直接证据。在没有网络或文件监控的情况下，又不提供硬盘进行分析，如何能够对此类活动发出警报？目前还没有信息能表明恶意软件的功能，或者表明犯罪分子可能窃取了哪些数据。

在取证报告中，我指出，由于机器缺乏安全控制，因此攻击者有足够的机会来入侵。但是由于缺乏证据，无法就信用卡数据是否确实被盗窃的问题得出明确的结论。

我以为市政府会公开披露这一事件。很明显，有人未经授权就进入了自动售票机，而私人信用卡信息就存储在自动售票机上。公开这些事件似乎是合乎道德的。类似地，城市网络中其他受感染的电脑以及员工的家用电脑上也有敏感信息，这些信息也可能被犯罪分子访问过了。我知道该市不会透露网络上其他计算机已受到威胁的事实（这在大多数组织中都是很常见的事），但我希望调查行动至少会提醒市政府对其网络架构和日志记录进行审查。作为初级技术分析师，取证报告发布后，我的工作就结束了，我再也没有参与过有关该事件的进一步讨论。

数周、数月和数年过去了。我一直在关注新闻，但从未见过关于前述事件的公开报道。其他取证案件接踵而来，我写了一些结论相似的报告：证据不足、日志不足。毫无疑问，没有任何方法可以证明数据被盗窃了。政府也从未发布消息。有一次，我接到某家公司的电话，其怀疑自己处理信用卡的销售点系统遭到了破坏。五分钟后，这家公司的一名代表打来电话，说公司决定格式化和重新安装电脑，不需要再进行任何调查。

最重要的是，我想知道那些我没有接到的电话，那些从未被调查过甚至从未被发现的案件。

1.1 暗泄漏

令人震惊的是，实际上被公开报道的数据泄漏事件数量只占实际发生的数据泄漏事件数量的一小部分。甚至我们所掌握的关于数据泄漏的信息也常常是歪曲的，它不是任何统计上有效的样本集，我们当然也无法从中得出科学的结论。

《商业周刊》在 2002 年"天真"地报道说："大多数被黑客攻击的企业肯定是在做正确的事情，并且会把结果通报给客户。"⊖ 这反映了公众曾经持有的一个普遍假设，即组织"当然"会报告客户个人信息的泄漏。有经验的安全专家知道，实际情况要复杂得多。

为了真正达到公开数据泄漏事件的目标，要做到以下几点：

⊖ Alex Salkever, "Computer Break-Ins: Your Right to Know," *BusinessWeek*, November 11, 2002.

1）检测：必须检测潜在的数据泄漏的症状。

2）识别：必须识别事件并将其归类为数据泄漏。

3）披露：必须披露关于数据泄漏的信息。

这些步骤听起来都很简单，但现实中常常充满技术故障、灰色地带和沟通误解。如果一个组织的数据泄漏管理过程中缺失了这三个步骤（检测、识别或披露）中的任何一项，那么数据泄漏就不会被报告，通常也不会被跟踪。

在物理学领域，科学家数十年来一直在推断暗物质的存在，正如欧洲核子研究中心所描述的那样⊖：

> 暗物质不与电磁力相互作用。这意味着它不吸收、反射或发射光线，因此很难被发现。事实上，研究人员只能从暗物质对可见物质的引力效应来推断暗物质的存在。暗物质似乎是可见物质的 6 倍，约占宇宙的 27%。这里有一个发人深省的事实：我们所知道的组成所有恒星和星系的物质只占宇宙的 5%！

同样，"暗泄漏"也存在。这些信息可能已经泄漏，但从未向任何记者、政府机构或研究人员披露。它可能从未被检测到。就像暗物质一样，有证据表明专业人员可以推断出暗泄漏的存在。

1.1.1 什么是数据泄漏

数据泄漏是否得到了报告的问题与一个更大的问题密切相关：什么是数据泄漏？

诺顿罗氏（Norton Rose Fulbright）律师事务所的数据保护、隐私和网络安全全球联席主管克里斯·克瓦利纳（Chris Cwalina）说："我总说这是法律所定义的。"克里斯是数据泄漏响应领域的老手，2005 年在臭名昭著的 ChoicePoint 公司数据泄漏事件中担任法律"四分卫"（橄榄球比赛中指挥进攻的角色），自此开始了他在网络安全领域的职业生涯。在弗吉尼亚州一个秋天的晚上，克里斯很友好地来见我，我也向他请教了关于数据泄漏的应对措施。

坐在桌子两边的是一名律师和一名数字取证官，我们代表着现代事件响应的关键角色——有着截然不同的角度。

"数据泄漏是什么，对于这个领域的执业律师和像你这样的普通人来说，其意义是不同的。"克里斯若有所思地说，"当你的系统上有未经授权的访问者时，仔细定义'数据泄

⊖ CERN, "Dark Matter," CERN, https://home.cern/about/physics/dark-matter (accessed January 5, 2018).

漏'是非常重要的,并且只有你的外部法律顾问才能决定怎么定义。如果你是当事人,则只能说是发生了异常。根据定义,律师的工作是确定事件是否属于泄漏。律师需要IT人员和信息安全专业人士的专业帮助,但最终还是要将事实与法律条文对应来决定。不幸的是,法律往往也会因发生的案件而演变。"

安全从业人员经常提到网络安全"事件"(event)和"异常"(incident)。很早以前,美国国家标准与技术研究院(NIST)对这些术语的定义如下[一]:

事件——系统或网络中任何可观察到的事实。事件包括用户连接到文件共享,服务器接收对网页的请求,用户发送电子邮件以及防火墙阻止连接尝试。

计算机安全异常(computer security incident)(通常简称为"**异常**")——违反或即将违反计算机安全策略、可接受的使用策略或标准安全实践的威胁。

什么时候"事件"或"异常"会成为真正的数据泄漏?在当今的美国,没有关于"数据泄漏"的联邦定义,甚至没有适用于所有类型组织的联邦数据泄漏通知法。相反,美国有许多州法律和地方法律,这些法律通常与特定行业的联邦泄漏通知法(例如《卫生信息技术促进经济和临床健康》(HITECH)法案[二])一起实施。

克里斯·克瓦利纳说:"如果你看一下美国各个州对什么是数据泄漏的定义,就可以发现它们的意思都非常接近。"大多数法律的架构都要求在个人信息安全遭到泄漏时发出通知。

根据贝克豪思律师事务所(BakerHostetler, LLP)的定义,"数据泄漏"最常见的定义是:

非法和未经授权地获取个人信息,损害个人信息的安全性、机密性或完整性[三]。

这意味着,为了让公众了解某个事件,该事件必须首先符合"数据泄漏"和"个人信息"的定义,并满足通知的任何其他要求。克里斯解释道:"问题是,对于何时发出通知,

[一] Paul R. Cichonski, Thomas Millar, Timothy Grance, and Karen Scarfone, *Computer Security Incident Handling Guide*, Special Pub. 800-61, rev. 2 (Washington, DC: NIST, 2012), https://nvlpubs.nist.gov/nistpubs/SpecialPublications/NIST.SP.800-61r2.pdf.

[二] HITECH is a U.S. federal regulation established to "promote the adoption and meaningful use of health information technology." Passed in February 2009, HITECH included a game-changing data breach notification provision. For more details, see "HITECH Act Enforcement Interim Final Rule," U.S. Department of Health and Human Services, last revised June 16, 2017, https://www.hhs.gov/hipaa/for-professionals/index.html.

[三] Baker Hostetler, "Data Breach Charts," *Baker Law*, July 2018, https://www.bakerlaw.com/files/uploads/documents/data%20breach%20documents/data_breach_charts.pdf.

有些州要求在未经授权地获取或访问个人信息时，有些州是在未经授权的访问和获取（注意'和'与'或'的区别）时，有些州是在访问时，有些州是在获取时。应该加强数据泄漏定义的一致性。"

克里斯解释说："许多州也有一个'伤害触发器'，它根据对信息是否已经或可能被滥用的评估修改执行通知所需的条件。"接着，他进一步解释道："我们假设数据已经被访问了，但你说这些信息被滥用的可能性为零。然后你可以决定不通知。在某些情况下，你必须与执法部门协商（比如在佛罗里达州），然后记录下来，向司法部长报告你的决定，等等。"

无论是关于什么是数据泄漏，还是当数据泄漏发生时如何反应，所有这些不同的定义和法律都导致了大量的混乱。

1.1.2　未受到保护的个人信息

塔吉特公司在 2013 年被黑客入侵时，客户收到了一条通知，内容为："犯罪分子强行进入我们的系统，窃取了客户信息，包括借记卡和信用卡数据。你的姓名、邮寄地址、电话号码或电子邮件地址也可能在入侵过程中被窃取。"

奇怪的是，塔吉特公司的数据泄漏声明中漏掉了一个非常敏感的话题：你的个人购物历史和客户资料。它被忽略是有原因的，而且并不是因为数据不存在。

《纽约时报》在 2012 年披露了塔吉特公司广泛的数据收集和分析实践，当时它发表了一篇文章，描述了该公司如何利用统计数据来生成比如怀孕的客户的名单。当时，塔吉特公司聘请的统计学家安德鲁·波尔（Andrew Pole）透露，塔吉特公司为每位客户分配了一个独一无二的"客户 ID"号码，并将其与所有购买记录以及大量其他个人信息联系起来。波尔说："如果你使用信用卡或优惠券，或填写调查问卷，或邮寄退款，或拨打客户帮助热线，或打开我们发给你的电子邮件，或访问我们的网站，我们都会记录下来，并将其链接到你的客户 ID。我们想知道我们所能知道的一切。"

塔吉特公司也保留了大量你的个人信息记录，可能包括从数据经纪人处购买的敏感信息，以及与你的客户记录相结合的信息。使用这些详细的个人信息，塔吉特公司可以得出关于你的健康、需求和习惯的结论，然后可以利用这些结论获得经济收益。

"与你的客户 ID 相关联的还有人口统计信息，例如你的年龄、是否已婚和有孩子、你居住在城镇的哪个部分、开车去商店需要多长时间、你的大概工资、最近是否搬家、你携带了哪些信用卡以及你访问了哪些网站。"《纽约时报》报道，"塔吉特公司可以购买有关你的种族，工作经历，阅读过的杂志，是否已经宣布破产或离婚，购买（或失去）房屋的年份，上大学的地点，在参与哪些线上主题讨论，是否更喜欢某些品牌的咖啡、纸巾、谷类食品或苹果酱，你的政治倾向，阅读习惯，慈善捐赠以及你拥有的汽车的数量等各种数据。"⊖

如果数据存在，那么它就可能被窃取。当塔吉特公司被黑客攻击时，所有这些详细的购物信息和产生的带有健康问题或符合其他分类的消费者的名单会怎样？塔吉特公司向消费者保证："没有迹象表明密码被泄漏了。"但在给消费者的通知中，购物历史根本没有被提及。为什么会这样呢？因为这类信息对消费者来说是非常个人化的，而事实上，美国各州或联邦的数据泄漏通知法中对这些信息并没有相应规定。

根据贝克豪思律师事务所的说法，美国州法律中对个人信息最常见的定义如下⊖。

个人的名字或名字的首字母和姓氏以及以下一个或多个数据元素：

社会保障号；驾驶证号码、国家核发的身份证号码；账户号码、信用卡卡号、借记卡卡号和开户所需的密码、访问码、用于访问账户及一般包括个人信息在内的计算机化数据的 PIN 或密码。个人信息不包括通过联邦、州或地方政府记录或者广泛传播的媒体合法向公众提供的公开信息。

这个定义还剩下什么？绝大多数人认为是大量的私人信息，比如：
- 购物历史
- 位置信息（比如你最喜欢的聚会地点的坐标，或者你开车去上班的路线，这些信息都是你的手机或汽车捕捉到的）
- 健康信息，包括处方药记录
- 电子邮件
- 停车管理系统（EZ-Pass）、汽车博客（FastLane）或其他旅行记录
- 姓氏加上社会保障号（没有名字或名字的首字母）

……

你认为你的健康信息都是受到保护的吗？实际上仅在某些情况下是这样。2016 年，美国卫生与公众服务部（U.S.Department of Health and Human Services）发布了一份报告，概述了未受 1996 年 HIPAA 监管的实体在隐私和安全方面的漏洞。HIPAA（2009 年经 HITECH 修订）是保护美国个人健康信息的主要联邦法律。它适用于受保护的实体，如医

⊖ Charles Duhigg, "How Companies Learn Your Secrets," *New York Times Magazine*, February 16, 2012, http://www.nytimes.com/2012/02/19/magazine/shopping-habits.html?pagewanted=1&r=2&hp.

⊖ Baker Hostetler, "Data Breach Charts," *Baker Law*, July 2018, https://www.bakerlaw.com/files/uploads/documents/data%20breach%20documents/data_breach_charts.pdf.

疗保健提供者、医疗计划和医疗信息交换中心以及它们的业务伙伴（代表它们行事的个人或实体，如账单供应商或 IT 提供者）。

值得注意的是，"当美国国会通过 HIPAA 时，可穿戴健康追踪器、个人可通过特定社交网络分享健康信息的社交媒体网站以及其他今天普遍使用的技术还不存在。"⊖现在许多应用程序和网站"允许个人输入健康信息以监控血糖、饮食习惯或睡眠方式。其他健康数据网站可能会提供信息或者通过电子邮件发送有关药物或特定病症（例如过敏、哮喘、关节炎或糖尿病）的信息。有 27% 的互联网用户和 20% 的成年人在网上记录自己的体重、饮食、日常锻炼、症状或其他健康指标"⊖。

谷歌曾经运行过一项名为谷歌健康（Google Health）的服务，该服务使用户能够将健康信息存储在云中。HIPAA 是否涵盖谷歌健康服务？与医生或健康计划不同，谷歌健康服务不受 HIPAA 的监管……这是因为谷歌不会代表医疗保健提供者存储数据。相反，谷歌的主要关系是与你即用户的关系。

由于法律差异，某些未经授权的健康或医疗信息披露可能不受美国州或联邦泄漏通知法的约束。换句话说，如果你的云提供商被黑客攻击并丢失了你的健康信息，它可能需要也可能不需要告诉你。

数据泄漏的定义

在本书中，我们将宽松地使用"数据泄漏"一词来指未经授权的一方对机密信息的任何访问或获取。当我们提到"个人信息"时，不仅包括受法律保护的信息（"受保护的个人信息"），而且还包括消费者、公司或其他实体希望保持私有的任何信息，例如电子邮件、健康信息、敏感的公司文档等。这个定义比法律定义要广泛得多，这使我们可以在讨论中纳入大量且未经跟踪的案例，其中"泄漏"的信息不受任何现行法律的保护。

1.1.3 量化暗泄漏

从信息安全的早期开始，美国政府就发布报告清楚地说明了"暗泄漏"的问题。甚至

⊖ U.S. Department of Health and Human Services, *Examining Oversight of the Privacy & Security of Health Data Collected by Entities Not Regulated by HIPAA* (Washington, DC: US HSS, June 17, 2016), https://www.healthit.gov/sites/default/files/non-covered_entities_report_june_17_2016.pdf.

⊖ U.S. Department of Health and Human Services, *Examining Oversight of the Privacy & Security of Health Data Collected by Entities Not Regulated by HIPAA* (Washington, DC: US HSS, June 17, 2016), https://www.healthit.gov/sites/default/files/non-covered_entities_report_june_17_2016.pdf.

有人试图量化未报告的泄漏行为。1996 年，美国政府问责局向国会提交了一份报告，描述了国防信息系统局（DISA）的漏洞分析和评估计划[⊖]：

> 自 1992 年该计划启动以来，国防信息系统局已经对防御计算机系统进行了 38 000 次攻击，以测试它们的防护情况。国防信息系统局成功获得了 65% 的访问机会……在这些成功的攻击中，只有 988 次（约 4%）被目标组织发现。在这些被发现的攻击中，只有 267 起（约 27%）被报告给了国防信息系统局。

图 1-1 来自 1996 年的美国国会报告，它说明了成功的攻击、被检测到的攻击和被报告的攻击的百分比。其中，只有极少数攻击被适当地报告给了国防信息系统局。

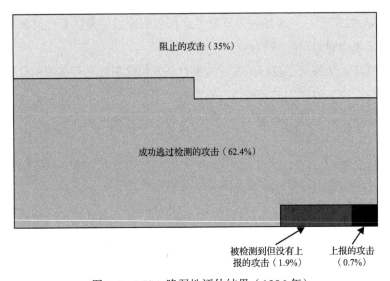

图 1-1　DISA 脆弱性评估结果（1996 年）

来源：GAO, Information Security, 20

美国政府问责局的报告继续指出："国防信息系统局的估计表明，国防部去年可能遭受了 25 万次攻击。"但警告称，由于实际检测到并报告出来的数据泄漏数量很少，因此实际发生的数据泄漏数量以及相关破坏的准确程度，是"未知"的[⊖]。

⊖ U.S. General Accounting Office (GAO), *Information Security: Computer Attacks at Department of Defense Pose Increasing Risks*, Pub. No. B-266140 (Washington, DC: GPO, May 1996), 19, http://www.gao.gov/assets/160/155448.pdf.

⊖ U.S. General Accounting Office (GAO), *Information Security: Computer Attacks at Department of Defense Pose Increasing Risks*, Pub. No. B-266140 (Washington, DC: GPO, May 1996), 19, http://www.gao.gov/assets/160/155448.pdf.

当然，"未知"并不意味着"不存在"，这一点美国国防信息系统局非常清楚。美国政府问责局曾报告⊖：

> 据国防部官员称，攻击者已经获得并破坏了他们所得到的敏感信息——他们窃取、修改、销毁了数据和软件。他们安装了恶意文件和"后门"，绕过正常的系统保护，以使得攻击者在以后还能未经授权地访问。他们关闭并摧毁了整个系统和网络，拒绝向凭借自动化系统完成关键任务的用户提供服务。许多国防职能受到了不利影响，包括武器和超级计算机研究、后勤、财务、采购、人事管理、军事卫生和工资……即使能够感觉到攻击的存在，但是当防御者试图对攻击做出反应时也会沮丧地发现，在开发和实施更有效、更主动的检测和应对方案之前，他们无法有效地阻止攻击。

1.1.4　未被发现的泄漏

检测是关键。根据美国国防信息系统局的分析，绝大多数的安全泄漏（96%）没有被报告，因为它们根本就没有被检测到。有证据表明，缺乏检测仍然是当今的一个关键问题。例如，当雅虎在 2016 年披露用户账户数据遭到重大泄漏时，公众震惊地发现，该公司花了两年多的时间才完全了解到发生了什么。

卡内基-梅隆大学（Carnegie Mellon University）网络安全教授拉胡尔·特朗（Rahul Telang）表示："对于像雅虎这样的科技公司来说，你会认为它们能够更快地发现甚至披露网络被攻破的情况。令人惊讶的是，直到用户数据进入黑市，雅虎才知道这件事。"⊜

但这真的令人惊讶吗？在大量被报道的数据泄漏事件中，黑客在被发现之前已经潜伏了一年多的时间。例如，据《计算机世界》报道，在臭名昭著的对 TJX 公司进行的"TJ Maxx"攻击中，黑客于 2005 年 7 月至 2006 年 12 月期间，在该公司的系统中活动了 18 个月并窃取了 4500 多万个信用卡卡号⊜。

2015 年，调查记者布莱恩·克雷布斯（Brian Krebs）公开披露 Goodwill 的数据泄漏

⊖　U.S. General Accounting Office (GAO), *Information Security: Computer Attacks at Department of Defense Pose Increasing Risks*, Pub. No. B-266140 (Washington, DC: GPO, May 1996), 19, http://www.gao.gov/assets/160/155448.pdf.

⊜　Tracey Lien, "It's Strange Yahoo Took 2 Years to Discover a Data Breach, Security Experts Say," *Los Angeles Times*, September 23, 2016, http://www.latimes.com/business/technology/la-fi-tn-yahoo-data-breach-20160923-snap-story.html.

⊜　Jaikumar Vijayan, "TJX Data Breach: At 45.6M Card Numbers, It's the Biggest Ever," *ComputerWorld*, May 29, 2007, https://www.computerworld.com/article/2544306/security0/tjx-data-breach--at-45-6m-card-numbers--it-s-the-biggest-ever.html.

事件后，这家非营利组织向客户发布了一份声明，指出"某些位置的 Goodwill 会员商店可能已经受到数据安全问题的影响"超过 18 个月。被盗的数据包括"某些客户的支付卡信息，如姓名、支付卡卡号和到期日"⊖。

　　甚至，美国联邦政府也是长期受制的受害者。2015 年 6 月，美国人事管理办公室（OPM）公开承认，从一年前开始，至少有 400 万份个人记录遭到泄漏。"虽然这次攻击最终是由国土安全部（DHS）的爱因斯坦系统（Einstein）——这个价值数十亿美元的入侵检测和预防系统守卫着联邦政府的大部分互联网流量——发现的，但一开始时，攻击者设法完全避开了爱因斯坦系统的检测，直到 OPM 遭受到另一次入侵才引发了更深入的调查。"

　　为什么发现数据泄漏需要这么长时间？对公众来说，很难想象一个攻击者能够在不被发现的情况下带走大量的数据，就像一个罪犯在光天化日之下背着成袋的现金从一家银行的分行走出来一样。但网络攻击往往不那么显眼，而且要普遍得多。

　　首先，考虑一下组织的攻击面在物理世界和网络世界中的相对大小。你的银行分行的出入口数量有限。然而，对于现代企业来说，每一个上网或检查电子邮件的员工都代表着一个潜在的恶意软件入口，或者一个可能丢失或泄漏数据的出口。巨大的攻击面是压倒性的，很难监控或控制。

　　网络安全技术已经发展到可以自动检测的程度，这在一定程度上对企业是有帮助的。有足够预算的组织可以在其网络和计算机上安装网络入侵检测系统（IDS）。这种系统监视恶意行为的迹象，并在发现问题时向工作人员发出警报。"误报"是入侵检测系统错误地将合法的网络流量归类为可疑的，它给分析人员带来了干扰并增加了他们的工作量。相反，如果发生"漏报"，即入侵检测系统未能对可疑事件发出警报，则可能导致错过事件，从而导致灾难性的后果。

　　多年来，现代入侵防御系统（Intrusion Prevention System，IPS）的发展进一步减少了体力劳动。除了发出警报之外，这种系统还会自动阻止可疑活动。然而，使用 IPS 也会带来"误报"的风险，还可能导致系统阻塞正常的网络流量，从而可能干扰组织的日常操作。

　　恶意软件本身也在不断演变以逃避检测，而杀毒软件的作者和 IDS/IPS 供应商则在努力跟上其步伐。专业的攻击者可能会选择在很长一段时间（数月或数年）内抽取泄漏数据，这样每天只会窃取少量信息。攻击者还可能故意试图"混进"组织的正常通信流，将它们的活动伪装成 Web 通信流或类似的通用协议，并小心翼翼地安排时间。

　　一旦泄漏事件触发了网络安全系统警报，员工就需要做出响应。这也会是一个挑战，

⊖　Letter from Goodwill Industries International President and CEO Jim Gibbons, September 2, 2014, http://www.goodwill.org/wp-content/uploads/2014/09/Letter.pdf.

因为网络安全系统经常会产生远远超出员工处理能力的警报（每天每位安全人员需要处理数百甚至上千个警报）。在这种情况下，网络安全日志可能会承载责任，因为该组织具有潜在数据泄漏的记录，但没有足够的资源来对此进行全面调查或采取行动。即使警报量是合理的，也需要 24/7 全天候的人员响应，这在人员配备方面往往是不可能的。许多组织将监视工作外包给第三方服务提供商（这通常是明智的策略），但并非所有的组织都为此专门服务提供预算，也可能没有资源以有效地监督其供应商。

如果网络安全警报被事件响应方审查并宣布为"异常"，则响应方需要进行调查并做出决定，如是否清除所有受影响系统中的恶意软件，是否通知所有上级单位或咨询法律顾问。一线的员工经常打电话。如果工作人员没有经过足够的培训或没有经验，或者组织的事件响应政策不明确，或者不符合最佳实践，那么有时数据泄漏的迹象可能被掩盖起来，还有可能在高层管理人员不知情的情况下被错误分类。实际上，当内部 IT 人员发现了泄漏的迹象时，他们可能会害怕受到指责，或者根本没有意识到潜在的影响，也就没有向上级报告。

"不要期望黑客提醒你注意他们的存在。"威瑞森（Verizon）公司在其 2018 年的"Data Breach Investigations Report"中解释道："泄漏通常是通过外部来源被发现的，例如通过共同购买点（Common Point of Purchase，CPP）的检测或执法部门。"[一]

1.1.5　越来越隐蔽的泄漏

某些类型的数据在被第三方窃取或检测到时更易被迅速通知，原因在于这些被盗数据的使用方式。支付卡信息对于欺诈是很有用的。当欺诈发生时，维萨（Visa）和万事达卡（Mastercard）等信用卡协会、发卡银行或信息被盗的受影响者很快就会发现这一点，而且通常也能发现[二]。对塔吉特、家得宝（Home Depot）和温迪（Wendy's）的持卡人数据泄漏事件进行了报道的调查记者布莱恩·克雷布斯描述了他是如何发现 2016 年发生的一起涉及西西披萨（CiCi's Pizza）快餐店的数据泄漏事件的[三]：

> 在过去的两个月里，Krebs On Security 收到了来自美国 6 家以上金融机构的反欺诈人员的问询——他们都问是否有关于在西西披萨店使用过的信用卡可能被

[一]　Verizon, *2018 Data Breach Investigations Report*, Verizon Enterprise, 2018, 28, https://enterprise.verizon.com/resources/reports/2018/DBIR_2018_Report.pdf.

[二]　Brian Krebs, "How Was Your Credit Card Stolen?" Krebs on Security, January 19, 2015, https://krebsonsecurity.com/2015/01/how-was-your-credit-card-stolen.

[三]　Brian Krebs, "Banks: Credit Card Breach at CiCi's Pizza," Krebs on Security, June 3, 2016, https://krebsonsecurity.com/2016/06/banks-credit-card-breach-at-cicis-pizza.

攻破的任何信息。这些银行业人士都说了同样的话：发现了过去几个月在西西披萨店使用过的信用卡存在欺诈行为。

持卡人数据泄漏的迅速而广泛的影响，加上准确定位购买地点的能力，意味着持卡人数据的重大泄漏往往很快会被发现。这与个人数据存储库泄漏的情况不同。

个人数据泄漏事件很难被检测到，比如电子邮件账户或存储在云中的文档。彭博社（Bloomberg）报道称，在 2016 年的雅虎入侵事件中，"黑客可能在多年未被发现的情况下访问了数百万个雅虎账户。"⊖ 考虑一下：如果你的电子邮件账户被黑了，你会知道吗？想象一下，如果你的用户名和密码被盗，并被卖给一个有组织的犯罪集团，该集团会从你的电子邮件账户中获取所有有价值的信息，如社会保障号、财务细节和其他可以用来实施欺诈的数据。有些营销人员也会出钱购买你的健康、婚姻状况、个人兴趣等信息。背景调查公司可能会花钱了解你是否抽烟或就业情况。你怎么知道这些信息被盗了？如果确实发现了，要怎么知道它是从你的电子邮件账户中被盗的？

从 IT 公司到律师，服务提供商同样可能永远也不会检测到客户记录被盗，其也不一定有动机去投资有效的检测系统。对于许多组织而言，貌似合理的推诿是无奈之举（可能是无意识的）。

2013 年 1 月，美国卫生与公众服务部（HHS）发布了对 HIPAA 的更新，该更新更改了"泄漏"的定义和相关通知要求。重要的是，此次更新改变了举证责任。现在，"除非受保护的实体或业务伙伴（如适用）证明受保护的健康信息被泄漏的可能性较低，否则未经许可使用或披露受保护的健康信息被界定为泄漏。"换句话说，数据管理员应推定数据已被泄漏，除非有证据表明并非如此。这种根本性的法律变革促使受影响的组织去实施有效的日志记录和检测系统，以便它们可以证明何时未发生泄漏且在泄漏发生时能准确确定受影响的人数。

这个更新仅适用于 HIPAA，大多数泄漏通知法还没有将这一转变包括在必要的举证责任中。因此，对于许多组织来说，无知仍然是一种福气。

1.2 统计偏见

公众渴望获得有关数据泄漏的信息。哪些行业的数据是被泄漏最多的？泄漏的最新原

⊖ Jordan Robertson, "Yahoo's Data Breach: What to Do If Your Account Was Hacked," *Bloomberg*, September 22, 2016, https://www.bloomberg.com/news/articles/2016-09-22/yahoo-s-data-breach-what-to-do-if-your-account-was-hacked.

因是什么？明年和后年将会发生什么？反过来，记者们"狼吞虎咽"地把有关这个话题的新闻大量炮制出来，然后再向公众复述。任何包含与该主题相关的"趋势"或"统计数据"的新白皮书都可能得到一连串的宣传。

结果是，大量企业和非营利组织发布了白皮书，从赛门铁克（Symantec）和威瑞森等供应商，到其鼻祖美国"隐私权信息交流中心"（PRC）（非营利机构），再到波耐蒙研究所（Ponemen Institute）（以营利为目的的有限责任公司）。通常情况下，这些白皮书基于数据泄漏的公共记录、调查，或涉及网络安全和泄漏响应公司的内部数据。

虽然记者们喜欢引用这些白皮书——尤其是那些市场营销良好的白皮书——但这些白皮书很多都不是经过同行评议的、严格编写的学术出版物。在有关数据泄漏的信息如此有限的情况下，白皮书怎么可能做到严谨呢？由于"暗泄漏"的问题，每一份报告都存在固有的偏差。媒体很少提到这一点。

在本书中，我经常引用来自公共来源的统计数据或发现，以及一些特别著名的行业白皮书。虽然这些来源并不完美，但它们是我们在数据泄漏分析的这个发展阶段能拥有的最好的资源。在适当的时候，我会提醒大家注意可能影响研究结果的固有偏差。

作为基础，让我们花点时间来看看这些报告中使用的数据来源和方法影响其结论有效性的常见方式。

1.2.1　公开记录

人们很容易盲目相信那些基于公开的数据泄漏记录的研究。美国法律规定，政府部门（例如 HHS）必须"发布一份不安全的受保护的健康信息遭泄漏清单"[⊖]。此外，美国隐私权信息交流中心这样的非营利组织收集政府机构或可核实的媒体报告的泄漏行为，并在网上公布这些名单[⊖]。

当然，泄漏事实被公开意味着它是倾斜样本集的一部分。一旦意识到已发布的数据泄漏仅代表实际数字的一个子集（可能只是一个很小的数字），就可以清楚地认识到分析这些数据固有的局限性。

举例来说，让我们来仔细研究网络安全公司趋势科技（Trend Micro）的一项重要发现，该公司 2015 年的数据泄漏报告完全基于美国隐私权信息交流中心数据库的信息，而

⊖ U.S. Department of Health and Human Services, "Cases Currently Under Investigation," Office for Civil Rights, https://ocrportal.hhs.gov/ocr/breach/breach_report.jsf (accessed October 14, 2016).

⊖ Privacy Rights Clearinghouse, *Chronology of Data Breaches: FAQs*, https://www.privacyrights.org/chronology-data-breaches-faq#is-chronology-exhaustive-list (accessed October 14, 2016).

后者又是基于有关数据泄漏的公开报告⊖:"医疗保健部门受数据泄漏的影响最大,其次是政府和零售部门。"

媒体纷纷援引这一发现。知名网络安全新闻网站"隐秘读物"(Dark Reading)发表了一篇文章,标题为"Healthcare Biggest Offender in 10 Years of Data Breaches"⊜。《财富》杂志报道:"黑客喜欢攻击医疗行业……医疗行业是黑客攻击的目标,政府和零售商紧随其后。"⊜

但医疗行业真的是受数据泄漏影响最大的行业吗?还是说,医疗行业只是更频繁地报告了数据泄漏?当然,与大多数其他行业相比,医疗保健提供商在数据泄漏通知方面面临更多的监管要求。美国联邦HIPAA/HITECH法律要求授权实体向公众报告影响超过500人的数据泄漏,而民权办公室(OCR)对不遵守的实体进行审计和罚款。同样,零售公司本质上处理大量的支付卡数据,当这些数据被欺骗性地使用时很容易被发现,从而导致它们上报的泄漏数据的比例高于其他类型的数据。

趋势科技还表示:"被报告事件数量的增加有力地表明数据泄漏总量也在上升,反之亦然。"㉕

这是一个很大的假设,而且忽略了法律、保险覆盖范围、监管和技术的重大变化的影响。事实上,被检测和报告的泄漏事件数量的增加是一件好事。当然,被报告的泄漏事件增多可能意味着实际泄漏事件的增加,但这种趋势也可能是由以下原因引起的:

- 检测系统的改进
- 泄漏通知法越来越符合公众对隐私的期望
- 有效的第三方审计和系统,让组织对泄漏行为负责
- 事件响应过程和程序的日趋成熟
- 数据泄漏保险覆盖范围的增加

网络安全供应商有动机将这些数据解读为实际发生的数据泄漏数量在增加。("天要塌

⊖　Trend Micro, *Follow the Data: Analyzing Breaches by Industry* (San Diego: Privacy Rights Clearinghouse, 2015), https://www.trendmicro.de/cloud-content/us/pdfs/security-intelligence/white-papers/wp-analyzing-breaches-by-industry.pdf.

⊜　Sara Peters, "Healthcare Biggest Offender in 10 Years of Data Breaches," *DarkReading*, September 22, 2015, http://www.darkreading.com/analytics/healthcare-biggest-o_ender-in-10-years-of-data-breaches/d/d-id/1322292.

⊜　Jonathan Vanian, "Five Things to Know to Avoid Getting Hacked," *Fortune*, September 25, 2015, http://fortune.com/2015/09/25/five-facts-cyber-security.

㉕　Trend Micro, *Follow the Data: Analyzing Breaches by Industry* (San Diego: Privacy Rights Clearinghouse, 2015), https://www.trendmicro.de/cloud-content/us/pdfs/security-intelligence/white-papers/wp-analyzing-breaches-by-industry.pdf.

下来了！快买我们的产品。"）事实上，我们只能得出这样的结论：在它们的样本中，被检测和被报告的数据泄漏事件的数量有所增加——这是一个重要的区别。

趋势科技报道的另一个发现是⊖："丢失或被盗的物理设备（例如便携式驱动器、笔记本电脑、办公计算机、文件和其他物理媒介）的组合是在'整个行业中观察到的主要泄漏方式'。"

这就催生了大量的新闻文章，标题如"更多的数据泄漏是由丢失的设备引起的，而不是恶意软件或黑客行为造成的"（《网络世界》）⊜，以及"近一半的数据泄漏是由于我们丢失了一台设备而导致的"（*AZWorld*）⊕。

但是，更多的数据泄漏是由于物理设备丢失或被盗造成的，这是真的吗？我们真正知道的是，这种类型的数据泄漏有更多的公开报告。或者说：有没有可能，被盗的笔记本电脑事件比复杂的间谍软件感染更容易被检测和分析出来，从而导致了更高的报告率？

同样，网络安全供应商和媒体机构有明确的动机来制作带有影响力的、结论可引用的报告，但读者必须对所有这些发现持保留态度。

1.2.2 如果你的数据泄漏了，请举手

由于数据泄漏统计数据往往难以得到，许多出版物的信息都是基于调查而得出的。不幸的是，调查本身存在固有的偏差和缺陷。

在微软 2011 年发布的一份措辞严厉的报告中，两名研究人员对各种基于调查的网络犯罪和身份盗窃报告进行了分析，包括美国联邦贸易委员会（FTC）身份盗窃调查报告、Gartner 的钓鱼调查报告等⊗。微软的研究人员总结道："我们对网络犯罪调查质量的评估是严厉的，这些调查存在如此多的妥协和偏差，以至于无论具体发现的是什么都不能相信……我们的网络犯罪调查估计几乎完全依赖未经验证的用户输入的内容。"⊗

⊖ Trend Micro, *Follow the Data: Analyzing Breaches by Industry* (San Diego: Privacy Rights Clearinghouse, 2015), https://www.trendmicro.de/cloud-content/us/pdfs/security-intelligence/white-papers/wp-analyzing-breaches-by-industry.pdf.

⊜ Patrick Nelson, "More Data Breaches Caused by Lost Devices than Malware or Hacking, Trend Micro Says," *Network World*, October 5, 2015, https://www.networkworld.com/article/2988643/security/device-loss-data-breach-malware-hacking-trend-micro-report.html.

⊕ Mark Pribish, "Lost Electronic Devices Can Lead to Data Breaches," *AZ Central*, September 30, 2015, http://www.azcentral.com/story/money/business/tech/2015/09/30/lost-electronic-devices-data-breaches/73058138.

⊗ Dinei Florêncio and Cormac Herley, "Sex, Lies and Cyber-crime Surveys," 10th Workshop on the Economics of Information Security, Fairfax, VA, 2011, https://web.archive.org/web/20110902055639/http://weis2011 .econinfosec.org/papers/Sex,%20Lies%20and%20Cyber-crime%20Surveys.pdf.

⊗ Dinei Florêncio and Cormac Herley, "Sex, Lies and Cyber-crime Surveys," 10th Workshop on the Economics of Information Security, Fairfax, VA, 2011, https://web.archive.org/web/20110902055639/http://weis2011.econinfosec.org/papers/Sex,%20Lies%20and%20Cyber-crime%20Surveys.pdf.

1.2.3   网络安全供应商的数据

如果你扔一块石头，大概率会砸到有关产品或服务供应商的数据泄漏或网络安全威胁的白皮书。实际上，每一家大型网络安全公司都已经认识到提出这样一份报告并将其发布给媒体传播的营销价值。通常，这些白皮书是基于供应商自己的安全产品或咨询团队生成的信息。

多年来，其中一些研究（例如赛门铁克的网络安全威胁报告（ISTR）和威瑞森的数据泄漏调查报告（DBIR））已发展成为重要的行业资源，其采用的方法学受到尊重（尽管仍有局限性）。其他供应商只是简单地得出结论。让我们看一下这些报告的发展，以便更好地了解其价值和固有的局限性。

最早的网络安全报告之一是由一家名为瑞普科技（Riptech）的公司发布的。在它的首席执行官艾米特·约伦（Amit Yoran）（后来成为 RSA 安全主席）的领导下，瑞普科技在 2001 年成为"唯一的实时管理安全服务提供商"（至少它自己的新闻稿如此声称）[⊖]。2002 年，瑞普科技发布了一份具有里程碑意义的文件——Riptech Internet Security Threat Report（ISTR），最终该公司被赛门铁克公司收购。

首次公开发表的 ISTR 是新颖的，它是一家从事托管安全服务的公司首次利用其收集的数据发布有关网络安全攻击趋势的公开报告。在这个报告中[⊖]：

> 瑞普科技分析了世界各地数百个客户使用的多个品牌的防火墙和入侵检测系统产生的数据。它利用技术和人类专业知识的复杂组合来分析这些数据，实时识别和调查发生在客户网络上的网络攻击。每天对网络攻击开展调查的副产品是大量的网络威胁数据，分析这些数据可以揭示有趣的和可操作的趋势……我们相信，这项研究提供了一个关于互联网威胁状态的独特而准确的观点。

事实上，瑞普科技的数据集不可能代表整个互联网的"准确观点"。它的样本大约涉及 300 家公司，而其中 100 多家公司显然位于同一个网络块中，并且所有这些公司都采取了极不寻常的行动（在 2001 年），即使用托管安全服务提供商的服务。然而，这仍是一个开创性的概念。

⊖ Business Wire, "Riptech Unveils Caltarian, a Next-Generation Managed Security Platform," *Free Library*, April 2, 2001, http://www.thefreelibrary.com/Riptech+Unveils+Caltarian,+a+Next-Generation+Managed+Security...-a072584421.

⊖ Riptech Inc., *Riptech Internet Security Threat Report: Attack Trends for Q3 and Q4 2001* (Alexandria, VA: Riptech Inc., 2001), http://eval.symantec.com/mktginfo/enterprise/white_papers/ent-whitepaper_symantec_internet_security_threat_report_i.pdf.

当年晚些时候，赛门铁克收购了瑞普科技，并继续每年发布 ISTR，随着时间的推移，赛门铁克的数据源池也在不断增长。

到 2016 年，赛门铁克互联网安全威胁报告已经全面成熟。赛门铁克表示，用于分析的威胁数据来自赛门铁克全球情报网络，该网络由"超过 6380 万个攻击传感器"组成[一]。当然，即使是这么大的样本集，在本质上也是有偏差的，这是因为绝大多数的源代码都使用了来自赛门铁克的数据。尽管如此，ISTR 仍被广泛认为是追踪数据泄漏和网络安全趋势的最佳资源之一。

随着 2008 年威瑞森数据泄漏调查报告（VBIR）的首次发布，威瑞森也成为数据泄漏调查和响应的关键参与者。根据这份报告，威瑞森商业调查响应小组在 2004 年至 2007 年间处理了超过 500 起安全漏洞和数据泄漏事件。令人震惊的是，报告称威瑞森的案件量"约占 2005 年所有公开披露的数据泄漏事件总量的三分之一，2006 年和 2007 年的四分之一……包括迄今已被报道的五大数据泄漏事件中的三起"[二]。

第一份 VBIR 以明显的艺术性方式着重突出了威廉·R. 马普斯（William R.Maples）（*Dead Men Do Tell Tales*）的名言[三]：

> 这就是我对实验室里那些骸骨的感觉。即使他们已经死了，他们也有故事要告诉我们。作为取证人类学家，我有责任捕捉他们无声的哭泣和低语，并为活着的人解读它们。

威瑞森是第一个注意到其数据集存在固有偏差的公司，因为整个样本都是由客户组成的，很明显，客户委托威瑞森调查一个可疑的漏洞。这要求数据遭泄漏的组织具有一定程度的网络安全意识，并拥有可用于聘请数字取证和事件响应专家的资源[四]。

该公司每年继续发布 VBIR，随着行业响应团队的多样化，威瑞森与越来越多的安全公司和事件响应团队合作，以扩大样本量。为了方便报告和分析数据泄漏事件，威瑞森开发了事件记录和事件共享词汇表（VERIS），这是一套公开可用的"度量标准，旨在提供

[一] Symantec, *Internet Security Threat Report* vol. 21 (Mountain View, CA: Symantec, April 2016), 4, https://www.symantec.com/content/dam/symantec/docs/reports/istr-21-2016-en.pdf.

[二] Wade H. Baker, C. David Hylender, and J. Andrew Valentine, *2008 Data Breach Investigations Report*, Verizon Enterprise, 2008, http://www.verizonenterprise.com/resources/security/databreachreport.pdf.

[三] Wade H. Baker, C. David Hylender, and J. Andrew Valentine, *2008 Data Breach Investigations Report*, Verizon Enterprise, 2008, http://www.verizonenterprise.com/resources/security/databreachreport.pdf.

[四] Wade H. Baker, C. David Hylender, and J. Andrew Valentine, *2008 Data Breach Investigations Report*, Verizon Enterprise, 2008, http://www.verizonenterprise.com/resources/security/databreachreport.pdf.

一种通用语言，以结构化和可重复的方式描述安全事件"⊖。

到 2016 年，该数据集"由超过 10 万起事件组成，其中 3141 起被确认为数据泄漏"。其中，64 199 起事件和 2260 起泄漏构成了整个报告中分析和使用的最终数据集⊖。与 2008 年分析的 500 起入侵事件相比，这无疑是一个巨大的飞跃！

1.3　为什么要报告

人们很容易问这样一个问题："为什么数据泄漏事件没有被报告？"但或许更好的问题是："为什么要报告泄漏事件？"

报告数据泄漏事件的组织可能会遭受毁灭性后果，包括声誉、运营和财务影响。例如，在塔吉特于 2014 年宣布其信用卡数据泄漏事件之后，其第四季度的利润下降了 46%，即 4.4 亿美元⊜。几个月后，首席执行官格雷格·斯坦哈费尔（Gregg Steinhafel）辞职，此举与该泄漏事件被公开有关®。

发生数据泄漏后，家得宝公司遭受了艰难的消费者诉讼，最终在 2016 年以 1950 万美元达成和解。"这家家居装饰零售商将设立一个 1300 万美元的基金，以补偿消费者的实际损失，并花费至少 650 万美元为半年到 1 年的持卡人身份保护服务提供相应资金。"⑤安全公司 RSA 被黑客入侵后，其母公司 EMC 花费了 6600 万美元"来监控其公司客户的交易，它们担心自己的 RSA 安全令牌（长期以来被认为是保护敏感数据的黄金标准）在这次攻击中受到了损害"⊗。

声誉影响很难量化，但非常真实。波耐蒙研究所在 2011 年对 843 位"高级个人"进行调查发现，"因客户数据泄漏而导致公司品牌价值下降"的平均比例为 21%。如果泄漏

⊖　VERIS: The Vocabulary for Event Recording and Incident Sharing, http://veriscommunity.net (accessed January 5, 2018).

⊖　Verizon, *2016 Data Breach Investigations Report*, Verizon Enterprise, 2016, 1, http://www.verizonenterprise. com/resources/reports/rp_DBIR_2016_Report_en_xg.pdf.

⊜　MarketWatch, " Target's Profits Down $440M after Data Breach," *New York Post*, February 26, 2014, https://nypost.com/2014/02/26/targets-profits-down-46-after-data-breach.

®　Antone Gonsalves, " Target CEO Resignation Highlights Cost of Security Blunders," *CSO Online*, May 5, 2014, http://www.csoonline.com/article/2151381/cyber-attacks-espionage/target-ceo-resignation-highlights-cost-of-security-blunders.html.

⑤　Jonathan Stempel, "Home Depot Settles Consumer Lawsuit over Big 2014 Data Breach," *Reuters*, March 8, 2016, http://www.reuters.com/article/us-home-depot-breach-settlement-idUSKCN0WA24Z.

⊗　Hayley Tsukayama, " Cyber Attack on RSA Cost EMC $66 Million," *Washington Post*, July 26, 2011, https:// www.washingtonpost.com/pb/blogs/post-tech/post/cyber-attack-on-rsa-cost-emc-66-million/2011/07/26/ gIQA1ceKbI_blog.html.

仅影响了员工数据，则品牌的价值缩水仅为 12% [⊖]。

数据泄漏也可能产生更正式的声誉影响。例如，标准普尔（Standard & Poor）在 2015 年发布了一份报告，警告遭受数据泄漏的贷方可能会被降低级别⊜。

数据泄漏的运营影响也可能导致直接损失和品牌损害。2014 年，《福布斯》和 IBM 发布了一项联合研究，该研究表明业务中断（部分由数据泄漏引起）如何对业务产生深远的影响。正如《福布斯》总结的那样⊜：

> 一个小小的中断会造成收入损失、停工损失和系统恢复成本，积累起来可以达到每分钟 5 万美元……但是，持续宕机或重大安全漏洞是否会给公司声誉带来更大损失？
>
> 如果客户不能登录到你的网站，你不仅会失去今天的订单，而且也会冒着失去未来业务的风险，特别是对零售商而言。对金融机构来说，安全漏洞会吓跑客户，为欺诈提供便利。任何电信或 IT 公司的网络中断可能会让客户产生疑惑：他们为什么要把自己的声誉托付给一个可能会让他们看起来不称职的供应商？

由于所有的这些负面压力，以及没有明确的法律强制要求报告，甚至没有明确的"泄漏"定义，为什么组织还要报告数据泄漏？

一般来说，向公众报告数据泄漏的原因有以下三个：

- **数据泄漏已经是公开的或可能公开的。** 如果你看一下大多数数据泄漏新闻，会注意到它们通常是由调查记者首先报道的，或者涉及已经被公开泄漏的敏感信息。受影响的组织不得不报告并承认，事情确实已经发生了。2014 年，当调查记者布莱恩·克雷布斯在"暗网"上发现家得宝的客户信用卡信息并就此发表文章时，家得宝别无选择，只能立即发布一份公开声明。

- **有一个明确的法律要求报告，如果发生不当泄漏而未报告，将会对组织造成损害（如罚款）。** 例如，民权办公室有权对违反 HIPAA 的行为（包括数据泄漏报告要求）进行罚款，以及提起民事或刑事指控。这并不意味着被入侵的组织一定会通知公

⊖ Ponemon Institute LLC, *Reputation Impact of a Data Breach: U.S. Study of Executives and Managers* (Research Report Sponsored by Experian, November 2011), https://www.experian.com/assets/data-breach/white-papers/reputation-study.pdf.

⊜ Roi Perez, "S&P Could Downgrade Lenders to Standard and Poor for Cyber-Security," *SC Media UK*, October 1, 2015, http://www.scmagazineuk.com/standard-and-poor-to-downgrade-banks-credit-rating/article/441892.

⊜ Hugo Moreno, "Protecting Your Company's Reputation in a Heartbleed World," *Forbes*, April 14, 2014, https://www.forbes.com/forbesinsights/ibm_reputational_IT_risk/index.html.

众，而只是意味着它比其他不适用 HIPAA 的情况更有动力这么做。

- **泄漏的信息有被滥用的高风险，被入侵的组织可能要承担损害赔偿责任。**例如，在线密码存储应用程序 LastPass 在 2015 年发布了一份声明，通知用户数据遭到泄漏，并鼓励他们"更改主密码"[○]。

如果没有前述这些推动因素中的一个，被入侵组织公开披露数据泄漏（如果有的话）的动机就很少。

即使向公众报告了泄漏事件，通常也会遗漏关键细节。赛门铁克在 2016 年 ISTR 中将不完整报告列为一个关键问题[○]：

> 越来越多的公司选择不披露它们遭遇的全部泄漏情况。选择不报告已丢失记录的数量的公司增加了 85%……越来越多的公司在信息泄漏后选择不公布关键细节，这是一个令人不安的趋势。透明度对安全至关重要。尽管安全行业正在开展大量的数据共享活动，帮助所有人改进我们的安全产品和态势，但有些数据越来越难以收集。

1.4　心知肚明

谁都不知道现在有什么数据泄漏正在发生。公众每天都淹没在关于泄漏的新闻报道中，但是更多的泄漏事件却从未被报道过。发现入侵行为的组织面临着道德困境，因为没有明确的"正确"路径，而那些披露泄漏行为的组织可能要比那些保持沉默的组织遭受更大的损失。这一事实使我们甚至无法知道问题的真实程度。

"数据泄漏"的定义本身也存在争议。当我们甚至不能就某事的确切内容达成一致时，如何才能有效地对其做出反应呢？

作为一个社会，我们有很多工作要做。如果数据泄漏破坏了一个组织或者消耗了本可以用来支持工作或者为客户提供更好服务的资源，对任何人都没有好处。在未来的几年里，我们需要对"数据泄漏"的定义达成共识，弄清楚如何收集数据并开发精确的模型。我们需要更多的透明度，这样就可以分析数据泄漏的影响，并确定减少损失的有效策略。

作为一个社会，我们必须决定一个组织在数据遭到泄漏的情况下要做什么。然后，我

○ Joe Siegrist, " LastPass Security Notice, " *LastPass*, June 15, 2015, https://blog.lastpass.com/2015/06/lastpass-security-notice.html.

○ Symantec, "2016 Internet Security Threat Report, " *ISTR 21* (April 2016): 6, https://www.symantec.com/content/ dam/symantec/docs/reports/istr-21-2016-en.pdf.

们必须通过法律、行业标准和指导方针来明确地定义它，并激励被入侵的组织采取正确的措施。

自最早的计算机时代（20 世纪 70 年代）以来，被入侵的组织就反复地与相同的问题作斗争。即使是最早期的数据泄漏事件也与我们今天看到的有许多相似之处。在下一章中，我们将研究一些最早的数据泄漏事件，看看我们能学到什么，并介绍一种管理数据泄漏响应的全新现代化方法。

| 第 2 章 |

有 害 材 料

数据是有害材料。存储、处理或传输数据会给组织带来风险。为了有效地管理风险，安全专业人员必须了解导致数据泄漏风险的特定因素。在本章，我们将介绍五个数据泄漏风险因素，并讨论现代数据经济的崛起如何导致数据泄漏风险急剧上升。最后，我们将提供通过最小化和控制数据来降低风险的高级技巧。

1980 年 11 月 14 日中午，位于康涅狄格州威尔顿市的 NCSS 公司总部某办公桌上的电话响了，一位女士接起了电话。在电话的另一头，一个声音戏谑地问："你愿意为密码数据付多少钱？"[一]呼叫者指的是 NCSS 公司系统上高度敏感的数据库，其包含所有 14 000 个客户的 ID 和密码。但这并不好笑，他确实拥有该数据。

彼时，NCSS 是一家顶级的计算机分时共享公司。作为现代云提供商的先驱，NCSS 公司为银行、政府、工程、金融、公用事业等领域的约 3100 个组织提供数字化存储空间和远程处理服务，主要客户包括美国银行和邓白氏（Dun & Bradstreet，D&B）（于 1979 年收购了 NCSS 公司）[二]。

很难准确地知道 NCSS 公司的系统上有哪些数据（NCSS 公司同样也不知道，这与如今大部分云服务提供商没有对客户的数据进行盘存类似）。但是，由于拥有大量的客户，NCSS 公司的服务器上可能会有数百万人的社会保障号、银行账户记录、工资、信贷明细等信息。如果未经授权的人访问该目录数据并读取或修改任何客户的文件，可能会造成无法估量的损失。

盗窃犯

根据 FBI 的调查报告（公布于事发近 40 年之后），数据是被 NCSS 公司的前程序员布鲁斯·伊万·保罗（Bruce Ivan Paul）窃取的，他离职之后去了一家叫吉尔德（Guild）的小咨询公司。1980 年 6 月，在保罗离职后不久，一个神秘的入侵者在未经授权的前提下与 NCSS 公司的主机建立多次连接，连上了一个包含客户密码的备份数据库，并将文件转移到了 NCSS 系统上的"GUILD"账户里。在公司的内部异常报告中提出："该访问是基于保罗在 NCSS 工作时知道的客户 ID 完成的。一个可能的原因是，在他离职之后，这些客户 ID 对应的密码可能没有更改；另一个可能的原因是，他利用 DIRPRINT（一个 NCSS 程序员熟知的用于找回密码的命令）工具确定了密码。"[三]

在密码数据被转移到"GUILD"账户一个月后，保罗将数据传输到位于加州的一家名为传媒指标（Mediametrics）的公司的计算机系统中。传媒指标公司已从 NCSS 购买了

[一] "Event Report as of 1/21/81 08:45:30," FBI file 196A-397 (New Haven), FOIA/PA #1364189-0, E3df34b 6cc6c2a9a14ddc71e47c1a18b8d966c57f_Q3702_R343967_D1813129.pdf, January 21, 1981, 48 (obtained under the FOIA from the FBI; received March 2019).

[二] IT History Society, *National CSS, Inc.* (*NCSS*), http://www.ithistory.org/db/companies/national-css-inc-ncss (accessed April 29, 2019).

[三] Federal Bureau of Investigation, "Prosecutive Report of Investigation Concerning Bruce Ivan Paul; National CSS-Victim; Fraud by Wire-Computer Fraud," FBI file 196A-397 (New Haven), FOIA/PA #1364189-0, E3df34b6cc6c2a9a14ddc71e47c1a18b8d966c57f_Q3702_R343967_D1813131.pdf, October 6, 1981, 12 (obtained under the FOIA from the FBI; received March 2019).

一台微型计算机，同时聘请吉尔德来改进其软件，交换条件是提供免费的磁盘存储空间和对计算机系统的使用。对于吉尔德而言，这是一笔很划算的交易，因为在当时计算资源非常有限。由于个人计算机当时还未普及，吉尔德的团队非常急切地想利用传媒指标的磁盘空间资源。

到 1980 年 11 月，吉尔德和传媒指标之间的关系变得紧张起来。吉尔德很少参与传媒指标的项目，但是仍然日常使用该公司的计算机系统。11 月 7 日，吉尔德的活动造成了传媒指标的计算机系统崩溃。作为回应，传媒指标不再允许吉尔德访问其计算机，同时更改了吉尔德的密码，希望这样可以将其锁定⊖。然而并没有奏效。令人惊讶的是，几天之后，传媒指标的一名技术人员意识到吉尔德再次获取了传媒指标系统的访问权限。FBI 的报告说，吉尔德一定是使用了默认的管理员账号进行了入侵。

考虑到吉尔德也可能窃取了专有数据，传媒指标对吉尔德磁盘空间中的文件进行了清点⊜，并发现了一些可疑文件，其中似乎包含成千上万个被窃取的 NCSS 客户 ID 和密码信息，以及一些有价值的 NCSS 软件副本。一名技术人员测试了 3 个客户密码，发现能够成功访问 3 个 NCSS 客户的账户，这证明该数据有效。

排查

大约 1980 年 11 月 14 日中午，传媒指标公司给其在 NCSS 公司的联系人打电话，告知她关于数据失窃的事情。她转告了一个经理，该经理立即意识到了风险。根据 FBI 的采访，"他解释道，如果她说的是真的，那将是 NCSS 公司系统中最严重的安全问题，并将产生巨大的危害。"⊜

在内部电话会议之后，NCSS 决定对数据的真实性进行验证。NCSS 的一位员工通过终端远程登录了传媒指标公司上吉尔德的账户，开始分析其磁盘上的文件。在她在工作时，突然一条来自"BIPPER"（关联于"GUILD"账户）的短消息出现在她的屏幕上，"这到底是谁？"几分钟后，她的连接被强行终止。她重新连接后完成了验证，事实上该数据确实包含有效的客户数据。（此后不久，NCSS 的另一位员工接到了来自布鲁斯·伊万·保

⊖ Federal Bureau of Investigation, "FD-302," FBI file 196A-397 (New Haven), FOIA/PA #1364189-0, E3df 34b6cc6c2a9a14ddc71e47c1a18b8d966c57f_Q3702_R343967_D1813129.pdf, May 29, 1981, 85 (obtained under the FOIA from the FBI; received March 2019).

⊜ Federal Bureau of Investigation, "Prosecutive Report of Investigation Concerning Bruce Ivan Paul; National CSS-Victim; Fraud by Wire-Computer Fraud," FBI file 196A-397 (New Haven), FOIA/PA #1364189-0, E3df34b6cc6c2a9a14ddc71e47c1a18b8d966c57f_Q3702_R343967_D1813131.pdf, October 6, 1981, 12 (obtained under the FOIA from the FBI; received March 2019).

⊜ Federal Bureau of Investigation, "FD-302," FBI file 196A-397 (New Haven), FOIA/PA #1364189-0, E3df 34b6cc6c2a9a14ddc71e47c1a18b8d966c57f_Q3702_R343967_D1813129.pdf, May 29, 1981, 85 (obtained under the FOIA from the FBI; received March 2019).

罗的电话，询问谁在使用吉尔德账户。）

在确认了数据的有效性后，NCSS 进入下一阶段：损害控制。根据要求，传媒指标公司同意暂时将其计算机从网络中下线，以防止进一步的未授权访问。第二天早上，NCSS 的工作人员在现场会见了传媒指标公司，并收集了系统日志文件、备份磁带、打印输出和其他证据，这是一个数字证据取证的早期示例。

涉及执法

意识到潜在风险后，NCSS 的律师和公司管理团队也参与进案件解决中。在 1980 年，当时还没有计算机安全事件应急手册，没有泄漏事件通知书模板，没有数字取证专家，也没有"泄漏事件教练"来指导公司。确实，替另一家公司保管大量数据并将其丢失的情况，在当时也是新生事物[一]。

由于希望尽快从可疑的窃取者那里恢复密码文件，NCSS 的一名律师给 FBI 打了一通随后可能会后悔的电话[二]。NCSS 要求 FBI "低调地处理案件"，并从犯罪嫌疑人那里恢复密码数据[三]。

但是 FBI 拒绝保证机密性，无法对犯罪嫌疑人迅速采取行动以恢复被窃取的数据。《纽约时报》报道称："NCSS 高层突然变得有敌意且拒绝配合，并将事情交给律师出面处理。"为了推进调查，FBI 最终诉诸大陪审团，通过传票来威胁 NCSS[四]。

FBI 后来告诉新闻界这是一次"学习经历"。这当然也适用于 NCSS：一旦通知 FBI，调查便脱离了公司的控制。

第一个客户泄漏事件通知

之后，NCSS 的母公司邓白氏集团介入以监督 NCSS 对事件的回应。作为 NCSS 公司最大的客户之一，D&B 的执行团队很清楚 NCSS 系统上保存的账户中的数据的价值，以及如果滥用这些数据可能产生的赔偿责任。据《纽约时报》报道，"传统的 D&B 信贷服务已越来越依赖于 NCSS 的技术和网络……据熟悉 D&B 软件的 NCSS 技术人员说，任何人获取了 NCSS 的密码数据目录后，都可以随意更改、擦除或者创建数据。换句话说，至

[一] Harold Feinleib "A Technical History of National CSS," *IT Corporate Histories Collection*, March 4, 2005, http://corphist.computerhistory.org/corphist/documents/doc-42ae226a5a4a1.pdf.

[二] Federal Bureau of Investigation, "Complaint Form: FD-71," FBI file 196A-397 (New Haven), FOIA/PA #1364189-0, E3df34b6cc6c2a9a14ddc71e47c1a18b8d966c57f_Q3702_R343967_D1813129.pdf, November 15, 1980, 3 (obtained under the FOIA from the FBI; received March 2019).

[三] Vin McLellan, "Case of the Purloined Password," *New York Times*, July 26, 1981, http://www.nytimes.com/1981/ 07/26/business/case-of-the-purloined-password.html?pagewanted=1.

[四] Vin McLellan, "Case of the Purloined Password," *New York Times*, July 26, 1981, http://www.nytimes.com/1981/ 07/26/business/case-of-the-purloined-password.html?pagewanted=1.

少暂时，小偷可以创建或者减少信用值”⊖。

由于无法恢复被盗的数据，同时面临着持续的未经授权访问客户账户的风险，D&B 做出了前所未有的且有争议的决定——通知客户，NCSS 联络员开始给客户打电话。第二周，在 D&B 高管的命令下，NCSS 发送了后来被《纽约时报》戏称为“一家大型分时共享公司在该行业 25 年历史上面向整个客户群‘广播’的第一份安全警报”⊜。

如图 2-1 所示，通知函简短而恰当：告知了客户问题，但未透露任何细节。该通知函包括以下声明⊜：

> 我们注意到 NCSS 的一名前雇员可能已经获取了危害系统访问安全性的信息。尽管破坏任何客户的数据安全性的可能性很小，但根据我们维护绝对安全的承诺，强烈建议你立即更改用于访问 NCSS 系统的所有密码。

这封具有里程碑意义的通知函代表一种最小披露原则。NCSS 公司仅发布必要的信息，以最大限度地减少将来未授权访问客户数据的风险。重要的是，NCSS 公司没有强制要求客户更改密码，而只“敦促”客户这样做。强制为 14 000 个客户重置密码可能会导致使用中断和大量客户投诉。通过将风险告知客户群（实际上并没有直接说明密码已被盗），NCSS 公司在逼迫客户采取行动。

客户对通知函缺少细节以及措辞严谨感到沮丧。弗兰克·洛格里波（Frank Logrippo），是一家名为 Coopers&Lybrand 的审计师事务所的经理，被他的客服告知密码目录已经在位于加利福尼亚的另一家公司找到，并随后在第二周收到了上述通知函。他抱怨：“这不是‘可能被泄漏’，而是‘已经被泄漏了’！”

分时共享公司的竞争对手也批评了 NCSS 公司受众广泛而内容模糊的通知。竞争对手波音计算机服务公司的“保护和控制总监”切斯特·巴索洛缪（Chester Bartholomew）说：“从事这项业务的每个人都在应对入侵问题。通常，我们有足够的信息来对其进行精准打击，而不是放纵。”⑳㉑NCSS 公司从未透露实际发生泄漏的时间、密码文件已经被暴露多

⊖　Vin McLellan, " Case of the Purloined Password, " *New York Times*, July 26, 1981, http://www.nytimes.com/1981/ 07/26/business/case-of-the-purloined-password.html?pagewanted=1.

⊜　Vin McLellan, " Case of the Purloined Password, " *New York Times*, July 26, 1981, http://www.nytimes.com/1981/ 07/26/business/case-of-the-purloined-password.html?pagewanted=1.

⊜　Federal Bureau of Investigation, " Prosecutive Report of Investigation Concerning Bruce Ivan Paul; National CSS-Victim; Fraud by Wire-Computer Fraud, " FBI file 196A-397 (New Haven), FOIA/PA #1364189-0, E3df34b6cc6c2a9a14ddc71e47c1a18b8d966c57f_Q3702_R343967_D1813131.pdf, October 6, 1981, 12 (obtained under the FOIA from the FBI; received March 2019).

⑳　Boeing Frontiers, " A Step Back in Virtual Time, " *Boeing Frontiers* 2, no. 4 (August 2003), http://www.boeing.com/news/frontiers/archive/2003/august/cover4.html.

㉑　Vin McLellan, " Case of the Purloined Password, " *New York Times*, July 26, 1981, http://www.nytimes.com/1981/ 07/26/business/case-of-the-purloined-password.html?pagewanted=1.

久了或者如何确定某个特定账户是否已被访问了。在回应质询时，NCSS 拒绝透露任何进一步的细节，并指出"事件仍处于刑事调查中" ⊖。

图 2-1　1980 年 11 月发送给 NCSS 客户的通知函

（根据 FOIA 从 FBI 获得，在 2019 年 3 月收到）

对风险轻描淡写

目前尚不清楚 NCSS 是依据什么（如果有的话）得出了结论：实际不太可能真正泄漏客户数据。该公司没有提供任何表明客户账户未被访问的证据，但是有证据表明某些账户确实被访问了。例如，后来的审计发现了总部位于旧金山的大型保险公司威达信集团（Marsh & McLennan，简称"Marsh"）的系统被未授权者访问了，入侵者使用 NCSS 计算机上预置的默认管理员账号登录。经过审查，威达信的团队"无法确定未经授权的用户正在做什么"，但 99% 地确定该未经授权的用户没有更改任何文件，因为所有的文件在被入

⊖　Rita, Shoor. " Firm Avoids Security Breach with Customer Cooperation, " *Computerworld*, January 19, 1981, 13.

侵后都与之前一致⊖。

更糟糕的是，在 NCSS，发生大规模账户入侵的风险很高。在 NCSS 公司，很多人都可以访问客户密码，而且可以在不被发现的前提下复制和使用无数次。使用默认密码的情形也非常普遍。诸如威达信之类的客户未被告知其所购买的计算机具有可在其他客户系统上使用的账户密码，因此并没有考虑更改⊖。

媒体操纵

邓白氏迅速采取行动来控制媒体的反应，显然这很容易做到。流行的计算机杂志 *Datamation* 准备了一篇关于此事件的新闻报道，但 D&B 早在 1977 年就买下了该杂志并"否决"了该文章。《计算机世界》杂志在 1981 年发表了一篇题为 "Firm Avoids Security Breach with Customer Cooperation"（带有误导性），完美地表达了 D&B 公司的观点。

文章提出："当有权限访问敏感信息的员工自愿离开公司后，可以采取什么措施来防止安全漏洞？"在该文章中仅引用了一个消息来源（NCSS 公司的总裁大卫·费尔（David Fehr)），指出客户"在更改密码方面非常合作"⊜，问题得以解决。文章并没有提及在第三方计算机系统上发现密码文件的事实，或者未经授权的人访问了客户文件的可能性。

在某种程度上，在公众眼里，密码文件被盗的事件以某种方式演变成了一个故事：一个普通雇主如何面对无法预防的"潜在安全问题"，做出正确的决定，公司"选择让它的所有分时共享客户知晓这件事"，以便他们可以"换锁"⊗。

记者和公众对技术的了解有限，因此无法提出合适的问题。1981 年《纽约时报》的文章发表时，使用过计算机的很少，甚至不知道密码是什么，家用计算机几乎不存在。企业、政府和研究机构在分时共享服务器上租用空间，且只有一小部分员工能登录到分时共享系统处理数据，许多人根本不知道他们的私人数据保存在了计算机系统中。人们不了解电子信用报告的含义或用途，不存在"身份盗窃"的概念，并且大多数人认为社会保障号只可用于纳税申报以及社会保障服务。

因此，媒体并没有有效地调查和报道可能被暴露的数据的规模，而是聚焦于密码本身

⊖ Federal Bureau of Investigation, "FD-302," FBI file 196A-397 (New Haven), FOIA/PA #1364189-0, E3df 34b6cc6c2a9a14ddc71e47c1a18b8d966c57f_Q3702_R343967_D1813129.pdf, May 29, 1981, 85 (obtained under the FOIA from the FBI; received March 2019).

⊖ Federal Bureau of Investigation, "FD-302," FBI file 196A-397 (New Haven), FOIA/PA #1364189-0, E3df 34b6cc6c2a9a14ddc71e47c1a18b8d966c57f_Q3702_R343967_D1813129.pdf, May 29, 1981, 85 (obtained under the FOIA from the FBI; received March 2019).

⊜ Rita, Shoor. "Firm Avoids Security Breach with Customer Cooperation," *Computerworld*, January 19, 1981, 13.

⊗ Rita, Shoor. "Firm Avoids Security Breach with Customer Cooperation," *Computerworld*, January 19, 1981, 13.

被盗这件事。《纽约时报》最开始将事件描述为一个有关油轮撞到冰山的事故，并详尽报道了事故的细节，但未能调查清楚是否有石油真的泄漏了。

不可告人的秘密

FBI 的调查仍在继续。随着时间的流逝，NCSS 的前员工和司法部官员慢慢对媒体吐露实情。最终在 1981 年 7 月，《纽约时报》发表了一篇冗长的披露文章"The Case of the Purloined Password"，公布了数据泄漏的细节，公众才慢慢开始了解真相。《纽约时报》的文章揭示了 NCSS 及整个分时共享行业中普遍存在的且以前从未报告过的安全问题的历史。

自 20 世纪 70 年代后期以来的早期案例突然被揭露出来，表明多年来客户可以访问敏感的 NCSS 目录，当然包括其他客户的密码。美国银行的一名程序员曾证明他可以从银行的计算机访问 NCSS 目录，这促使 NCSS 公司进行了"6 个月的安全审查"。大约在 20 世纪 70 年代后期，NCSS 发现了在底特律的一组员工对系统进行了入侵，以定期获取对客户文件超过一年的非授权访问。

NCSS 公司的两名高管还声称，他们曾经向公司最大的直接竞争对手 SBC（Service Bureau Corporation）提供过密码目录，获取了 5000 美元的报酬。据报道，SBC 官员表示，他们"没有该事件的记录"。

业内的专业人士解答了这些问题。NCSS 的前雇员拉里·史密斯（Larry Smith）提到，"世界上的所有分时共享公司都存在这类问题"〇。FBI 采访的另一位专业人士表示，"NCSS 目录被盗窃并非出于犯罪目的。他提到了'黑客'一词，这在业界指有人试图破坏系统。他认为，只要程序和计算机信息的安全性在设计时存在漏洞，黑客就可以一直访问计算机业务。"〇

能学到什么经验教训

1980 年 NCSS 公司的这次事件并没有作为第一次泄密事件载入史册，故而未引起人们的广泛关注，但可能它本应该如此。因为 NCSS 公司几乎保存了 3100 多个客户的大量数据，而它们可能已被访问或更改。

NCSS 案例反映的很多问题，在今天仍与数据泄漏有关。NCSS 泄漏事件揭示了传统的安全问题如何导致数据泄漏的风险。这些问题包括：

- 内部攻击

〇 Vin McLellan, " Case of the Purloined Password, " *New York Times*, July 26, 1981, http://www.nytimes.com/1981/ 07/26/business/case-of-the-purloined-password.html?pagewanted=1.

〇 Federal Bureau of Investigation, " FD-302, " FBI file 196A-397 (New Haven), FOIA/PA #1364189-0, E3df 34b6cc6c2a9a14ddc71e47c1a18b8d966c57f_Q3702_R343967_D1813129.pdf, May 29, 1981, 85 (obtained under the FOIA from the FBI; received March 2019).

- 默认证书
- 共享密钥
- 不安全的密钥存储
- 缺乏有效监管
- 供应商风险

此外，NCSS 及其母公司邓白氏的响应，包含了现代数据泄漏响应的早期元素：

- 数字证据取证
- 执法参与（当时显然是一种"学习经验"）
- 正式泄漏通知
- 与泄漏相关的公关工作

最重要的是，NCSS 数据泄漏事件是一个有代表性的事件，因为它说明了将数据给他人保管及替他人保管数据如何给所有人带来风险。在分时共享系统上（例如在现代云中），客户担心他们的数据可能被未授权方访问，保管服务提供商担心在发生泄漏事件时可能产生的名誉损失和法律后果。各方必须共同努力，以将整个系统的风险降至最低。

正如将在本章中看到的，存储数据本身会带来风险。随着企业急于积累大量数据，发生数据泄漏的频率自然会增加。在下一节中，我们将了解数据收集会如何产生风险以及影响数据泄漏风险的五个因素。最后，我们将展示如何理解这五个因素是怎样帮助安全专业人士有效地评估和管理数据泄漏风险的。

2.1 数据是新的"石油"

1989 年 3 月，埃克森·瓦尔迪兹号（Exxon Valdez）大规模石油泄漏事件严重破坏了阿拉斯加的原始水域，立即杀死了成千上万的动物，并对海洋环境造成了不可估量的长期破坏，这是有史以来最严重的人为环境灾难之一。

具有讽刺意味的是，就在埃克森·瓦尔迪兹号石油泄漏事件发生前仅仅一个月，邓白氏执行官乔治·芬尼（George Feeney）热情地将信息比作石油⊖：

> 在石油业务中，从勘探石油开始，接着生产和提取石油，然后才考虑市场和分销……可将信息业务比作石油业务，在 20 世纪 70 年代和 80 年代初，我们搜集了数据，对其进行处理和完善，现在通过关键技术向客户提供数据。

⊖ Claudia H. Deutsch, "Dun & Bradstreet's Bid to Stay Ahead," *New York Times*, late ed. (East Coast), February 12, 1989, A1.

像早期的汽车修理工一样，在 20 世纪 70 年代和 80 年代，人们存储、使用和处置电子数据时没有考虑任何负面后果。确实，似乎在积累数据方面没有太大的弊端，反而具有很大的潜力。关于计算机入侵的公开事件少之又少，同时也没有关于数据存储或泄漏通知要求的法律法规，"数据泄漏"一词甚至都不存在。

事实证明，就像石油一样，数据可能会溢出并逃脱存储器的限制，而它确实做到了。

数据 = 风险

存储、处理或传输数据都会给企业带来风险，应将敏感数据视为有害材料。在没有安全标准或检查的情况下，不允许随意在整个物理设施中存储大量的石油、天然气或其他化学物品，那将是灾难的根源。应以与对待化学物品相同的方式，识别整个企业的敏感信息，并评估和管理与之相关的风险，确保数据安全地存储且符合法规要求，定期检查安全系统，当不再需要数据时应及时恰当地处理掉它们。

2.1.1　私密数据收集

有迹象表明，一些公司故意向公众隐瞒其数据收集行为，并认为让公众知道这一事实会让他们感到不安。例如，在 1981 年，《洛杉矶时报》发表了一篇名为" TRW Credit-Check Unit Maintains Low Profile—and 86 Million Files "的文章。虽然这在现在根本不会被视为新闻，但当时 TRW 公司的商业模式绝对让读者大开眼界。这篇文章是这样开始的⊖：

没有面向街道的窗户，侧面也没有公司标志，也没有指示内部是什么的标记，几乎没有什么能吸引过往驾驶者的目光。这样的外墙绝非偶然，因为里面存有几乎每个加利福尼亚人的超级敏感的财务和信用记录，这些人会在 Montgomery&Co 上为洗衣机付费，用万事达卡点餐或通过维萨卡购买机票。

该文继续向关心和好奇的公众读者解释信用报告是如何被收集、使用和更新的。尽管信用报告以较小的规模在特定的地区和行业中已经存在了数十年，但直到 20 世纪 80 年代初，计算机和通信技术的进步才使它们得以迅速扩展。曾经通过电话咨询查询业务的历史现在已变为通过电子方式传输……（信用报告公司）由从报刊上剪辑婚礼公告的'本地协

⊖　Tom Furlong, "TRW Credit-Check Unit Maintains Low Profile—and 86 Million Files," *Los Angeles Times*, September 18, 1981.

会（或局）'转变为"为整个社会服务的高效整合系统"⊖。

到 1981 年，TRW 公司保存了"大约 5 亿条消费者信息和 2200 万条商业信息，其中消费者信息的数量是 10 年前的 25 倍，而商业信息的数量在 5 年前则是零……对于那些担心数据被滥用的人而言，这么大的数据库的存在真是令人恐慌的奥威尔（Orwellian）现象"。难怪 TRW 公司如此低调。

2.1.2　TRW 公司数据泄漏事件

1984 年 6 月 21 日，当 TRW 公司成为公众关注的焦点时，公众的担忧似乎是有道理的。据《新闻日报》的卢·多利纳尔（Lou Dolinar）报道，"TRW 信息服务跟踪的 9000 万人的信用等级信息已经暴露于配备简单家用计算机的信用卡盗贼"⊜。Sears 用于检查客户信用报告的密码被窃取并被张贴到电子公告板上，据说时间长达两年半⊜。

与几年前 NCSS 案例中《纽约时报》的记者不同，多利纳尔的思路更清晰。虽然仅一个 TRW 客户的密码被泄漏了，但他意识到该密码是访问系统上所有消费者数据的密钥，一共 9000 万条记录。同时，1984 年的这一篇报道的标题"Computer Thieves Tamper with Credit"立刻引起了消费者的注意。相比之下，1981 年 NCSS 泄密事件的新闻报道标题"The Case of the Purloined Password"，对于大多数公众而言意义不大。

实际上，多利纳尔的结论（被盗窃的密码将 TRW 的所有消费者信息"暴露"给了潜在的盗贼）代表着媒体首次认为公司应当对潜在的数据泄漏负责，因为这可能导致数百万个账户被未经授权访问。TRW 有责任证明账户没有被未授权访问。

TRW 否认消费者的数据已经被暴露。TRW 发言人说："没有表明某人使用代码入侵了计算机中存储的记录的证据，包括信用卡卡号和全美超过 1 亿人的其他信息。我们唯一可以确定的是密码的私密性遭到了侵犯。"⑭

黑客们不同意这一观点。一位叫"Tom"的黑客告诉《信息世界》杂志："我就是那个盗窃密码的人。"他补充到，TRW 的回应是"推卸责任的谎言"⑮。

Sears 的发言人证实 TRW 已经通知该公司更改密码。但是，这一事实并没有让消费者放心，因为消费者是被"暴露"记录的对象，同时他们还未被告知有安全漏洞。

⊖　Mark Furletti, "An Overview and History of Credit Reporting," Federal Reserve Bank of Philadelphia, June 2002.

⊜　Lou Dolinar, "Computer Thieves Tamper with Credit," *Morning News* (Wilmington, DE), June 21, 1984, 9.

⊜　Christine McGeever, "TRW Security Criticized," *InfoWorld*, August 13, 1984, 14.

⑭　Marcida Dodson, "TRW Investigates 'Stolen' Password," *Los Angeles Times*, June 22, 1984.

⑮　Christine McGeever, "TRW Security Criticized," *InfoWorld*, August 13, 1984, 14.

TRW 公司的数据泄漏事件后来被安全专家莱尼·泽尔瑟（Lenny Zeltser）称为"第一个与身份盗窃有关的（引起媒体注意的）数据泄漏事件"⊖。TRW 数据泄漏事件说明了大规模积累数据的风险，无论全部 9000 万条记录是否真的已被盗窃，公众都要求 TRW 公司对每条记录的安全性负责。

作为对 TRW 公司数据泄漏事件的直接回应，美国众议院代表丹·格里克曼（Dan Glickman）对 1984 年《假冒访问设备和滥用法》(Counterfeit Access Device and Abuse Act) 进行了修正，该修正案将"未经授权访问受《隐私法》(Privacy Act) 和《公平信用报告法》(Fair Credit Reporting Act) 保护的信息视为联邦犯罪"⊖。20 世纪 80 年代法规的重点是惩治黑客，而不是要求企业对采取适当的计算机安全措施负责，以防止数据泄漏。二十年之后，美国立法者才通过法规以要求托管人对数据安全负责。

即使数据收集和处理的量在继续增加，保证安全存储数据的措施仍然落后。数据保存在安全性较差的存储器中，并通过未加密的通信线路传输，几乎没有发现和应对"数据泄漏"的措施。数据泄漏已成为系统性、广泛且普遍的问题。

2.2　五个数据泄漏风险因素

数据是有害材料，拥有越多数据，遭受数据泄漏的风险就越大。为了有效地管理风险，必须了解导致数据泄漏风险的因素。

通常，存在 5 个会影响数据泄漏风险的因素，它们是：

1）**保留时间**：数据存在的时间长度。

2）**扩散**：现有数据的副本数。

3）**访问**：有权限访问数据的人数、数据能被访问的方式以及获取访问权限的难易程度。

4）**流动性**：访问、传输和处理数据所需的时间。

5）**价值**：数据的价值。

正如将在下一节中看到的那样，技术的发展已经增加了这五个领域的风险。

⊖　Lenny Zeltser, " Early Discussions of Computer Security in the Media, " *SANS ISC InfoSec Forums*, September 10, 2006, https://isc.sans.edu/forums/diary/Early+Discussions+of+Computer+Security+in+the+Media/1685.

⊖　Mitch Betts, "DP Crime Bill Toughened," *ComputerWorld*, July 2, 1984.

2.3 数据需求

如今，各类组织和个人都在获取敏感的个人数据。这些组织推动了数据市场，主要参与者包括广告代理商、媒体、数据分析公司、软件公司和数据经纪人。来自一个组织的数据，可能通过合法交易或由于被盗窃和数据清洗，最终落入他们的手中。

了解如何使用敏感数据以及它为何有价值，将帮助你评估存储、处理或传输数据集的风险。在本节中，我们将研究数据市场中的关键参与者，并分析他们对敏感数据的需求如何影响数据泄漏的风险。

2.3.1 媒体机构

媒体机构为数据泄漏提供了强大的动力。即使提供机密信息会违反法律，许多人仍然会悄悄地为机密信息付费。例如，2008 年，加州大学洛杉矶分校医学中心的行政专家拉旺达·杰克逊（Lawanda Jackson）因向《国家询问者》杂志出售有关知名患者的医学信息被判罪，其中涉及布兰妮·斯皮尔斯（Britney Spears）、法拉·福塞特（Farrah Fawcett）、玛利亚·施莱沃（Maria Shriver）等人的治疗信息。检察官说，《国家询问者》"从 2006 年开始将总额至少为 4600 美元的支票存入了她丈夫的支票账户"[一]。

《国家询问者》最终因明星法拉·福塞特的事情而暴露了。《国家询问者》曾多次报告福塞特的就医细节。最终，她确信这些信息是从她接受治疗的加州大学洛杉矶分校的保健机构泄漏出来的。当她患上癌症后便和医生沟通，医生同意向她的家人和朋友隐瞒消息。"我和医生一起说好的。"福塞特说，"我说，'只有你和我知道'，如果消息被泄漏了，那肯定是从加州大学洛杉矶分校的保健机构传出来的。"但在就医的几天后，《国家询问者》就报告了福塞特的最新治疗消息。她说："我不敢相信竟然这么快就传出来了"[二]。

医院的雇员受到了审判并被定罪，但是《国家询问者》呢？在福塞特去世之前，她明确表示希望这本杂志受到指控："杂志方显然知道这就像购买被盗的物品一样，他们犯了罪，他们已经给泄密者付了钱"[三]。

《国家询问者》在一份声明中为自己的行为辩护，称："公开讨论（福塞特的）疾病是

[一] Shaya Tayefe Mohajer, " Former UCLA Hospital Worker Admits Selling Records, " *San Diego Union-Tribune*, December 2, 2008, http://www.sandiegouniontribune.com/sdut-medical-records-breach-120208-2008dec02-story.html.

[二] Charles Ornstein, "Farrah Fawcett: 'Under a Microscope ' and Holding On to Hope," *ProPublica*, May 11, 2009, https://www.propublica.org/article/farrah-fawcett-under-a-microscope-and-holding-onto-hope-511.

[三] Charles Ornstein, "Farrah Fawcett: 'Under a Microscope ' and Holding On to Hope," *ProPublica*, May 11, 2009, https://www.propublica.org/article/farrah-fawcett-under-a-microscope-and-holding-onto-hope-511.

为了给了解这种疾病提供一个宝贵而重要的机会"⊖。在对小报起诉前，福塞特和杰克逊都去世了⊜。

法拉·福塞特案件并不是一个孤立的案件，且远非如此。在另一起案件中，贝蒂·福特（Betty Ford）诊所的前雇员道恩·霍兰德（Dawn Holland）承认，媒体 TMZ 向她支付过 10 000 美元以获取信息和一份报告副本，该报告详述了林赛·罗韩（Lindsay Lohan）的就医信息。根据诊所文件，贝蒂·福特诊所就诊患者信息的机密性受州和联邦法规的保护⊜。TMZ 显然采取了一定的措施来掩盖资金的动向。《纽约时报》报道："TMZ 通过当时的律师基恩·戴维森（Keith Davidson）的银行账户向霍兰德付款，该律师的其他客户也曾在 TMZ 上露过面。霍兰德说，事件发生后，TMZ 不断地给她打电话，并且在治疗中心将她停职后，最终同意与她交谈。"⑭

公众对名人的个人详细信息（包括健康和医疗信息）的渴望，为提供数据的杂志、网站和电视节目创造了持续性的收入来源。"通过对来自这些机构的广告估算进行分析，这方面的收入每年超过 30 亿美元，这促使八卦行业大规模散布不实信息，这是自加利福尼亚法院 20 世纪 50 年代关闭丑闻报刊以来从未出现的。"⑮

媒体从何处获得推动其行业发展的趣闻？整个支撑行业如雨后春笋般涌现，以收集有关名人和其他有新闻价值的人的数据，从而帮敏感数据的提供者赚取快钱。"这个新的秘密交易涉及一批卖座的明星、昙花一现的怪人、高级经纪人和低级的骗子，其中许多人遵循一套惯常的规则，但这些规则并不总是与州和联邦法律相称，更不用说公序良俗和道德了。"《纽约时报》报道⑯。

一位八卦数据经纪人 Hollywoodtip.con 刊登广告说："我们为有效、准确、可用的名

⊖　Charles Ornstein, "Farrah Fawcett: 'Under a Microscope' and Holding On to Hope," *ProPublica*, May 11, 2009, https://www.propublica.org/article/farrah-fawcett-under-a-microscope-and-holding-onto-hope-511.

⊜　Jim Rutenberg, "The Gossip Machine, Churning Out Cash," *New York Times*, May 21, 2011, http://www.nytimes.com/2011/05/22/us/22gossip.html.

⊜　Patient confidentiality is federally protected by Alcohol and Drug Abuse Patient Records, 42 C.F.R. pt. 2; and/or HIPAA Privacy Regulations, 45 C.F.R. pts. 160, 164. See Hazelden Betty Ford Foundation, *Authorization to Disclose Medical Records*, https://www.hazelden.org/web/public/document/privacy-notice.pdf (accessed May 12, 2019).

⑭　Jim Rutenberg, "The Gossip Machine, Churning Out Cash," *New York Times*, May 21, 2011, http://www.nytimes.com/2011/05/22/us/22gossip.html.

⑮　Jim Rutenberg, "The Gossip Machine, Churning Out Cash," *New York Times*, May 21, 2011, http://www.nytimes.com/2011/05/22/us/22gossip.html.

⑯　Jim Rutenberg, "The Gossip Machine, Churning Out Cash," *New York Times*, May 21, 2011, http://www.nytimes.com/2011/05/22/us/22gossip.html.

人秘密付费。"⊖受不义之财的诱惑，低薪医疗保健员工（年薪只有 22 000 美元）被诱使着泄漏了像杰克逊和霍兰德这样的名人的医疗信息。

在流行歌星迈克尔·杰克逊去世后的几天（2009 年 6 月），洛杉矶县验尸官部门便被包围了。副验尸官艾德·温特（Ed Winter）说："他去世后的第二天，关于我们大楼里迈克尔·杰克逊的照片的报价就达到了 200 万美元。我们不得不关闭进入大楼的公共通道，但也发现有些人试图攀爬后面的护栏以闯入来获取他们想得到的任何信息。"

执法人员也在调查名人数据泄漏案件，但收效甚微。司法部对"名人健康记录和其他机密文件的非法泄漏事件进行了广泛的调查"，其中包括福塞特、斯皮尔斯和泰格·伍兹（Tiger Woods）。但是，由于购买数据通常会经过中间商，且以现金支付，因此很难跟踪。支撑媒体的中间数据经纪人的出现，使得执法人员判定泄漏是否发生这一事件更具挑战性，更不用说起诉了。一位调查人员说："有时我认为我们输了。"⊜

2.3.2　巨大的广告市场

营销机构可以在个人数据中发现巨大的价值，无论它们是为零售商、娱乐、医疗保健还是其他行业提供服务。"说出一种疾病，如阿尔茨海默病、心脏虚弱、肥胖、膀胱控制不良、临床抑郁症、肠易激综合征、勃起功能障碍甚至是 HIV，一些数据经纪人将会对此列出一份患有该病的人员名单，并将其出售给要进行营销的公司。"医学数据市场上的公开资料 *Our Bodies, Our Data* 的作者亚当·坦纳（Adam Tanner）说⊜。

零售商希望吸引有特殊需求的消费者，例如孕妇或糖尿病患者。医疗保健服务提供者出钱购买潜在患者清单，以便可以根据自己的专长来投放广告。制药公司也有直接的动机向可使用其产品治疗疾病的患者打广告，当然也包括这些患者的医生。参与集体诉讼的律师可能希望向患有特定疾病的人群发送通知。媒体提供商可能希望为可吸引具有特定兴趣的人的电影或电视节目投放有针对性的广告，以及与健康相关的数据。

如今，健康数据已与来自诸如 Acxiom 等大数据经纪人的消费者档案数据库结合以对消费者进行全面的调查。此外，数据分析公司可以根据偏好建模，然后基于消费者档案数据来预测实验者的疾病或与健康相关的兴趣。使用数字广告和分析学来挖掘消费者的精深

⊖ Jim Rutenberg, "The Gossip Machine, Churning Out Cash," *New York Times*, May 21, 2011, http://www.nytimes.com/2011/05/22/us/22gossip.html.

⊜ Jim Rutenberg, "The Gossip Machine, Churning Out Cash," *New York Times*, May 21, 2011, http://www.nytimes.com/2011/05/22/us/22gossip.html.

⊜ Adam Tanner, *Our Bodies, Our Data: How Companies Make Billions Selling Our Medical Records* (Boston: Beacon Press, 2017), 130.

数据，反过来这些数据又可用于增加和完善消费者资料。

IMS Healthg 的一名前高管鲍勃·梅洛德（Bob Merold）随意地描述了消费者的医疗数据如何用于定位在线广告："类似 IMS 的公司正在出售'这里有 400 万勃起功能障碍患者，这是他们的档案'的数据，然后谷歌将其加入算法中，当用户搜索捕鱼或相关内容时就会显示 Viagra 广告"[一]。

2.3.3　大数据分析

大数据分析是一个新兴行业。医疗保健生态系统中的机构有动力利用患者生活的各方面的数据，以便更有效地诊断和服务患者，同时赚钱。大数据分析在临床操作、医学研发、治疗成本预测和公共卫生管理等领域取得了巨大进步。

"麦肯锡估计，大数据分析每年可为美国的医疗保健支出节省超过 3000 亿美元，其中三分之二可通过减少约 8% 的国家医疗保健支出来实现。临床运营和研发是最大的两个潜在节约领域，分别节省了 1650 亿美元和 1080 亿美元。"[二]

许多其他类型的机构也可以利用健康数据和衍生产品来获取利益，包括广告公司、娱乐供应商和零售商。不断扩大的市场增大了个人健康数据的价值，并为销售、交易、处理和积累数据创造了新的动机。随着技术的进步和数据挖掘的日趋复杂，原始数据非常像原油：未精炼且具有巨大潜力。

健康数据分析依赖于个人健康数据的存储，例如：

- 处方记录
- 实验室化验结果
- 传感器数据，例如心率、血压、胰岛素水平
- 医生的记录
- 医学图像（X 射线、CAT 扫描、核磁共振成像等）
- 保险信息
- 结算明细

此外，其他类型的个人信息可用来扩充个人健康数据，例如：

- 社交媒体活动

[一] Adam Tanner, *Our Bodies, Our Data: How Companies Make Billions Selling Our Medical Records* (Boston: Beacon Press, 2017), 130.

[二] Wullianallur Raghupathi and Viju Raghupathi, "Big Data Analytics in Healthcare: Promise and Potential," *Health Information Science and Systems* 2, no. 1 (2014): article 3, doi: 10.1186/2047-2501-2-3.

- 网络搜索查询
- 购物记录
- 信用卡交易
- GPS 定位记录
- 人口记录
- 其他来源的兴趣和特征

彭博新闻社在 2014 年报道说："如果你的健身房会员资格失效，并养成了在结账柜台领取糖果棒或开始在大型商店购物的习惯，可能很快就会接到医生的电话。"[一]因为当时卡罗来纳州的医疗系统刚购买了 200 万人的消费者数据，包括购物历史和信用卡交易记录。

卡罗来纳州的医疗机构使用数据为患者进行风险评分，并最终计划与医生和护士定期分享患者风险评分，以便他们可以主动接触高风险患者[二]。《合理医疗费用法案》（*Affordable Care Act*）越来越多地将医疗报销与质量指标和临床结果挂钩，这增加了医院投资大数据分析的动力，从而帮助降低患者的再入院率，改善患者的整体健康状况。

当然，将新的消费者数据注入医疗生态系统会增加敏感数据的数量，从而增加潜在的数据泄漏的风险。

2.3.4 数据分析公司

大数据分析越来越多地由专业的数据分析公司进行，这些公司从各种来源收集数据，并生产供客户购买或利用的衍生数据产品。处理大规模数据需要对用于处理的硬件和软件，以及用于培训和开发的原始数据资源收集进行相应投资。分析公司通常有一个复杂的关系网络，包括数据源、客户、数据代理商和其他分析公司。个人数据在这个网络中流动，经常流向意想不到的地方。

Truven Health System 是一家医疗数据分析公司。根据该公司的 SEC（美国证券交易委员会）季度报告，2013 年，其拥有大约 3PB 的数据，其中包括"关于将近 2 亿个身份不明的患者的健康信息的 200 亿条数据记录"[三]。该公司的患者健康信息来自何处？该公

[一] Shannon Pettypiece and Jordan Robertson, "Hospitals Soon See Donuts-to-Cigarette Charges for Health," *Bloomberg*, June 26, 2014, https://www.bloomberg.com/news/articles/2014-06-26/hospitals-soon-see-donuts-to-cigarette-charges-for-health.

[二] Shannon Pettypiece and Jordan Robertson, "Hospitals, Including Carolinas HealthCare, Using Consumer Purchase Data for Information on Patient Health," *Charlotte Observer*, June 27, 2014, http://www.charlotteobserver.com/living/health-family/article9135980.html.

[三] U.S. Securities and Exchange Commission (SEC), "Truven Holding Corp./Truven Health Analytics, Inc.," Form 10-K, 2013, https://www.sec.gov/Archives/edgar/data/1571116/000144530514001222/truvenhealthq410-k2013.htm.

司最初以 MedStat Systems 的名义开始收集和分析大型企业的保险索赔，包括通用电气（General Electric）、联邦快递（Federal Express）等，并向客户提供免费的分析产品，以换取转售其匿名数据的权利[一]。1994 年，该公司被出售给 Thomson 公司，Thomson 公司后来又与路透社（Reuters）合并。

Our Bodies, Our Data 的作者亚当·坦纳，在 2007 年两家公司合并时是 Thomson-Reuters 的一名记者。坦纳表示："当我们记者得知新合并的公司现在拥有一个包含数千万患者历史数据的保险数据库时，感到非常惊讶。"[二]

Explorys 是另一家健康数据分析公司，在 21 世纪中期成为领导者。作为 Cleveland 诊所的一个分支，Explorys 积累了一个数据库，包含从 360 家医院收集的 5000 万患者的生活数据[三]。

今天，IBM 等科技公司大量购买患者的"健康信息"，以推动下一代由人工智能驱动的医疗诊断工具。2015 年，IBM 推出了 IBM Waston Health——一个由 Waston 人工智能系统驱动的基于云的健康分析平台。随后，IBM 投入巨资来构建其健康数据集。到 2016 年 4 月，它已收购四家健康数据公司，包括 Explorys（收购价不详）和 Truven Health System（收购价为 26 亿美元，可获得 2.15 亿患者的健康信息）。

总之，到 2016 年底，IBM Waston 积累了超过 3 亿患者的健康数据。该公司大力宣传其"支持 HIPAA"的云，吸引更多的医疗保健提供商将它们的数据上传到该系统，并与这家科技巨头合作。IBM 还与苹果建立了战略合作关系，为开发者发布了一个 ResearchKit，使开发人员可以使用 Waston 健康云作为后端，在 Apple Watch 或 iPhone 上使用健康应用程序存储和分析个人健康数据。第一个应用程序 Sleep Health 在 2016 年发布[四]。

大数据分析有着巨大的潜力。就像任何强大的工具一样，它可以造福社会，但如果不严格控制，也可以造成巨大的破坏。这个新兴的行业刺激了数据的保留，促进了数据的扩散，扩展了数据的可访问性，增强了数据的流动性，增加了个人健康数据的价值——这五个因素都增加了数据泄漏的风险。

[一] Adam Tanner, *Our Bodies, Our Data: How Companies Make Billions Selling Our Medical Records* (Boston: Beacon Press, 2017), 130.

[二] Adam Tanner, *Our Bodies, Our Data: How Companies Make Billions Selling Our Medical Records* (Boston: Beacon Press, 2017), 130.

[三] Rajiv Leventhal, "Explorys CMO: IBM Deal Will Fuel New Predictive Power," *Healthcare Informatics*, April 15, 2015, https://www.healthcare-informatics.com/article/explorys-cmio-ibm-deal-will-fuel-new-predictive-power.

[四] Laura Lorenzetti, "IBM Debuts Apple ResearchKit Study on Watson Health Cloud," *Fortune*, March 2, 2016, http://fortune.com/2016/03/02/ibm-watson-apple-researchkit.

2.3.5　数据经纪人

根据美国联邦贸易委员会的定义，数据经纪人是指"从各种来源收集信息（包括消费者的个人信息）的公司，目的是将这些信息转售给有各种目的的客户。这些目的包括验证个人的身份、区分记录、营销产品及防止金融欺诈"[一]。

数据经纪人是数据供应链的关键部分，数据泄漏是数据经纪人存在的自然结果，数据经纪人刺激并延续了数据泄漏行为。例如，消费者在商店购物时可能会生成购买历史等数据，这些数据由零售商收集，卖给数据经纪人，数据经纪人对数据进行分析，并归类用户，如"准妈妈"。然后该数据经纪人将其出售给一个更大的数据经纪人，后者将其与信用报告合并，以生成低收入准妈妈的名单。接着，这个名单由一家营销公司购买，用来做尿布广告。

为了支持它们的商业模式，数据经纪人收集大量各种各样的消费者数据，包括购买历史记录、健康问题、网络浏览活动、财务细节、就业记录、日常习惯、种族等。美联邦贸易委员会在2014年对9个数据经纪人进行了一项研究，发现"数据经纪人收集和存储了几乎所有美国家庭和商业交易的大量数据……一个数据经纪人的数据库中有14亿条消费者交易记录和超过7000亿条汇总数据元素的信息；另一个数据经纪人的数据库涵盖了1万亿美元的消费者交易记录；而另一个数据经纪人每月向数据库中添加30亿条新记录"[二]。

这些数据经过分析和提取以创建数据产品，例如那些旨在促进决策制定（背景调查、信用评分）、营销等的数据产品。因此，经纪人不仅需要维护从许多来源收集的原始数据的存储，还要维护整齐打包后的数据产品，其中包括使用数据分析得出的推论。这些产品基于多种原因而具有很大的价值。"数据经纪人有一个针对'糖尿病兴趣'的数据类别，无糖产品制造商可以利用它提供产品折扣，而保险公司可以利用它将消费者归为高风险人群。"[三]

没有人确切地知道有多少数据经纪人存在。世界隐私论坛（World Privacy Forum）的执行董事帕姆·迪克森（Pam Dixon）在2013年估计，这类公司可能有3500 ~ 4000

[一]　Federal Trade Commission, *Protecting Consumer Privacy in an Era of Rapid Change* (Washington, DC: FTC, 2012), https://www.ftc.gov/sites/default/files/documents/reports/federal-trade-commission-report-protecting-consumer-privacy-era-rapid-change-recommendations/120326privacyreport.pdf.

[二]　Federal Trade Commission, *Data Brokers: A Call for Transparency and Accountability* (Washington, DC: FTC, 2014), iv, https://www.ftc.gov/system/files/documents/reports/data-brokers-call-transparency-accountability-report-federal-trade-commission-may-2014/140527databrokerreport.pdf.

[三]　Federal Trade Commission, *Data Brokers: A Call for Transparency and Accountability* (Washington, DC: FTC, 2014), iv, https://www.ftc.gov/system/files/documents/reports/data-brokers-call-transparency-accountability-report-federal-trade-commission-may-2014/140527databrokerreport.pdf.

家⊖。2015 年，数据驱动营销经济（DDME）（包括帮助商业选择和向消费者做营销的数据经纪人子集）的价值为 2020 亿美元⊜。

通过购买、销售和共享信息，数据经纪人增加了数据副本的数量，以及可访问给定信息的人数。数据经纪人将庞大、复杂的数据集提炼成简洁、高度灵活的结构化数据片段，以便于传输给其他组织。许多人"无限期地"保留数据，以方便将来进行分析或进行身份验证⊜。当然，数据经纪人的目标是维护和增加它所持有的数据的价值，因为数据是它的产品。

简而言之，与新兴数据经济中的其他关键参与者一样，数据经纪人必然会增加所有这五种数据泄漏风险因素。

数据衰减

对于大数据分析或销售数据而言，数据是有时间价值的。随着时间的推移，大多数类型的信息都失去了价值。例如，随着人们换工作、搬家或去世，联系信息数据库逐渐失去价值。信用卡卡号会在多年后过期，或由于钱包丢失和欺诈行为而更改。医疗记录对 IBM 等数据分析公司很有用，这些公司试图利用人工智能来更好地预测治疗方案，但随着治疗方案的不断发展，这些记录也会过时。

在安全方面，数据衰减可能是一件好事。1970 年以来被盗的大量知识产权数据在今天可能毫无价值。许多组织将记录保留 20 年、30 年或 40 年（或更长时间），仅仅是因为没有得到明确的授权来销毁数据。鉴于数据泄漏法律和责任的出现，这可能导致风险的巨大积累。幸运的是，数据价值的自然衰减可以帮助抵消部分风险。

社会保障号盗窃仍然是一个大问题，原因之一是社会保障号的价值可以持续保留——对消费者和罪犯都是如此。由于社会保障号很少被更改，所以它们在许多年内仍然有用。

在应对数据泄漏时，对于机构而言，准确评估数据存储的类型和数量非常重

⊖　U.S. Senate, *What Information Do Data Brokers Have on Consumers, and How Do They Use It?* (Washington, DC: GPO, 2013), 75, https://www.gpo.gov/fdsys/pkg/CHRG-113shrg95838/pdf/CHRG-113shrg95838.pdf.

⊜　John Deighton and Peter A. Johnson, "The Value of Data: 2015," Data and Marketing Association, December 2015, https://thedma.org/wp-content/uploads/Value-of-Data-Summary.pdf.

⊜　Federal Trade Commission, *Data Brokers: A Call for Transparency and Accountability* (Washington, DC: FTC, 2014), iv, https://www.ftc.gov/system/files/documents/reports/data-brokers-call-transparency-accountability-report-federal-trade-commission-may-2014/140527databrokerreport.pdf.

要，同时还要考虑机构存储的各种信息的数据衰减率。对犯罪分子有价值的数据会带来更大的风险，然而在一定时间段后你的业务运营可能无须使用这些数据。比较数据随时间的衰减率与其对组织的有用性，以确定数据处理工作的优先级。

2.4　匿名化和重命名

对于机构而言，将数据集"匿名化"是一种常见的做法，删除诸如姓名和社会保障号之类的显式标识符，并将它们替换为诸如数字代码之类的单个标识符。这也被称为去标识化，其目的是减少与数据暴露相关的风险，同时保留可以挖掘的有价值的数据。通过删除识别特征，数据保管人可以推论，个人不会因数据暴露而受到伤害。HIPAA 等法规和其他法律都考虑了匿名化。通常，安全和泄漏通知要求不适用于匿名数据。

通常，数据保管人认为，如果数据集是"匿名的"，那么共享和发布数据集是安全的，不会造成损害。不幸的是，事实并非如此。匿名化通常是可逆的。肉眼看来，匿名的数据集似乎不可能映射到单个命名的主体。但在许多情况下，这样的任务实现起来可能易如反掌。怎么做？即便是匿名的数据也包含个人独有的信息，比如就诊时间、"生活方式兴趣"的特定组合以及个人特征。通过将这些独特的细节映射到其他数据源，如选民登记表、购买历史、营销列表或其他数据集，可以链接到数据库并最终识别个人。

这意味着即使是匿名的数据也有被泄漏的风险。为了证明这一点，1997 年哈佛大学的研究员拉坦亚·斯威尼（Latanya Sweeney）在马萨诸塞州保险委员会（GIC）发布的"去识别化数据库"中识别出了州长威廉姆·威尔德（William Weld）的医院记录。正如法学教授保罗·欧姆（Paul Ohm）所述[⊖]：

> 在 GIC 公布数据时，时任马萨诸塞州州长的威廉姆·威尔德向公众保证，GIC 删除了标识符，从而保护了患者的隐私。作为回应，研究生斯威尼开始在 GIC 数据中寻找州长的医院记录。她知道州长威尔德住在马萨诸塞州剑桥市，该市有 54 000 名居民和 7 个邮政编码。她花了 20 美元从剑桥市购买了一份完整的选民名册，其中包括每位选民的姓名、地址、邮编、出生日期和性别。通过将这些数据与 GIC 的记录相结合，斯威尼轻松地找到了威尔德州长。剑桥市只有六个

⊖　Paul Ohm, " Broken Promises of Privacy: Responding to the Surprising Failure of Anonymization," *UCLA Law Review* 57 (2010): 1701, https://papers.ssrn.com/sol3/papers.cfm?abstract_id=1450006 (accessed January 18, 2018).

人是这天生日，其中只有三个是男性，而只有威尔德的住所和邮编对应。戏剧性的是，斯威尼博士把州长的健康记录（包括诊断和处方）寄到了他的办公室。

某些匿名化方法比其他方法留下了更多的残留风险。这些风险取决于匿名后的数据集中仍保留了哪些信息。数据保管人必须决定删除数据集中的哪些细节以及保留哪些细节。如果保留的信息太多，而数据集又被暴露，则可能会导致数据泄漏（如果不是按照法律的定义，至少按照公众的定义是这样的）。

2.4.1　匿名化错误

Netflix 艰难地发现无效的匿名化可能会导致数据曝光、公关危机和诉讼。2011 年，作为一个宣传噱头，该公司举办了一场比赛，看谁能根据用户之前的电影评分，创造出预测用户电影评分的最佳算法。为此，Netflix 公布了一个"匿名"数据集，其中包含来自48 万多个订阅者对 1 亿部电影的评分。数据集中的每一项都包括对每个订阅者唯一的数字标识、每部已评分电影的详细信息、评分日期和订阅者的评分。

研究人员阿文德·纳拉亚南（Arvind Narayanan）和维塔利·施玛蒂科夫（Vitaly Shmatikov）对电影预测不像对隐私那么感兴趣。他们分析了 Netflix 的数据集，发现可以通过将每项数据和 IMDB 网站上一小部分公开信息进行比较来重新标识用户。作为概念验证，研究人员通过将电影评论数据与网上发布的公共 IMDB 电影评级进行交叉关联，重新确定了两个 Netflix 用户。根据 IMDB 的服务条款，研究人员仅使用了可用的公共评论中的一小部分。仅根据电影评论的日期和内容，研究人员就可以将两个也出现在Netflix 数据集中的 IMDB 评论者联系起来，并根据他们的 IMDB 个人资料对其进行识别。

曾在 Netflix 的"同性恋"分类中观看过多部电影的某女士（Jane Doe），是在 Netflix 有奖竞赛数据集中被公开电影评分历史的人之一。她对 Netflix 公司提起了集体诉讼，声称如果她的性取向被公之于众，"将会对她谋生和养家的能力产生负面影响，并会妨碍她和她的孩子在当前社区里的平静生活。"⊖作为一家音像制品供应商，Netflix 受 1988 年的《视频隐私保护法》（Video Privacy Protection Act）的监管，该法案是在美国最高法院提名人罗伯特·博克（Robert Bork）的视频租借历史被泄漏给媒体后制定的。

在法庭文件中，原告描述了他们所谓的"断背山因素"。从本质上讲，一个人的观影历史可以揭示的远不止一个人的娱乐偏好。"Netflix 用户的电影数据可能会泄漏该用户

⊖ Jane Doe v. Netflix, Inc., 2009, San Jose Division, CA, https://www.wired.com/images_blogs/threatlevel/2009/12/doe-v-netflix.pdf.

的隐私信息，比如性取向、宗教信仰或政治立场，这些数据还可能揭示出用户在家庭暴力、酗酒或滥用药物等问题上的个人困境。"[一]在美联邦贸易委员会和公众施加的压力下，Netflix 最终解决了这起诉讼，并取消了 Netflix 的有奖竞赛[二]。

重命名

"重命名"一词目前尚未被收入词典，但评论员大卫·S. 伊森伯格（David S. Isenberg）在 2009 年对此定义如下[三]：

使用"匿名化"数据集（从中删除了显式标识数据的数据集）中的数据来发现生成数据的特定个人。

重命名通常是通过将去匿名化的数据集与其他数据源（如选民登记表、住院记录、购物历史记录等）相结合来进行的。

2.4.2　大数据消除了匿名性

保存了关于数百万消费者的数十亿条数据的数据经纪人，可以访问大型数据库，这些数据库可用于方便地对不同数据集进行重命名和链接。事实上，数据经纪人经常链接从不同来源获得的数据集，并提供旨在将在线消费者与其离线活动联系起来的产品。数据经纪人可以从不同来源购买匿名数据集，并在符合其业务需求的情况下使用自动化工具将各个点连接起来。

作为世界上最大的数据收集机构之一，美国国家安全局（NSA）能够根据文体学并结合庞大的书写样本数据库，来识别匿名的比特币创建者中本聪。

企业家亚历山大·谬斯（Alexander Muse）解释说："通过提取中本聪的文本并找出50 个最常用的词，NSA 可以将其文本分成 5000 个单词块，并通过分析找出这 50 个词的出现频率。"然后，NSA 将中本聪的写作风格的"指纹"与包含数万亿书写样本的情报数据库进行比较，包括 PRISM 和 MUSCULAR 程序。"NSA 能够将超过十亿人的数万亿篇文章与中本聪的文章放在同一平面上，以找到他的真实身份。这项工作在不到一个月的时

[一]　Jane Doe v. Netflix, Inc., 2009, San Jose Division, CA, https://www.wired.com/images_blogs/threatlevel/2009/12/doe-v-netflix.pdf.

[二]　Steve Lohr, "Netflix Cancels Contest after Concerns are Raised about Privacy," *New York Times*, March 12, 2010, http://www.nytimes.com/2010/03/13/technology/13netflix.html.

[三]　David S. Isenberg, "Word of the Day: renonymize," *isen.blog*, May 28, 2009, http://isen.com/blog/2009/05/word-of-the-day-renonymize/.

间内就取得了积极的结果。"[一]

简而言之，数据经纪人的规模越大，就越容易从所谓的"匿名"数据集中找出"你"。

2.5　跟踪数据

在巨大的潜在收益和利润的驱动下，各机构以惊人的速度积累了计算机化的数据。手写记录已被录入数据库；文件柜经过扫描最终变成电子记录，然后文件柜被清空。没有了物理限制，组织可以存储更多数据。而且，由于数据检索时间以毫秒而不是以分钟为单位，因此也可以分析更多的数据。由于数字化和结构化数据格式的出现，数据变得更易流动（更易于传输），这使得共享和交易变得更加容易，从而导致更大的扩散和数据市场的兴起。

在本节中，我们将通过示例供应链跟踪数据流，以便更好地了解多年来数据泄漏风险是如何扩大的。本示例将重点关注个人健康数据，因为它是一个很好的示例，显示了现代经济中复杂的数据处理关系。

2.5.1　药房案例分析

在 20 世纪 70 年代末和 80 年代初，美国各地的药房开始安装计算机系统。大量包含有个人信息、保险明细和处方的文件柜被数字化，这使得药剂师能够更快地处理订单、检测错误、节省开票时间（由于保险报销而变得非常复杂）并识别欺诈。顾客还可以享受额外的福利，比如可以在一个连锁店的多个地方配药——这是一个强大的竞争优势。

很快，药剂师们发现他们可以利用自己的计算机数据库来赚取额外的钱。例如，西弗吉尼亚州的连锁药房 Medicine Shoppe 的老板托马斯·梅尼汉（Thomas Menighan）在 1978 年安装了一个计算机系统。一家名为 IMS Health 的公司很快就找到了他，"愿意每月付给他 50 美元，让他把处方文件复制到一张 8 英寸的软盘上，然后邮寄过去。"[二]利诱让他兴奋不已，他把药店的数据库拷贝到磁盘上，邮寄出去后收到了 50 美元。"我还以为自己是个强盗呢！"药剂师感慨道。

患者可能会同意。人们基本上不会意识到他们的处方数据在药房之外是被共享的，更是几乎不知道这些数据被用来帮助制药公司在复杂的数据驱动的营销和销售计划中瞄准医生。

[一] Alexander Muse, "How the NSA Identified Satoshi Nakamoto," *Medium*, August 26, 2017, https://medium.com/cryptomuse/how-the-nsa-caught-satoshi-nakamoto-868affcef595.

[二] Adam Tanner, *Our Bodies, Our Data: How Companies Make Billions Selling Our Medical Records* (Boston: Beacon Press, 2017), 130.

IMS Health 成立于 1954 年，是一家早期的数据经纪人。它为制药公司和其他机构提供了市场情报信息。通过从药店收集详细的处方和销售记录，该公司可以告知药品制造商哪些产品实际上正从药店下架[一]。

"看，你正在创造的数据是一个副产品。它正在消耗你的系统。"IMS 的执行官罗杰·科曼（Roger Korman）说。这描述了公司如何说服信息来源共享数据。"为什么不把它变成资产出售呢？"[二]

IMS 报告包括药物和配药量，以及患者的年龄和其他特征。在将数据发送到 IMS 前，通常（尽管并非总是）会删除个人姓名。重要的是，处方医生的名字也包括在内。这项"医生识别数据"使 IMS Health 可以将医生处方史的详细报告卖给药品制造商，然后药品制造商将单个医生作为目标对象对其进行复杂的销售和营销计划。药品制造商意识到，医生是市场的守门人。IMS 在广告中写道："研究表明，每周从每位处方医生那里仅再赢得一张处方，每年的销售额将增加 5200 万美元。因此，如果没有精准地瞄准目标，那么可能会浪费一大笔钱。"[三]

药品制造商蜂拥地购买 IMS 报告。据亚当·坦纳说，如今一家大型制药公司可能每年会为 IMS 产品和服务支付 1000 万到 4000 万美元。他写道："无论成本是多少——价格肯定很高，制药公司都必须拥有它们。"[四]

反过来，药房连锁店现在通常会计划从其数据库销售中获得收入。CVS Health 公司的执行官彼得·洛夫伯格（Peter Lofberg）表示："几乎每个从事这行的人都有一些关于去识别化的处方数据的交易安排。CVS Caremark 是该市场的数据提供商之一。在零售业务方面，其也有相当广泛的数据收集，从会员卡到用于追踪人们购物方式的东西。与大多数零售商一样，在零售药房方面，其将向市场研究公司等出售某些类型的数据。"[五]坦纳说，现在，药房的每张处方可产生 1 美分的利润，对于大型连锁药店而言，这些利润加起来可达到数百万美元[六]。

[一]　Adam Tanner, *Our Bodies, Our Data: How Companies Make Billions Selling Our Medical Records* (Boston: Beacon Press, 2017), 130.

[二]　Adam Tanner, *Our Bodies, Our Data: How Companies Make Billions Selling Our Medical Records* (Boston: Beacon Press, 2017), 130.

[三]　Adam Tanner, *Our Bodies, Our Data: How Companies Make Billions Selling Our Medical Records* (Boston: Beacon Press, 2017), 130.

[四]　Adam Tanner, *Our Bodies, Our Data: How Companies Make Billions Selling Our Medical Records* (Boston: Beacon Press, 2017), 130.

[五]　Adam Tanner, *Our Bodies, Our Data: How Companies Make Billions Selling Our Medical Records* (Boston: Beacon Press, 2017), 130.

[六]　Adam Tanner, *Our Bodies, Our Data: How Companies Make Billions Selling Our Medical Records* (Boston: Beacon Press, 2017), 130.

2.5.2   数据浏览

随着机构开始利用第三方软件供应商，软件供应商突然意识到它们可以访问的数据的价值，并决定也要从中获利。其结果是，曾经存在于一个机构中的敏感数据被第三方供应商收集和挖掘，它们利用这些数据并将数据产品出售给更多的机构。数据激增和扩散，增加了数据供应链中所有各方泄漏的风险。

"我们正在实时获取大量数据！"弗里茨·克里格（Fritz Krieger）认为，他于 1998 年受聘为一家名为 Cardinal Health 公司的管理数据销售。Cardinal Health 是一家药品批发商，还提供一项名为 Script LINE 的服务，其帮助药剂师最大化和管理他们的保险费用，这意味着可以在每笔交易的处理过程中进行实时访问。Cardinal 与 CVS、沃尔玛、Kmart 和 Albertson 联手开发了一款在线产品 "R(x)ealTime"，其可向订阅者提供实时销售数据[⊖]。

Cardinal Health 只是从流经其产品的数据中获利的众多软件提供商之一。坦纳解释说："随着越来越多的保险计划涵盖处方药，出现了一种称为交换中心或交换机的数据处理器。这些公司将药房或医生办公室的索赔转给那些支付账单的人，例如保险公司或医疗保险中心等。运行交换机和制药软件程序的企业家发现，他们可以通过向二级市场出售专业知识来赚取额外的钱。"[⊜]通常，药剂师自己甚至都不知道是谁在出售"他们的"数据。

当意识到软件供应商从电子交易中"窃取"数据时，药剂师们开始反击。1994 年，伊利诺伊州的两家药房起诉了一家小型软件公司 Mayberry Systems，指控该软件供应商未经授权出售其处方数据（盗用商业机密）。该诉讼后来扩大到包括数据购买者 IMS Health，并被认定为集体诉讼，涉及同为 Mayberry 客户的所有 350 家药店。后来，在 2003 年，又有两家药店对 IMS Health 和向其出售数据的 60 家软件供应商提起诉讼，称它们"盗用了商业机密"（如处方数据），并在未经授权或超出任何授权范围的情况下使用这些信息。在 2004 年 IMS 以大约 1060 万美元的价格解决了这两起诉讼，并继续开展工作[⊜]。

AllScripts 的成熟把医学数据浏览带到了一个全新的高度。AllScripts 是为医生通过电子方式向药房发送处方的服务开发的，已扩展到包括电子医疗记录，从而可以从美国三分

⊖ Biz Journals.com, " Cardinal Health, Others Form Prescription-Data Analysis Firm, " *Columbus Business First*, July 30, 2001, https://www.bizjournals.com/columbus/stories/2001/07/30/daily2.html.

⊜ Adam Tanner, *Our Bodies, Our Data: How Companies Make Billions Selling Our Medical Records* (Boston: Beacon Press, 2017), 130.

⊜ U.S. Securities and Exchange Commission (SEC), " IMS Health Incorporated 2004 Annual Report to Shareholders, " Exhibit 13, https://www.sec.gov/Archives/edgar/data/1058083/000104746905006554/a2153610zex-13.htm (accessed May 12, 2019).

之一的医生办公室和美国一半的医院中获得详细的患者记录⊖。其通过收集、挖掘和销售患者数据来获利。2000 年，IMS 向 AllScripts 投资了 1000 万美元。AllScripts 的前首席执行官格兰·图尔曼（Glen Tullman）表示："现在如果看看 AllScripts，会发现数据业务是唯一推动该公司盈利增长的因素。这是当今世界的一颗重要宝石，这些数据来自电子健康记录。"⊜

Practice Fusion 是一个基于 Web 的电子健康记录（Electronic Health Record，EHR）系统，现已向医疗服务提供者免费提供其软件。该公司通过出售广告和与第三方共享数据来创收。2015 年《华尔街日报》报道称："Practice Fusion 处理远程存储于在线数据库中的 1 亿条患者记录，以在可能需要治疗或测试时提醒提供者。这些信息中有一些是赞助的，可让营销人员做出最终的推断：在适当的时机向适当的医生、适当的患者发出精准的提示。"⊜

甚至最大的 EHR 参与者也开始采取行动：作为价值 280 亿美元的电子医疗记录系统市场的领导者，Cerner 出售对其患者数据库的访问权限®。据它的高级副总裁大卫·麦卡利（David McCallie Jr.）称，Cerner 使用"数据安全区"提供访问权限，允许客户远程分析数据而无须下载完整的数据库。Cerner 的网站宣传说："我们的战略分析解决方案通过提供预先构建的内容和各种分析可视化工具，从而提供发现新见解的能力。"⑤

"数据浏览"的出现为医疗数据创造了一个全新的市场。与此同时，这也大大增加了数据泄漏的风险，敏感数据激增并扩散到更多的机构。那些已经拥有敏感数据的人发现，可以用新的方式将其货币化，这使得他们有动力收集更多的数据。

2.5.3 服务提供商

同样，服务提供商发现，当接收数据以提供服务时，其通常可以出于完全不同的目的重新利用这些数据以获利。这推动了数据的扩散，刺激更多人访问敏感数据，并增加了用于创建数据产品的原始数据的价值。

⊖　Adam Tanner, *Our Bodies, Our Data: How Companies Make Billions Selling Our Medical Records* (Boston: Beacon Press, 2017), 130.

⊜　Adam Tanner, *Our Bodies, Our Data: How Companies Make Billions Selling Our Medical Records* (Boston: Beacon Press, 2017), 130.

⊜　Elizabeth Dwoskin, " The Next Marketing Frontier: Your Medical Records," *Wall Street Journal*, March 3, 2015, https://www.wsj.com/articles/the-next-marketing-frontier-your-medical-records-1425408631.

⑭　Adam Tanner, *Our Bodies, Our Data: How Companies Make Billions Selling Our Medical Records* (Boston: Beacon Press, 2017), 130.

⑤　Cerner, *Analytics: Uncover the Value of Your Data*, https://www.cerner.com/solutions/population-health-management/analytics (accessed January 8, 2018).

实验室就是最好的例子。当患者的检测结果准备好时，实验室不仅可以将其与医生共享结果，还可以与付费接收报告结果的客户共享。根据 HIPAA 的要求，患者的身份信息通常被删除，但是医生的身份数据仍然保留，这意味着制药公司知道哪些医生的患者有相关的诊断。销售代表可以立即（甚至在医生有机会再次见到患者之前）联系医生，让他相信他们提供的药物是正确的治疗选择。

在实验室记录方面，Progos 是一家领先的经纪公司，宣称其登记系统包含"涉及 35 个病区的 1.75 亿患者的超过 110 亿份临床诊断记录"。"数据来自何处？"Quest Diagnostics、LabCorp、Cigna 和 Biogen 都被公开称为"合作者"。该公司的主要产品 Prognos DxCloud "吸收了所有付款人的实验室数据，包括从新的实验室中连接和提取，以扩大实验室数据的覆盖范围……通过发达的、安全的数据连接访问和 Web 服务，为支付者提供可行的健康帮助与健康提示，从而确保在正确的时间将实验室数据交付给正确的人"[一]。Prognos DxCloud 用于保险风险评估和成本分析、治疗决策、研究等。

2.5.4 保险

保险公司也在采取行动。Blue Cross Blue Shield 的衍生公司 Blue Health Intelligence 宣称自己是"全美最大的健康信息分析数据仓库"，其拥有"全美超过 1.72 亿独立会员超过 10 年的索赔经验数据"。包括安森保险（Anthem）和联合健康集团（United Health）在内的其他保险公司也提供类似的服务。

2012 年，IMS 激动地宣布，其将与 Blue Health Intelligence 合作发布一款名为 PharMetrics Plus 的产品。该数据库包含"从 2007 年至今超过 1 亿的商业会员经生效判决确定的药房、医院和医疗索赔记录，患者信息已匿名"[二]。根据产品广告，这些数据包括：

- 诊断
- 过程
- 已安排诊断和实验室测试（无实验值）
- 注册
- 门诊就诊

- 急诊就诊
- 家庭护理
- 治疗费用和数据
- 开 / 关配方状态
- 不良反应

[一] Marketwired, "New AI Cloud Platform by Prognos Transforms Member Lab Data to Address Business Challenges for Payers," press release, May 10, 2017, http://markets.businessinsider.com/news/stocks/New-AI-Cloud-Platform-by-Prognos-Transforms-Member-Lab-Data-to-Address-Business-Challenges-for-Payers-1002000305.

[二] B.R.I.D.G.E. To_Data, *QuintilesIMS Real-World Data Adjudicated Claims: USA [QuintilesIMS PharMetrics Plus]*, https://www.bridgetodata.org/node/824 (accessed January 8, 2018).

- 住院治疗
- 自付额 / 免赔额
- 全部医疗和药房费用

IMS 还宣称"不同来源的数据可以根据要求（例如，来自电子医疗记录、注册数据、实验室数据）进行链接，以提供额外的详细临床信息"[⊖]。潜在的购买者可能包括制药公司、营销公司、研究人员、医疗机构和其他分析公司。

Kaiser Permanante 公司的高管比尔·桑德斯（Bill Saunders）解释说，保险公司经常与分析公司共享去识别化的索赔数据，以获取直接利润或服务交易。"Blues plans 是最大的索赔数据供应商……许多小保险公司也向其提供数据，以用索赔数据换取免费的分析服务。"[⊜] Milliman、Ingenix 等分析公司代表保险公司处理数据，并根据患者年龄和性别、使用率基准、服务成本预测等因素为保险公司提供风险评分。根据桑德斯的说法，Kaiser 不会将索赔数据提供给数据经纪人。

保险公司还向雇主和团体提供完全可识别的索赔信息。运营自负盈亏团体的雇主通常会聘请保险公司来管理索赔。在这种情况下，由于雇主拥有索赔数据，保险公司必须向雇主提供完全可识别的索赔记录，这意味着拥有自负盈亏保险政策的雇主可以查看员工的处方记录、医疗程序等。这些机构中的企业安全专业人员常常不知道他们的网络中存在如此精细的健康数据，直到泄漏行为发生。

美国政府也要求提供详细的索赔信息，桑德斯说："根据政府的要求，这些数据没有去识别化。"桑德斯还说，保险公司必须向美国各州的保险项目提供详细、可识别的索赔信息。"希望这些公司有良好的安全系统来对数据进行管理和保密。"

当然，保险公司并不是索赔数据的唯一来源。Health Care Markets 公司的高级副总裁扎克·亨德森（Zach Henderson）说："实际上，至少有三个地方存在同样的索赔信息表。它们存在于创建索赔的系统（提供者）、传输用于索赔的票据的交换所和支付索赔的实体（付款人或 PBM）。"[⊛]任何一个或所有实体都可以挖掘数据并与他人共享结果，这进一步增加了数据曝光的风险。

2.5.5 美国州政府

美国州政府收集有关处方和住院记录的大量详细信息，并经常向企业或研究人员出售

[⊖] B.R.I.D.G.E. To_Data, *QuintilesIMS Real-World Data Adjudicated Claims: USA [QuintilesIMS PharMetrics Plus]*, https://www.bridgetodata.org/node/824 (accessed January 8, 2018).

[⊜] 作者与比尔·桑德斯的谈话，2017 年 6 月。

[⊛] Adam Tanner, *Our Bodies, Our Data: How Companies Make Billions Selling Our Medical Records* (Boston: Beacon Press, 2017), 130.

或共享这些数据。在这些环境中工作的安全专业人员（或能够访问数据的人员）应该了解所收集数据的范围，以及去识别化技术的局限性。

哈佛大学研究人员肖恩·霍利（Sean Hooley）和拉坦亚·斯威尼（Latanya Sweeney）表示："美国 33 个州以某种形式发布医院出院数据，其中包含不同级别的人口统计信息和住院细节，如医院名称、入院和出院日期、诊断、就诊医生、付款人和费用等。"各州政府不受 HIPAA 法规的约束，每个州都可以自由决定何种程度的去识别化是足够的 ⊖。

在华盛顿州，医院被要求与州政府共享住院详细信息，包括"患者的年龄、性别、邮编、账单费用，以及他们的诊断和程序代码"。华盛顿州现在拥有一个从 1987 年到现在的住院记录数据库，并向公众开放 ⊜。

2013 年，斯威尼以 50 美元的价格购买了华盛顿州的住院数据库，并试图将医疗记录与新闻报道进行匹配。她发现 43% 的情况下，"新闻消息可以完全匹配州数据库中的记录"，这使得她能够快速、轻松地重新识别记录。斯威尼总结道："雇主、金融机构和其他人都知道新闻报道中所报道的同类消息，这使他们能够轻松地识别员工、债务人和其他人的医疗记录。"⊜

根据 2013 年彭博社的报告，商业数据经纪人和分析公司 IMS Health、Milliman、Ingenix，WebMD Health 和 Truven Health Analytics 是美国州立医院出院数据的最大购买者。⑭通过这种迂回的方式，敏感的医疗信息可以进入数据供应链，然后可以与其他数据源（如购买记录、网上冲浪活动等）结合在一起，创建出令人震惊的个人生活详细记录。根据具体的细节、合同义务和特定的司法管辖，在美国的州或联邦法律中，公开这些数据常常不被视为违法。

2.5.6   成本 – 收益分析

数据已经成为一种宝贵的资源，也是一种有价值的商品。计算能力和数字存储空间的扩展导致机构将敏感数据集成到日常业务流程中，以提高效率和生产率。数据分析工具的发展引发了数据经纪行业的兴起，并为收集和共享数据创造了强大的直接利益驱动，这造

⊖ Sean Hooley and Latanya Sweeney, "Survey of Publicly Available State Health Databases" (whitepaper 1075-1, Data Privacy Lab, Harvard University, Cambridge, MA, June 2013), https://thedatamap.org/1075-1.pdf.

⊜ Washington State Department of Health, *Comprehensive Hospital Abstract Reporting System (CHARS)*, https://www.doh.wa.gov/DataandStatisticalReports/HealthcareinWashington/HospitalandPatientData/HospitalDischargeDataCHARS (accessed January 9, 2018).

⊜ Latanya Sweeney, "Matching Known Patients to Health Records in Washington State Data" (Data Privacy Lab, Harvard University, Cambridge, MA, June 2013), https://dataprivacylab.org/projects/wa/1089-1.pdf.

⑭ "Who's Buying Your Medical Records?," Bloomberg, https://www.bloomberg.com/graphics/infographics/whos-buying-your-medical-records.html (accessed January 9, 2018).

成机构收集、存储、处理和传输的敏感数据量在全球范围内增加。

与此同时，监管滞后。在后续的章节中我们将看到，数据泄漏法律和标准通常适用于最明显地收集敏感数据的机构（如医疗诊所和收集支付卡数据的商人），而较为低调的交换数据的机构（如分析公司和数据经纪人）基本上不受监管。更重要的是，与当前购买、出售和利用的各种敏感数据规模相比，受现有数据泄漏法律和标准保护的信息非常有限。

从历史上看，很少有机构会对其数据泄漏事件负责。通常，数据泄漏的成本由数据主体本身或整个社会承担。然而，随着公众变得更加精明，法规不断发展以及媒体也在更深入地追踪敏感数据，这种情况正在慢慢改变。

随着越来越多的机构承担起数据泄漏的代价，存储数据的成本 – 收益比将发生变化，降低数据泄漏的风险变得越来越重要。

2.6　降低风险

与任何类型的有害材料一样，机构减少数据泄漏风险最快、最便宜的方法是将存储的数据量最小化，这要求大多数现代机构对数据的收集和传输方法进行根本性的转变，这些机构在过去几十年中尽可能多地收集数据，然而却将其存储在管控相对松散的位置。对机构选择保留的任何敏感数据都要仔细跟踪，以受控方式存储，并在不再需要时进行适当处理。

2.6.1　跟踪你的数据

减少并保护敏感数据的第一步是明确你拥有什么数据并跟踪它。为此，必须建立一个数据分类程序，进行清单清点，并创建一个数据地图。在此过程中，请密切注意数据可能脱离控制的地方。

2.6.1.1　数据分类

数据分类方案是每个强大的网络安全和泄漏响应程序的基础。通常建议将数据分为3到5类。表2-1显示了一个样本数据分类方案，包括公共、内部、机密和私有（在本例中，包括个人身份信息和患者健康信息）4类。

2.6.1.2　盘点数据

接下来，花点时间创建一份机构敏感信息的详细清单。根据所拥有的数据类型，机构可能希望的粒度不同。拥有有限敏感信息的小型机构可能能够在电子表格中合理地维护此清单，有更复杂需求的机构应该考虑使用企业数据管理软件。

表 2-1   样本数据分类方案

类　型	定　义	示　例
公共	任何人都可以访问的数据	新闻公告 网站主页 营销资料
内部	机构内任何人都可以访问的数据，公开发布不会对机构或个人造成重大伤害	内部网站 一般员工通信
机密	只有授权用户才能访问。披露工作可能会因财务损失、声誉损失或正常运营的延迟 / 失败而对机构、业务合作伙伴或公众造成严重的负面影响	专有或敏感研究 财务细节 审计结果 密码
私有	能识别和描述个人的信息，未经授权的披露、修改、销毁或使用可能导致违反法规或合同，或对个人或机构造成严重损害	SSN 支付卡数据 驾照号码 医疗信息

你有多少数据？请估计每种类型的敏感信息的数量。某些类型的信息，如社会保障号（SSN）、支付卡数据或驾照号码，可以用记录的数量来衡量。其他数据，如客户账户或医疗档案，可以通过自然人的数量来衡量。对于更复杂的数据集，如法律文件，最有用的方法可能是简单地通过数据量（即 TB）进行衡量。最后像知识产权（如可口可乐的保密配方）等数据，最有效的方法可能是衡量其价值，以美元或其他货币为单位。

大多数机构倾向于低估它们所存储的敏感数据的数量。当我为网络空间保险政策审查进行初步面试时，通常会询问客户保存了多少记录。客户通常会说："嗯，我们有 4 万名客户，所以大约有 4 万人的记录。"然后我问："你将保留客户信息多长时间？"通常情况下，答案是"永远"，或者不确定。那么 4 万条记录会迅速膨胀到数十万条，因为该机构实际上保留了前 20 到 30 年甚至超过这个范围的客户数据。

2.6.1.3　映射数据流

一旦有了机构中敏感信息类型的全面列表，就可以映射信息流，从而了解其所在位置。你会发现创建数据流程图非常有用，它是信息流的直观表示。

许多数据防泄漏（Data Loss Prevention，DLP）系统的功能中有自动发现整个网络中的敏感数据，并可以生成信息流的报告或可视化地图。某些云提供商还提供内置的 DLP和数据清单工具。例如，Offce365 包含内置的数据防泄漏功能，使你能够"在整个租期中发现包含敏感数据的文档"[⊖]。

[⊖]　*Form a Query to Find Sensitive Data Stored on Sites*, Microsoft, https://support.office.com/en-us/article/Form-a-query-to-find-sensitive-data-stored-on-sites-3019fbc5-7f15-4972-8d0e-dc182dc7f836 (accessed January 19, 2018).

企业/个人接口

在我的家乡蒙大拿州，我们经常讨论如何管理荒地与城市交界地带的风险，即"未开发土地与人类发展之间的过渡地带"。人们喜欢住在森林、草原和其他未开发地区附近，同时也享有社会的便利。这些地区的房屋和建筑遭受野火和其他危险破坏的风险更高，应该采取特殊的预防措施来降低发生危机的风险[一]。

同样，"企业/个人接口"也会带来特殊的风险，应该有意识地去管理。什么是"企业/个人接口"？它是企业技术和个人资产之间的过渡区域。机构是否允许员工通过个人设备或在家办公来查看电子邮件？如果允许，那么机构数据可能会流入个人设备而不受控制。员工有时还试图将企业数据转发到他们的个人账户，这样就可以"绕过"妨碍他们在家办公的技术控制。这是一种常见的风险，可能会导致违规和数据泄漏。

尽管DLP系统可以降低这种风险（如果它们基于强大的技术，并经过精心调整和监控），但并没有万能的方法。建议为机构仔细地定义"企业/个人接口"，并使用管理和技术来控制数据。

2.6.2　最小化数据

最小化数据是降低风险的最快方法。一旦很好地掌握了数据在机构中的位置，便可以使用以下三种策略之一将其最小化：处置、降低价值或一开始就放弃收集。

2.6.2.1　处置

仔细权衡选择保留的每种数据的风险和收益，并有意识地设置限制。定期删除系统中不再需要的数据。用一个正式的策略来定义数据保留期和删除过程是很重要的，这样机构中的每个人都能遵循同一策略。机构通常以多种格式存储数据（纸张、CD、服务器上的比特和字节、磁带），处置的最佳实践取决于格式，有些方法比其他方法更安全。创建流程，然后定期进行审计和报告，以确保该流程得以遵循。

2.6.2.2　降低价值

通常，可以从存储数据中受益并降低风险。一种方法是利用"令牌化"，即用不同的、不太敏感的值替换敏感数据字段的过程。使用令牌化，可以删除对暗网犯罪分子来说有价

[一] National Wildfire Coordinating Group, *Wildland Urban Interface Wildfire Mitigation Desk Reference Guide* (Boise: NWCG, May 2017), 4, https://www.nwcg.gov/sites/default/files/publications/pms051.pdf.

值的信息，但仍保留对你有用的内容。

例如，直到 21 世纪初，许多医疗保险公司仍使用 SSN 作为投保人的标识符，并将其打印在医疗保险卡上。随着时间的推移，保险公司用一种完全不同的标识符取代了 SSN，这种标识符无法轻易被利用或用于欺诈。

2.6.2.3　放弃

仔细检查数据收集过程。所收集的所有数据都是你需要的吗？所保留的数据是否有值得冒风险的价值？如果答案是否定的，就不要收集！通过不收集数据，可以避免产生安全成本，以及发生数据泄漏的风险。

2.7　小结

数据已成为一种强大的新资源，推动了新的市场，提高了效率和生产率。同时，它很难控制并且很容易泄漏。数据泄漏的频率在增加，这给机构和消费者造成了声誉影响和经济损失。

在本章中，我们提出了这一重要原则：

$$\textbf{数据 = 风险}：像对待任何有害材料一样对待数据。$$

我们还介绍了影响数据泄漏风险的五个因素。这些因素是：

1）**保留时间**：数据存在的时间长度。

2）**扩散**：现有数据的副本数。

3）**访问**：有权限访问数据的人数、数据能被访问的方式以及获取访问权限的难易程度。

4）**流动性**：访问、传输和处理数据所需的时间。

5）**价值**：数据的价值。

最后，我们讨论了用于最小化环境中敏感数据的技术，这将从本质上降低数据泄漏的风险。

| 第 3 章 |

危 机 管 理

　　数据泄漏是危机，应进行相应的处理。当数据泄漏使人头疼时，传统的 NIST 事件响应模型的价值就很有限了。为此，我们引入了危机管理模型，并展示了如何将其应用于数据泄漏响应中。本章将以艾可菲公司的数据泄漏事件为例，说明危机沟通的重要性，并讨论在遭遇数据泄漏时如何最小化声誉损失的策略。

2017 年 9 月 7 日，"三大"征信机构之一的艾可菲（Equifax）公司宣布了一起大规模的数据泄漏事件，影响到大约 1.43 亿美国消费者，几乎占整个美国人口的一半。到尘埃落定之时，该公司宣布有 1.466 亿美国消费者，以及约 1500 万英国民众和 1.9 万加拿大人受到了影响⊖。

根据艾可菲公司的新闻稿，"泄漏的信息主要包括姓名、社会保障号（SSN）、出生日期、地址、驾照号码等。此外大约 18.2 万名美国消费者的带有个人身份信息的争议文件和 20.9 万个美国消费者的信用卡卡号也被不法分子获取。"⊜

几乎一半美国人口的 SSN 被暴露了。世界隐私论坛执行董事帕梅拉·迪克森（Pamela Dixon）说："这太糟糕了。如果你有一份信用报告，那么有超过半数的可能性它已经遭到泄漏。"⊜

艾可菲公司花费了六个星期来调查此次泄漏事件，并且有条不紊地准备着披露工作。在向大众公开时，它做了以下几件事：

- 整理出完美的新闻稿。
- 保留了 King & Spalding LLP 公司的网络安全律师。
- 雇用取证公司美国网络安全公司曼迪昂特（Mandiant）进行调查。
- 向美国联邦调查局报告了这一事件。
- 搭建了一个网站（www.equifaxsecurity2017.com）以便消费者确认他们的数据是否被泄漏，如有需要，还可以在网站上了解公司提供的针对此次数据泄漏事件进行补救的产品。
- 建立客服中心以协助消费者。根据首席执行官瑞克·史密斯（Rick Smith）的说法，该公司在不到两周的时间内招聘和培训了数千名客户服务代表。
- 史密斯说他们开发了"可靠的补救方案"，其中包括"监控所有三个征信机构的消费者信用档案，访问艾可菲公司的信用档案，锁定艾可菲公司信用文件的能力，提供保险策略，用于支付与身份盗窃有关的费用，以及在暗网上扫描消费者

⊖　Equifax, "Equifax Announces Cybersecurity Incident Involving Consumer Information," *Equifax Announcements*, September 7, 2017, https://www.equifaxsecurity2017.com/2017/09/07/equifax-announces-cybersecurity-incident-involving-consumer-information.

⊜　Equifax, "Equifax Announces Cybersecurity Incident Involving Consumer Information," *Equifax Announcements*, September 7, 2017, https://www.equifaxsecurity2017.com/2017/09/07/equifax-announces-cybersecurity-incident-involving-consumer-information.

⊜　T. Siegel Bernard, T. Hsu, N. Perlath, and R. Lieber, "Equifax Says Cyberattack May Have Affected 143 Million in the U.S.," *New York Times*, September 7, 2017, https://www.nytimes.com/2017/09/07/business/equifax-cyberattack.html.

的 SSN"[1]。

这些看起来很美好，但却出了大问题。

泄漏公告发布后，艾可菲公司的股价急剧下跌。此后不久，首席信息官和首席安全官都辞职了。几周之内，首席执行官瑞克·史密斯也辞职了。

在泄漏事件发生的两个月内，艾可菲公司面临着 240 多起消费者集体诉讼，以及金融机构和股东提起的诉讼。该公司在 SEC 10-Q 季度报告中表示："正在与包括美国 50 个州司法部长办公室，以及哥伦比亚和波多黎各地区，联邦贸易委员会，消费者金融保护局，美国证券交易委员会，纽约州金融服务部门，以及美国、英国和加拿大的其他监管机构在内的联邦、州、市和外国政府机构以及官员进行合作，以调查或其他方式寻求信息和文件……"[2]

在艾可菲公司发布 2018 年第一季度报告时，该公司已花费 2.427 亿美元来应对这一事件。2019 年 7 月，艾可菲公司同意支付高达 7 亿美元，以与联邦贸易委员会、消费者金融保护局以及美国 50 个州和地区达成和解。

此次泄漏事件使无监管的数据经纪行业成为人们关注的焦点。美国国会提出了一系列新的立法，例如《国家数据泄漏通知法案》《信用报告错误更正的法案》，甚至是《免受艾可菲公司剥削（FREE）法案》，这将给予消费者对信用报告冻结和欺诈警报更多的控制权。甚至还提出了《数据经纪人责任和透明度法案》，该法案将"迫使包括最近发生数据泄漏的征信公司艾可菲公司在内的数据经纪公司实施更好的隐私和安全措施"[3]。

首席执行官瑞克·史密斯在宣布数据泄漏事件当天大胆地表示"艾可菲公司不会由这一事件来定义，而应由我们的应对方式来定义"。说的没错，虽然艾可菲公司的泄漏行为本身很糟糕，但正如我们看到的那样，正是该公司的应对措施将其转变为彻底的灾难。

在对泄漏事件的及时响应中，艾可菲公司做出的选择破坏了人们对其能力、品格和

---

[1] *Hearing on "Oversight of Equifax Data Breach: Answers for Consumers" Before the Subcomm. on Digital Commerce and Consumer Protection of the H. Comm. on Energy and Commerce*, 115th Cong. (October 3, 2017), https://docs.house.gov/meetings/IF/IF17/20171003/106455/HHRG-115-IF17-Wstate-SmithR-20171003.pdf (prepared testimony of Richard F. Smith, former Chairman and CEO, Equifax).

[2] U.S. Securities and Exchange Commission (SEC)," Equifax Inc.," Form 10-Q, 2017, https://www.sec.gov/Archives/edgar/data/33185/000003318517000032/efx10q20170930; Hayley Tsukayama," Equifax Faces Hundreds of Class-Action Lawsuits and an SEC Subpoena over the Way It Handled Its Data Breach," *Washington Post*, November 9, 2017, https://www.washingtonpost.com/news/the-switch/wp/2017/11/09/equifax-faces-hundreds-of-class-action-lawsuits-and-an-sec-subpoena-over-the-way-it-handled-its-data-breach.

[3] Joe Uchill," Dems Propose Data Security Bill after Equifax Hack," *Hill*, September 14, 2017, http://thehill.com/policy/cybersecurity/350694-on-heels-of-equifax-breach-dems-propose-data-broker-privacy-and-security.

关心的看法，从而失去了公众的信任。这对艾可菲公司甚至整个数据经纪行业都敲响了警钟。

3.1 危机和机遇

根据危机管理专家史蒂文·芬克（Steven Fink）的说法[⊖]：

> 危机是一种多变的动态状态，包含着同等的危险和机遇。无论好坏，这都是一个转折点。

正如任何经验丰富的网络安全专家会告诉你的那样，大多数数据泄漏事件都是"动态变化的事务状态"（这也是提前规划应对举措是如此具有挑战性的原因之一）。每一次数据泄漏（或疑似数据泄漏）都涉及固有的危险。数据泄漏有可能招致客户、股东和员工的不满和商誉损失，还有被起诉和罚款的危险、象征性和不必要的解雇或重组的风险（这会破坏团队士气和业务运作），甚至会造成直接的财务、声誉和业务损失。

但是，数据泄漏会带来巨大的机会。当你陷入危机之中时，很难专注于积极的方面，但是这样做却可以获得回报。数据泄漏的发生是有原因的（实际上，就像车祸一样，它们通常是多重故障的结果）。作为回应，我们看到企业突然比以往任何时候都更有效地与客户、员工和股东进行沟通，努力倾听、理解并做出反应。数据泄漏事件可能很快会让效率低下的领导者下台，并引发急需的管理变革。它们可以激励管理层适当地优先考虑并投资于现代计算机技术，从而提高安全性和效率。从长远来看，它们可以成为推动组织甚至整个行业变得更强大的催化剂，使之成为更安全、更有组织、更有效的沟通者。

危机的后果取决于你的反应方式。不幸的是，很少有组织将数据泄漏作为潜在的危机，因此没有用必要的资源来有效地管理这个级别的数据泄漏。就像处理危险废品的组织一样，任何存储、处理或传输大量敏感数据的组织都应做好应对数据泄漏危机的准备。

3.1.1 事件

如今，大多数对数据泄漏有规划的组织都将其作为网络安全事件响应计划的一部分，该计划通常是在 IT 部门内部进行的。这主要是出于历史原因，并非这是最佳策略。在 21 世纪初期，诸如 Blaster、Slammer 和 MyDoom 之类的强力蠕虫在整个网络上造成了严重

的破坏，感染了数十万台计算机，并导致网络中断。信息安全团队通过实施杀毒、网络监视、入侵检测、修补和重新制作镜像来处理此类事件。显然，社区需要一个模型来规划和应对这类威胁。

2004 年 1 月，美国国家标准与技术研究院（NIST）发布了其第一本 *Computer Security Incident Handling Guide*。什么是"事件"？美国国家标准与技术研究院的说法："计算机安全事件是指，对计算机安全政策、可接受的使用策略或标准安全实践的违反或迫在眉睫的威胁。"⊖

经典的 NIST 模型将周期性事件响应过程分解为四个高级别阶段，如图 3-1 所示：

1）准备。

2）检测和分析。

3）遏制、根除和恢复。

4）事后的活动。

图 3-1　NIST 事件响应生命周期

来源：NIST，*Computer Security Incident Handling Guide*。

从理论上讲，应对者们大致以线性循环的方式经过这些响应阶段，并可以根据需要不断地回到先前的阶段。

NIST 事件响应生命周期模型应用于 21 世纪初最广泛的网络安全事件时效果非常好。当检测到病毒或蠕虫时，对其进行分析，然后使用网络限流或杀毒软件进行"遏制"。被感染的系统被清除或重新镜像（"根除"）；数据也被重存（"恢复"）；最后，这一事件被记录下来，必要时在总结会议上进行讨论。

⊖　Paul R. Cichonski, Thomas Millar, Timothy Grance, and Karen Scarfone, *Computer Security Incident Handling Guide*, Special Pub. 800-61, rev. 2 (Washington, DC: NIST, 2012), https://nvlpubs.nist.gov/nistpubs/SpecialPublications/NIST.SP.800-61r2.pdf.

从那以后，全美各地的组织都把它作为规划和管理网络安全事件响应（包括数据泄漏）的基础。这就是问题所在：虽然 NIST 指南对管理许多类型的计算机安全事件非常有帮助，但我们将看到，数据泄漏通常不只是一个事件，因此必须以不同的方式管理。

3.1.2 每个数据泄漏事件都不同

在 NIST 事件响应生命周期中，监管机构因疏忽对你的组织进行罚款的部分在哪里？首席执行官在哪里发表公开声明？通知信、给保险公司的电话、集体诉讼都在哪里？

NIST 模型可能适用于"数据保密性的丢失"，但是坦率地说，简洁的 NIST 模型在处理数据泄漏事件时并不是那么有用。大多数组织都在网络安全事件响应计划中包含了数据泄漏，但当实际发生数据泄漏事件时，这些计划就被抛到脑后了。

> 管理和应对数据泄漏的最大错误是，假设数据泄漏是计算机安全事件。但它通常远远不止这些。数据泄漏是一种危机，必须对它进行相应的处理。

3.1.3 意识到危机

危机管理专家伊恩·米特罗夫（Ian Mitroff）仔细地区分了事件和危机，如下：

- 事件是"一个较大系统的一个组件、一个单元或一个子系统的中断，如核电站的阀门或系统发电机。事件发生时，整个系统的运行没有受到威胁，只是有缺陷的部分得到了修复"。
- 危机是"一种影响整个系统的扰乱"⊖。

史蒂文·芬克进一步将危机定义为"任何有风险的潜伏期症状"：

1）强度不断升级。

2）受到媒体的密切关注。

3）干扰业务的正常运行。

4）损害公司或其管理人员当前的正面公众形象。

5）以任何方式破坏公司的底线⊜。

从本质上讲，数据泄漏在 Fink 的上述五类表述中都制造风险。

⊖ T. Pauchant and I. Mitroff, *Transforming the Crisis-Prone Organization* (San Francisco: Jossey-Bass, 1992), 12.

⊜ Steven Fink, *Crisis Management: Planning for the Inevitable*, rev. ed. (Bloomington, IN: iUniverse, 1986), 23-24.

3.1.4　危机的四个阶段

NIST 事件响应生命周期对于某些类型的事件非常有用。然而，拥有一个模型的目的是帮助我们更好地理解情况并更有效地做出反应。当涉及数据泄漏时，芬克的危机管理模型是理解数据泄漏管理和响应的更有用的工具，我们将在本书中看到这一点。

芬克认为，每一次危机都经历四个阶段。这些阶段如下所示[一]：

- **潜伏期**——"危机前"阶段，在这一阶段，有一些警告或前兆，如果采取行动，可以使应对者最小化危机的影响。
- **突发期**——根据芬克的说法，这是"混沌统治的时代"。在这个阶段，危机已经在组织外部显现出来，领导层必须解决它。
- **蔓延期**——在这个阶段，"诉讼发生，媒体曝光，内部调查开始，政府监督调查开始"。正如它的名字所暗示的那样，蔓延期可能会持续数年。
- **恢复期**——危机得到解决，正常活动恢复。

这些阶段完全适用于数据泄漏，通常包括潜伏期（如入侵检测系统警报），然后是突发期（如严重的媒体丑闻），进而会引起蔓延期中描述的诉讼、公众抗议、内部调查等。最后，遭遇数据泄漏的组织可能会进入恢复期，这通常在对流程和程序进行更改之后。这可能需要花费数年时间。

危机管理的目标是"成功地管理潜伏期症状，使你从潜伏期直接走向恢复期，而不会陷入突发期和蔓延期的泥沼"[二]。数据泄漏也是如此：处理数据泄漏事件的最佳方法是防止它的发生。如果这是不可能的，那么下一个最好的技术是依赖于一个强大的检测和响应程序，这样你的响应团队就可以识别入侵的早期迹象，并能够快速地做出反应，使数据暴露的风险最小化。有效的网络检测、日志记录和警报是强大的检测和响应程序的关键组成部分。最后，如果数据泄漏到达突发期，那么有一个强有力的危机管理和危机沟通计划是很重要的。其中危机沟通至关重要。仅仅管理数据泄漏危机本身是不够的，你还必须注意管理人们对危机的看法。

3.2　危机沟通，还是沟通危机？

在为数据泄漏事件做规划时，许多组织强调响应工作的技术方面，比如动态修改防火

[一]　Steven Fink, *Crisis Management: Planning for the Inevitable*, rev. ed. (Bloomington, IN: iUniverse, 1986), 23-24.

[二]　Steven Fink, *Crisis Management: Planning for the Inevitable*, rev. ed. (Bloomington, IN: iUniverse, 1986), 23-24.

墙规则、清除终端系统上的间谍软件和 rootkit、保存证据，等等。这是该组织危机管理战略的一部分，着重点在于"危机的现实"[○]。

如果说在数据泄漏规划中，有一个领域比其他领域更容易被忽视，那就是危机沟通。我们一次又一次地看到，因为典型的沟通错误，企业将数据泄漏事件变成了声誉灾难。

芬克解释说："危机沟通就是管理人们对同一个现实的认知。它告诉公众正在发生的事情（或者你希望公众知道的事情）。它会塑造公众舆论"[○]。在数据泄漏危机中，一个糟糕的或者根本不存在的沟通策略所造成的损害要比数据泄漏本身所造成的任何实际伤害要持久得多。虽然对于有效的危机沟通的全面探索超出了本书的讨论范围，但我们将指出在过去的数据泄漏事件中出现的明显的沟通错误，并分享一些公认的"经验法则"，以帮助你的危机沟通更顺利地进行。

当发生数据泄漏时，与关键利益相关者（如客户、员工、股东和媒体）的沟通通常是动态进行的。有时会有多名员工与媒体对话，导致信息混乱。另一些时候，该组织保持沉默，公众得不到答案，渐渐对它失去信心和信任感。在接下来的章节中，我们将分析为什么危机沟通是如此重要的，并为读者提供一个清晰的策略来做出强有力的回应。

3.2.1　形象至上

当数据泄漏危机发生时，组织的形象将面临重大威胁。"形象"是利益相关者对组织的认知。一个组织的形象是至关重要的，而不只是表面的东西。

受损的形象会影响客户关系、投资者信心和股票价值。形象对权衡组织与执法机构、监管机构和立法者之间的关系也至关重要。在发生数据泄漏事件的情况下，对组织形象的损害可能会引发消费者诉讼，导致罚款以及和解费用的增加，甚至影响在危机之后通过的法律条目。它会影响招聘、士气和员工留任。艾可菲公司首席执行官下台的消息令人震惊地发现，如果公司的形象修复工作出了问题，关键高管可能会被迫下台。

数据泄漏事件对组织形象的影响取决于许多因素。形象修复专家威廉·L. 贝努瓦（William L. Benoit）说，当相关受众有下面的想法时，组织形象就已经受损了[⑤]：

1）不受欢迎的行为发生了。

2）你要对那件事负责。

○　Steven Fink, *Crisis Management: Planning for the Inevitable*, rev. ed. (Bloomington, IN: iUniverse, 1986), 23-24.

○　Steven Fink, *Crisis Management: Planning for the Inevitable*, rev. ed. (Bloomington, IN: iUniverse, 1986), 23-24.

⑤　William L. Benoit, *Accounts, Excuses, and Apologies*, 2nd ed. (Albany: SUNY Press, 2014), 28.

数据泄漏事件会破坏利益相关者和组织之间的关系。存在这样一种风险，即组织将被视为要对不受欢迎的行为（如数据泄漏）负责。这反过来又会对该组织的形象造成威胁。

3.2.2　利益相关者

从根本上说，企业形象是组织与每个利益相关者发展关系的结果。以艾可菲公司为例，主要的利益相关者包括：

- 消费者
- 股东
- 员工
- 监管机构
- 董事会
- 议员
- 其他

不同类别的利益相关者在数据泄漏事件发生后有不同的关注点。

3.2.3　信任的 3C

数据泄漏事件会损害利益相关者和组织之间的关系。具体来说，它损害了信任。军事心理学家帕特里克·J·斯威尼（Patrick J. Sweeney）在 2003 年对入伍士兵进行了一项研究，发现有三个因素对信任至关重要⊖：

- **能力**（Competence）——能够熟练地完成工作。
- **品格**（Character）——坚定地坚持良好的价值观，包括忠诚、责任、尊重、无私服务、荣誉、正直和个人勇气。
- **关心**（Caring）——真正为他人着想。

我们将看到，这三个因素也适用于利益相关者和组织之间的信任。

3.2.4　形象修复策略

在这本书中，我们将看到遭遇数据泄漏事件的组织在努力地维护和修复它们的形象。在这里，我们将介绍一个研判不同策略的模型，用于评估策略的有效性。

⊖　Michael D. Matthews, "The 3 C's of Trust," *Psychology Today*, May 3, 2016, https://www.psychologytoday.com/blog/head-strong/201605/the-3-c-s-trust.

贝努瓦列出了五类形象修复策略[⊖]:

1) **否认**——被告否认消极事件发生了,或即使发生了也不是它造成的。

2) **逃避责任**——被告企图逃避责任,例如声称事件是无法控制的意外,或者它不具备控制情况的信息或能力。

3) **减少攻击性**——被告试图通过以下六种方式之一来减少观众的负面情绪:

- 支持——强调被告的积极行为和特征;
- 最小化——让观众相信负面事件并没有看起来那么糟糕;
- 差异化——强调事件和类似负面事件的区别;
- 超越——把事件放在一个不同的背景下;
- 攻击原告——诋毁指控的来源;
- 补偿——以有价值的商品和服务的形式提供赔偿。

4) **纠正措施**——被告对修复损失和防止今后再发生类似情况而做出改变。

5) **认错**——被告承认自己错了,并请求原谅。

所有这些形象修复策略都可以而且已经被用于数据泄漏响应中,其中一些的效果很好。

3.2.5　通知

通知可能是数据泄漏危机沟通中最为关键的部分,它可以对公众感知和形象管理产生巨大的影响。关键问题包括:

- **何时通知关键利益相关者?** 一般情况下,你不会提前知道所有关于数据泄漏的事实。一方面,一个快速的通知可以表明你的关心和善意。另一方面,通过等待,你可能会发现更多的信息,从而减少通知要求的范围。没有"正确"的通知时间,因为危机管理团队需要权衡利弊。

- **应该通知谁?** 对此有内部通知(例如,通知高级管理层、法务)。在某些情况下,可能还要通知执法部门。在某些州,需要通知司法部长或其他各方。根据暴露的数据类型,可能需要提醒消费者或员工。

- **用什么方式通知?** 纸质邮件、电子邮件通知、网络公告或电话都是常见的选择。你的通知要求根据所暴露的资料种类、受影响的资料当事人数目、资料当事人的地理位置及其他因素的不同而有所不同。通知可能很昂贵,而且成本通常是一个限制因素。今天,许多组织采取了多管齐下的方式,包括电子邮件或纸质的个人通知,由

⊖　William L. Benoit, *Accounts, Excuses, and Apologies*, 2nd ed. (Albany: SUNY Press, 2014), 28.

网站 FAQ 和电话中心提供支持，消费者可以从中获得更多信息。

- **通知应该包含哪些信息？** 一方面，你想要建立信任和透明。只要有可能，为数据对象提供足够的信息以降低风险也很重要。与此同时，现行法律也不符合公众对隐私的期望。通常情况下，没有被特别指出受监管的信息（如购物者的购买历史或上网习惯）不会在数据泄漏声明中被明确提及，即使这些信息可能已经被曝光。

在本节中，我们将重点介绍数据泄漏响应团队在决定何时、向何人以及如何通知时所面临的一些关键挑战。

3.2.5.1 受监管与不受监管的数据

数据泄漏调查的目的通常是，评估受泄漏通知法或合同条款监管的数据被不当访问或获取的风险。现代的泄漏响应团队通常由一位经验丰富的律师领导，他充当"泄漏事件指挥"，指导调查并协调参与者。数字取证调查人员接受律师的指示，收集和分析律师需要的证据，以确定是否触发了通知法规或条款。

美国的数据泄漏通知法出现在一个情况比较简单的时期。针对 2005 年 Choice Point 公司的泄漏事件（在第 4 章中有更详细的讨论），当时的金融欺诈引起了媒体的注意，许多州制定了法规作为回应。信用监控和身份盗窃保护也在这一时期出现，并成为千篇一律的数据泄漏响应过程的一部分。

该通知法不要求组织向消费者全面坦白，不用详细地说明每一个可能被窃取的数据元素。相反，这些法律旨在保护特定的、有限的"个人信息"子集。回忆一下第 1 章，大多数时候，"个人信息"包括⊖：

个人的名字或名字的首字母和姓氏，再加上以下一个或多个数据元素：SSN、驾照号码或国家签发的身份证号码、账号、信用卡卡号或借记卡卡号以及使用某账户所需的任何安全码、访问码、PIN 或密码。

关于网页浏览历史、购物历史、生活方式、工资信息等，"只要它不包含任何可能触发通知的数据元素，比如 SSN 或财务账户信息，那么它就不会触发通知义务。"贝克豪思律师事务所的数据泄漏律师、获得认证的计算机取证检查员 M. 斯科特·科勒（M. Scott Koller）说。即使在涉及受监管的数据元素的情况下，遭遇数据泄漏的组织也不需要将可能被暴露的其他不受监管的数据通知给相关主体。"在我的实践中，我通常会再公布一些

⊖ Baker Hostetler, "Data Breach Charts," *Baker Law*, November 2017, https://www.bakerlaw.com/files/Uploads/ Documents/Data%20Breach%20documents/Data_Breach_Charts.pdf.

额外的信息，以便（受影响的人）更好地了解发生了什么。"科勒说，"例如，如果一个房地产中介被攻破了，我会告知用户泄漏的信息包括姓名、地址、SSN，以及与你的申请一起提交的其他信息。"科勒指出，邮寄地址是一种常见的信息，它可能不受法律保护，但经常包含在通知信函中。

3.2.5.2 忽略

数字取证分析通常是一个艰苦、耗时且昂贵的过程。精确地重构什么数据何时被访问的全景，可能需要经过数百甚至数千小时的工作，特别是在没有很好的日志记录的情况下。即使是遭到数据泄漏的组织也只有有限的预算（为它们买单的保险公司亦是如此）。此外，要在短时间内完成危机沟通更是压力重重。

因此，数据泄漏调查通常不包括攻击者的全部活动范围。相反，调查通常集中于受监管的数据元素，而忽略不需要遵守数据泄漏通知要求的系统。不包含受监管数据元素的计算机可能根本不包括在数字证据保存中。

例如，据报道，入侵者在 2017 年 5 月利用一个漏洞攻破了面向公众的艾可菲公司的网络服务器，首次获得了用户个人信息。之后他们就开始探索公司的内部网络。他们在该网络上摸索了两个多月，最终于 7 月 29 日被发现。彭博科技（Bloomberg Technology）后来发布了一份调查报告表示，犯罪分子"有时间定制自己的工具，以便更有效地攻击艾可菲公司的软件，并查询和分析了数十个数据库，以决定哪个数据库拥有最有价值的数据"。他们收集到的宝藏如此之大，以至于不得不将其分解成更小的碎片，以避免触发警报⊖。

不受监管的数据，如网页浏览活动、购物记录或社交联系，可能会被攻击者窃取，但数据代理不需要向公众报告，甚至不需要检查是否有东西被盗取。艾可菲公司可能持有大量此类数据，因为它提供数字营销服务，包括"数据驱动的数字定向"，旨在跟踪消费者和目标广告。攻击者究竟访问了艾可菲公司的哪些数据库？公众可能永远都不会知道。与其他数据经纪人一样，艾可菲公司也积累了大量敏感的消费者和企业数据，但只有小部分数据受到了美国数据泄漏通知法的监管。

律师、取证公司、媒体和公众都在关注 SSN 的潜在暴露和身份盗窃风险，就像十年前一样——但越来越明显的是，技术和数据分析已经改变了游戏规则。"现在有一种个人信息扩张的趋势，这种趋势年复一年地持续着。"科勒说，"到目前为止，扩张的是人们十

⊖ Michael Riley, Jordan Robertson, and Anita Sharpe, " The Equifax Hack Has the Hallmarks of State-Sponsored Pros," *Bloomberg*, September 29, 2017, https://www.bloomberg.com/news/features/2017-09-29/the-equifax-hack-has-all-the-hallmarks-of-state-sponsored-pros.

分敏感的信息……人们对医疗信息很敏感，对生物特征信息、用户名和密码很敏感，因为这些信息都有可能被窃取。"在未来几年，数据泄漏的响应者将需要跟上不断变化的监管要求，以及关键利益相关者（往往没有说出口）的期望。

3.2.5.3　过度通知

过度通知是指一个组织在不必要的情况下向人们发出潜在数据泄漏的警报。由于数据泄漏可能会造成声誉、财务和运营方面的损害，因此显然应该避免过度通知。出现过度通知的原因通常是缺乏证据或易于访问的日志数据。

想想所有你在新闻中读到的"重量级数据泄漏事件"。新闻标题宣称成千上万的病人记录或数百万的信用卡卡号被曝光。在幕后，往往没有表明黑客实际上获得了所有这些数据的证据。相反，该组织只是没有记录敏感信息的访问痕迹，因此，调查人员无法判断哪些数据实际上已被获取、哪些数据未被触及。在缺乏证据的情况下，一些法规要求组织假定发生了数据泄漏。

现今，一些便宜且广泛可用的工具可用来创建活动记录，比如文件的每次上传（或下载）、用户的每次登录（或退出）或用户每次查看客户记录。这些日志文件在可疑的入侵事件中绝对是无价的。

假设你正面临这样一个情况：一名黑客入侵了存储有 5 万条客户记录的数据库服务器。在检查日志文件时，你的调查团队发现罪犯实际上只访问了其中 3 条客户记录。因此不用发送 5 万条客户通知，而只需发送 3 条。值得吗？当然！

每个组织的日志记录和监视系统都是独一无二的，应该对其进行定制以保护其最敏感的信息资产。这可以减少过度通知的风险，并将组织从全面的灾难中拯救出来。

3.2.5.4　延迟通知

泄漏响应团队需要尽快决定通知谁，为此其承受着巨大的压力。随着公众对数据泄漏可能造成的潜在危害越来越了解，他们对延迟通知的容忍度也越来越低。即使是延迟一周也会引起消费者的愤怒。

据报道，在艾可菲公司一案中，该公司花了六周的时间调查数据泄漏事件并准备通知。取证调查人员、执法机构、数据泄漏律师和其他涉及数据泄漏管理的专业人士都知道，通常的通知窗口是 6 周（远远低于 HIPAA 规定的 60 天期限），但艾可菲数据泄漏事件并不是一般的数据泄漏情况，被盗了 1.455 亿个 SSN 意味着美国各地的组织再也不能将 SSN 作为验证消费者身份的手段。（当然，正如第 5 章所概述的那样，其实大部分数据已经被盗了，但在艾可菲公司被入侵之前，大多数美国公民都否认自己的信息已经被盗取。）从公众的角度来看，艾可菲公司等待披露的每一天都是受影响的个人没有机会保护自己免受潜在伤害的一天。

通知可能延迟数年，因为你有很多解释要做，但延迟可能比泄漏本身更具破坏性——正如雅虎在 2016 年发生的数据泄漏事件最终被揭露时得到的教训一样。

弗吉尼亚州参议员马克·沃纳（Mark Warner）在回应雅虎的泄漏通知时表示："如果发生了数据泄漏，消费者不应在三年后才知道。即时通知可让用户降低这类泄漏的潜在危害，特别是当可能暴露了身份验证信息时，例如用户可能会在其他网站上使用的安全问题答案。"⊖ 这反映出公众对数据泄漏的理解有了显著的进步：到 2016 年底，许多人认识到，在一家厂商中的账户凭证的泄漏，可能会使攻击者获得他们其他账户的访问权限。

3.2.6　优步的秘密

不幸的是，那些对数据泄漏保密的公司最终都被揭露了。

优步（Uber）就是这样一家公司。2016 年，优步成为网络勒索的受害者，但它却做出了一个糟糕的选择。一名自称约翰（John Dough）的匿名黑客给该公司发了电子邮件，声称发现了一个漏洞，并访问了敏感数据。原来他已经获得了优步的 GitHub 代码库权限，在代码库里他发现了可以用来进入优步的亚马逊 Web 服务器的账号信息，在那里存有优步珍贵的源代码和 5700 万客户和司机的数据（包括大约 60 万个驾照号码）。

黑客坚定地要求优步为他发现的"漏洞"支付报酬。当时，优步有一个漏洞奖励计划，由专业公司 Hacker One 管理。在核实了该黑客的说法后，优步讨论了支付问题。优步的产品安全工程经理罗伯·弗莱彻（Rob Fletcher）告诉约翰，漏洞奖励计划的最高金额通常是 1 万美元，但黑客要求更多。

"是的，我希望获得至少 10 万美元。"黑客威胁道，"我相信你明白，如果它落入坏人之手，结果会怎样。我的意思是，我有私人密钥、所存储的私人数据、所有东西的备份、配置文件，等等……这对公司的影响比你想象的要大得多⊖。

优步默许了，并支付了 10 万美元。事实证明，实际上有两名黑客——第一个是加拿大的约翰，第二个是佛罗里达州的一名 20 岁男子，他下载了优步的敏感数据。媒体报道："优步支付这笔钱是为了确认黑客的身份，并让他签署一份保密协议，以阻止进一步的不

⊖　Hayley Tsukayama, "It Took Three Years for Yahoo to Tell Us about Its Latest Breach. Why Does It Take So Long?" *Washington Post*, December 19, 2016, https://www.washingtonpost.com/news/the-switch/wp/2016/12/16/it-took-three-years-for-yahoo-to-tell-us-about-its-latest-breach-why-does-it-take-so-long.

⊖　"Uber 'Bug Bounty' Emails," Document Cloud, https://www.documentcloud.org/documents/4349230-Uber-Bug-Bounty-Emails.html (accessed March 19, 2018).

法行为。"优步还对黑客的机器进行了取证分析，以确保数据已被清除[一]。

在公司内部，该案由优步首席安全官约翰·沙利文（John Sullivan）和法律主管克雷格·克拉克（Craig Clark）负责处理。据报道，优步当时的首席执行官特拉维斯·卡兰尼克（Travis Kalanick）听取了汇报。优步的团队做出了决定，不做通知，案件被结案——至少他们是这么认为的。

3.2.6.1 肃清

这起案件本可能会就此结束，但在 2017 年，优步的首席执行官在一场日益严重的丑闻中辞职，这一丑闻暴露了该公司中普遍存在的不道德甚至是非法的行为。新 CEO 于 2017 年 9 月走马上任。公司董事会开始对安全团队的活动进行内部调查，并寻求外部律师事务所的帮助。作为调查的一部分，10 万美元的封口费被揭露并被调查。该公司还聘请了取证公司 Mandiant 对受影响的数据进行了盘点。

对于优步的新领导团队来说，清理公司的秘密非常重要。为了重建与关键利益相关者和公众的信任，他们需要表现出开放和诚实。任何仍被隐瞒的丑闻可能会困扰新的领导团队，他们不想冒这个风险。考虑到优步财务状况不佳，这一点尤为重要。如果该公司被出售，在随后的网络调查中，这次数据泄漏很可能会暴露出来。而主动揭露优步的肮脏秘密，可让优步的新团队有机会掌控局势，让旧的管理层负责，自己则能继续保持清白。至此，优步的数据泄漏案被彻底公开。

2017 年 11 月 21 日，优步新任首席执行官达拉·科斯罗沙西（Dara Khosrowshahi）发表声明，披露了公司"2016 年数据安全事件"。在这份声明中，他透露有 60 万名司机的姓名和驾照号码被下载，此外还有"全球 5700 万优步用户的个人信息"被泄漏。科斯罗沙西明确指出，优步未能及时通知数据当事人或监管机构是错误的，并宣布立即解雇公司的首席安全官约翰·沙利文和律师克雷格·克拉克[三]。

"这一切都不应该发生，我不会为此找借口。"他写道，"虽然我无法抹掉过去，但我可以代表每一位优步员工承诺，我们将从错误中吸取教训。"[三]

[一] Joseph Menn and Dustin Volz, "Exclusive: Uber Paid 20-Year-Old Florida Man to Keep Data Breach Secret: Sources," *Reuters*, December 7, 2017, https://www.reuters.com/article/us-uber-cyber-payment-exclusive/exclusive-uber-paid-20-year-old-florida-man-to-keep-data-breach-secret-sources-idUSKBN1E101C.

[二] Joseph Menn and Dustin Volz, "Exclusive: Uber Paid 20-Year-Old Florida Man to Keep Data Breach Secret: Sources," *Reuters*, December 7, 2017, https://www.reuters.com/article/us-uber-cyber-payment-exclusive/exclusive-uber-paid-20-year-old-florida-man-to-keep-data-breach-secret-sources-idUSKBN1E101C.

[三] Dara Khosrowshahi, "2016 Data Security Incident," Uber, November 21, 2017, https://www.uber.com/newsroom/2016-data-incident.

3.2.6.2 余波

愤怒的乘客和司机立即在社交媒体上对该公司进行了指责——不仅是针对这次事件本身，还针对其处理方式。几天后，这家公司遭到了两起集体诉讼。华盛顿州、洛杉矶和芝加哥也提出了自己的诉讼。来自全美各地的司法部长开始调查，2018 年 3 月，宾夕法尼亚州的司法部长宣布，他正在起诉优步违反了州数据泄漏通知法。

美国代表杰瑞·莫兰（Jerry Moran（R-KS））说："该公司花了大约一年的时间才通知受影响的用户，这一事实在委员会内部引起了警惕，即究竟是什么系统性问题阻止了这些对时间敏感的信息被提供给那些脆弱的用户[○]。

优步的首席信息安全官约翰·弗林（John Flynn）被要求就此事在国会作证。他的证词很大一部分是为漏洞奖励计划辩护，该计划因其在掩盖过程中的作用而遭到抨击。弗林说："我们认识到，漏洞奖励计划不是对付试图从公司勒索资金的入侵者的适当手段。这些入侵者所采取的方法与安全社区中的研究人员是不同的，漏洞奖励计划是为后者设计的……这些入侵者与合法的漏洞奖励接受者有着根本的不同。"

3.2.6.3 效果

优步的案例动摇了第三方数据泄漏响应团队的立场，这些团队经常根据风险分析做出披露决定。许多数据泄漏教练和安全经理会得出与沙利文和克拉克相同的结论。毕竟，黑客已经签署了一份保密协议，公司已经对他的笔记本电脑进行了取证分析。对许多律师来说，这已经被认为是低伤害风险的充分证据。

听从外部律师的建议可能有所帮助。目前没有公开的表明沙利文和克拉克曾向外部网络安全律师寻求法律援助的证据。外部法律顾问的介入使得内部员工在信息披露的决定上可以听从有经验的第三方，为内部团队提供了重要的保护，以防该决定今后受到质疑。鉴于网络安全监管和诉讼的复杂状态，聘请外部律师总是最安全的。如果优步的调查团队选择了外部律师，其很可能会得出不同的结论[○]。

尽管优步的披露令人震惊，但人们不得不质疑它是否真的超出了正常范围。可以肯定地说，如果优步没有选择报告 2016 年的泄漏事件，那么该事件很可能永远不会被披露。如今，有多少公司有类似的见不得光的秘密呢？

○ Naomi Nix and Eric Newcomer, "Uber Defends Bug Bounty Hacker Program to Washington Lawmakers," *Bloomberg*, February 6, 2018, https://www.bloomberg.com/news/articles/2018-02-06/uber-defends-bug-bounty-hacker-program-to-washington-lawmakers.

○ Louise Matsakis, "Uber 'Surprised' by Totally Unsurprising Pennsylvania Data Breach Lawsuit," *Wired*, March 5, 2018, https://www.wired.com/story/uber-pennsylvania-data-breach-lawsuit.

3.3　艾可菲公司案例

我们已经介绍了危机沟通和形象修复的原理，下面来分析艾可菲公司的数据泄漏事件。首先回顾一下"信任的 3C"：

- **能力**——能够熟练地完成工作。
- **品格**——坚守良好的价值观，包括忠诚、责任、尊重、无私服务、荣誉、正直和个人勇气。
- **关心**——真正为他人着想。

就像我们将看到的那样，艾可菲公司的回应导致利益相关者质疑所有这三个因素，这严重损害了艾可菲公司的形象并加剧了危机。

3.3.1　能力不足

在 2017 年 9 月 7 日公开数据泄漏事件之后，艾可菲公司马上就走错了路。消费者急于冻结他们的信用账户，却发现艾可菲公司的冻结请求页面打不开⊖。

艾可菲公司还建立了一个供消费者访问的网站，以查询他们的数据是否已被泄漏，但正如调查记者布莱恩·克雷布斯所报道的那样，该网站"几乎不可使用，仅仅是一种拖延的策略或者是一个骗局"⊜。

该网站要求消费者提交其 SSN 的最后六位数字，以确定他们是否受到影响，但是输入了信息的消费者所获得的是含糊不清甚至冲突的结果。克雷布斯报告说："在某些情况下，访问该网站的人被告知他们没有受到影响，但是当他们在手机上用相同的信息访问该网站时却得到了不同的答案。"⊝克雷布斯本人并未明确查到他的信息是否泄漏，不过网页显示"我们没有资格获得信用监控服务，请在当月晚些时候再次检查"。这些答复令消费者感到恼火和焦虑不安，并对公司承诺的补救措施无法使用感到沮丧。

当消费者发现为了注册艾可菲公司的免费 TrustedID 信用监控服务时，其使用条款要求他们放弃参与集体诉讼的权利（艾可菲公司后来解释说，这是被无意中包括在内的），这进一步加剧了紧张气氛。随着公众的强烈抗议，艾可菲公司迅速改变

⊖　Brian Krebs, "Equifax Breach: Setting the Record Straight," Krebs on Security, September 20, 2017, https://krebsonsecurity.com/2017/09/equifax-breach-setting-the-record-straight.

⊜　Brian Krebs, "Equifax Breach Response Turns Dumpster Fire," Krebs on Security, September 8, 2017, https://krebsonsecurity.com/2017/09/equifax-breach-response-turns-dumpster-fire.

⊝　Brian Krebs, "Equifax Breach Response Turns Dumpster Fire," Krebs on Security, September 8, 2017, https://krebsonsecurity.com/2017/09/equifax-breach-response-turns-dumpster-fire.

了声明⊖。

具有讽刺意味的是，许多网络浏览器在该公告发布后的最初几个小时内就将该泄漏信息网站标记为网络钓鱼攻击。更糟的是，该站点全是安全漏洞。"网站中的漏洞可能使黑客窃取任何访问者的个人信息"⊜。虽然在理论上构建一个全新的交互式网站可能是不错的，但这显然是赶工完成的半成品。另据报道，艾可菲公司的开发人员与外部公共关系公司 Edelman 有关联⊕。

"说起笨手笨脚的回应……这简直是无法接受的。"美国代表格雷格·沃尔登（Greg Walden）说⑩。

很快艾可菲公司的不称职就显现了出来。几天后，当媒体发现艾可菲公司的官方推特账户在回应期间四次不经意地发布了指向假冒钓鱼网站 securityequifax2017.com 的链接时，这种负面形象更加恶化。Tinfoil Security 联合创始人安全专家迈克尔·博罗霍夫斯基（Michael Borohovski）说："若你的社交媒体账号发布网络钓鱼链接，那么这是个坏消息。"⑮

随着艾可菲公司更多网络安全问题的暴露，越来越丑陋的画面被展示出来。在泄漏行为被宣布后的几天，克雷布斯报告了艾可菲公司阿根廷分公司的员工用于信用纠纷管理的站点中的一个荒谬漏洞：该站点的登录用户名和密码竟然是非常容易猜到的"admin/admin"⑯。

两天后，艾可菲公司在一份声明中证实，这次巨大泄漏事件是由黑客利用 Apache Struts 框架中的一个众所周知的漏洞闯入 Web 服务器引起的。该漏洞已于 2017 年 3 月公开，而艾可菲公司于 5 月遭到黑客攻击，这意味着该公司有长达两个多月的时间对系统进行修补，但它却什么都没做⊕。艾可菲公司发布该声明的原因是，一家研究公司发布了一

⊖ Mahita Gajanan, "Equifax Says You Won't Surrender Your Right to Sue by Asking for Help After Massive Hack," *Time*, September 11, 2017, http://time.com/4936081/equifax-data-breach-hack.

⊜ Zack Whittaker, "Equifax's Credit Report Monitoring Site Is also Vulnerable to Hacking," *ZD Net*, September 12, 2017, http://www.zdnet.com/article/equifax-freeze-your-account-site-is-also-vulnerable-to-hacking.

⊝ Brian Krebs, "Equifax Breach Response Turns Dumpster Fire," Krebs on Security, September 8, 2017, https://krebsonsecurity.com/2017/09/equifax-breach-response-turns-dumpster-fire; Lily Hay Newman, "All the Ways Equifax Epically Bungled Its Breach Response," *Wired*, September 24, 2017, https://www.wired.com/story/equifax-breach-response.

⑩ Alfred Ng, "Equifax Ex-CEO Blames Breach on One Person and a Bad Scanner," *CNET*, October 3, 2017, https://www.cnet.com/news/equifax-ex-ceo-blames-breach-on-one-person-and-a-bad-scanner.

㊄ Lily Hay Newman, "All the Ways Equifax Epically Bungled Its Breach Response," *Wired*, September 24, 2017, https://www.wired.com/story/equifax-breach-response.

㊅ Brian Krebs, "Ayuda! (Help!) Equifax Has My Data!" Krebs on Security, September 12, 2017, https://krebsonsecurity.com/2017/09/ayuda-help-equifax-has-my-data.

㊉ Lily Hay Newman, "Equifax Officially Has No Excuse," *Wired*, September 14, 2017, https://www.wired.com/story/equifax-breach-no-excuse.

份未被引用的表明起因是 Apache Struts 漏洞的报告[一]。该声明发布后的第二天，该公司的首席信息官和首席安全官辞职。

艾可菲公司的首席执行官后来指责一名雇员未打补丁，并表示随后的安全扫描没有发现问题，但是消费者并不为这一借口买单。

参议员伊丽莎白·沃伦（Elizabeth Warren）发推文说："艾可菲公司（一家只负责收集消费者信息的公司）未能保护 1.43 亿美国人的数据，这真是令人遗憾。"[二]

3.3.2　品格缺陷

艾可菲公司及其领导团队的诚信受到质疑，因为其过了很长时间才公开泄漏事件。"艾可菲公司等了六周才披露这个漏洞。"该公司发布声明后的第二天，《洛杉矶时报》的记者迈克尔·希尔茨克（Michael Hiltzik）写道，"六周以来，消费者可能在不知情的情况下成为受害者，并且没有能力采取对策。艾可菲公司没有解释延迟公告的原因。"[三]被蒙在鼓里的不只是公众，首席执行官史密斯也等了 20 天才通知公司董事会，尽管这次泄漏的规模巨大[四]。

这次延迟引起了极大的怀疑。彭博社报道："纽约州司法部长埃里克·施耐德曼（Eric Schneiderman）想知道，该公司是什么时候得知这个漏洞的，以及它究竟是如何发生的。"当三名艾可菲公司高管在发现泄漏事件后的几天内出售了该公司价值近 200 万美元的股票的消息被曝光后，人们对该公司的诚信产生了质疑。

从数据泄漏事件中赚钱

具有讽刺意味的是，从长远来看，艾可菲公司将从此次泄漏中获得丰厚利润，因为它提供的是信用监控服务。在美国参议院委员会听证会上，参议员伊丽莎白·沃伦指出："从 2013 年到今天，艾可菲公司已经披露了至少四次不同的黑

[一]　Robert W. Baird & Co., "Equifax Inc. (EFX) Announces Significant Data Breach; -13.4% in After-Hours," *Baird Equity Research*, September 7, 2017, https://baird.bluematrix.com/docs/pdf/dbf801ef-f20e-4d6f-91c1-88e55503ecb0.pdf.

[二]　Brad Stone, "The Category 5 Equifax Hurricane," *Bloomberg*, September 11, 2017, https://www.bloomberg.com/news/articles/2017-09-11/the-category-5-equifax-hurricane.

[三]　Michael Hiltzik, "Here Are All the Ways the Equifax Data Breach Is Worse than You Can Imagine," *Los Angeles Times*, September 8, 2017, http://www.latimes.com/business/hiltzik/la-fi-hiltzik-equifax-breach-20170908-story.html.

[四]　Liz Moyer, "Equifax's Then-CEO Waited Three Weeks to Inform Board of Massive Data Breach, Testimony Says," *CNBC*, October 2, 2017, https://www.cnbc.com/2017/10/02/equifaxs-then-ceo-waited-three-weeks-to-inform-board-of-massive-data-breach-testimony-says.html.

客攻击，都涉及敏感的个人数据。在那四年里……（艾可菲公司的利润）同期增长了 80% 以上。"⊖

　　原因很明显：截至 2017 年 10 月初，有 750 万人注册了艾可菲公司的信用监测服务。尽管该服务第一年对受影响的消费者是免费的，但在那之后继续使用该服务的用户，将需要每月支付 17 美元，这可能为艾可菲公司每年带来数亿美元的额外收入。艾可菲公司被攻破后，身份盗窃保护公司 Lifelock 也报告称，注册人数增加了 10 倍。Lifelock 从艾可菲公司购买了信用监控服务，这意味着其利润也会被传递给艾可菲公司。

　　艾可菲公司的利益冲突一经揭露，进一步加剧了公众的不信任，并引发了对整个数据经纪行业的更多审查。在参议院银行委员会的听证会上，沃伦对前首席执行官瑞克·史密斯咆哮道："所以，你的系统被入侵实际上为你创造了更多的商业机会。艾可菲公司在保护我们的数据方面做得很糟糕，因为它没有理由保护我们的数据……这个行业的激励机制完全不正常。"⊜

3.3.3　漠不关心

　　在泄漏声明发出之后，艾可菲公司的呼叫中心根本无法接听大量电话。消费者被激怒了。由于缺乏双向沟通，人们越来越觉得艾可菲公司实际上并不关心消费者。

　　后来，艾可菲公司的前首席执行官史密斯在国会作证时表示道歉⊜：

　　　　我们对我们的网站和呼叫中心的推出感到失望，这在很多情况下加重了美国消费者的失望。这次黑客攻击的规模是巨大的，我们在最初的努力中遇到了困难，无法应对有效的补救措施带来的挑战。该公司大幅增加了呼叫中心的客户服务代表人数，并对网站进行了改进，以应对大量的访问者。尽管如此，这些资源的利用本应做得更好，我感到遗憾的是，许多人反应是加剧了而不是缓解了问题。

⊖　Daniel Marans, " Elizabeth Warren Scorches Former Equifax CEO for Profiting from Data Breaches, " *HuffPost*, October 4, 2017, https://www.huffpost.com/entry/elizabeth-warren-equifax-ceo_n_59d503ace4b06226e3f55c83.

⊜　Daniel Marans, " Elizabeth Warren Scorches Former Equifax CEO for Profiting from Data Breaches, " *HuffPost*, October 4, 2017, https://www.huffpost.com/entry/elizabeth-warren-equifax-ceo_n_59d503ace4b06226e3f55c83.

⊜　U.S. Comm. on Energy and Commerce, *Prepared Testimony of Richard F. Smith*.

　　史密斯将自己的个人形象与艾可菲公司的泄漏回应紧密结合在了一起。在发出泄漏声明的同一天，艾可菲公司发布了一段史密斯的视频——大概是为了让公司更人性化。这没有任何帮助。史密斯实际上是用一种木讷的表情大声念出了公司的声明，看上去就像车灯下发呆的鹿。尽管艾可菲公司明智地在声明中加入了明确的道歉，但在视频播放到一半就被淹没了，而且这些话也不足以改变史密斯紧张、呆板的表现○。

　　艾可菲公司的漏洞很快就变成了一场彻头彻尾的灾难（克雷布斯是这么说的），而就在公司宣布泄漏事件的几周之后，史密斯也被迫辞职，结束了自己的12年任期。

3.3.4　影响

　　艾可菲公司在其数据泄漏后的沟通给利益相关者留下了如下印象：

- **能力不足**——史密斯没有有效地监督艾可菲公司的网络安全项目，这一点可以从该公司在回应中出现的漏洞和严重的技术失误得到证明。
- **品格缺陷**——艾可菲公司的延迟通知，以及在泄漏调查期间高管抛售股票的传言，导致公众质疑该公司及其领导层的诚信。
- **漠不关心**——史密斯在艾可菲公司公关视频中的呆板表现，加上大众对呼叫中心的不满，给人留下了艾可菲公司不关心消费者的深刻印象。

　　其结果是，此次泄漏事件严重损害了艾可菲公司的形象，破坏了关键利益相关者对公司领导层的信任。

　　在整个危机的突发期，艾可菲公司的股票价值显然是根据公司的沟通情况而变化的。如图3-2所示，股票价格从声明发出当日的142.72美元下跌至一周后的92.98美元（2017

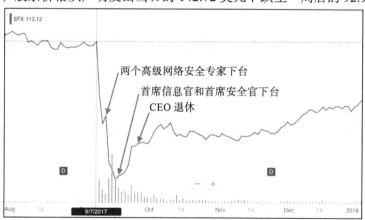

图3-2　在数据泄漏的突发期之前、期间和之后，艾可菲公司的股价

资料来源：雅虎财经，https://finance.yahoo.com

○ Equifax, " Rick Smith, Chairman and CEO of Equifax, on Cybersecurity Incident Involving Consumer Data," *YouTube*, September 7, 2017, https://www.youtube.com/watch?v=bh1gzJFVFLc.

年 9 月 15 日）。随着首席信息官和首席安全官的辞职，情况开始好转。很明显，股东们开始通过更换管理层来重建信心。随着史密斯的辞职，艾可菲公司的股票再次上涨。到 2017 年年底，股价仍在下跌，但正在缓慢回升。

3.3.5　危机沟通技巧

从艾可菲公司泄漏事件中可以吸取很多教训，但或许没有什么教训比危机沟通方面的教训更能充分说明问题，也更让人痛心。在当今时代，许多首席执行官会发现自己的处境与史密斯几乎相同。

在事件发生最初的几个小时、几天和几周内，请记住以下事项的优先顺序：

- **赢得利益相关者的信任**。记住 3C：能力、品格和关心。
- **早点说，亲自说**。与媒体保持和谐的关系。当媒体联系你时，你提供引言，这样就可传达出这样一个信息：你并没有试图隐瞒什么。
- **实话实说**。如果讲真话，你就不必为一个可耻的谎言承担后果。
- **速战速决**。数据泄漏事件很少是在一天之内发生的，但是你可以通过合并公告和尽快对媒体做出回应来尽可能地结束它。不要给记者"挖掘"的动力。
- **承担责任**。这是重建信任的基础。
- **清楚、迅速地道歉**。真诚的道歉可以化解愤怒，并显示出对利益相关者的尊重。
- **学会倾听**！让你的员工准备好倾听利益相关者的意见。例如，你可以考虑开设一个呼叫中心来应对这种情况，这样公众就可以快速地与真人对话。同样，股东、监管机构和其他利益相关者也需要一个能够倾听他们的担忧并发泄强烈情绪的联络点。
- **确保沟通畅通**。通常情况下，当发生泄漏事件的公司向公众提供服务，比如热线电话或信用监测，但支持它们的技术或流程不好用或者当时不能用时都会进一步激发情绪。
- **赔罪**。使用形象修复策略，如补偿或纠正措施，以恢复组织的形象。

3.4　小结

在本章中，我们展示了数据泄漏通常是危机，并介绍了史蒂文·芬克提出的危机的四个阶段。还展示了"信任的 3C"与危机沟通的关系，并讨论了形象修复理论的基础。最后，我们分析了艾可菲公司的数据泄漏事件，并展示了该公司在危机沟通策略中的缺陷是如何将危机变成公共关系大灾难的。

现在，我们了解了危机管理的基础与数据泄漏之间的关系，那么让我们使用它来设计响应模型。

| 第 4 章 |

管理 DRAMA

"数据泄漏"一词诞生于 2005 年,当时臭名昭著的 ChoicePoint 公司泄漏事件成为大众关注的焦点。在本章中,以 ChoicePoint 公司数据泄漏事件为例,我们介绍了一个数据泄漏响应模型,称为 DRAMA。这为数据泄漏响应提供了一个灵活、易于记忆的框架。

2005 年 2 月，3.5 万封奇怪而又令人意想不到的信件静静地被发送到加州各地的邮箱里。就像石油泄漏中海岸上出现的最初迹象一样，这些信息是一场即将出现的巨大危机的无声预兆。

61 岁的加州居民玛丽·查普曼（Mary Chapman）打开了这封信。信件来自一家她从未听说过的公司：ChoicePoint。信上写道：

> 写这封信的目的是告诉你，最近发生了一起针对 ChoicePoint 公司的犯罪行为，可能导致你的姓名、地址和社会保障号（SSN）已经被那些不被允许访问这些信息的企业查看。我们有理由相信你的个人信息可能已被未经授权的第三方获取，我们对此事可能给你带来的任何不便深表歉意。
>
> 我们认为，最近有几个人冒充合法的商业客户，通过声称他们有合法的目的来获取个人信息进而实施了欺诈，而实际上他们并没有（合法的目的）[一]。

查普曼大发雷霆——不仅仅是因为欺诈。"我对一家公司为了追求金钱利益而出售我的个人信息感到愤怒。是的，我很生气，我非常生气。"查普曼说[二]。

她并不是唯一的受害者。ChoicePoint 公司是谁？他为什么要出售人们的个人信息？在当时，ChoicePoint 公司是美国背景调查服务提供商中的领军公司，但由于其客户是企业和政府，因此很少有人听说过这家公司。"尽管 ChoicePoint 公司并不是家喻户晓的，但它仍然声称自己是美国最大的法庭记录、住址以及其他公共数据的收集者，总计包含约 190 亿条记录。"[三]该公司于 1997 年从艾可菲公司剥离出来，据报道，部分原因就是为了使其能够在不受金融服务公司监管的情况下出售数据[四]。

"虽然你可能没听说过 ChoicePoint 公司，但它却听说过你。"在盗窃事件公布后，乔治华盛顿大学（George Washington University）的教授丹尼尔·索洛韦（Daniel Solove）

[一] " ChoicePoint's Letter to Consumers Whose Information Was Compromised, " *CSO*, May 1, 2005, http://www.csoonline.com/article/2118059/data-protection/choicepoint-s-letter-to-consumers-whose-information-was-compromised.html.

[二] Sarah D. Scalet, " The Five Most Shocking Things About the ChoicePoint Data Security Breach, " *CSO*, May 1, 2005, https://www.csoonline.com/article/2118134/compliance/the-five-most–shocking-things-about-the-choicepoint-data-security-breach.html.

[三] Joseph Menn, " Fraud Ring Taps Into Credit Data, " *Los Angeles Times*, February 16, 2005, http://articles.latimes.com/2005/feb/16/business/fi-hacker16.

[四] Paul N. Otto, Annie I. Antón, David L. Baumer, " The ChoicePoint Dilemma: How Data Brokers Should Handle the Privacy of Personal Information, " *North Carolina State University Technical Reports*, TR-2005-18, p. 2, https://repository.lib.ncsu.edu/bitstream/handle/1840.4/922/TR-2006-18.pdf?sequence=1&isAllowed=y (accessed May 14, 2019).

说，"它就在……人们的生活中，不论人们知道与否。"⊖

这些通知信件引发了大规模的全美性调查和公众反应。直到危机解决的时候：

- 163 000 名消费者被告知他们的个人信息被卖给了犯罪分子。

- 根据美国联邦贸易委员会的数据，至少有 800 起身份盗窃案件是由此导致的。

- ChoicePoint 公司支付了 1000 万美元来解决一起由消费者提起的集体诉讼。

- 美国联邦贸易委员会对 ChoicePoint 公司处以了 1500 万美元的罚款（其中包括 1000 万美元的罚款和用于帮助消费者的 500 万美元的基金）。在当时，这是"美国联邦贸易委员会在其历史上关于数据安全所施加的最大民事处罚"⊖。

- 44 位司法部长组成了一个联盟，对这家公司提起了诉讼，诉讼持续了数年（最终双方以 50 万美元（赔偿）达成了和解，并达成了一项共识，即 ChoicePoint 公司将为所有的用户记录提供更好的安全保障，而不仅仅是那些受《公平信用报告法》(Fair Credit Reporting Act) 保护的数据。

- ChoicePoint 公司受到了一项判决书的约束，该判决书要求它在《公平信用报告法》的基础上实施更强有力的安全措施来保护用户数据，并在 2026 年之前定期接受第三方安全审计。

- ChoicePoint 公司主动宣布将限制敏感用户信息的销售⊜。

- ChoicePoint 公司为受影响的消费者购买了信用报告服务和为期一年的信贷监控服务（在公众强烈抗议之后）。

- 美国证券交易委员会对 ChoicePoint 公司高管在泄密事件被公布前不久出售公司股票一事进行了为期三年的调查⊗。

- 美国国会质询了 ChoicePoint 公司的首席执行官和首席运营官。

- 至 2005 年年底，美国有 22 个州颁布了数据泄漏通知法，接下来几年还会有更多的法律出台。

⊖　Bob Sullivan, "Database Giant Gives Access to Fake Firms," *NBC News*, February 14, 2005, http://www.nbcnews.com/id/6969799/print/1/displaymode/1098.

⊖　Bob Sullivan, "ChoicePoint to Pay $15 Million over Data Breach," *NBC News*, January 26, 2006, http://www.nbcnews.com/id/11030692/ns/technology and science-security/t/choicepoint-pay-million-over-data-breach/.

⊜　"ChoicePoint Stops Selling 'Sensitive Consumer Data,' Confirms SEC Investigation," *Chief Marketer*, March 6, 2005, http://www.chiefmarketer.com/choicepoint-stops-selling-sensitive-consumer-data-confirms-sec-investigation.

⊗　"ChoicePoint Stops Selling 'Sensitive Consumer Data,' Confirms SEC Investigation," *Chief Marketer*, March 6, 2005, http://www.chiefmarketer.com/choicepoint-stops-selling-sensitive-consumer-data-confirms-sec-investigation.

- ChoicePoint 公司被广泛地贴上了"数据丢失事件的典型代表"的标签[⊖]，直到 2007 年的 TJ Maxx 事件和 2013 年晚些时候的塔吉特公司泄漏事件发生才使这一影响在公众视野中淡化。

为什么"ChoicePoint 公司泄漏"事件会引发如此强烈的公众反应？答案在于 ChoicePoint 公司对于泄漏的响应，尤其是在早期阶段。从外部媒体报道、国会证词、联邦贸易委员会和证券交易委员会的调查来看，ChoicePoint 公司的领导往好了说是无能，往坏了说是彻头彻尾的犯罪。（这并不是说他们是犯罪，但他们的表现起到了重要影响。）在内部，有证据表明，该组织的工作人员都是聪明、善良、有爱心的人——但不幸的是，他们对危机毫无准备。

在本章中，我们将在史蒂文·芬克提出的四个阶段的背景下分析 ChoicePoint 公司泄漏危机：潜伏期、突发期、蔓延期和恢复期（参看 3.1.4 节）。传统上讲，数据泄漏始终是被作为事件而不是危机来处理的，这导致当真正的数据泄漏发生时，响应计划被搁置。

相反，我们将引入一种新的管理数据泄漏的模型，该模型基于"泄漏即危机"的概念。结果体现出其是一个总结了每个阶段的总体响应目标的有用模型：

- 开发数据泄漏响应功能。
- 通过识别这些迹象并逐步升级、调查问题以及确定问题的范围，寻找到潜在存在的数据泄漏。
- 迅速、合乎道德、公开和充满同情心地采取行动，将泄漏的影响降到最低。
- 在整个蔓延期（可能是长期）维持数据泄漏响应机制。
- 主动和明智地调整，以应对潜在的数据泄漏。

所有这些功能必须同时存在，尽管特定功能在数据泄漏危机的某些阶段往往会被更多地使用。

我们的数据泄漏响应模型的首字母缩写是"DRAMA"，这很容易记住，因为它的目的是帮助我们管理（并希望减少）戏剧性事件！在本章中，我们将逐阶段分解 ChoicePoint 公司泄漏事件，并将每个阶段与 DRAMA 响应模型联系起来。

4.1 数据泄漏的诞生

甚至在同一时期附近，还发生了其他泄漏事件和更大的泄漏事件。《CSO》杂志的莎

⊖ Dan Kaplan, "ChoicePoint Settles Lawsuit over 2005 Breach," *SC Media US*, January 28, 2008, https://www.scmagazine.com/choicepoint-settles-lawsuit-over-2005-breach/article/554149.

拉·斯卡特（Sarah Scalet）评论说："同月，2月，我们看到了更多数据被泄漏的故事（美国银行，120万个名字和 SSN，远远超过 ChoicePoint 公司泄漏事件的可预测细节。数千名受害者，受牵连的 SSN，因身份盗窃指控而被捕，等等。但在这条路上的某个地方，ChoicePoint 公司泄漏事件变成了引发这场爆炸的火花。"[一]

ChoicePoint 公司可以说是第一个现代"大泄漏"——不是因为它所暴露的数据量或数据类型，而是因为该公司的应对方式。

4.1.1　数据泄漏：一个全新概念的出现

"我当时肯定没有想到'网络'和'安全'这两个词。那些词并没有在我脑海中浮现。"

在弗吉尼亚一个温暖的秋夜，律师克里斯·克瓦利纳坐在我的桌子对面，啜饮着闪闪发光的水。克里斯不仅是数据泄漏行业的老手，他还是帮助处理现代数据泄漏危机的首批律师之一。泄漏事件曝光后不久，ChoicePoint 公司的总法律顾问就聘请了克里斯，让他担任 ChoicePoint 公司的"四分卫"，与一大群专家一起，帮助管理随后的诉讼和调查。

在"ChoicePoint 公司"案件之前，数据泄漏并不存在，至少不是一个法律定义的与其他类型的事故或安全事件相分离的概念。克里斯回忆道："我认为这些人是坏人，他们欺骗公司，让公司提供有价值的信息。这就像是一次盗窃，一次成功的盗窃。"

这种情况在 2005 年 2 月 17 日改变了，在 ChoicePoint 公司"盗窃案"被宣布之后的几天内，《洛杉矶时报》刊登了一篇具有里程碑意义的文章，援引了美国参议员黛安娜·范斯坦（Dianne Feinstein）的话说："数据泄漏正变得越来越普遍，而现行的联邦法律不要求向消费者发出通知。"这可能是主流媒体第一次引用立法者的话，使用"数据泄漏"一词[二]。事实上，这是第一次在任何地方的任何出版物中使用这个词，除了一些孤立的例子，通常在标题中将其作为"持卡人数据泄漏"的缩写[三]。

在同一篇文章中，PRC 的创始人贝丝·吉文斯（Beth Givens）表示："影响 ChoicePoint 公司的数据泄漏就像彩虹末端的一罐金子。"这个词又来了。此后不久，"数据泄漏"这个新术语就像病毒一样迅速传播开来，在接下来的几个月里出现在数百份出版物中。

[一]　Sarah D. Scalet, "The Five Most Shocking Things About the ChoicePoint Data Security Breach," *CSO*, May 1, 2005, https://www.csoonline.com/article/2118134/compliance/the-five-most-shocking-things-about-the-choicepoint-data-security-breach.html.

[二]　Joseph Menn and David Colker, "More Victims in Scam Will Be Alerted," *Los Angeles Times*, February 17, 2005, http://articles.latimes.com/2005/feb/17/business/fi-hacker17.

[三]　L. Kuykendall, "BJ's Case Shows Issuers' Data-Breach Cost Fatigue," *American Banker*, August 26, 2004.

4.1.2   名字的力量

一旦一个概念被命名，公众就突然有了讨论这个问题的权力，并且可以跟踪它。PRC
创建了广受欢迎的在线数据库"数据泄漏年表"，其中列出了"2005 年至今被报道的所有
数据泄漏"[⊖]。"大多数人没有意识到的是，这个数据库最初的名字是"ChoicePoint 公司
事件后被报道的数据泄漏事件年表"[⊜]。网站上的一个简单介绍写道：

> 以下提到的数据泄漏事件已被报告，因为泄漏的个人信息包括对身份信息盗
> 贼有利的数据元素，例如 SSN、账号和驾照号码。向受影响的个人报告数据泄漏
> 的催化剂是加州的法律，该法律要求在发现安全漏洞时进行通知，加州是全美唯
> 一有此类法律的州。

是！ChoicePoint 公司案件从字面上启发了人们开始跟踪这一新定义的事物，即"数据泄
漏"。此后，PRC 更新了其数据库，用以将 2005 年 1 月 1 日以后的数据泄漏事件纳入其中。

实际上，2005 年是数据泄漏的"元年"。在本书中，我们将"数据泄漏"的开始视为
2005 年 1 月 1 日，这是与其他网络安全相关事件截然不同的事件。

4.2   潜在危机

危机管理专家经常讨论两种危机：突发危机和潜在危机。突发危机听起来是这样的：
"组织几乎无法控制的意外事件，只能感知到有限的错误或责任。"1982 年的 Tylenol 产品
篡改案就是突发危机的一个很好的例子，当时没有人能合理地预见到凶手会在止痛药包装
中放入毒药。强生公司从危机中脱颖而出，以良好的企业公民的声誉而闻名，当凶手发动
袭击时，该企业迅速采取了行动。

另一方面，ChoicePoint 公司泄漏案件是一个潜在危机的例子。这些问题在开始时是
"公司内部的小问题，接着向股东公开，随着时间的推移，由于管理层的疏忽而升级为危
机状态"。"潜在的危机"通常被认为是公司领导层的责任和过失[⊜]。

⊖   *Chronology of Data Breaches: FAQs*, Privacy Rights Clearinghouse, https://www.privacyrights.org/
chronology-data-breaches-faq#is-chronology-exhaustive-list (accessed October 14, 2016).

⊜   *A Chronology of Data Breaches Reported Since the ChoicePoint Incident*, Privacy Rights Clearinghouse, April
20, 2005, http://web.archive.org/web/20050421104632/http://www.privacyrights.org/ar/ChronDataBreaches.
htm.

⊜   Erica H. James and Lynn P. Wooten, "Leadership in Turbulent Times: Competencies for Thriving Amidst
Crisis," (Working Paper No. 04-04, Darden Graduate School of Business Administration, University of
Virginia, 2004), https://papers.ssrn.com/sol3/papers.cfm?abstract_id=555966.

两年多来，犯罪分子利用窃取的身份获取假营业执照，然后从 Kinko 的商店和类似地点将他们的申请传真到 ChoicePoint 公司。由于被盗的身份没有犯罪背景，这些骗子便顺利地通过了 ChoicePoint 公司自己的申请背景审查程序。研究人员后来报告称，一旦 ChoicePoint 公司的客户收到账户凭证，"个人或企业就可以在很大程度上不受监管、不受约束地访问 ChoicePoint 公司数据库中的大量信息。主要的障碍似乎是最初的身份验证，这很容易靠偷来的身份绕过。"⊖身份盗窃导致了更多的身份盗窃。

在这一节中，我们将讨论正在出现的身份盗窃犯罪、ChoicePoint 公司自己急于积累个人信息以及越来越多地使用数据作为"接入设备"是如何为即将成为 ChoicePoint 公司的危机奠定基础的。

4.2.1　身份盗窃恐慌

当"ChoicePoint 公司泄漏"案件发生的时候，美国人已经被日益流行的"身份盗窃"搞得手足无措，他们被噩梦般的故事轰炸，比如迈克尔·贝里（Michael Berry）的故事。贝里原本是一名普通公民，但因为一名罪犯用他的名字伪造了一张假驾照，而遭到了通缉⊜。《纽约时报》的一篇新闻报道着重提到了另一个例子，来自亚利桑那州的布伦特·詹姆斯（Brent James）突然开始接到催收机构的电话，对他喋喋不休地说他从未申请过的违约贷款。詹姆斯发现"有人用他的名字签了两份手机合同，买了一辆车"。虽然詹姆斯和他的妻子自 2000 年起就拥有了自己的房子，但房东们却对"他"的毁约行为提起了诉讼，他也面临着"多次个人判决"⊜。

《华盛顿邮报》报道称，ChoicePoint 公司泄漏发生的时候，"身份欺诈和盗窃案件正在上升，每年有多达 1000 万美国人成为以他们的名义购物或清空银行账户的罪犯的受害者。"⑭根据美国联邦贸易委员会的数据，在 2005 年，身份盗窃案件连续第六年成为消费者最关心的问题⑮。

⊖　Paul N. Otto, Annie I. Antón, David L. Baumer, "The ChoicePoint Dilemma: How Data Brokers Should Handle the Privacy of Personal Information," *North Carolina State University Technical Reports*, TR-2005-18, p. 2, https://repository.lib.ncsu.edu/bitstream/handle/1840.4/922/TR-2006-18.pdf?sequence=1&isAllowed=y (accessed May 14, 2019).

⊜　Center for Investigative Reporting (CIR), "Identity Crisis," *CIR Online*, August 9, 2003, https://web.archive.org/web/20150526053835/http://cironline.org/reports/identity-crisis-2085.

⊜　Gary Rivlin, "Purloined Lives," *New York Times*, March 17, 2005, http://www.nytimes.com/2005/03/17/business/purloined-lives.html?%20r=0.

⑭　Robert O'Harrow Jr., "ID Data Conned from Firm: ChoicePoint Case Points to Huge Fraud," *Washington Post*, February 17, 2005, http://www.washingtonpost.com/wp-dyn/articles/A30897-2005Feb16.html.

⑮　Paul N. Otto, Annie I. Antón, David L. Baumer, "The ChoicePoint Dilemma: How Data Brokers Should Handle the Privacy of Personal Information," *North Carolina State University Technical Reports*, TR-2005-18, p. 2, https://repository.lib.ncsu.edu/bitstream/handle/1840.4/922/TR-2006-18.pdf?sequence=1&isAllowed=y (accessed May 14, 2019).

4.2.2 产品是你的个人信息

与此同时，企业经营者开始认识到，在所谓的法制经济框架下，个人信息所涵盖的巨大的潜在价值。正如 ChoicePoint 已经在做的那样，公司可以向债权人、保险公司、商业雇主及联邦政府售卖个人信息。

据《华尔街日报》的一篇报道称，ChoicePoint 及其同类公司使联邦机构绕过关于隐私保护的 1974 年《美国隐私法案》从而获得个人信息。"ChoicePoint 及其竞争对手的擅长之处就在于做那些法律反对政府去做的事情，包括对征信机构、市场营销从业人员及监管机构的海量个人信息进行筛选、分类和整合。"⊖

4.2.3 有价值的数据片段

ChoicePoint 公司积累了大量的个人信息，因为它在许多商业用途上都很有用：员工背景核查、客户信用验证，等等。这种做法之所以如此危险，是因为与此同时，一些个人信息的小片段（姓名、SSN、电话号码等）被越来越多地用作获取各种账户和宝贵资产的钥匙。

在美国，SSN 是一个典型的例子：一个简单的 9 位数字，其已经远远超出了最初的设计目的。根据社会保障局所说⊖：

> 社会保障号（SSN）创建于 1936 年，其唯一的目的是跟踪美国工人的收入历史，用于确定社会保障福利金和计算福利水平。从那时起，SSN 的使用已被大大扩展。今天，SSN 可能是美国最常用的编号系统。截至 2008 年 12 月，美国社会保障局（Social Security Administration，SSA）已发行了超过 4.5 亿个原始 SSN，几乎每个美国合法居民都拥有一个。SSN 的普遍性已导致其在整个政府和私营部门中得到采用，成为识别和收集有关个人信息的主要手段。

今天，美国公民使用 SSN 来
- 通过电话访问银行账户
- 获得使用信用卡的批准
- 获得退税

⊖ Glenn R. Simpson, "FBI's Reliance on the Private Sector Has Raised Some Privacy Concerns," *Wall Street Journal*, April 13, 2001, http://www.wsj.com/articles/SB987107477135398077.

⊖ Carolyn Puckett, "The Story of the Social Security Number," *Social Security Bulletin* 69, no. 2 (2009), https://www.ssa.gov/policy/docs/ssb/v69n2/v69n2p55.html.

- 获得医疗记录
- 验证身份并访问各种敏感信息和账户

犯罪分子可以利用偷来的 SSN 达到同样的目的。彭博社专栏作家苏珊娜·伍利（Suzanne Woolley）在 2017 年写道："连同姓名、出生日期等其他基本信息，社会保障号是个人身份的通行证。"⊖

4.2.4　基于知识的验证

是什么使 SSN 如此强大？ SSN 通常用于隐式或显式地对人员进行身份验证。身份验证是指证实一个人的身份。

网络安全专业人员喜欢说，你可以使用以下三种方式之一对个人进行身份验证：

1）你知道的某些信息，例如密码或个人机密信息。

2）你拥有的东西，例如驾照号码或硬件令牌。

3）你的个人身份信息，例如指纹或虹膜图案。

（还有其他方法，比如你在哪里或者你可以做什么，但以上三种方法是最常见的。）

当我打电话给银行，接待员询问我的姓名和 SSN 时，她会使用那块特殊的数据对我进行身份验证，或者验证我的身份——这是类型 1 身份验证的一个例子（如上所述：你知道的某些信息），也称为基于知识的身份验证。

4.2.5　接入设备

当然，你的 SSN 并不是用于访问有价值资产的敏感数据的唯一示例。支付卡信息、驾照号码，甚至密码都被以类似的方式使用。这一概念反映在美国法律中，美国法律定义了通用术语"接入设备"（18U.S.C. § 1029（e）（1））。

法规中使用了术语"接入设备"一词，并将其广泛定义为任何"卡、车牌、代码、账号、电子序列号、移动识别号、个人身份号、其他电信服务、设备、识别工具，或可以单独使用或与其他接入设备结合使用的其他账户访问方式，用以获取金钱、商品、服务或任何其他有价值的东西，或用以发起资金转移……"。

⊖　Suzanne Woolley, " Your Social Security Number Now Looks Like a Time Bomb. It Is," *Bloomberg*, June 1, 2017, https://www.bloomberg.com/news/articles/2017-06-01/identity-theft-feeds-on-social-security-numbers-run-amok.

除了完全由纸质票据产生的转移以外，唯一的限制就是"不包括诸如传递伪造支票的活动"[一]。

你的 SSN 潜力巨大：你可以使用它来访问银行账户或医疗记录，获得信用卡批准，获得退税。从本质上讲，任何能被归类为"接入设备"的数据都具有这种潜在用途，因此是宝贵的资产。哪里有有价值的资产，哪里就有犯罪。

你的 SSN 已被盗

不幸的是，有足够的证据表明，大多数（即使不是全部）SSN 已被盗（并且早在 2017 年臭名昭著的艾可菲公司泄漏案件之前就已经被盗）。仅考虑以下两种数据泄漏案例。

Court Ventures（Experian 子公司）（2013 年 10 月，2 亿条记录）：Experian 子公司 Court Ventures 在 2013 年被曝出向一个大型身份盗窃团伙提供"能够直接获取 2 亿多美国人的个人和财务数据"的信息[二]。"这个盗窃团伙的头目是希乌明·恩戈（Hieu Minh Ngo），他从 Court Ventures 购买用户数据，并经常使用其他国家的现金电汇支付。

Anthem（2015 年 2 月，7880 万条记录）：Anthem 宣布，它曾是一场有针对性的网络安全攻击的受害者，并最终披露，此次失窃涉及 7880 万个人的记录，包括——你猜对了——SSN，以及"姓名、生日、医疗 ID 号、街道地址、电子邮件地址和就业信息（含收入数据）"[三]。

仅在这两个案例中，就有大约 2.79 亿个 SSN 被暴露。目前美国的估计人口有 3.25 亿[四]，其中约 2.5 亿是成年人[五]。这意味着仅这两起侵入事件中暴露的 SSN 数量就超过了美国成年人的数量。

当然，我们无法知道这些数字中有多少是在暴露的数据集中重复出现的，或

[一] U.S. Department of Justice, "1030. Definitions," *Criminal Resource Manual*, https://www.justice.gov/usam/criminal-resource-manual-1030-definitions (accessed January 8, 2018).

[二] Brian Krebs, "At Experian, Security Attrition Amid Acquisitions," *Krebs on Security* (blog), October 8, 2015, https://krebsonsecurity.com/tag/court-ventures.

[三] Anthem, "Attention Providers in Virginia: Important Message from Joseph Swedish," *Network eUpdate*, February 5, 2015, https://www11.anthem.com/provider/va/f1/s0/t0/pw_e231507.pdf.

[四] U.S. Census Bureau, U.S. *and World Population Clock*, https://www.census.gov/popclock (accessed January 8, 2018).

[五] U.S. Census Bureau, *Quick Facts: United States*, https://www.census.gov/quickfacts/table/PST045216/00 (accessed January 8, 2018).

者有多少记录暴露在风险中，但从未被犯罪分子使用过。另一方面，也有许多其他泄漏 SSN 的事件[⊖]。在 2003 年之前，根本没有法律要求一个组织向外公布 SSN 失窃——并且那些号码仍然在使用中。

"美国有一个大问题。"《Slate》杂志的记者莉莉·海·纽曼（Lily Hay Newman）在艾可菲公司遭黑客入侵后写道，"似乎没有人的 SSN 是安全的，如果你的电脑还没有被入侵，考虑到大规模数据泄漏的高发生率，可能很快就会被入侵。"[⊜]

4.3 潜伏期

ChoicePoint 公司的数据泄漏事件在很长一段时间里缓慢开展。一路上，有许多大大小小的标志，它们本可以提醒 ChoicePoint 公司的工作人员出了问题，但事后来看，该组织显然没有适当的流程来识别、升级和调查可疑活动。更重要的是，ChoicePoint 公司的信息控制实践有很大的偏差，但是管理层没有注意到。

在本节中，我们将逐步介绍 ChoicePoint 公司危机的潜伏阶段，并重点介绍能够在 ChoicePoint 公司的危机爆发进入突发期之前控制住危机的方法。

4.3.1 潜在危机开始

犯罪分子早在 2003 年 9 月就开始设立欺诈性客户账户，比管理层发现可疑账户早了两年多。行骗者是极其老练的或是鬼鬼祟祟的吗？不。根据随后的 FTC 投诉，ChoicePoint 公司并未检测到欺诈性应用程序，"因为它没有实施合理的程序来验证或认证潜在用户的身份和资格"[⊜]。

FTC 提供了 ChoicePoint 公司无法检测和报告可疑活动的具体示例，例如[⊕]：

⊖ *Data Breaches*, Privacy Rights Clearinghouse, https://www.privacyrights.org/data-breaches (accessed January 8, 2018).

⊜ Lily Hay Newman, "The Social Security Number's Insecurities," *Slate*, July 10, 2015, http://www.slate.com/articles/technology/future_tense/2015/07/opm_anthem_data_breaches_show_the_insecurity_of_the_social_security_number.html.

⊜ United States v. ChoicePoint Inc., CA No. 1:06-CV-0198 (N.D. Ga. 2006), https://www.ftc.gov/sites/default/files/documents/cases/2006/01/0523069complaint.pdf.

⊕ United States v. ChoicePoint Inc., CA No. 1:06-CV-0198 (N.D. Ga. 2006), https://www.ftc.gov/sites/default/files/documents/cases/2006/01/0523069complaint.pdf.

……b.ChoicePoint 公司出于验证目的接受了包含明显矛盾信息的文件，例如联邦税收识别文件和公用事业声明上的营业地址不同，而没进一步查询来解决该矛盾；

……c.ChoicePoint 公司接受其他形式的有明显矛盾的或不合逻辑的应用程序的信息，如反映业务被暂停或不活跃的公司章程，以及显示商业业务注册在应用程序被提交至 ChoicePoint 公司的前几天被取消的税务登记资料……；

……e.尽管申请人在申请表上留下了关键信息（例如营业执照号码、联系信息或申请人的姓氏），但 ChoicePoint 公司仍批准了申请人的申请，而没有进一步询问；

……f.ChoicePoint 公司接受了从公共商业场所的传真机发送来的申请，并接受了从相同传真号码发出的多个独立业务的申请……；

……g.ChoicePoint 公司接受并批准了订阅者的申请，没进一步调查，尽管事实上，ChoicePoint 公司在关于申请人的内部报告中将他与另一个人的 SSN 相关的可能欺诈联系在了一起。

这些例子中的每一个都包含一个潜伏症状——一个警告信号，如果这个信号被识别出来，就可能使公司避免危机的突发期。实际上，关于 ChoicePoint 公司泄漏事件最令人震惊的事情之一是，其中有许多重复的个人欺诈，这些欺诈在一段时间内一次又一次地发生，却没有得到任何处理。

4.3.2   这不是很讽刺吗？

尽管人们越来越担心身份盗窃和欺诈，但 ChoicePoint 公司似乎并没有将其庞大的用户敏感数据数据库视为需要小心控制的有害材料。在泄漏事件被公布后，媒体一个接一个地报道 ChoicePoint 公司松懈的信息控制措施。《华尔街日报》报道："人们甚至可以在 Sam'sClub 以 39.99 美元的价格购买到 ChoicePoint 公司的背景核查套件，尽管 ChoicePoint 公司表示，它要求买家证明使用该套件的商业目的是正当的。"⊖

不幸的是，ChoicePoint 公司本身似乎并没有做出明智的决定来批准客户的申请。根据 ChoicePoint 公司的董事长兼首席执行官德里克·V. 史密斯（Derek V. Smith）的说法，这是更糟糕的，因为 "ChoicePoint 公司的核心能力是验证和认证个人及其证书"⊜。在担任 ChoicePoint 公司首席执行官期间，史密斯写了两本关于信息安全和风险的书。当该公

⊖ Evan Perez and Rick Brooks, " For Big Vendor of Personal Data, a Theft Lays Bare the Downside," *Wall Street Journal*, May 2, 2005, https://www.wsj.com/articles/SB111507095616722555.

⊜ Bruce Schneier, "ChoicePoint," *Schneier on Security* (blog), February 23, 2005, https://www.schneier.com/blog/archives/2005/02/choicepoint.html.

司 1997 年从艾可菲公司剥离出来时,他"采用了'ChoicePoint'的名称,这表明他将帮助客户在到达'选择点'时做出明智的决定"[一]。

媒体也注意到了其中的讽刺意味,他们把 ChoicePoint 公司翻了个遍。《纽约时报》写道:"ChoicePoint 公司刚刚让美国人意识到,它是一家自食其果的企业。其出售具有可预测可疑活动功能的装备;为国家安全服务提供安全保障;声称它可以保护人们免受身份盗窃的危害,但却很容易被一伙人渗透,致使全美至少 14.5 万人的档案被盗。"[二]

4.3.3 可疑电话

作为一个组织,ChoicePoint 公司直到 2004 年 9 月才意识到存在一个严重的问题,当时一名工作人员接到了一个可疑的电话。《华尔街日报》后来报道说[三]:

> 该公司表示,一个带有独特的外国口音的呼叫者,称自己是 MBS Collections 公司的詹姆斯·加雷特(James Garrett),申请了一个可以让他访问 ChoicePoint 公司数据的账户。在另一个电话中,听起来像是同一个人的人声称自己是 Gallo Financial 公司的约翰·加洛韦(John Galloway),同样也申请了账户。两个人的驾照都被传真过来了,同声音一样,照片看起来一模一样。

ChoicePoint 公司的工作人员通知了洛杉矶治安部门,他们立即展开了调查。"当詹姆斯·加雷特再次打来电话时,公司遵照一名警探的指示,让他去日落大道上的一家复印店取一份传真。在那儿,调查人员遇到了一个叫作奥拉通吉·奥瓦特新(Olatunji Oluwatosin)的人。他把带有 MBS 和 Gallo 商业名称的 ChoicePoint 公司申请书扔到了地上。"[四]奥瓦特新被捕了。作为一名尼日利亚公民,他最终没有对身份盗窃事实进行抗辩,并被判处 16 个月的监禁。后来,调查人员确定奥瓦特新是一个更大的身份盗窃犯罪团伙的成员,该团伙在黑市上以"每个 2000 到 7000 美元"的价格出售被盗的身份[五]。

[一] Evan Perez and Rick Brooks, "For ChoicePoint, a Theft Lays Bare the Downside," *Pittsburgh Post-Gazette*, May 3, 2005, http://www.post-gazette.com/business/businessnews/2005/05/03/For-ChoicePoint-a-theft-lays-bare-the-downside/stories/200505030214.

[二] William Safire, "Goodbye to Privacy," *New York Times*, April 10, 2005, https://www.nytimes.com/2005/04/10/books/review/goodbye-to-privacy.html.

[三] Evan Perez and Rick Brooks, "For Big Vendor of Personal Data, a Theft Lays Bare the Downside," *Wall Street Journal*, May 2, 2005, https://www.wsj.com/articles/SB111507095616722555.

[四] Evan Perez and Rick Brooks, "For Big Vendor of Personal Data, a Theft Lays Bare the Downside," *Wall Street Journal*, May 2, 2005, https://www.wsj.com/articles/SB111507095616722555.

[五] Evan Perez and Rick Brooks, "For Big Vendor of Personal Data, a Theft Lays Bare the Downside," *Wall Street Journal*, May 2, 2005, https://www.wsj.com/articles/SB111507095616722555.

从奥瓦特新的公寓收集到的证据表明，在很长一段时间里，他经常访问 ChoicePoint 公司的数据库，而没有发出任何危险信号。"在奥瓦特新的厨房柜台上，警探们发现了来自 ChoicePoint 公司数据库的打印数据，显示出 ChoicePoint 公司账户被用来进行了 1.7 万次搜索。"洛杉矶的一名警探说[⊖]。

《华尔街日报》的一名记者显然能够查看奥瓦特新被捕当天掉落在现场的客户申请。"申请……建议 ChoicePoint 公司基于信誉系统来决定让谁看其个人信息宝库。一页申请表要求申请人填写基本信息，如电话和传真号码、营业执照号码和电子邮件地址。在一个要求写出使用该数据库的商业用途的位置，'詹姆斯·加雷特'和'约翰·加洛韦'写道，'我们用这些服务来收债。'"[⊜]

4.3.4   远在天边，近在眼前

数据泄漏会影响整个组织，甚至影响整个公司的估值。因此，仅由一两个部门的一小群人来检测和分析事件是不够的。孤立在单个部门中的单个团队可能无法独立地评估整个组织的潜在风险，也无法采取必要的跨组织行动做出适当的响应。

组织需要有一个过程，在这个过程中，第一响应者将事件视为潜在的数据泄漏，并将其上呈到适当的决策者以获得进一步的指导。然后，适当的人员需要调查并收集来自组织中潜在的许多领域的输入——例如 IT、合规性、法律、公共关系——并将它们一起进行评估，以了解问题的范围并确定组织下一步应采取的最佳举措。

这个过程——识别、上呈、调查和确定范围——都是事件响应过程的更大阶段的一部分，在这个阶段中，组织意识到（realize）到数据泄漏的存在。根据《牛津英语词典》，"realize"的意思是"充分意识到（某事）是事实；理解清楚"。不同的活动（识别、上呈、调查和确定范围）往往重叠，多个活动同时发生。

意识到存在潜在的数据泄漏，并尽可能了解清楚，需要跨组织的努力，通常需要从第一响应者到执行团队（现在，甚至是董事会）的各个级别的投入。

4.3.5   识别

据 ChoicePoint 公司前高管米米·布莱特·里博茨基（Mimi Bright Ribotsky）说，ChoicePoint 公司的员工经常说，核实客户的合法性非常困难，但他们没有充分认识到这个问题的潜在

⊖ Evan Perez and Rick Brooks, " For Big Vendor of Personal Data, a Theft Lays Bare the Downside," *Wall Street Journal*, May 2, 2005, https://www.wsj.com/articles/SB115070095616722555.

⊜ Evan Perez and Rick Brooks, " For Big Vendor of Personal Data, a Theft Lays Bare the Downside," *Wall Street Journal*, May 2, 2005, https://www.wsj.com/articles/SB115070095616722555.

影响。她说："我认为人们没有意识到，一旦信息落入坏人之手，将会发生什么。"⊖

许多问题就在于此：一线工作人员常常会注意到可疑的事件、过程中的缺陷或漏洞，但没有认识到其对组织可能产生的潜在灾难性影响。他们没有高层视角，不知道为什么要这么做？为了让一线工作人员认识到某个问题是潜在的数据泄漏，组织首先需要制定一个流程，并提供工具和培训，以帮助工作人员识别可疑症状。

4.3.6　上呈

ChoicePoint 公司内的某个人通知了执法部门——我们知道。然而，他显然没有提醒 ChoicePoint 公司的高管。"ChoicePoint 公司的副总裁在参议院作证说，他是第一个了解数据泄漏事件的高管，就在 2004 年 11 月中旬。"⊜据报道，首席执行官德里克·V. 史密斯"从 2004 年秋天泄漏事件被发现后的两个月中，一直处于黑暗中"。史密斯说，他是在"来年的 1 月，或者可能是当年的 12 月底（才得知）"⊜。

这意味着，尽管执法部门从一名尼日利亚身份的窃贼的房间里拿出了大量带有 ChoicePoint 公司数据的文件，但高管们显然还在照常工作，以为一切都照常进行。因此，执行团队在最初的几周（甚至几个月）没有参与泄漏响应。在危机形成的关键几周内，ChoicePoint 公司没能制定战略、收集信息或在管理层层面采取行动。后来，这位首席执行官被问题的严重程度搞得措手不及，不得不在巨大的压力下做出关键决定。

如果执行团队立即被告知涉嫌犯罪，ChoicePoint 公司可能处于更好的位置。德里克·V. 史密斯本人就是一位深思熟虑的首席执行官。在 ChoicePoint 公司泄漏事件被发现之前，他在书中写道："让我始终保持清醒的是知识，许多大大小小的我们每天看到的悲剧本来是可以被避免或减少的，只要正确的善意的人们在他们需要做出明智决定的准确时刻拥有正确的信息。"®

⊖　Evan Perez and Rick Brooks, "For Big Vendor of Personal Data, a Theft Lays Bare the Downside," *Wall Street Journal*, May 2, 2005, https://www.wsj.com/articles/SB111507095616722555.

⊜　Paul N. Otto, Annie I. Antón, David L. Baumer, "The ChoicePoint Dilemma: How Data Brokers Should Handle the Privacy of Personal Information," *North Carolina State University Technical Reports*, TR-2005-18, p. 2, https://repository.lib.ncsu.edu/bitstream/handle/1840.4/922/TR-2006-18.pdf?sequence=1&isAllowed=y (accessed May 14, 2019).

⊜　Paul N. Otto, Annie I. Antón, David L. Baumer, "The ChoicePoint Dilemma: How Data Brokers Should Handle the Privacy of Personal Information," *North Carolina State University Technical Reports*, TR-2005-18, p. 2, https://repository.lib.ncsu.edu/bitstream/handle/1840.4/922/TR-2006-18.pdf?sequence=1&isAllowed=y (accessed May 14, 2019).

®　Derek V. Small, *Risk Revolution: The Threat Facing America and Technology's Promise for a Safer Tomorrow* (Lanham, MD: Taylor Trade, 2004).

的确！如果 ChoicePoint 公司的一线员工知道需要拒绝欺诈性申请，或者在事后立刻上报给高管团队，公司或许能够做出"明智的决定"。

克里斯·克瓦利纳说："事件上呈的道路实际上比看起来要艰难。"当我们进行演习时，我们经常发现，事件响应小组认为的适当上呈级别与高级管理层和董事会人员的期望不同。表征和指定严重性级别同样具有挑战性。"

例如，你的董事会成员可能希望在非常早的阶段就听到关于可疑的数据泄漏的消息，而 IT 人员可能倾向于等待，只有在有确凿的表明发生了数据泄漏的证据之后才会上呈消息。至关重要的是让组织的各个级别的员工参与数据泄漏响应的流程规划和桌面演练，以确保所有人都处于同一频率。

4.3.7 调查

> 从允许 9·11 事件中恐怖分子登机的机票代理商，到允许一名被定罪的性犯罪者领导主日学校——在没有现代信息工具的帮助下做出的看似微小的决定可能会导致严重的错误⊖。
>
> ——德里克·V. 史密斯，ChoicePoint 公司的首席执行官，2004 年

（更不用说由核准奥瓦特新的客户申请的 ChoicePoint 公司职员做出的决定……这些都是你编不出来的！）

ChoicePoint 公司的高管们深刻认识到知识就是力量，"现代信息工具"使组织能够做出更明智的决策。这是其商业模式的核心，是营销说辞。然而，在管理自己公司的运营时，他们似乎忘记了这一点⊜。当攻击发生时，ChoicePoint 公司难以准确了解到底发生了什么，因为它对获取自己"皇冠上的宝石"的信息有限。正如《华尔街日报》所报道的⊜：

> ChoicePoint 公司拥有 190 亿份数据文件，几乎涵盖了所有美国成年人的个人信息。它可以在几分钟内生成一份报告，列出某人以前的地址、旧室友、家庭成员和邻居。该公司的电脑可以告诉客户，投保人是否曾提出索赔，求职者是否曾被起诉或面临税收留置权。

⊖ Derek V. Small, *Risk Revolution: The Threat Facing America and Technology's Promise for a Safer Tomorrow* (Lanham, MD: Taylor Trade, 2004).

⊜ Evan Perez and Rick Brooks, "For Big Vendor of Personal Data, a Theft Lays Bare the Downside," *Wall Street Journal*, May 2, 2005, https://www.wsj.com/articles/SB115507095616722555.

⊜ Evan Perez and Rick Brooks, "For Big Vendor of Personal Data, a Theft Lays Bare the Downside," *Wall Street Journal*, May 3, 2005, https://www.wsj.com/articles/SB115507095616722555?mg=id-wsj.

但去年 10 月，在一名热衷于身份盗窃的男子进入其数据库后，ChoicePoint 公司连这件事都做不到：弄清楚究竟有哪些记录被盗。

"他们说这是一项艰巨的任务，他们没有足够的人手去做。"洛杉矶治安部门身份盗窃小组的负责人罗伯特·科斯塔中尉（Lt. Robert Costa）说，"显然，他们的技术还没有成熟，不足以找到入侵者留下的电子足迹。"

4.3.7.1　有日志吗？

直到今天，缺乏可用的证据仍然是数据泄漏调查中最关键的挑战之一。克里斯·克瓦利纳透露："作为律师（处理数据泄漏案件），日志和取证是我们面临的最大问题。通常情况下，我们没有我们希望拥有的日志或证据。"

什么是"日志"，为什么它们如此重要？日志只是一个事件的记录。有很多种类型的日志——跟踪某人何时登录到计算机的日志、记录通过防火墙的数据包的大小的日志、指示杀毒软件何时检测到恶意代码的日志。日志可以帮助你确定攻击者是否窃取了一个人或 10 000 人的健康信息。

不幸的是，在许多组织中，日志很少或根本不存在。"通常情况下，日志功能是存在的，但它要么没有打开……或者没有保留足够长的时间。"克里斯说。

通常，基于特定的日期或日志量，日志会在一小段时间（几天或几周）后"滚动"或自动删除。有时，响应团队直到调查了几个月后才意识到他们需要日志，而当他们去查看时，日志已经不见了。这就是为什么保存任何你认为在调查开始时可能需要的记录是至关重要的。记住，保存相对便宜。分析通常需要更多的资源。你不必分析你收集的每一个证据，但是如果你在将来发现你需要某样东西，你就没有机会回到过去保存它。因此要及早撒网。

克里斯说："我只能对我处理过的案件发表看法。但在我们看到的许多此类重大通知案件中，我猜没有给律师们留下任何明确的证据。一方面，IT 人员可能会说：'我们不能排除这种可能性'。另一方面，律师们会说：'好吧，如果访问或获取不能被排除，那么我们也不能排除滥用，所以最好通知每个人，要非常谨慎'。"换句话说，克里斯怀疑，在一些事件中，那些个人信息并没有真正处于危险中的个人，无论如何都得到了通知。"如果你有这些日志，你可能会发现实际上很多数据并没有'走出大门'。'日志'应该是用惊叹号加粗提醒的。"

4.3.7.2　日志！

在 ChoicePoint 公司泄漏事件中，团队收集了物理和数字证据，并不得不将多个来源的数据关联起来，以拼凑出真相。"坏人（在他们的设施上）使用了打印机。在某些情况下，他们设立了实际的办公室。"克里斯说，"执法部门找到了装有纸的储藏室。美联邦和州执法部门的调查非常彻底，非常出色。他们追踪并找到了罪魁祸首，找到了文件的藏匿处。我们真的找到了成箱的文件。"

犯罪分子已经在线访问记录，使用用户名和密码登录，然后进行搜索并打印结果。由于是在线访问材料，因此 ChoicePoint 公司也拥有一些电子记录。"我们拥有用户名和密码访问日志……有许多欺诈账户。"克里斯说，"我们正在尝试根据访问日志确定（犯罪分子）可能访问的信息范围是什么？你可以想象，这是一个漫长而复杂的过程。"

为什么这么复杂？仅仅有日志是不够的。你还必须准确地理解它们的含义——这个过程实际上要比看起来复杂得多。通常情况下，响应团队发现自己在数据泄漏危机期间第一次检查日志时，对每个字段的含义并不总是很清楚，而且通常很少或没有关于记录格式的文档。这个看似简单的问题可能会导致错误或延误，最终会毁掉公司的声誉。

在 ChoicePoint 公司的案例中，公众想要的是答案，即谁的记录被访问了？

高级管理层也想知道答案。"他们想要确保所有的细节都是正确的，所有受影响的人都得到了通知。"克里斯回忆道，但把细节处理好并没那么简单。"任何调查，特别是与 IT 相关的调查，都会改变事实。"克里斯说，"这是与 IT 相关事件的真实本质。事情会变，数字也会变，这让高级管理层非常沮丧。"

克里斯给出了一个示例，在这个示例中，调查团队可能会找到一组日志，并得出结论：行项表示一个 HTTP"GET"请求，这意味着客户访问了一条记录。稍后，调查团队把第一个日志与另一组日志联系起来，并意识到行项实际上意味着该人根本不访问记录，而只是单击到了下一页。

对内部日志不熟悉是导致数据泄漏响应变慢的最大因素之一，另外还有缺乏对日志的访问。在 ChoicePoint 公司，组织显然有一些日志，但是它们不容易被响应团队理解，并且没有预先建立的解释它们的流程。

因此，ChoicePoint 公司的调查团队将向执行领导层提供初步数字，几天后，在进一步分析后，团队将不得不修改它。这使得公共关系变得非常非常困难。

"了解你的日志记录功能。"克里斯建议，"现在，在事情发生之前，好好想想。想想现在保留了什么，为什么保留。与合适的人一起认真思考。"

4.3.8 范围

克里斯回忆道："高层管理人员非常积极地参与了调查。他们想知道范围。"

确定范围是数据泄漏响应的一个关键（也是经常被忽视的）组件，在这个组件中，你可以准确地确定哪些数据、计算机系统、物理设施或组织的其他方面涉及数据泄漏。基本上，你要尽你所能地确定哪些区域处于风险中。

"（罪犯）是怎么得到这些数据的？他们得到了什么数据？我们知道'盒子'是什么吗？"克里斯做了个手势，用手指在空中画了一个盒子。

确定数据泄漏范围的第一步是，根据潜在的数据泄漏对组织可能造成的风险来定义需要回答的关键问题。常见的问题包括：

- 哪些类型的信息可能被潜在地暴露？
- 谁会受到信息泄漏的影响？有多少人？
- 可能曝光了多少数据？
- 与哪些法律、法规和合同义务相关？
- 受影响方居住在哪些司法管辖区？

在 ChoicePoint 公司的案例中，决策者迫切地想知道罪犯访问了哪些人的记录。为什么这很重要？2003 年，加州实施了美国第一部安全泄漏通知法。S.B.1386 法案"要求任何以电子方式存储客户数据的公司，如果该公司知道或有理由相信有关客户的未加密（个人）信息被盗，就应将公司计算机系统的安全漏洞通知其加州客户"[一]。这项法律适用于任何与加州用户有业务往来的公司，甚至是总部设在加州以外的公司。为了鼓励公司遵守规定，加州允许受到损失的消费者"提起民事诉讼，要求赔偿损失"[二]。

换句话说，如果 ChoicePoint 公司曝光了任何与加州居民有关的记录，那么法律要求它通知受影响的人。由于罪犯奥瓦特新住在洛杉矶地区，ChoicePoint 公司（一家总部位于亚特兰大的公司）与洛杉矶治安部门合作，后者指示 ChoicePoint 公司根据广为宣传的新法律通知受影响的消费者[三]。

对于 ChoicePoint 公司，由于它的日志记录流程中的问题，这个看起来很简单的范围问题过了很长时间才有答案。最初，该公司只向加州居民发送了通知——总计约 3 万人。在全美其他地方的公众强烈抗议之后，ChoicePoint 公司承认，全美还有 11 万名消费者受到了影响，他们也将得到通知。洛杉矶治安部门告诉媒体，犯罪分子可能下载了多达 400

[一]　FindLaw®, *California Raises the Bar on Data Security and Privacy*, http://corporate.findlaw.com/law-library/california-raises-the-bar-on-data-security-and-privacy.html (accessed January 7, 2018).

[二]　Official California Legislative Information, *Bill No. SB 1386*, http://www.leginfo.ca.gov/pub/01-02/bill/sen/sb_1351-1400/sb_1386_bill_20020926_chaptered.html (accessed January 7, 2018).

[三]　Charles Gasparino, "When Secrets Get Out," *Newsweek*, March 13, 2005, http://www.newsweek.com/when-secrets-get-out-115027.

万人的相关记录。焦头烂额的公司发言人回应称："ChoicePoint 公司对这一警方提出的估计提出了质疑，但表示受害者人数可能会超过该公司迄今承认的 14.5 万人。"⊖即使在泄漏事件被宣布后的几个月，受影响人员的实际总数仍然是未知的。

如果 ChoicePoint 公司能够轻松地创建一个报告，列出对用户记录的所有访问就好了！该技术是可用的，但该公司尚未部署。高管们花了好几个月的时间才了解这次攻击的实际范围，这一事实极大地影响了他们的应对能力，并损害了公司的形象，我们将在接下来的章节中介绍这一点。

意识到

在潜伏阶段，你的主要响应目标是意识到（realize）一个指示器是即将发生的数据泄漏危机的潜在警告信号。"realize" 是 DRAMA 泄漏响应模型的第二阶段。这个阶段通常需要以下操作：

- 识别：识别数据泄漏的前兆。
- 上呈：上呈到数据泄漏响应团队。
- 调查：通过保存和分析现有证据进行调查。
- 范围：泄漏范围确定。

4.4 突发期

在 2005 年 2 月中旬，消费者收到第一封通知信后，ChoicePoint 公司的情况迅速恶化。

芬克写道："如果潜伏期警示你一个热点正在形成的事实，那么危机突发期则告诉你它已经爆发了。在突发期处理危机的主要困难之一是，通常伴随和表征着这一阶段的雪崩般的速度和强度。"⊖

当 ChoicePoint 公司的数据泄漏危机暴露在公众的视野中时，公司采取了封口的方式，这使情况变得更糟。ChoicePoint 公司没能提供清晰的信息，最终也未能及时有效地管理公众对危机的看法。

4.4.1 这里没别人，只有一群小鸡

《亚特兰大宪法报》的比尔·赫斯特德（Bill Husted）报道说："写信息安全书的那个

⊖ Evan Perez and Rick Brooks, "For Big Vendor of Personal Data, a Theft Lays Bare the Downside," *Wall Street Journal*, May 2, 2005, https://www.wsj.com/articles/SB111507095616722555.

⊖ Steven Fink, *Crisis Management: Planning for the Inevitable* (Lincoln, NE: iUniverse, Inc. 2002), 22.

人这周明显缺席了。位于阿法乐特（Alpharetta）的 ChoicePoint 公司在将消费者的个人数据出售给冒充合法商业客户的身份窃贼之后，面临着公共关系噩梦……但是自危机爆发以来，史密斯没有发表公开声明，也拒绝了采访请求。这一策略令危机管理和营销专家感到困惑。"⊖

"如果这是一个全国性的问题，CEO 必须参与进来。否则他就是在说他不在乎。"危机管理专家乔纳森·伯恩斯坦（Jonathan Bernstein）表示⊜。

"你必须公开承担责任。"亚特兰大的公共关系顾问艾·里斯（Al Ries）表示赞同，"首席执行官应该马上站出来，在电台和电视上道歉。"相反的是，史密斯消失了。

4.4.2　加州数据安全法一枝独秀

该公司最初是在 2005 年 2 月 8 日向消费者发出通知的，但只向加州居民发出了通知。加州的法律规定：当消费者的"未加密个人信息被未经授权的人获取，或有理由认为被未授权的人获取"时，相关组织必须向消费者发出提醒。加州是美国唯一有此类法律规定的州⊜。"ChoicePoint 公司"的一名发言人说："加州是调查的重点，目前我们没有任何能表明这种情况已经蔓延到加州以外的证据。"⑩

大多人不相信发言人所讲的话。相反，他们认为 ChoicePoint 公司只通知了加州人，因为在法律上没有要求它通知其他州受影响的个人。"现在马萨诸塞州的人会说，'嘿，为什么我不如加州的人重要？'"网络情报公司的首席技术官马特·史蒂文斯说⑮。

4.4.3　也许还有 11 万人

就在 ChoicePoint 公司说："我们没有任何能表明这种情况已经蔓延到加州以外的证据。"同一天该公司在其网站上发布声明："加州以外的大约 11 万名消费者也将获得额外的信息披露，他们的信息也可能被访问过。"⑯

⊖　Bill Husted, "Boss Keeps Low Profile Amid Crisis Experts Rap Strategy of ChoicePoint," *Atlanta Journal-Constitution*, February 19, 2005.

⊜　Bill Husted, "Boss Keeps Low Profile Amid Crisis Experts Rap Strategy of ChoicePoint," *Atlanta Journal-Constitution*, February 19, 2005.

⊜　Baker Hostetler, " Data Breach Charts," *Baker Law*, November 2017, 25, https://www.bakerlaw.com/files/Uploads/Documents/Data%20Breach%20documents/Data_Breach_Charts.pdf.

⑩　Rachel Konrad, " Californians Warned that Hackers May Have Stolen their Data, " *USA Today*, February 16, 2005, http://usatoday30.usatoday.com/tech/news/computersecurity/hacking/2005-02-16-choicepoint-hacked_x.htm.

⑮　Associated Press, " Big ID Theft in California, " *Wired*, February 16, 2005, http://web.archive.org/web/20050217193946/http://wired.com/news/business/0,1367,66628,00.html.

⑯　ChoicePoint, *ChoicePoint Update on Fraud Investigation*, February 16, 2005, https://web.archive.org/web/20050217071222/http://www.choicepoint.com/news/statement_0205_1.html.

"被通知的可能被卷入大规模身份盗窃案的人数翻了两番……达到 145 000。"《洛杉矶时报》报道，"该公司在受到批评后采取了措施。显然仅向加州的 35 000 名可能的受害者发送警告信，仅仅是因为加州的法律要求做此类披露。"[一]

4.4.4　爆发

美国 19 名州司法部长向 ChoicePoint 公司发布了一封公开信，"要求该公司立即做出回应，详细说明将如何通知这些州的居民。"[二]州和联邦立法者采取了行动。参议员戴安娜·范斯坦（Dianne Feinstein）利用 ChoicePoint 公司案作为政治资本来推动就联邦数据安全和泄漏通知法的听证[三]。

ChoicePoint 公司的工作人员在 2004 年 9 月发现了这一欺诈行为，但直到 2005 年 2 月才通知受害者，这一事实激怒了公众。在此期间，受影响的用户面临着更高的身份信息失窃风险，但他们对此没有意识，也不能采取适当的行动来降低他们遭受欺诈的风险（如冻结他们的信用卡）。ChoicePoint 公司等待的时间越长，受影响的消费者面临的风险就越大。

《亚特兰大宪法报》报道："该公司没有设立专门的电话热线来处理用户的询问。"[四]此后不到一周，媒体就报道称，ChoicePoint 公司设立了一个免费电话，用于回答与该事件有关的问题，但该电话功能失常。例如，NBC 新闻在 2005 年 2 月 14 日报道了这一事件，报道称，加州居民伊丽莎白·罗森（Elizabeth Rosen）拨打了这个号码，但很快因为所提供的信息十分有限而感到沮丧。罗森说："当我打电话给客服时，他只是照着稿子念……说透露太多细节可能会损害正在进行的调查。我对此很不高兴，我甚至不知道 ChoicePoint 公司是什么。"[五]

4.4.5　推卸责任

ChoicePoint 公司的代表指责执法部门延误了通知，称发生这种情况是因为警察"为

[一]　Joseph Menn and David Colker, "More Victims in Scam Will Be Alerted," *Los Angeles Times*, February 17, 2005, http://articles.latimes.com/2005/feb/17/business/fi-hacker17.

[二]　Rachel Konrad, "Data Firm Allowed 700 Identity Thefts: Half-Million Still at Risk at Credit Broker with No Federal Regulation," *Pittsburgh Post-Gazette*, February 19, 2005.

[三]　Joseph Menn and David Colker, "More Victims in Scam Will Be Alerted," *Los Angeles Times*, February 17, 2005, http://articles.latimes.com/2005/feb/17/business/fi-hacker17.

[四]　Bill Husted, "Boss Keeps Low Profile Amid Crisis Experts Rap Strategy of ChoicePoint," *Atlanta Journal-Constitution*, February 19, 2005.

[五]　Bob Sullivan, "Database Giant Gives Access to Fake Firms," *NBC News*, February 14, 2005, http://www.nbcnews.com/id/6969799/print/1/displaymode/1098.

了不影响调查，要求不进行通知"。作为回应，洛杉矶治安部门表示，它已在 2004 年 11 月告知 ChoicePoint 公司，法律要求该公司通知加州居民[一]。此外，警方表示："ChoicePoint 公司似乎不愿意迅速分享案件信息。"南加州高科技工作小组的首席调查员罗伯特·科斯塔告诉媒体他的身份被盗细节："我们一直在追踪线索，同时等待 ChoicePoint 公司的回应。"[二]

随着媒体风暴的到来，ChoicePoint 公司强调自己是犯罪行为的受害者，不承认有任何不当行为。"这不能怪我们。"ChoicePoint 公司的发言人詹姆斯·李（James Lee）说。该公司发出的冷漠的信件对收到信件的用户几乎没有帮助，公司只建议他们"通过拨打三个征信机构任何一个的免费电话号码对他们的信用报告设置欺诈警报"，并仔细检查他们的信用报告中是否有错误，如果发现任何可疑活动，请直接与信用卡公司联系。

查普曼在谈及来自 ChoicePoint 公司的通知信时表示："从这封信的语气来看，这完全是对他们的一种冒犯，是对我们的一种'不便'，我这辈子都得小心点。"[三]

4.4.6　新的信用监控

最终，ChoicePoint 公司的响应团队被组织了起来，发表了明确的公开声明，并采取了深思熟虑的行动来补偿用户。2005 年 2 月 25 日，ChoicePoint 公司向受影响的消费者发送了一封后续信，并提供了令人瞩目的报价[四]：

> 我们向你保证，我们理解此事件可能会给你带来的不便，因此我们与 Experian 公司（三家全国性信用报告公司之一）合作，以我们的成本为你提供资源，帮助你监控和保护你的个人信息的使用。
>
> 其中一个资源是 Experian 提供的信用监控服务。经常检查你的信用报告中的不准确之处，是防止潜在身份盗窃的一种方法……此信用监控服务将允许你无限制地访问你的 Experian 信用报告，并为你提供关于 Experian 信用报告的关键变化的每日监控和电子邮件提醒。

[一]　Evan Perez, " ChoicePoint Is Pressed for Explanations to Breach," *Wall Street Journal*, February 25, 2005, http://www.wsj.com/articles/SB110927975875763476?mg=id-wsj.

[二]　Robert O'Harrow Jr., " ID Data Conned from Firm: ChoicePoint Case Points to Huge Fraud," *Washington Post*, February 17, 2005, http://www.washingtonpost.com/wp-dyn/articles/A30897-2005Feb16.html.

[三]　Sarah D. Scalet, " The Five Most Shocking Things About the ChoicePoint Data Security Breach, " *CSO*, May 1, 2005, https://www.csoonline.com/article/2118134/compliance/the-five-most–shocking-things-about-the-choicepoint-data-security-breach.html.

[四]　EPIC.org, ChoicePoint letter dated February 25, 2005, https://epic.org/privacy/choicepoint/cp_letter_022505.pdf (accessed January 7, 2018).

对于成千上万的人来说，这是他们第一次听说作为一种服务的"信用监控"，更不用说接受它了。十年后，在这种情况下提供信用监控变得如此普遍，以至于许多消费者现在由于暴露他们信息的不同泄漏行为而拥有"免费信用监控"的时间延长了三到四倍。在当时，这是一个新的想法，考虑到被访问信息的类型和公众对身份盗窃的担忧，这完全是合适的。

4.4.7　立即行动，维护商誉

一旦你意识到可能发生了数据泄漏危机，你就必须采取行动，这似乎是显而易见的。如果你已经处于突发期，这一点尤其重要。你必须采取行动，控制危机本身，以及人们对危机的看法。这需要双管齐下：危机管理和危机沟通。

ChoicePoint 公司的高管在突发期开始时的延迟反应是可以理解的，但这让他们付出了代价。高管无疑感觉到了羞愧和脆弱，他们不知道该怎么办，他们没有他们需要的信息。他们没有准备好应对危机，十有八九，他们担心承担责任或担心发表强有力的公开声明会使他们承担更大的责任，所以他们沉默了。尽管他们最终确实采取了积极的应对措施，但早先的延误激怒了公众，并火上浇油。

应该采取什么行动？这里有几个例子：

危机管理：

- 隔离受感染的系统，以阻止恶意软件传播。
- 通过清除恶意软件、删除攻击者账户和收紧防火墙规则来保护你的系统。
- 如果可能，通过更改密码或其他可变信息降低被盗数据的价值。
- 实施额外的控制以减少危害，例如对被盗信用卡卡号进行欺诈监控。

危机沟通：

- 通知用户。
- 向媒体提供一份声明。
- 召开新闻发布会。
- 建立一个呼叫中心。
- 在适当情况下提供补偿。

组织在突发期犯的最大的错误是，没有立即采取快速的行动。通常，数据泄漏响应团队会陷入内部法律讨论的泥潭，或者在与受影响的利益相关者沟通或采取行动之前，尝试等待完全确定范围。最后一个错误是极为常见的：在组织准备不足、日志收集和分析缓慢而艰苦的情况下，范围确定阶段可能会花费很长时间，而且通常情况下，你是无法负担在等待答案这段时间内所产生的代价。

正如将在本书中看到的那样，等待行动的时间越长，被窃取的数据遭到滥用的风险就越大，你就越要担心负面报道和声誉受损（有一个平衡），而是应优先考虑行动。记住，法律法规只是采取响应时所需考虑的一部分。使利益相关者保持对你的信任和善意是最重要的。这需要明确、及时和诚实的行动。

4.5　降低损害

数据泄漏会给多方带来风险，可能包括：

- 个人信息被泄漏的用户个人。
- 遭遇数据泄漏的组织本身（由于潜在的未经授权的访问、诉讼、财务和声誉损害等）。
- 第三方，如银行、信用卡公司、医院、政府机构，以及任何可使用被盗数据访问的提供资产的实体。

如果迅速采取行动应对泄漏事件，就有可能降低对关键利益相关者的损害风险。以下是减少损害的三种常见策略：

1）降低数据价值。

2）监控并响应。

3）采取额外的访问控制。

下面将依次研究这些策略。

4.5.1　降低数据价值

数字化数据是一件美好的事情。数字化数据的一个固有好处是，理论上，它易于分发、更改和远程访问。这些品质都可以帮助我们在发现数据泄漏时迅速降低风险。

4.5.1.1　密码

当密码被泄漏时，可以做些什么来降低损害的风险呢？当然，需要更改身份验证系统中的密码。接着，被泄漏的数据不能再用于访问使用初始密码所能访问的资产。为了最小化风险，在发现可疑的泄漏后，应尽快更改密码。当然，更改密码的不利之处是，它会给用户带来麻烦和不方便，因为他们通常可以选择使用什么服务。这个过程还会给客户或IT支持人员带来额外的负担。

4.5.1.2   支付卡卡号

支付卡卡号也可以改变——尽管它们不会像密码那样使用寿命短暂。由于支付卡的卡号是压印在卡上并分发给持卡人的，所以购买信用卡卡片是要花钱的，而印新卡并把它们发给消费者则要花费时间和精力。同样，客户的不满问题很重要，成本也很重要。还有数据依赖的问题。例如，许多消费者都设置了自动支付系统，它依赖于一个固定的支付卡卡号。当卡号更改时，这给必须重新配置其账单支付方式的消费者带来了工作量和烦恼。根据所有的这些原因，银行和信用卡品牌往往选择不改变卡号，即使它们知道卡号已经被泄漏或被盗。

4.5.1.3   SSN 被盗困境

SSN 是数据依赖的缩影。大多数美国人一生都用同样的 SSN。即使你知道你的 SSN 被盗了，如果"没有表明有人在使用你的号码的证据"，社会保障局（SSA）也不会更改它。即使你是为数不多的成功游说建立了新的 SSN 的人士之一，社会保障局也会警告说[⊖]：

> 记住，一个新的数字可能解决不了你所有的问题。这是因为其他政府机构（如国税局和州汽车机构）和私营企业（如银行和信用报告公司）在你的旧号码下有记录。与其他个人信息一起，信用报告公司使用这个旧号码来识别你的信用记录。因此，使用新号码并不能保证你有一个全新的开始。如果你的其他个人信息（比如你的名字和地址）保持不变时，这一点尤其正确。

换句话说，在整个信息生态系统中，并没有有效的方法来更改你的 SSN，因此，如果数据被盗，也没有办法来完全降低数据的价值。

艾可菲公司惨痛的教训说明了 SSN 的致命缺陷：它们无法大规模地改变。美国政府没有这样的可用来改变 1.455 亿个 SSN 的基础设施。这意味着盗窃造成的风险在很大程度上仍然无法控制。

白宫的网络安全协调员罗布·乔伊斯（Rob Joyce）说："我强烈地觉得，SSN 已经失去了它的作用。每次使用 SSN 时，你都把它置于了危险之中。"[⊖]

艾可菲公司前首席执行官瑞克·史密斯在国会作证时也得出了同样的结论。"如果

⊖ U.S. Social Security Administration, *Identity Theft and Your Social Security Number*, (Pub. No. 05-10064 (Washington, DC: SSA, June 2017) https://www.ssa.gov/pubs/EN-05-10064.pdf.

⊖ Nafeesa Syeed and Elizabeth Dexheimer, "The White House and Equifax Agree: Social Security Numbers Should Go," *Bloomberg*, October 4, 2017, https://www.bloomberg.com/news/articles/2017-10-03/white-house-and-equifax-agree-social-security-numbers-should-go.

有一件我希望看到的国家正在考虑的事，那就是在这种环境下，SSN 要是私有且安全的。我认为现在是国家思考这些的时候了。"他说，"有什么更好的能以一种非常安全的方式来识别我们国家的消费者的方式吗？我认为这种方式应与 SSN、出生日期和名字存在着某种程度的不同。"⊖

当涉及数据泄漏时，SSN 是一场完美的风暴：随着使用量的增加，SSN 的数量激增，许多人可以访问到它们，得益于其紧凑的尺寸和结构化的形式，SSN 的流动性很高，并且在一个人的一生中（以及以后）都保持不变。

4.5.1.4　认证的替代形式

数据泄漏造成的损害很大程度上源于对基于知识的认证的广泛依赖。当密钥被泄漏时，就会产生风险。幸运的是，最近的进步使得其他形式的认证对于用户和组织来说更加方便。现代技术使我们能够使用一次性的 PIN、移动应用程序、指纹、面部表情、声纹识别或小型硬件令牌作为登录计算机账户的钥匙。关键的是，在认证过程中不需要透露密钥本身。高级密码学不是在互联网上发送你的指纹副本，而是用来证明你的指纹是有效的，并且不显示实际的指纹本身。苹果的 iPhone 和 iPad 都有一个内置的指纹阅读器和一个应用程序编程接口（API），允许应用程序利用 TouchID 身份验证功能。Windows 10 内置了 Windows Hello 功能，该功能旨在支持生物特征认证。

超过 95% 的美国人拥有手机，这使得基于短信的双因素认证成为可能。高达 77% 的美国成年人拥有智能手机，这促进了基于双因素认证的移动应用程序的部署⊖。

慢慢地，世界正在远离基于知识的认证，降低用于欺诈和其他犯罪的敏感个人信息的价值。这减少了消费者和组织的风险。

4.5.2　监控并响应

第二种选择是监控可使用被窃取数据访问的账户或资产，并开发一个系统来检测和应对欺诈使用。当今天发生数据泄漏时，免费的信用监控可能是向受害者提供的最常见的补偿形式，就像 ChoicePoint 公司案例所展示的那样。

先由美国三大征信机构 Experian、Equifax、TransUnion 收集抵押贷款、贷款、信用

⊖　*House Energy and Commerce Subcommittee Hearing on "Equifax Data Breach" Before the Subcomm. on Digital Commerce and Consumer Protection of the H. Comm. on Energy and Commerce, 115th Cong.* (October 3, 2017), https://www.c-span.org/video/?434786-1/lawmakers-grill-equifax-ceo-data-breach&start=9971 (prepared testimony of Richard F. Smith, former Chairman and CEO, Equifax).

⊖　Pew Research Center, "Mobile Fact Sheet," *Pew Internet and Technology*, January 12, 2017, http://www.pewinternet.org/fact-sheet/mobile.

卡、账单和其他财务账户的借贷和支付活动记录。这样，它们就会生成你的信用报告，并计算你的信用分数（实际上是多个分数），这些分数是用来向其他放贷人传达你的信誉度信息的。

当罪犯利用受害者被窃取的个人信息或滥用现有账户建立新账户时，这种活动的记录通常会出现在受害者的信用报告上。身份被盗窃的后果可能包括受害者甚至不知道其存在的未付信用卡账单、新放贷人反复的信用调查，以及对受害者的信用产生负面影响的其他结果。对于受害者来说，这可能会导致一个噩梦般的场景：由于信用评级受损，他被拒绝贷款，或被收取高昂利率。

信用监控是：一种第三方（例如，美国三大征信机构或供应商（例如 AllClear 或 LifeLock））可以监控受害人的信用报告并在发生任何可疑的变化时发出警报的服务。这些变化可能涉及你的信用分数、地址、新账户、欠款、信用查询以及其他可能影响你的信用分数的因素。

信用监控通过帮助消费者快速发现信用报告中的问题，为他们提供了一些价值。这也是征信机构获得额外的经常性收入的一种方式：它们通常每月向消费者收取 15 至 20 美元。信用卡品牌也在采取行动："监控业务的利润足够高，以至于包括 Capital One 和 Discover 等的大型信用卡公司（现在与 Experian 合作）直接将自有品牌的监控服务出售给客户，从而削减了费用，之后才将其余的服务留给 Experian。"⊖

美国联邦贸易委员会跟唱信用报告视频

从历史上看，消费者很难快速发现身份盗窃，部分原因是他们无法获得自己的信用报告。最初，消费者没有权利看到征信机构收集的有关他们的数据，如果他们想要查看这些数据，就必须购买他们的信用报告。在被放贷方拒绝之前，大多数消费者并不知道他们的信用报告有错误。这种情况在 2003 年发生了变化，当时美国国会通过了《公平与准确信用交易法》（FACTA），这是对《公平信用报告法》（Fair Credit Reporting Act）的修正案。除其他规定外，FACTA 还要求每个征信机构每年向消费者免费提供一次信用报告。这个项目的主要网站是 AnnualCreditReport.com。

然而，征信机构找到了一个从新规定中获利的方法。Experian 之前收购了一家拥有 freecreditreport.com 域名的公司。接着，征信机构开始大力宣传

⊖ Ron Lieber, "A Free Credit Score Followed by a Monthly Bill," *New York Times*, November 2, 2009, http://www.nytimes.com/2009/11/03/your-money/credit-scores/03scores.html.

FreeCreditReport.com，把它作为消费者获取"免费"信用报告的一种手段。几年之后，《纽约时报》报道称："Experian嗅到了商机，在谷歌和其他网站上购买了广告，转移了一些人寻找合法信用报告的注意力。"⊖

Experian制作了一系列引人入胜的广告，其中包括一名年轻的吉他演奏者演唱了有关其信用评分受损的不同方式。吉他手哀叹道，要是他使用了FreeCreditReport.com就好了！⊜

消费者没有意识到的是，他们一旦注册这个网站，就会自动加入一个信用监控项目，如果30天内没有取消，就会被收取79.95美元。

2005年，美国联邦贸易委员会以欺诈性营销行为为由，对Experian处以95万美元罚款，后来又因该公司违反最初的判决书，命令其"放弃（另外）30万美元的非法所得"⊜。

然后，在美国联邦贸易委员会最具启发性的时刻之一中，政府机构发布了自己的视频，以对消Experian的原始广告。该机构在2009年的新闻稿中表示："尽管有些电视广告宣传具有免费的年度信用报告，但根据联邦法律获得免费的年度信用报告的唯一授权来源是AnnualCreditReport.com。为了强化这一信息，联邦贸易委员会正在播放两支各自具有鲜明色彩的新视频。"⑩

4.5.2.1　受害者的信用监控

许多组织为受影响的受害者购买免费的信用监测。这样做是为了给受害者提供一些有价值的东西，同时也能降低他们身份被盗的风险。这与经典的形象修复理论相联系，结合了两种策略：补偿和纠正措施。表4-1各给出了一个例子，正如形象修复专家威廉·L.贝

⊖　Gerard Dalbon, "FreeCreditReport.com All 9 Commercials," *YouTube*, 4:38, min, posted October 3, 2009, https://www.youtube.com/watch?v=tloVHJtrJ_k.

⊜　Federal Trade Commission (FTC), "FTC Releases Spoof Videos with a Serious Message: Annual-CreditReport.com is the Only Authorized Source for Free Annual Credit Reports," press release, March 10, 2009, https://www.ftc.gov/news-events/press-releases/2009/03/ftc-releases-spoof-videos-serious-message-annualcreditreportcom.

⊜　Federal Trade Commission (FTC), "FTC Releases Spoof Videos with a Serious Message: Annual-CreditReport.com is the Only Authorized Source for Free Annual Credit Reports," press release, March 10, 2009, https://www.ftc.gov/news-events/press-releases/2009/03/ftc-releases-spoof-videos-serious-message-annualcreditreportcom.

⑩　FTC, "AnnualCreditReport.com Restaurant: Federal Trade Commission," *YouTube*, 0:50 min, posted March 9, 2009, https://www.youtube.com/watch?v=xZ0xsF5XWfo (accessed January 9, 2018).

努瓦所描述的⊖。

表 4-1　补偿和纠正措施的例子，形像修复策略

战略 / 战术	例　子
补偿	因为服务员把饮料洒在你的衣服上了，所以我们会免费给你甜点
纠正措施	因为服务员把饮料洒在你的西装上了，所以我们会付干洗的钱

资料来源：Benoit, *Accounts, Excuses, and Apologies*, 28。

信用监控对泄漏事件的受害者多有用？《市场观察》的凯瑟琳·伯克（Kathleen Burke）写道："信用监控只有在你的 SSN 被盗时才有用，如果有人以你的名义申请账户，它会通知你。它不追踪欺诈性信用卡费用。"⊖对于涉及医疗数据的泄漏，信用监控并不能解决医疗细节泄漏可能带来的潜在尴尬或歧视。

泄漏发生后，组织通常只有能提供一年的信用监控的充足预算，并且监控服务提供商有时只监控一个主要征信机构的信用报告，而不是全部三个。伯克补充道："黑客可以利用窃取的信息在这三个机构中的任何一个申请信贷，而且不限时间。"

医疗保险公司安森保险（Anthem）遭到破坏后，该公司向受害者提供了两年的免费信用监控服务，这是大多数机构的两倍。杰罗·安古洛（Jairo Angulo）和他的妻子之前通过安森保险公司购得了医疗保险，并被通知他们的个人信息在数据泄漏中被盗。对安古洛来说，两年的免费信用监控是"远远不够"的⊜。

安古洛说："如果你的 SSN 和其他信息存在于这个世界上，它就永远在那里。安森保险公司应该为我余生的信用监控买单。"⊛（安森保险公司泄漏案将在第 9 章中详细讨论。）

多年来，数据泄漏和提供免费的信用监控都已成为一种常见的响应策略，许多用户因为不同的泄漏事件而获得了三次、四次、五次甚至更多的免费信用监控。这降低了信用监控作为一种补偿战略的价值：对于已经拥有该服务的消费者来说，它并没有提供显著的价值。另一方面，如果它未被提供，用户就会注意到。

⊖　William L. Benoit, *Accounts, Excuses, and Apologies*, 2nd ed. (New York: SUNY Press, 2014), 28.

⊖　Kathleen Burke, "' Free Credit Monitoring ' after Data Breaches is More Sucker than Succor," *MarketWatch*, June 10, 2015, http://www.marketwatch.com/story/free-credit-monitoring-after-data-breaches-is-more-sucker-than-succor-2015-06-10.

⊜　David Lazarus, " So What Does a Corporation Owe You after a Data Breach?" *Los Angeles Times*, May 10, 2016, http://www.latimes.com/business/lazarus/la-fi-lazarus-security-breaches-20160510-snap-story.html.

⊛　David Lazarus, " So What Does a Corporation Owe You after a Data Breach?" *Los Angeles Times*, May 10, 2016, http://www.latimes.com/business/lazarus/la-fi-lazarus-security-breaches-20160510-snap-story.html.

4.5.2.2　内部欺诈监控

在支付卡行业，银行和信用卡品牌已经开发出了复杂的系统来检测潜在的信用卡数据的欺诈使用。通常，这些系统是基于持卡人的行为特征的：例如，如果持卡人在波士顿，系统可能会发出警报并阻止在得梅因的突然购买尝试。在美国，有哪个现代持卡人不是刚下飞机，就发现在一个新城市的首次消费被拒绝了？

当然，对银行和信用卡品牌来说，实施有效的监控系统可能是昂贵和劳动密集型的工作，误报会让商家损失商业业务，损害它们与消费者的关系。美国国税局（IRS）一份关于欺诈的白皮书指出："在电子商务交易或移动商务交易中被拒的持卡人里，有三分之二的人在收到误报后减少或停止了对商户的光顾，而所有被拒持卡人中的这一比例为 54%。"⊖

由于纳税人的个人信息（包括 W-2 表格）被盗，美国国税局自身也遭受了广泛的退税欺诈。为了解决这个问题，美国国税局开发了一个"复杂而又多方面的"程序，以"解决身份盗窃和发现并防止不当欺诈性退税的问题"。这包括采用过滤器、数据分析和手动分析，以在发放退税之前标记出潜在的欺诈性退税。此外，"美国国税局于 2009 年 1 月开始部署被称为身份盗窃商业规则的其他过滤器。该商业规则适用于任何带有与身份盗窃指示符相关联的 SSN 的申报表。除非国税局审查了这些退税收益和账户，并确定它们属于有效的 SSN 所有者，否则这些收益不能发布到纳税人的账户（称为"无法张贴的"收益）。"正如纳税人维护服务机构在 2016 年提交给美国国会的年度报告中所描述的那样，美国国税局的欺诈检测流程的误报率很高，高达 91%！这导致 2016 财年（至 9 月）有 120 万张延迟退税申报表，并使纳税人的退税被延迟了大约两个月。

因可能的身份盗窃而被延迟退税的纳税人被指示致电美国国税局的"纳税人保护计划"热线，该热线的服务水平（满意度）为 31.7%，在 2016 财年中其平均等待时间为 11分钟⊖。高假阳性率也侵蚀了国税局员工的士气，除此之外，整个项目无疑是成本昂贵的，这最终也要纳税人买单。

4.5.3　实施额外的访问控制

SSN、支付卡卡号、密码和许多其他类型的数据被称为"接入设备"是有原因的：它

⊖　Taxpayer Advocate Service, "Most Serious Problems: Fraud Detection," *Annual Report to Congress* 1 (2006): 151–60. https://taxpayeradvocate.irs.gov/Media/Default/Documents/2016-ARC/ARC16_Volume1_MSP_09_FraudDetection.pdf.

⊖　"Level of service" is a measure of "the relative success rate of taxpayers who call the toll-free lines seeking assistance from customer service representatives." Taxpayer Advocate Service, "Most Serious Problems: IRS Toll-Free Telephone Service Is Declining as Taxpayer Demand for Telephone Service Is Increasing," *Annual Report to Congress* 1 (2009): 1, 5, https://www.irs.gov/pub/tas/msp_1.pdf.

们有助于访问有价值的信息或资产。如果这样的接入设备被盗，那么使数据完全贬值可能是昂贵的、困难的或不可能的。然而，在许多情况下，组织可以部署额外的访问控制来减少未授权访问的风险。这些控制常常与额外的监控工作相结合。

例如，如果用户密码被泄漏，但发生泄漏的组织由于担心激怒客户并没有立即强制进行密码重置，组织可能选择执行额外的检查，来确定用于登录客户账户的设备或 IP 地址是否在过去被用来登录过。如果是，组织可能允许登录继续进行。否则，用户可能会受到其他验证程序的影响，例如文本或对存档电话号码的呼叫。从技术角度看，这比强制立即全面重置密码的风险更大，但管理层可能会认为，与潜在的大量用户发怒相关的商业风险超过了未经授权的账户访问的风险。

这种类型的额外检查在支付卡方面很常见：通常银行或信用卡品牌都知道消费者的卡号被盗了。然而，金融机构可能会选择有选择性地实施额外的控制措施，如在发现持卡人的正常消费模式出现偏差时进行电话回访，而不是冒着引起客户广泛愤怒的风险花钱批量换卡。

当敏感信息被用于访问遭遇泄漏的组织之外的系统时，挑战就来了，这些系统通常位于许多不同的地方。SSN 就是一个完美的例子——你的 SSN 可能从一家医院被偷走，然后被用于从威瑞森购买手机。医院无法控制威瑞森的销售周期，并且彼此的安全团队也不交流。事实上，医院可能永远不会因为个人身份信息的泄漏而遭受任何直接的损失（甚至可能不会被发现），然而许多外部组织和受害者自己却可能会遭受经济损失。

4.5.3.1 信贷冻结创可贴

专家们认为，用户保护自己免受身份盗窃的最有效的方法之一是"冻结"他们的信贷——本质上是防止信用报告机构发布其信用报告。由于大多数放贷人在批准新账户之前都会先提取消费者的信用信息，因此这有效地防止了欺诈者以受害者的名义开设新账户。

2003 年，美国的立法议员着手制定相关法律，使消费者冻结个人信贷的操作变得更为简便。在接下来的几年中，代表三大征信机构利益的消费者数据行业协会（CDIA）进行反制，据《今日美国》2007 年报道称，信贷冻结会严重阻碍征信机构核心业务的开展，因此该协会一直在努力游说联邦议员，以期能够阻止美国各州法律允许消费者为防止个人信息被盗而冻结信贷的热潮⊖。

对于 CDIA 而言，这是一场失败的斗争：在全美范围内，49 个州和哥伦比亚特区通

⊖ Byron Acohido and Jon Swartz, " Credit Bureaus Fight Consumer-Ordered Freezes," *USA Today*, June 25, 2007, https://usatoday30.usatoday.com/money/perfi/credit/2007-06-25-credit-freeze-usat_n.htm.

过了法律，允许消费者冻结其信贷。各个州还引入了"快速解冻"机制，该机制将使消费者能够使用 PIN 快速取消其信用报告的冻结，以便他们可以处理合法的信贷申请。

信贷冻结是一种额外的访问控制形式，消费者可以在泄漏发生后部署它。个人身份信息在各地被无数不同的组织使用，这可能是控制未经授权的使用的最佳方法。然而，信贷冻结只是一个初级工具。消费者不能将其信用报告的访问权限限制在特定的授权实体。相反，访问控制是基于时间的：要么冻结信用报告，要么解除冻结。如果罪犯碰巧在受害者因正当理由解冻其信贷的同时申请贷款，那么很可能成功。此外，信贷冻结只会降低特定类型的身份盗窃风险，而这类盗窃涉及债权人提取消费者的信用报告。

4.5.3.2　借记卡锁定

针对借记卡失窃，银行推出了"借记卡锁定"功能，允许客户使用手机或网上银行应用程序"关闭"借记卡[⊖]。2016 年初，《纽约时报》发表了一篇关于借记卡锁定的报道："在一次非正式测试中，一名记者用手机锁定了一张美国银行（Bank of America）的借记卡。该卡被自动取款机拒绝（自动取款机吐出卡并显示'此卡无效'的信息）。过了一会儿，用户在自动取款机前使用手机解锁了卡片。自动取款机立即接受了这张卡，并吐出了现金。"[⊖]

在广告中，借记卡锁定是一种典型的功能，如果消费者注意到卡片丢失了，那么可以通过它来"关闭"他们的卡。不过，该工具一般可以用来降低支付卡欺诈的风险。通过赋予消费者能够在几秒钟内激活和停用卡号的能力，银行已经部署了基于时间的安全控制。

客户现在可以在大部分时间里将卡号"锁定"，而只需在进行一笔交易的几分钟之内解锁卡片。这反过来又给了攻击者一个小的机会窗口，从而极大地降低了卡号的价值。当然，许多消费者不会利用这个特性，但对于那些利用它的人来说，它是一个强大的工具。

4.5.3.3　身份防盗拍

身份盗窃保护服务是信用监控的延伸，旨在帮助用户检测身份盗窃。今天，许多形式的身份盗窃保护服务也为身份盗窃的受害者提供支持，包括协助提供支付和身份证更换、信用报告清理以及类似的服务。

在 ChoicePoint 公司泄漏事件曝光后，成立于 2005 年的 LifeLock 是最知名的身份盗窃保护提供商之一。该公司一直饱受争议的是，其服务的有效性，以及保持其会员的数据

⊖　Richard Burnett, "Debit Card 'On/Off' Switch Helps Keep Security Intact," *Wells Fargo Stories*, April 28, 2017, https://stories.wf.com/debit-card-onoff-switch-helps-keep-security-intact.

⊖　Ann Carrns, "A Way to Lock Lost Debit Cards, from a Big Bank," *New York Times*, February 3, 2016, https://www.nytimes.com/2016/02/04/your-money/a-way-to-lock-lost-debit-cards-from-a-big-bank.html.

安全的能力。

"我是 LifeLock 的首席执行官陶德·戴维斯 (Todd Davis)。我的社会保障号是 457-
55-5462。"在 2006 年 LifeLock 的广告中戴维斯说,"是的,那确实是我的社会保障号。不,
我并不疯狂,我只是确定我们的系统能正常工作。我们有能力承诺,LifeLock 将使你的个
人信息对犯罪分子毫无用处,而且这是被保证的。"

LifeLock 也做过一个类似的电视广告宣传活动,其中一辆卡车被涂上了戴维斯的
SSN,广告活动开始了——但可能并不像 LifeLock 的营销团队希望的那样,在接下来的
几年里,戴维斯的身份至少被偷了 13 次,犯罪分子以他的名义贷款,开设了公用事业账
户,甚至在美国电话电报公司 (AT&T) 伪造了 2390 美元的手机账单。戴维斯向警方报
案,并参与执法中,试图找到罪犯并起诉。

"戴维斯公布了他的社会保障号,造成了比他更多的受害者。"《凤凰城新时报》在线
杂志报道说。在发现了 AT&T 的欺诈行为后,该杂志采访了受挫的佐治亚州奥尔巴尼警
察局[○]。

2010 年,LifeLock "同意给美国联邦贸易委员会支付 1100 万美元以及给 35 个州的
司法部长支付 100 万美元来结算该公司利用虚假声明推广其身份盗窃保护服务的活动,该
公司在一辆卡车的侧面展示了首席执行官的 SSN,从而广泛宣传了该服务"[○]。

美国联邦贸易委员会主席乔恩·莱博维茨 (Jon Leibowitz) 在一份官方新闻稿中发表
了谴责该公司的声明,称:"虽然 LifeLock 承诺为消费者提供针对所有类型的身份盗窃的
完全保护,但实际上,它提供的保护留下了非常多的漏洞,你甚至可以开车穿过这些漏
洞。"[○]

此外,联邦贸易委员会断言,LifeLock 并没有采取适当的措施来保护消费者信息,这
使得那些通过注册来获取 LifeLock 服务的消费者面临额外的风险[○]。

○ Kim Zetter, "LifeLock CEO's Identity Stolen 13 Times," *Wired*, May 18, 2010, https://www.wired.
com/2010/05/lifelock-identity-theft.

○ Federal Trade Commission (FTC), "LifeLock Will Pay $12 Million to Settle Charges by the FTC and 35 States
That Identity Theft Prevention and Data Security Claims Were False," press release, March 9, 2010, https://
www.ftc.gov/news-events/press-releases/2010/03/lifelock-will-pay-12-million-settle-charges-ftc-35-states.

○ Federal Trade Commission (FTC), "LifeLock Will Pay $12 Million to Settle Charges by the FTC and 35 States
That Identity Theft Prevention and Data Security Claims Were False," press release, March 9, 2010, https://
www.ftc.gov/news-events/press-releases/2010/03/lifelock-will-pay-12-million-settle-charges-ftc-35-states.

○ Federal Trade Commission v. Lifelock Inc., 2:10-cv-00530-MHM (D. Ariz. 2010), https://www.wired.com/
images_blogs/threatlevel/2010/03/lifelockcomplaint.pdf.

行动

一旦你意识到可能发生了数据泄漏，就应采取行动降低对受影响的利益相关者的风险，并管理沟通。"Act"（行动）是我们 DRAMA 泄漏响应模型的第三阶段。这听起来可能很简单，但在危机的突发期，人们很容易保持沉默！

立即启动你的危机管理和危机沟通计划。为了维护你的声誉，请采取以下行动：

- 迅速
- 符合伦理
- 充满感情

在突发期处理数据泄漏很像骑摩托车在陡峭的曲线上绕行，但速度有点太快了。你的本能可能是踩刹车、减速，但这可能是灾难性的。相反，为了达到稳定，你必须保持冷静，身体前倾，然后踩油门。

4.6 蔓延期

芬克写道："在蔓延期，残骸才会被清理干净。如果要进行国会调查，或进行审计，或在报纸上曝光，或进行长时间的采访、解释和道歉，那么这种恶性循环就会出现。"⊖

4.6.1 召集专家

ChoicePoint 公司面临大量调查和法律诉讼。"美国证券交易委员会进行了调查，联邦贸易委员会进行了调查，由 44 名司法部长组成的联盟……由佛蒙特州、伊利诺伊州和加州的司法部长担任主席……我们收到了诉讼，消费者集体诉讼、派生集体诉讼等共 40.1 万件诉讼。"克里斯·克瓦利纳一口气说出了一个又一个参与者的名字，"坦白地说，联盟实际上让事情变得更容易处理了，因为一开始我们收到了所有这些司法部长的询问，然后联盟成立了，于是只是有一个实体，这个实体使我们必须代表他们向所有人回应……国会召开了听证会，所以我们的高管必须作证、做公关、危机管理、与媒体进行外部沟通、处理集体诉讼、与各种监管机构打交道。"

"你从管理 ChoicePoint 公司泄漏事件中学到了什么？"我问。

"妥善处理数据泄漏事件需要大量的主题专家。"他立即回应道。当然，在 ChoicePoint

⊖ Steven Fink, *Crisis Management: Planning for the Inevitable* (Lincoln, NE: iUniverse, Inc. 2002), 22.

公司的危机发展到蔓延期的时候，公司已经做了一次有组织的、管理良好的响应工作。它为每个泄漏响应领域聘请了主题专家，克里斯作为"四分卫"，协调多方努力。

"那时还没有隐私和网络安全措施。"克里斯说，"因此，该公司聘请了擅长与司法部长打交道的律师，或擅长与联邦贸易委员会打交道的律师，或擅长与消费者集体诉讼打交道的律师。然后我们协调了所有这些律师事务所，以及事实调查和内部人员。"

自从 ChoicePoint 公司的泄漏事件发生以来，时代已经改变了。今天，当一个组织怀疑发生了泄漏时，可以找到专门应对数据泄漏事件的律师事务所，它们拥有你内部需要的所有主题专家。克里斯说："我想寻找私人律师的部分原因是，我想尽可能地接近一个解决终点，在一个事务所里，我可以得到发生了泄漏事件的公司所需要的所有东西。"

通常，数据泄漏危机的蔓延期就像慢性咳嗽一样挥之不去。高管团队可能希望事情随时恢复正常，但实际上，客户关系仍需要修复，监管机构需要回应，危机管理的其他各个方面必须在危机过后的很长一段时间内继续下去。在蔓延期，危机管理团队的关键目标是维持响应工作。

不要期望在突发期结束后响应会结束。组织需要一个长期计划来管理危机的潜在连锁反应的各个方面，包括：

- 诉讼
- 监管机构的加强审查
- 修复与用户的关系
- 形象修复活动
- 媒体和公众调查

在泄漏事件发生后，你可能需要为员工安排长期资源，以重建与用户的关系、管理薪酬计划、处理调查和诉讼，或执行你安排的其他计划。

4.6.2 反省的时间

芬克写道，蔓延期"也是一个恢复、自我分析、自我怀疑和治愈的阶段"[⊖]。事实上，许多数据泄漏的"机遇"来自自然的反省，以及许多组织在发生数据泄漏后对更好的实践的后续投资。

在 ChoicePoint 公司泄漏事件中，从公司本身，到消费者，到数据经纪人行业，再到美国立法机关，许多受影响的方面都进行了内省。"去年秋天，ChoicePoint 公司在加州发生了数据泄漏，这让我们进行了一些严肃的自我反省。"ChoicePoint 公司的首席执行官德

⊖ Steven Fink, *Crisis Management: Planning for the Inevitable* (Lincoln, NE: iUniverse, Inc. 2002), 22.

里克·V. 史密斯说⊖。作为一个国家，美国对新兴行业——数据经纪人进行了调查，以了解消费者面临的风险，并推动更大的透明度。ChoicePoint 公司的危机使公众更加了解不断增长的新市场及其风险。

《华尔街日报》呼应大众情绪并写道："这些庞大的信息储备的真实存在——容易出错和被窃取——催生出了一个新的担忧和风险领域。"⊜

4.6.3　在美国国会作证

由于越来越多的人担心信息经纪人没有有效的自我监管，美国参议院司法委员会发起了一项调查。ChoicePoint 公司的高管，以及 Acxiom 公司和 LexisNexis 公司的竞争对手，在 2005 年 4 月 15 日的国会听证会上就"保护电子个人数据"作证。在这次听证会上，参议员范斯坦盘问了公司高管，以确定加州的法律是否对信息泄漏的披露产生了影响。以下是这次历史性听证会的记录摘录⊜：

　　范斯坦参议员：加州法律于 2003 年生效。我想请在座的代表公司的各位指出，在 2003 年以前，你们的公司是否发生过泄漏事件而没有通知大家。桑福德（Sanford）先生？

　　桑福德先生（LexisNexis）：我认为我提到的 Seisint 公司在业务上存在着安全泄漏。我认为 LexisNexis 在 2003 年之前可能存在数据泄漏，其中可能涉及个人身份信息，而我们没有提前通知用户。

　　范斯坦参议员：谢谢，感激你的诚实。柯林（Curling）先生呢？

　　柯林先生（ChoicePoint 公司）：是的，女士，我之前说过存在一次泄漏并且我们没有通知用户。

　　范斯坦参议员：谢谢。巴雷特（Barrett）女士？

　　巴雷特女士（Acxiom）：我们 2003 年的泄漏事件确实发生在 7 月份该法颁布之后，我们作为供应商的义务，因为泄漏事件不涉及……。

　　范斯坦参议员：我的问题是，在 2003 年法律生效之前，你们是否发生过泄漏事件？

⊖　Jonathan Peterson, "Data Collectors Face Lawmakers," *Los Angeles Times*, March 16, 2005, http://articles.latimes.com/2005/mar/16/business/fi-choice16.

⊜　Evan Perez and Rick Brooks, "For Big Vendor of Personal Data, a Theft Lays Bare the Downside," *Wall Street Journal*, May 2, 2005, https://www.wsj.com/articles/SB111507095616722555.

⊜　C-SPAN, "Securing Electronic Personal Data," *C-SPAN*, video, 2:32:49 min, posted April 13, 2005, https://www.c-span.org/video/?186271-1/securing-electronic-personal-data.

巴雷特女士：是的，我们的确发生了泄漏，但我们的确通知了我们的客户。

范斯坦参议员：谢谢你！我的观点是，如果没有加州的法律，我们将无法知道已经发生的泄漏。正是因为有了这个法律，我们现在才知道。我们以任何方式、任何形式都无法探到这个行业所发生的事情的深度。

维持

在数据泄漏的蔓延期，确保维持你为响应所付出的努力。这可能很棘手！LMG 安全首席运营官凯伦·斯普伦格（Karen Sprenger）指出："你必须在处理泄漏事件的同时，继续开展业务。世界并不会停下来等着你处理泄漏事件。"

"维持"（maintain）是我们的 DRAMA 泄漏响应模型的第四阶段。这里有一些快速的技巧，可以有效地维持你为响应所付出的努力（和你的理智）：

- 列举泄漏会给你的组织带来的潜在的短期和长期风险，如失去客户信任、第三方调查或监管机构加强审查。
- 制订短期和长期计划来降低这些风险。
- 分配责任，以管理一段时间内持续的响应工作。
- 对参与持续响应工作的工具、员工和顾问等资源做预算。
- 识别正在进行的持续危机应对工作中出现的员工倦怠迹象，并确保适当地雇用额外的员工来管理新的工作量。
- 记录组织的目标，并指定可以回拨或完成某些正在进行的响应工作的时间点。

4.7 恢复期

芬克说："'恢复期'是指'病人再一次恢复健康和完整'。"然而，他警告说："历史上危机总是以周期性的方式演变的，一个危机的受难者几乎从来没有一次只处理一个危机的奢侈。"⊖数据泄漏往往涉及多个"危机"，而这些"危机"往往源于类似的缺陷。

4.7.1 新常态

当数据泄漏发生时，"完好无损"意味着什么？事情永远不会完全像泄漏前那样了。你的组织在泄漏发生后会有所不同。你无法控制这个事实，但在某种程度上，你可以控制

⊖ Steven Fink, *Crisis Management: Planning for the Inevitable* (Lincoln, NE: iUniverse, Inc. 2002), 22.

它的发展和演变。ChoicePoint 公司自身经历了一个重大的适应过程——这是它在遭遇早期数据泄漏后没有有效完成的事情。在参议院的听证会上，ChoicePoint 公司的主席承认，"45 到 50 个"类似的泄漏事件在之前发生过[一]。媒体报道称，ChoicePoint 公司早在 2002 年就遭遇了类似的攻击，是由两名尼日利亚罪犯做的[二]。

联邦贸易委员会称，尽管执法部门多次提醒 ChoicePoint 公司注意这些早期的泄漏行为，但该公司未能"监控或识别未经授权的活动"。该公司没有从之前的泄漏事件中吸取教训，可能是因为它没有被要求通知消费者，没有引起公众的强烈抗议。

随着身份盗窃和数据泄漏带来的风险不断加剧，ChoicePoint 公司在 2002 年发生泄漏事件后未能及时做出调整，这让它在未来几年变得非常脆弱。

4.7.2　越来越强大

当 2005 年危机袭来时，在公众、监管机构、股东和其他人施加的压力下，ChoicePoint 公司最终做出了调整。公司进行了一次内部重组，设立了一个"首席认证、合规性和隐私官"的职位，其直接向董事会汇报。它甚至在一定程度上改变了自己的商业模式。在 ChoicePoint 公司，损害控制终于开始发挥作用。该公司宣布，它将"停止销售包含敏感用户数据的信息产品，涉及 SSN 和驾照号码，除非有特定的消费者驱动的交易或利益"或执法目的[三]。根据最终要遵守的同意法令，该公司必须施行更严格的安全措施并进行例行的第三方安全审核。

数据泄漏也给公司造成了财务损失。在发公告当天，"其股价在报道泄漏的当天下跌了 3.1%，然后继续下跌"。两年后，其股价仍然只相当于泄漏前价值的 80%[四]。与其他公司不同，ChoicePoint 公司可能不必担心品牌受损，因为它不是面向消费者的公司，因为（正如克里斯·克瓦利纳指出的那样）"一开始没有多少人知道 ChoicePoint 公司是什么"。

最终，ChoicePoint 公司渡过了它的数据泄漏危机。据 Gartner 称，该公司"将自己从

[一]　Evan Perez and Rick Brooks, "For ChoicePoint, a Theft Lays Bare the Downside," *Pittsburgh Post-Gazette*, May 3, 2005, http://www.post-gazette.com/business/businessnews/2005/05/03/For-ChoicePoint-a-theft-lays-bare-the-downside/stories/200505030214 (accessed January 7, 2018).

[二]　"ChoicePoint Reported to Have Had Previous ID Theft," *Insurance Journal*, March 3, 2005, http://www.insurancejournal.com/news/national/2005/03/03/52108.htm.

[三]　Sarah D. Scalet, "The Five Most Shocking Things About the ChoicePoint Data Security Breach," *CSO*, May 1, 2005, https://www.csoonline.com/article/2118134/compliance/the-five-most–shocking-things-about-the-choicepoint-data-security-breach.html.

[四]　Khalid Kark, "The Cost of Data Breaches: Looking at the Hard Numbers," *Tech Target*, March 2007, http://searchsecurity.techtarget.com/tip/The-cost-of-data-breaches-Looking-at-the-hard-numbers.

数据泄漏的典范转变为数据安全和隐私实践的榜样"[⊖]。

这与克里斯·克瓦利纳的观点是一致的。他若有所思地说："ChoicePoint 公司的高层领导和员工们真的团结起来，将一项具有挑战性的活动变成了一股积极的力量。公司投入了大量资源来改善和进一步建立合规和隐私功能，引进了很多新员工，并依靠现有的一大批有才能的员工进行提高。我认为他们在这方面做得很好。这并不像高管们说的那样，'没什么大不了的。我们就不麻烦了'。实际上，每个参与者都非常关心发生了什么，并为此投入了大量的时间、精力和资源。"

2008 年，LexisNexis 的母公司 Reed Elsevier 以 41 亿美元的价格收购了 ChoicePoint 公司。

4.7.3　改变世界

安全专家布鲁斯·施奈尔（Bruce Schneier）指出，经济学并没有促使数据经纪人保护用户数据。"ChoicePoint 公司的数据库中的数亿用户并不是 ChoicePoint 公司的客户。这些用户没有权力更换征信机构，他们在这个问题上没有可以施加的经济压力……ChoicePoint 公司不承担身份盗窃的成本，所以在计算会在数据安全上花多少钱时，ChoicePoint 公司不会考虑这些成本。从经济角度来说，这是一种'外部性'。"[⊖]

ChoicePoint 公司案件向美国公众和立法者表明了：

- 由于缺失法律，信息经纪人并没有有效地保护用户信息不被暴露。
- 信息经纪人不会出于好心将数据泄漏事件通知消费者，而是需要明确的法律和财务激励。
- 泄漏通知法奏效了，至少在某些情况下是这样的。

"对这些记录进行负责任的处理，与正确处置有害废品一样，都是一个重要的公共安全问题。"亚特兰大的权威人士斯科特·亨利（Scott Henry）在 ChoicePoint 公司的泄漏事件发生后写道，"如果事实证明，ChoicePoint 公司的重大过失没有违反现行法律，那么法律显然是不充分的。令人鼓舞的是，佐治亚州和全美各地的立法者已经在起草法律，帮助防止——或至少提供合理的通知——类似的数据泄漏。"[⊜]

⊖　Jon Swartz and Byron Acohido, "Who's Guarding Your Data in the Cybervault?" *TechNewsWorld*, May 17, 2007, http://web.archive.org/web/20070517203855/http://www.technewsworld.com/story/56709.html.

⊖　Bruce Schneier, "ChoicePoint," *Schneier on Security* (blog), February 23, 2005, https://www.schneier.com/blog/archives/2005/02/choicepoint.html.

⊜　Scott Henry, "ChoicePoint," *Creative Loafing*, February 23, 2005, http://www.creativeloafing.com/news/article/13017248/choicepoint.

ChoicePoint 公司泄漏案件带来的结果是，美国各地都颁布了法律，要求组织对通知消费者泄漏的发生进行负责，因此也间接地提供了减少泄漏行为的激励。截至 2005 年 6 月，已有 35 个州引入了数据泄漏通知法，同年 10 月至少有 22 个州制定了相关法律⊖。

世界隐私论坛后来把 ChoicePoint 公司称为"埃克森·瓦尔迪兹号（Exxon Valdez）隐私"。尽管许多泄漏事故被拿来与埃克森·瓦尔迪兹号泄漏事故相提并论，但"ChoicePoint 公司"事件或许是最相似的例子。与埃克森·瓦尔迪兹号的泄漏事件一样，ChoicePoint 公司事件并不是这类灾难中的第一个，也不是规模最大的一个（甚至不是最严重的一个）。然而，它却是被美国公众广泛看到的，并导致了新法律的产生和更大的监督。ChoicePoint 公司泄漏事件帮助公众理解了组织需要明确的激励，以便为公众的最佳利益采取行动。

换句话说，ChoicePoint 公司的泄漏事件不仅仅改变了 ChoicePoint 公司，它还改变了数据经纪行业和世界。

> **调整**
>
> "数据泄漏是无法挽回的。"在数字取证行业工作了 18 年的资深人士凯伦·斯普伦格说。你能做的最好的事就是从中学习。"调整"（adapt）是 DRAMA 泄漏响应模型的最后一个阶段。
>
> 你的组织几乎肯定会在泄漏发生之后自然地发生变化。你也可以通过积极方式有意识地调整来使你的组织处于一个更好的位置，比如：
> - 实施更有效的安全程序，包括技术和政策改变。
> - 改进日志记录和监控基础设施。
> - 获得全面的数据泄漏保险。
> - 建立更好的危机管理和危机沟通计划。
>
> 通过积极而明智的调整，可以维持组织的价值，并降低未来发生泄漏的风险。当你的组织得到调整后，它可以是"完好无损的"——但它将是不同的。

4.8 泄漏发生前

既然我们已经从头到尾、从内而外地分析了数据泄漏危机，那么让我们回到开始。ChoicePoint 公司本可以做些什么来更有效地处理泄漏事件？

⊖ Milton C. Sutton, *Security Breach Notifications: State Laws, Federal Proposals, and Recommendations* (Moritz College of Law, Ohio State University, 2012), 935, http://moritzlaw.osu.edu/students/groups/is/files/2012/02/s-sutton.pdf.

数据泄漏代表危机，从本质上讲，危机往往是快速发展且不可预测的。克里斯·克瓦利纳说："你需要提前做好准备，并花时间准备一支跨学科团队。"对于 ChoicePoint 公司，一个主要的失败原因是，它没有制订任何危机管理计划来识别或应对潜在的数据泄漏。结果，它反复跌倒，特别是在需要快速响应的初期和突发期。

北卡罗来纳州立大学的研究人员对 ChoicePoint 公司的数据泄漏事件进行了分析，他们指出："由于缺乏处理数据泄漏的计划或基础设施，所以在传播信息和处理公共关系方面出现了问题。"⊖

但是计划应从何开始呢？ChoicePoint 公司的根本问题是——实际上，许多组织都是——从一开始就没有人负责监督针对数据泄漏危机制订计划。

4.8.1 网络安全始于顶层

当数据泄漏危机规划过程从高管级出发，并由 IT 部门外部的风险官或首席信息安全官（CISO）管理时，该过程是最有效的。理想情况下，它应该与企业危机管理工作相集成。

原来，ChoicePoint 公司从来没有分配过在整个企业中全面管理信息的责任。因此，ChoicePoint 公司的团队不仅不得不动态地创建响应过程，甚至还创造了整个职位，回顾过去，这些职位本应存在。例如，ChoicePoint 公司发送给消费者的通知信的签名为"J. 迈克尔·德·琼斯（J. Michael de Janes），首席隐私官"。

《CSO》杂志指出，德·琼斯实际上是"ChoicePoint 公司的总法律顾问，ChoicePoint 公司网站对他的职责的描述并不包括隐私。由此看来，ChoicePoint 公司只是需要一个隐私官，而且要快"⊜。

ChoicePoint 公司确实有一个非常有成就的首席信息安全官在掌舵：里奇·贝奇（Rich Baich），他在 2004 年被提名为"佐治亚州年度信息安全执行官"，以表彰他在信息安全领域的成就⊜。他是一名经认证的信息系统安全和隐私专家，也是一名经认证的信息

⊖ Paul N. Otto, Annie I. Antón, David L. Baumer, " The ChoicePoint Dilemma: How Data Brokers Should Handle the Privacy of Personal Information, " *North Carolina State University Technical Reports*, TR-2005-18, p. 2, https://repository.lib.ncsu.edu/bitstream/handle/1840.4/922/TR-2006-18.pdf?sequence=1&isAllowed=y (accessed May 14, 2019).

⊜ Sarah D. Scalet, " The Five Most Shocking Things About the ChoicePoint Data Security Breach, " *CSO*, May 1, 2005, https://www.csoonline.com/article/2118134/compliance/the-five-most–shocking-things-about-the-choicepoint-data-security-breach.html.

⊜ " ChoicePoint CISO Named Information Security Executive of the Year in Georgia 2004, " *Business Wire News*, March 19, 2004, https://www.businesswire.com/news/home/20040319005030/en/ChoicePoint-CISO-Named-Information-Security-Executive-Year.

安全经理。他的书 *Winning as a CISO*，（讽刺的是）在 2005 年 6 月出版，而那个时候，ChoicePoint 公司的危机仍在持续中。

当 ChoicePoint 公司的数据泄漏事件爆发时，贝奇受到了公众的严厉批评，并被称为"对首席信息安全官职位的欺诈和抹黑"。他表示，这次泄漏不是"黑客行为"，并辩称客户审查过程中的问题不是他的责任。"看，我是首席信息安全官，欺诈与我无关。"[一]

事实上，贝奇说得没错。尽管 ChoicePoint 公司的 CISO 头衔很花哨（"首席"），但 CISO 被隔离在 IT 部门内部，与处理客户审查和访问策略的业务部门完全分离。虽然在名义上，ChoicePoint 公司可能有一个"负责"信息安全的人，但在现实中，由于贝奇在组织中的位置，他不可能管理信息安全或协调所有业务部门的泄漏响应，而这是真正必要的。

网络安全事件响应团队传统上是由 IT 部门内部组建和领导的。在大多数网络安全事件由 IT 人员处理且对整个组织没有重大风险的情况下，这可能是有道理的。病毒、垃圾邮件、不当使用、设备丢失——所有这些情况都曾经在 IT 部门中处理过，几乎没有规划或其他部门的参与。

多年来，随着数据泄漏越来越受到关注，组织已经开始意识到，对数据泄漏的规划必须是一个协调工作，涉及来自整个组织的利益相关者。虽然 IT 部门可能完全有能力处理数据泄漏的技术问题，但 IT 经理很少能够有效地规划或管理一个企业范围的危机响应与应对策略，这通常涉及一个多样化的代表团队，他们来自法务、公共关系、人力资源、风险管理、行政管理等部门。此外，由于数据泄漏通常会暴露 IT 部门内部的缺陷（包括流程缺陷、资源分配问题等），因此由 IT 部门之外的团队管理数据泄漏计划通常是最有效的，从而减少了潜在的利益冲突。

克里斯·克瓦利纳说："信息安全不一定要在 IT 部门的控制之下。事件响应本质上是一项风险管理。一个事件响应团队应该在组织中拥有适当的支持和可见性，否则很难取得进展。此外，同样，使法务人员成为事件响应功能和调查过程的一部分也非常重要。安全分析师和律师需要花费很多时间在一起，学习彼此的语言。这是至关重要的。"

美国电力公司的首席安全官迈克尔·阿桑特（Michael Assante）表示："首席信息安全官不能只在技术领域发挥作用，他们必须开始关注业务流程。"[二]

[一] Sarah D. Scalet, "The Five Most Shocking Things About the ChoicePoint Data Security Breach," *CSO*, May 1, 2005, https://www.csoonline.com/article/2118134/compliance/the-five-most–shocking-things-about-the-choicepoint-data-security-breach.html.

[二] Sarah D. Scalet, "The Five Most Shocking Things About the ChoicePoint Data Security Breach," *CSO*, May 1, 2005, https://www.csoonline.com/article/2118134/compliance/the-five-most–shocking-things-about-the-choicepoint-data-security-breach.html.

《CSO》杂志写道："对于贝奇的指控程度充分说明，无论面临何种威胁，首席信息安全官们都已被广泛视为信息保护者。所发生的一切反映了 ChoicePoint 公司的安全治理方法的彻底失败。"[○] ChoicePoint 公司从未全面评估或处理过整个企业层面的数据泄漏风险，直接原因是，ChoicePoint 公司从未将这样做的责任分配给组织内具有适当访问权限的人。尽管《CSO》杂志对 ChoicePoint 公司的信息安全计划进行了严格的评估，但甚至直到今天，这种失败在各地的组织中反复出现。

为了成功地管理网络安全及其姊妹"数据泄漏响应"，需要在董事会或其他主要利益相关者的监督下，聘用一名高管级人员。通常，我们让一个人负责"信息安全"，但是，除非这个人在组织中处于足够高的位置，能够实际监督整个企业的信息管理，否则不会真正有意义。

在接到 ChoicePoint 公司的泄漏通知后不到一个月，该公司就宣布，已聘请美国运输安全管理局的前副局长卡罗尔·迪巴蒂斯特（Carol DiBattiste）担任公司的"首席认证、合规性和隐私官"这一新角色。这个新角色直接向董事会汇报。ChoicePoint 公司的隐私委员会主席约翰·汉姆（John Hamrem）表示："我们需要在为客户认证、合规性和隐私负责的日常业务之外发出强有力的声音。让卡罗尔这样的人物加入我们，对于制定政策、程序和合规性项目的工作至关重要，这些政策、程序和项目既能帮助树立信心，又能为行业设定标准。"[○]

4.8.2 安全团队的神话

网络安全和数据泄漏响应并非相互孤立的。大型组织通常有一个信息安全团队，负责积极主动的网络安全以及事件响应工作。

然而，数据泄漏是一种危机，它会在整个组织甚至更大范围内产生影响。它们不能由"信息安全团队"单独设计或执行，尽管这看起来很方便。响应规划工作必须反映危机本身，并且涉及整个组织和更广泛的生态系统中的利益相关者，例如：

- 法务
- 公关人员

○ Sarah D. Scalet, "The Five Most Shocking Things About the ChoicePoint Data Security Breach," *CSO*, May 1, 2005, https://www.csoonline.com/article/2118134/compliance/the-five-most-shocking-things-about-the-choicepoint-data-security-breach.html.

○ Associated Press, "ChoicePoint Names DiBattiste Chief Credentialing, Compliance and Privacy Officer," *Atlanta Business Chronicle*, March 8, 2005, https://www.bizjournals.com/atlanta/stories/2005/03/07/daily6.html.

- 用户关系维护人员
- IT 人员
- 网络安全团队
- 保险人员
- 人力资源
- 物理安全团队
- 财政
- 执行团队
- 董事会
- 取证公司
- 用户
- 前 IT 人员
- 关键供应商

在开发数据泄漏危机响应功能时，管理层必须定期与所有的关键利益相关者进行沟通。参与的频率和深度因利益相关者的不同而异，但是为了使危机响应计划有效，这种参与必须贯穿组织的整个生命周期。

开发

伟大的军事家孙子说："胜兵先胜而后求战。"这句格言不仅适用于战争，也适用于数据泄漏。"开发"（develop）是 DRAMA 泄漏响应模型的第一个阶段，它包含在泄漏发生之前必须进行的活动。组织需要制订和维护数据泄漏响应计划，以最小化泄漏的负面影响。确保你的数据泄漏危机计划是在高管级启动的，并覆盖整个企业的所有关键利益相关者。

4.9　小结

ChoicePoint 公司是改变的催化剂。从历史的角度来看，这场危机正在改变游戏规则，导致公众的看法、新法律甚至"数据泄漏"一词的诞生都发生了戏剧性转变。

ChoicePoint 公司的泄漏事件还演示了提前开发数据泄漏危机管理功能的重要性，并确保它与组织的关键风险相一致。由于该公司缺乏响应措施，尤其是在危机发生的早期阶段，此次泄漏事件的爆炸性和影响力要大得多。与此同时，该公司突然适应了中期危机，并能够有效地管理蔓延期，这有助于恢复其信心和价值。

在这一章中，我们在史蒂文·芬克提出的危机的四个阶段的背景下分析了 ChoicePoint 公司的泄漏事件，这四个阶段如下所示：

- 潜伏期
- 突发期
- 蔓延期
- 恢复期

我们还回顾了组织需要具备的用以管理数据泄漏危机的能力：

- 开发数据泄漏响应功能。
- 通过识别一些迹象并逐步上呈、调查和确定问题的范围，意识到潜在的数据泄漏的存在。
- 迅速、合乎道德、富有同情心地行动起来，以管理危机和认知。
- 在整个蔓延期（可能是长期的）维持数据泄漏响应工作。
- 主动和明智地调整，以应对潜在的数据泄漏。

ChoicePoint 公司的危机告诉我们，我们在危机的每个阶段都有选择。然而，一个组织不是一个个体，它需要协调和规划，以确保做出明智的决定并付诸行动。

| 第 5 章 |

被盗数据

为了有效地防止和应对数据泄漏，安全专业人员需要了解犯罪分子寻求的数据类型以及原因。欺诈和转售（通过暗网）助长了早期的数据泄漏，并催生了现在仍然影响着我们的法规的建立。在本章中，我们将介绍暗网的内部工作原理，包括公钥加密、洋葱路由和加密货币等。

1999 年圣诞节，一位名叫麦克斯（Maxus）的少年黑客坐在昏暗的卧室里，俯身敲着键盘。外面，风在寒冷的夜间荒原上盘旋。他又检查了一次电子邮件，摇了摇头。没有新邮件。他很无聊。

不用再等待了！时间到了。

数周前，麦克斯在流行的在线音乐商店 CD Universe 的网站上偶然发现了一个安全漏洞。探索后，他发现能够从该网站下载客户的用户名、密码甚至信用卡卡号：总共近 30 万条记录。

以往他会把信用卡卡号卖给互联网聊天室中的罪犯，但是这次他给 CD Universe 传真了一张赎金票据，上面写着：“付给我 10 万美元，我将修复贵公司网站的漏洞并永远消失，不会再来打搅……否则，我将出售贵公司的用户信用卡信息，并将这一新闻事件公布出去。”CD Universe 没有响应，麦克斯等待着，然后又给该商店发了一封电子邮件，接着再等⊖。

等了又等，现在已经无须再等了。

麦克斯快速创建了一个文本文件，其中包含一些 HTML 代码和一个草草编写的 Perl 脚本。他将这两个文件都上传到了 Web 服务器⊜，并将这个新网站命名为“麦克斯信用卡数据管道”。网站上写道：“你好，我叫麦克斯。我想向你介绍一个信用卡数据管道。如果你按下按钮，将直接从最大的在线商店数据库中获得真实的信用卡数据。这不是开玩笑。”

为了达到良好的效果，他在自己的音乐混音中添加了一个链接：“要收听 DJ 麦克斯的音乐，请单击此处。”然后，他添加了留言簿，并写下了第一条消息：“你好，卡友们！麦克斯·斯通。”⊛麦克斯打了个哈欠，这时已经很晚了（1999 年 12 月 26 日清晨）。此时，这个网站已启动，人们已经可以访问它了。麦克斯需要休息一下。

两周后，超过 30 万个信用卡卡号通过麦克斯的“信用卡数据管道”被盗。麦克斯通过电子邮件向 InternetNews.com 发送了被盗数据的样本（履行了前面的承诺，还发了新闻通告），随后引发了媒体风暴。SecurityFocus.com 的首席技术官（CTO）埃里亚

⊖　"John Markoff, "Thief Reveals Credit Card Data When Web Extortion Plot Fails," *New York Times*, January 10, 2000, http://www.nytimes.com/2000/01/10/business/thief-reveals-credit-card-data-when-web-extortion-plot-fails.html.

⊜　PC-Radio.com, *MAXUS Credit Cards Datapipe*, https://web.archive.org/web/20010417150341/http://www.pc-radio.com/maxus.htm (accessed April 24, 2016).

⊛　Mike Brunker, "CD Universe Evidence Compromised," *ZD Net*, June 8, 2000, http://www.zdnet.com/article/cd-universe-evidence-compromised.

斯·利维（Elias Levy）表示，盗窃"非常令人恐慌，它让人们对在线电子商务产生了极大的担忧"⊖。

FBI 展开了调查，但六个月后，媒体报道："美国当局一直找不到盗窃犯。即使警察抓到了作案人，他们也不大可能成功起诉此案，因为从公司的计算机收集到的电子证据表示数据没有得到充分的保护。"⊜

当时发生了一件不寻常的事：美国运通（American Express）和发现（Discover）信用卡公司为客户更换了新卡。发现信用卡公司的一位发言人表示，这是"她唯一记得公司召回其卡片的经历"⊛。如今，更换卡片已司空见惯，但是在当时那是一种新颖且昂贵的举动。

5.1 利用泄漏数据

利用泄漏数据的目的不外乎以下几种：

- 欺诈——攻击者利用数据获取金钱、商品或服务。
- 出售——通过暗网出售数据，或直接卖给买家，立即变现。
- 情报——对手利用数据在军事、外交、经济乃至个人事务中获得战略优势。（揭露数据已被泄漏或被盗可能会降低信息的价值，也会破坏获取秘密情报的前景。）
- 曝光——把数据披漏给全世界，从而损害对手的声誉、揭露非法或令人反感的活动，降低对手的信息资产的价值。
- 勒索——攻击者扬言，除非满足他的一些需求（通常是金钱），否则就要将数据送给对手或曝光给全世界。

任何人（个人、企业、政府）都可以通过这些方式利用泄漏数据，以获取利益或损害另一个实体。在某些情况下，可以采用多种方式来利用数据。例如，在麦克斯案例中，他使用盗窃的支付卡数据来进行勒索、曝光和欺诈。

在本章中，我们将探讨数据是如何被用于欺诈或在暗网上出售的。（在以后的章节中，我们将讨论情报、曝光和勒索。）欺诈和暗网助长了数据泄漏的流行，以及随后的法规的流行，这些法规出现于 21 世纪的前 10 年，并且至今仍在影响着我们。在此过程中，我们

⊖　Brian McWilliams, " Failed Blackmail Attempt Leads to Credit Card Theft," *InternetNews.com*, January 9, 2000, http://www.internetnews.com/bus-news/print.php/278091; Editorial, " A New Threat to Your Credit," *Kiplinger's Personal Finance* 54, no. 4 (April 2000): 34.

⊜　Mike Brunker, " CD Universe Evidence Compromised, " *ZD Net*, June 8, 2000, http://www.zdnet.com/article/cd-universe-evidence-compromised.

⊛　Editorial, " AmEx, Discover Forced to Replace Cards over Security Breach, " *CNET*, January 19, 2000, https://web.archive.org/web/20150402113747/http://news.cnet.com/2100-1017-235818.html.

将重点介绍暗网诞生所需的关键技术，这些技术能够用于转售被盗数据，还将提及用于入侵计算机和账户的工具与技术。

5.2　欺诈

犯罪分子经常窃取或购买数据以进行欺诈。与数据泄漏有关的常见欺诈类型包括：

- 支付卡欺诈——被盗的支付卡卡号被用于创建假卡或购买商品。
- 保险欺诈——滥用受害者的健康保险数据获得医疗服务保险。这在美国尤为常见，在美国，保险覆盖范围的缺口会催生需求，而分布式保险网络使检测和应对欺诈行为变得困难。
- 处方药欺诈——滥用受害者的处方记录、医疗记录和保险来获取处方药。
- W-2 欺诈——盗窃个人信息以用于提交虚假的纳税申报单，罪犯因而可以欺诈性地接收受害者的退税。
- 电汇欺诈——受害者往往是在卖方付款或房地产交易的背景下，在被蒙蔽的状态下将钱电汇至犯罪分子控制的银行账户。
- 身份盗窃——通用术语，是指出于欺诈目的盗用受害人的个人信息（姓名、地址、SSN、保险详细信息、支付卡卡号等）。上面列出的所有特定类型的欺诈都是身份盗窃的示例。

5.2.1　从欺诈到数据泄漏

欺诈并不是什么新鲜事物，但是随着在线业务的发展以及暗网的出现，欺诈已经发生了巨大的变化。在 20 世纪后期，犯罪分子通常集中精力从线下消费者或企业那里窃取有价值的数据，转而将其兜售给附近的下家。随着 Internet 的蓬勃发展，它为欺诈行为开辟了新途径，并导致大规模数据泄漏的出现。

康曼（ConMan）就是这类罪犯之一。如今，康曼是一家大公司中备受尊敬的安全专家。但是在 20 世纪 90 年代，他还是住在长岛的少年，他从大街上的邮筒中窃取新邮寄的还未签名的信用卡，转手在黑市出售，售价只占信用卡最高额度的很小比例。

由于康曼的叔叔是计算机程序员，所以康曼很早就接触了 Internet。这让他产生了一个"伟大的商业灵感"：如果他可以在网上进入信用卡公司网站的话，他将能够窃取或创建任意数量的信用卡，而根本不需要再去大街上翻邮筒。

在网友们的指导下，康曼最终通过调制解调器进入了一家信用卡公司网站，获得了一个数据库的访问权限，该数据库使他能够读取现有卡的详细信息或创建具有任意名称和编号的新信用卡。然后，他将这些邮件邮寄到长岛的废弃房屋，并最终将其出售给犯罪分子。

"我将一张信用额度为5000美元的卡以500美元的价格卖出。"康曼解释道，"我只赚10%，购买者大赞'超值'，然后就买回去用了，我自己却从来没有用过。"

康曼从未使用他的家庭网络入侵信用卡公司。相反，他盗用了邻居的网络来连接信用卡公司网站。（在还没有无线网络可盗用之前的很长时间，康曼甚至"盗用有线"。）"我有一台笔记本电脑，这在20世纪90年代后期实际上是不可思议的。我把这台机器'怪兽'放在了邻居屋子的旁边，在他们家电话线的某个地方挂上钩子，这样我就可以真正上网了。"他解释道，"我只需要拧开盒子，将电线钩到房子上，然后穿过草坪。每当深夜的时候我就用他们的电话拨号上网。有时候我也会骑自行车穿过4个街区，然后从那些隔壁有一间废弃房间的房子中（随机）选一个，盗用有线网络。但是在盗用电话线上网的过程中每隔一段时间网络连接就会中断，因为人家会时不时接打电话。"

在20世纪90年代，许多早期的黑客"玩腻"了网络攻击恶作剧，开始更多地关注犯罪活动以牟取暴利，从本质上成为专业的黑帽黑客。例如，少年黑客阿尔伯特·冈萨雷斯（Albert Gonzalez）（他的网名是"soupnazi"）领导了一个名为"基伯勒精灵"（Keebler Elves）的组织，该组织以破坏网站闻名。但是，阿尔伯特及其同伙很快发现，入侵网站使他们可以轻松访问信用卡卡号、SSN、身份信息等数据库。

黑客从漫无目的探险开始转向目标明确的犯罪，而其他非网络罪犯则向黑客寻求数据。像阿尔伯特这样的"黑帽子"不屑于做破坏网站的事，而对悄悄地收集有价值的数据越来越感兴趣。"我已经告诉基伯勒精灵的成员，我不喜欢篡改网页。"阿尔伯特继续说道，"我对获得用户账户的root（完全访问）权限更有兴趣。"⊖

阿尔伯特利用他的访问权限悄悄地窃取了信用卡卡号、身份数据和其他可以卖钱的信息。几年后，《纽约时报》报道："（阿尔伯特）是用盗窃的信用卡卡号在网上购买衣服和CD。他下单将商品运送到迈阿密的空房子，然后再让一个朋友在午餐时间把商品带过来。"⊜就像康曼一样，阿尔伯特学会了利用废弃的房屋来运送不义之财。

⊖ Robert Lemos, " Does the Media Provoke Hacking?" *ZD Net*, July 6, 1999, http://www.zdnet.com/article/does-the-media-provoke-hacking.

⊜ James Verini, " The Great Cyberheist," *New York Times Magazine*, November 10, 2010, http://www.nytimes.com/2010/11/14/magazine/14Hacker-t.html.

5.3　销售

可以用窃取的数据进行欺诈，但黑客（例如康曼）通常不愿意自己承担欺诈的风险。取而代之的是，专门盗窃数据的犯罪分子通常将其不良货物出售给其他犯罪分子，而其他犯罪分子则专门从事欺诈活动。从前，这种交易需要犯罪团伙的联络接头人参与。但是，随着合法数据市场的扩大，被盗数据的地下交易也相应增加。

"信用卡商店"、洋葱路由和加密货币等特定技术的发展为暗网提供了支持：地下电子商务站点网络促进了被盗数据的交易，以及用来进行攻击和诈骗（以及其他网络犯罪活动）的工具软件的交易。

暗网使数据泄漏事件进一步恶化——犯罪分子可以更轻松地以较低的风险将被盗数据变现。即使他们没有直接利用数据的明确途径，但是有了暗网，犯罪分子就有了一个用来转储所有窃取数据的交流论坛，具体包括竞争情报、密码和医疗记录等。犯罪分子尽其所能地收集更多的数据并将其放置在暗网上以供潜在的买家浏览，这比单单从受感染的系统中盗取支付卡数据或个人信息更有诱惑力。收集的数据越多，利润就越多。

通过了解暗网的工作原理，企业的专业安全人员可以更准确地评估风险并预测未来的威胁。必要时还可以让专业安全人员直接访问暗网，以评估潜在的数据泄漏，或进行威胁情报分析。在本节中，我们将展示暗网所用的关键技术，包括电子商务暗网、洋葱路由和加密货币。

5.3.1　出售被盗数据

21 世纪初涌现出了一系列犯罪讨论论坛，用于交流如何进行欺诈以及共享一些用来进行欺诈的工具软件。2000 年诞生的造假图书馆（Counterfeit Library）就是这样的一个早期论坛站点，它在身份盗贼和刷卡者（支付卡盗贼）中很受欢迎。在该论坛上，主要来自英语国家的数千名留言者参加了讨论，交换有关身份盗窃、信用卡欺诈、假学位、医疗诊断书以及其他多种形式的文件欺诈和盗窃的详细信息[⊖]。

到了 2001 年，有罪犯建立了域名为 CarderPlanet.com 的网站（现已关闭），该网站涵盖了从信用卡卡号到"完整的个人身份信息"（fullz）（被害人的姓名、地址、SSN、驾照号码、母亲的娘家姓，以及其他可能对欺诈者有用的详细信息）等数据的交易。该网站上还出售支持欺诈的物理工具产品，例如带有磁条的空白塑料卡（用于将被盗的卡号复制到卡

⊖　Kevin Poulsen, *Kingpin: How One Hacker Took Over the Billion-Dollar Cybercrime Underground* (New York: Crown, 2011), 74.

上面）[⊖]。

支付卡数据不再是仅仅用于将信用转换为现金的工具，它已经成为一种商品。身份详细信息和其他个人数据也是如此。CarderPlanet 之类的网站为这些商品创建了一个便于访问的线上超市，同时还为世界各地的黑客入侵网络并窃取数据提供了新的工具。

5.3.1.1　Shadowcrew

英语国家也想效仿 CarderPlanet。2002 年，Shadowcrew 站点由新泽西的一名前抵押贷款经纪人和亚利桑那州的兼职学生建立。Shadowcrew 是一个"典型的犯罪网络集市"，它将 CarderPlanet 的复杂功能带到了讲英语的世界[⊜]。

Shadowcrew 还提供了一个买卖信用卡和借记卡"dumps"（转储）的市场：这些文件包含卡磁条中的数据，通常以数十、数百甚至数千条记录的"dumps"形式出售。这些"dumps"数据原来是由犯罪分子购买的，现在他们又想转售这些数据以换取现金或换购其他商品。这些被偷的数据通常是用磁条解码器解码（也可以在 Shadowcrew 上购买）得到的，也有的是直接偷盗与零售商进行的无卡（CNP）交易的数据，使用磁条编码器可以将这些数据复写到礼品卡或者空白卡上[⊜]。

来自世界各地的（不合法的）"供应商"申请出售其商品，并且一旦获得批准，就会提供"令人眼花缭乱的非法产品和服务：信用报告，被盗的在线银行账户，以及可用于潜在身份盗窃目标的姓名、出生日期和 SSN 等"^⑭。希望在 Shadowcrew 上出售产品的供应商必须经过正式的审核程序。潜在"供应商"会将产品样本发送给指定的 Shadowcrew 成员，后者将对其进行评估并撰写评论。欺骗成员的"供应商"不仅会被拒绝还可能受到惩罚。有这样一个案例：Shadowcrew 的管理员惩罚了一个被称为 CCSupplier 的"诈骗混蛋"，其在网站上发布了真实姓名、家庭住址和电话号码^⑤。一名联邦检察官后来称 Shadowcrew 为"网络犯罪的 eBay、Monster.com 和 MySpace"^⑥。

⊖　Kevin Poulsen, *Kingpin: How One Hacker Took Over the Billion-Dollar Cybercrime Underground* (New York: Crown, 2011), 74.

⊜　James Verini, "The Great Cyberheist," *New York Times Magazine*, November 10, 2010, http://www.nytimes.com/ 2010/11/14/magazine/14Hacker-t.html.

⊜　Brad Stone, "Global Trail of an Online Crime Ring," *New York Times*, August 11, 2008, http://www.nytimes.com/2008/08/12/technology/12theft.html.

⑭　Kevin Poulsen, *Kingpin: How One Hacker Took Over the Billion-Dollar Cybercrime Underground* (New York: Crown, 2011), 74.

⑤　Sarah Hilley, "Case Analysis: Shadowcrew Carding Gang," Bank Info Security, April 3, 2006, http://www.bankinfosecurity.com/case-analysis-shadowcrew-carding-gang-a-136.

⑥　Brad Stone, "Global Trail of an Online Crime Ring," *New York Times*, August 11, 2008, http://www.nytimes .com/2008/08/12/technology/12theft.html.

任何人都可以轻松访问 Shadowcrew，其 URL 简单易记。（那时候，现在概念上的暗网还不存在。）一方面，这种较低的进入壁垒使 Shadowcrew 可以轻松吸引新的买卖双方。另一方面，执法人员可以轻松地访问该站点、申请账户、设置诱捕操作并跟踪管理员，最终摧毁了 Shadowcrew。

5.3.1.2 Shadowcrew 瓦解

随着 Shadowcrew 和类似网站的涌现，信用卡欺诈行为迅速上升。在美国，联邦调查人员努力追查肇事者。一天晚上，黑客阿尔伯特·冈萨雷斯在纽约的一台 ATM 上"套现"被盗的支付卡数据时被抓获。

毁灭！

网络犯罪分子阿尔伯特·冈萨雷斯的鼻子上精心地贴着一个鼻环，头上戴着又长又邋遢的女士假发，兜里揣着超过 75 张银行借记卡。那是纽约一个温暖的夏夜。午夜前不久，这位 22 岁的黑客走到位于纽约上西区的大通曼哈顿银行的自动取款机前。这是他精心安排的取钱时间。他从口袋里掏出一张借记卡，将其插入 ATM 取了钱，然后又掏出另一张卡，再次取钱，接着拿出一张又一张卡……重复同样的操作。一过午夜，借记卡的取款限额被银行重置，他计划再取一遍钱。阿尔伯特正在"套现"。

那天晚上，ATM 旁边还有另一个人密切注视着他。阿尔伯特不知道，那天晚上居然有一名便衣警探跟随他进入自动取款机间。那个警探当晚正在该地区寻找偷车贼，发现阿尔伯特看上去很可疑。警探观察了一晚上阿尔伯特在 ATM 上取款的行为后得出结论，尽管没有发现阿尔伯特偷车，但他此刻可能正在"偷什么东西"⊖。警探立即逮捕了阿尔伯特，将其拘留。

当时没人会想到，阿尔伯特的被捕最终导致 Shadowcrew 站点的毁灭。作为世界上最厉害的数据窃贼之一，这也是阿尔伯特令人难以置信的职业生涯的开始——更令人震惊的是，他被美国特勤局雇用了。

2003 年 7 月阿尔伯特·冈萨雷斯被捕时，纽约新泽西特勤局正深陷于对窃卡贼（尤其是那些在该地区"套现"的窃卡贼）的调查之中，但没有取得太大的收获。尽管特勤局可能以保护美国总统而闻名，但该机构还负责调查金融犯罪。由于金融欺诈技术日益成

⊖ James Verini, "The Hacker Who Went into the Cold," *New York Times Magazine*, November 14, 2010, 44–51, 60, 62–63.

熟，该机构于 1995 年成立了纽约电子犯罪工作队（ECTF）。作为《美国爱国者法案》的一部分，该机构于 2001 年扩展为国家计划。

特勤局发现，阿尔伯特正是其所需要的人才：礼貌、聪明并且混迹于银行卡欺诈圈。冈萨雷斯（网络绰号是" Cumbajohnny"）是在线窃卡市场 Shadowcrew 的版主和"后起之秀"。被捕后，执法人员在新泽西州阿尔伯特的家用计算机上发现了数百万个卡号，并与他达成交易：如果阿尔伯特帮助特勤局找出其他欺诈者，他将不会被起诉 ⊖ 。

阿尔伯特同意了。他是最终使 Shadowcrew 解散并导致对该站点的 19 位成员进行起诉的线索人物。但奇怪的是，对于阿尔伯特而言，这仅仅是他作为网络犯罪策划者的职业生涯的开始。阿尔伯特首先是双面特工，其实是身兼两个双面特工身份（也就是双重双面特工）。他帮助特勤局特工渗透到地下窃卡市场，揪出了他的同伴；同时又从零售商那里窃取了数百万张支付卡卡号，并管理着一个国际洗钱圈。

"一开始，他很安静，很内向，但是后来他开始放松，开始信任我们。"与阿尔伯特密切合作的特勤局特工说 ⊜ 。阿尔伯特不仅分享了 Shadowcrew 的详细信息和银行卡欺诈的工作原理、对 Shadowcrew 的管理组织进行了长时间的调查和拆解，还成了特勤局当年"防火墙行动"（Operation Firewall）的"关键人物"。作为交换，特勤局付给他的年薪为75 000 美元（现金支付，以免产生案底）⊛ 。

"阿尔伯特与特工们一起工作，有时是整天整夜，持续了几个月。"⊛阿尔伯特在泽西城的一个军队车库里工作，他慢慢地赢得了 Shadowcrew 领导层的信任，并在其团队中崭露头角。

到 2004 年春季，阿尔伯特已经说服了 Shadowcrew 的领导层将其通信转移到由他维护的虚拟专用网络（Virtual Private Network，VPN）中。该 VPN 为 Shadowcrew 的领导层提供安全保证，加密他们的电子邮件、即时消息和其他通信，避免受网络服务提供商（ISP）的安全团队或执法人员的窥探。同时，特勤局在秘密地监视所有的 VPN 流量，并收集 Shadowcrew 成员非法活动的详细证据。就像在 *Kingpin: How One Hacker Took Over the Billion-Dollar Cybercrime Underground* 这本书中描述的那样：

　　⊖　James Verini, " The Great Cyberheist, " *New York Times Magazine*, November 10, 2010, http://www. nytimes.com/ 2010/11/14/magazine/14Hacker-t.html.

　　⊜　James Verini, " The Hacker Who Went into the Cold, " *New York Times Magazine*, November 14, 2010, 44–51, 60, 62–63.

　　⊛　Kim Zetter, " Secret Service Paid TJX Hacker $75,000 a Year, " *Wired*, March 22, 2010, https://www.wired. com/2010/03/gonzalez-salary.

　　⊛　James Verini, " The Great Cyberheist, " *New York Times Magazine*, November 10, 2010, http://www. nytimes.com/ 2010/11/14/magazine/14Hacker-t.html.

每个白天和夜晚都有交易，每个周日的晚上交易都激增。交易体量从微小到庞大。5 月 19 日，特工们观看了 Scarface 向另一位成员转移了 115 695 个信用卡卡号。7 月，APK 移走了假英国护照；8 月，Mintfloss 将一张伪造的纽约驾照、一张帝国蓝十字健康保险卡和一张纽约城市大学的学生证出售给需要完整身份证明文件的成员。

2004 年 10 月 26 日晚上，阿尔伯特坐在华盛顿特区的特勤局总部敲着键盘。他的工作就是：在特勤局特工抓人之前，诱使 "防火墙行动" 中毫无戒心的目标加入聊天会话。时间被精心地安排：从晚上 9 点开始，分布在美国 8 个以上州和 6 个国家的特工相继撞门而入。目的是在 Shadowcrew 成员进行相互警告之前，尽快逮捕尽可能多的目标。在进行逮捕时，这些成员在聊天会话中的交谈内容是将他们的真实身份与在线角色联系起来的关键证据。《纽约时报》随后报道说："据估计，这是政府有史以来破获的最成功的网络犯罪案。"⊖其中，有 19 人被起诉，更多人受到警告。

5.3.2　非对称密码学

非对称密码学，通常称为公钥密码学，是防御者用来保护数据以及攻击者用来规避检测和识别的基本安全概念。非对称加密是洋葱路由和加密货币的基础，后面会介绍这两项重要技术。非对称加密非常有用，例如，即使黑客入侵了你的收件箱，你也可以用它来确保电子邮件的安全。网络罪犯也可以使用它来快速匿名地完成支付，它还能使暗网上的买卖双方保持匿名。它的应用场景很多。

每个从事数据泄漏预防、准备、响应或调查的专业人员都应熟悉非对称密码学的基本原理，因为它是几乎每个现代数据泄漏事件中不可缺少的一个因素。这里有一个最重要的技术概念：加密是对信息进行加扰的过程，因此除授权方之外，任何人都无法访问它。

加密有两种基本类型：对称加密和非对称加密。（"密钥" 只是一个长而随机的数字字符串，通常存储在文件中，在加密或解密文件时用作输入。）使用对称密钥加密时，需要使用相同的密钥来加密或解密信息。这意味着拥有密钥的人可以加扰或恢复原始消息，而其他人则不能。例如，当你想加密笔记本电脑以使小偷无法访问其内容时，对称加密很有用。对于非对称（也称为公共密钥）加密，存在两个不同的密钥，它们一起形成一个密钥对。一个密钥用于加密，另一个密钥用于解密。除其他好处外，这也使得通过 Internet 轻

⊖　James Verini, " The Great Cyberheist, " *New York Times Magazine*, November 10, 2010, http://www. nytimes.com/ 2010/11/14/magazine/14Hacker-t.html.

松发送和接收机密消息变得容易。

每个人都发布一个密钥，以便全世界可以查看它（这个密钥被称为公共密钥），并隐藏相应的私钥。要发送机密消息，可以查找收件人的公共密钥并使用它加密消息。只有用私钥才能解密邮件，因此你可以知道只有具有相应私钥的人（收件人）才可以解密邮件，从而可以在大型 Internet 上"愉快"地发送邮件。正如下文将看到的那样，这个概念对于洋葱路由也是至关重要的。

非对称密钥加密可用于验证某个人是否确实发送了邮件，且该邮件在传输过程中未被更改。发件人将自己的私钥和信息一起输入数学算法中以生成数字签名。在发送邮件时，数字签名将附加到信息中。然后，收件人可以查找发件人的公钥，并将其和信息一起输入签名验证算法中，该算法旨在提示发件人和信息的组合是否真实。

非对称密码学的有效性取决于私钥的保密性。因此，私钥已成为数据泄漏的常见目标。犯罪分子通常会闯入计算机，专门扫描用于加密货币、加密文件、保证通信安全等的私钥。这些数据元素也可以在暗网上进行买卖以牟利。考虑到这一点，让我们首先来看看非对称加密是如何促进暗网创建的。

5.3.3　洋葱路由

洋葱路由是一种用来隐藏网络流量的技术，它是现在定义暗网的核心技术。洋葱路由的概念是由美国海军研究实验室的科学家于 20 世纪 90 年代中期发明的，后由美国国防部高级研究计划局（DARPA）进一步开发，并在 21 世纪初得到普及。洋葱路由还被用于向维基解密（WikiLeaks）这样的站点进行匿名提交，这些站点用于曝光被泄漏的数据（第10 章将对此进行更多讨论）。

为了了解洋葱路由的工作原理，让我们首先看一下对 Internet 的常规访问。通常，用户的网络流量会发送到网络服务器，并且网络服务器会接收请求计算机的源 IP 地址以及请求的内容。任何可以查看 Web 服务器流量的中介（例如 ISP）都可以收集访问者列表（同样基于源 IP 地址）。执法部门可以与 ISP 一起将 IP 地址映射到客户名称和地址。当然，当网络犯罪分子遍布全球时，以前处理起来可能会很棘手，但是技术发展到今天，这些都不是问题。

洋葱路由将用户的消息包装在一层一层的加密层中，从而保护了用户的流量，因此任何人都无法看到最终的源地址和目的地址。要了解洋葱路由的工作原理，请想象一个计算机网络，每个网络都可以传递来自其他计算机的消息。当用户想要匿名浏览网站时，他的计算机选择通过网络的路由，分层地加密消息路由信息。每一个加密层只能由路径上的相应计算机打开（因为已使用该计算机的公钥对其进行了加密），并且在解密时会显示路径中下一跳计算机的地址。

当消息通过网络传播时，每台计算机都会解密当前的加密层，读取下一跳计算机的地址，剥离当前层，然后将其余消息传递到路径中的下一跳计算机。下一跳计算机类似地解密当前加密层，读取再下一跳计算机的地址，剥离当前层，然后传递其余消息。该过程一直持续到消息到达最终目的地为止。

通过这种方式，消息可以通过网络传输，但是中间人无法同时看到源地址和目标地址。洋葱路由基于最小特权原则，这意味着它仅显示将消息传递到所需位置所必需的信息。每台计算机都可以知道路径中前一台计算机的地址以及下一台计算机的地址，仅此而已。

Tor 是洋葱路由软件的一个流行示例，该软件由科学家保罗·西弗森（Paul Syverson）、罗杰·丁哥达恩（Roger Dingledine）和尼克·马修森（Nick Mathewson）开发。Tor 有许多不同的用途：执法部门使用它从暗网匿名收集证据；情报人员使用它隐藏在其他国家的通信情况；网络犯罪分子用它来掩饰自己的身份；每天很多人都使用 Tor 来保护他们在网络上的隐私。

丁哥达恩笑着指出，Tor 也许是美国国防部和电子前沿基金会（EFF）共同资助的唯一项目。他解释说："美国政府不能简单地运行一个人人可用的匿名系统，然后仅仅政府特工使用它。因为如果只有这些人使用网络，那么每次建立连接时，人们都会说'哦，这是中央情报局的另一位特工'。"⊖

更重要的是，Tor 还包括给用户提供一种"洋葱服务"（也称为"隐藏服务"）的方法，例如网站和聊天室。希望被提供服务的任何人都可以在 Tor 网络中注册并获得"洋葱服务描述符"，该描述符是一个 16 字符的名称，后跟".onion"。访客可以在 Tor 浏览器中键入洋葱服务描述符来访问该服务（还有流行的 Web 浏览器的 Tor 插件）。然后，他们通过预配置的路径被路由到服务。请注意，与普通的 Web 服务不同，隐藏的服务可以托管在防火墙后面，因为服务器的 IP 地址不需要是公共可路由的。

如今，在 Tor 中，"信用卡商店"和其他暗网通常被设置为隐藏服务，在这些隐藏服务中，卖家贩卖被盗的数据，而买家可以浏览不计其数的商品。

5.3.4　暗网电子商务网站

随着 Tor 的流行，网络罪犯发现他们可以使用它通过网络来销售被盗商品，该网络本

⊖　Yasha Levine, " Almost Everyone Involved in Developing Tor was (or is) Funded by the US Government," *Pando*, July 16, 2014, https://pando.com/2014/07/16/tor-spooks.

质上保护了买卖双方的匿名性，并且公众无法访问。这大大降低了在线销售非法数据等商品的风险。Tor 的隐藏服务不断扩展，助长了被盗数据的交易，激发了犯罪分子进行黑客攻击。结果呢？当然是恶性循环，造成了更多的数据泄漏。

但是早期的暗网电子商务网站仍然存在一个问题：付款。洋葱路由使得执法部门很难使用网络取证来追踪买卖双方，但他们仍然手握一张王牌，即当时尚未出现真正的匿名数字支付方式。暗网上的购买者选择其他方式支付赃款。例如，买家亲自邮寄现金，对此，执法人员可以检查和追踪实物包裹。而使用支票和信用卡，这也容易被追踪到，从而合法银行机构可撤回或扣押付款。在暗网发展的初期，PayPal 广为流行，Western Union 等快速汇款服务也是如此。像 Libery Reserve（一种由黄金支持的"数字货币"）之类的服务如雨后春笋般涌现，这为犯罪分子提供了一种相对匿名的资金转移方法，但这些服务往往也是隐蔽的，有时会带着所有人的钱跑路㊀。对此，执法部门可通过多种途径利用这些系统来追踪付款，这些系统通常至少要求用户提供电子邮件地址。

农夫市场（the Farmer's Market）是一个早期流行的暗网电子商务网站，该网站最终由于缺乏匿名付款和关联电子邮件账户而倒闭。像当时的合法电子商务网站一样，它具有易于使用的 Web 订单表单和功能，例如讨论论坛、"供应商"筛选和客户支持。该网站支持各种支付系统，包括现金、Western Union、Paypal、iGolder 和 Pecunix ㊁。"对于受到监管的消费者来说，农夫市场就像是亚马逊。"Dan Goodin 为 *Ars Technica* 撰写的报告称，该市场在 35 个国家约有 3000 名客户㊂。

洋葱路由并未使农夫市场的头目逃脱逮捕和拘留。2012 年，美国联邦政府宣布对涉及农夫市场的 8 名人士进行起诉，其中包括网站管理员和用户。根据起诉书中提供的证据，执法人员已经通过 PayPal 和 Western Union 等金融服务供应商追踪了电子支付交易㊃。

5.3.5 加密货币

网络罪犯唯有通过一个更隐蔽的支付系统，才能实现真正的匿名交易。这个支付系统

㊀ "Liberty Reserve Digital Money Service Forced Offline," *BBC News*, May 27, 2013, https://www.bbc.co.uk/news/technology-22680297.

㊁ Kim Zetter, "8 Suspects Arrested in Online Drugs Market Sting," *Wired*, April 16, 2012, https://www.wired.com/2012/04/online-drug-market-takedown.

㊂ Dan Goodin, "Feds Shutter Online Narcotics Store That Used TOR to Hide Its Tracks," *Ars Technica*, April 12, 2016, https://arstechnica.com/tech-policy/2012/04/feds-shutter-online-narcotics-store-that-used-tor-to-hide-its-tracks.

㊃ United States v. Marc Peter Willems, CR-11-01137 (C.D. Cal. 2011), https://www.wired.com/images_blogs/threatlevel/2012/04/WILLEMSIndictment-FILED.045.pdf.

在 2008 年万圣节期间被低调而准时地推出了。在这一天，一个名叫"中本聪"的身份不明的人（或一群人）发送了一封将改变世界的电子邮件。电子邮件中写道："我一直在开发一种点对点的、没有可信赖的第三方的新型电子现金系统。"该电子邮件发送到了一个著名的加密邮箱列表中。邮件中链接了作者的新论文《比特币：一个 P2P 电子现金系统》⊖。

比特币最初受到学者的质疑，但它在短短几年内改变了暗网以及数据泄漏领域。诸如丝绸之路（Silk Road）之类的暗网电子商务网站都依靠它进行交易。比特币和其他加密货币具有以下几个功能，这些功能对于暗网上的买卖双方都很重要。

- 匿名付款
- 没有中间人
- 不可逆

在由金融机构代理的传统在线支付系统中，中间金融机构可以追踪或撤销可疑、有争议的交易。比特币的发明和随后被全球采用，首次使网络犯罪分子能够进行匿名、不可逆的金融交易，"逍遥"于合法的银行基础设施之外。

数据泄漏响应者和安全专业人员应从根本上了解加密货币的工作原理，因为该技术能用于盗窃数据的销售，以及在勒索软件和勒索案件、加密劫持案件以及其他案件中出现。以下是有关加密货币的一些重要信息：

- 加密货币是一种数字资产，其中的密码学用于规范新的货币单位的创建和资金转移。（比特币是第一个加密货币。）
- 交易记录在称为区块链的分布式数字账本中。
- 区块链只是文件的集合，世界上任何人都可以下载它或与他人共享它。
- 用户具有存储在钱包中的"公钥／私钥对"。它们用于资金转账和验证交易。（请参阅 5.3.2 节对非对称密钥加密的介绍。）
- 钱包不存储货币，它们只存储公钥／私钥对。
- 要将加密货币发送给其他人，需要创建一条消息，其中包含你要发送的金额、收件人的公钥以及使用你自己的私钥创建的数字签名（除此之外还包括一些其他信息）。然后将其发送到加密货币网络中的所有其他计算机。每台其他计算机都可以使用对应的公钥来验证你的付款消息是否真实。
- "矿工"是通过处理其他人的交易或通过在区块链中发现全新的区块而获得加密货币的计算机。这两项活动都需要大量的计算能力。计算能力代表着对设备、电力和时间的投资。

⊖ Email in author's inbox, received on October 31, 2008, via the mailing list "cryptography@metzdowd.org".

- 要发现一个新的区块，矿工必须猜测一个非常难的数学难题的答案。当矿工找到有效答案时，会将其放置在一条消息中，该消息使用其私钥进行数字签名，然后将其发送到加密货币网络。第一个发现新区块的矿工将获得预定数量的加密货币奖励，并将包含答案、金额和成功矿工的公钥的新区块添加到区块链中。
- 在大多数类型的加密货币中，区块链是公开的，这意味着任何人都可以查看发件人地址、收件人地址和任何交易金额。（Monero 是一个明显的例外，因为它故意混淆了许多公共交易数据。）但是，公钥 / 私钥对不需要链接到特定人的身份，因此可以匿名进行交易⊖。
- 由于没有中央银行，也没有组织控制区块链，因此第三方无法撤销交易。

网络犯罪分子通常使用加密货币在暗网上买卖被盗数据。如第 11 章所述，加密货币在网络勒索案件（通常是数据泄漏）中很常见。勒索者威胁要扣押数据"人质"或将其曝光给全世界，除非以加密货币支付赎金。加密货币使犯罪分子能够通过 Internet 要求快速、匿名地付款。同时，因为追踪或追回支付的赎金相当困难——虽然不是说绝对做不到，所以犯罪分子得以逃脱。

由于加密货币是一种数字资产，因此它也成为数据泄漏的目标。现在，新的恶意软件会扫描受感染的主机以获取或删除加密货币。随着加密货币挖矿业务的发展和金融机构开始尝试使用加密货币进行银行间转账⊖，涉及加密货币的数据泄漏将变得越来越普遍。

最后，加密劫持是一种新型的网络威胁，通常会导致合法的数据泄漏（无论是否实际窃取了任何数据）。加密劫持是一种窃取计算资源的攻击，攻击者获得计算机未经授权的访问权并安装加密货币挖掘软件。通过这种方式，犯罪分子无须投资设备或电力即可获得加密货币挖矿的收益。

5.3.6　现代黑市数据经纪人

洋葱路由和加密货币的出现改变了网络犯罪分子的游戏规则。突然之间，世界上任何人都可以在线买卖被盗的数据，如果小心的话，还可能躲过追查。电子商务网站迅速在暗网中兴起，并提供了与主流电子商务网站相同的许多功能：用户友好的界面、付款托管、

⊖　研究表明，有可能分析公共比特币账本，并得出钱包地址之间关系的信息，这可能导致身份识别。见 Dorit Ron and Adi Shamir, "Quantitative Analysis of the Full Bitcoin Transaction Graph," Department of Computer Science and Applied Mathematics, Weizmann Institute of Science, Israel, 2012, https://pdfs. semanticscholar.org/93ba/e7155092c8ba1ae1c4ad9f30ae1b7c829dd7.pdf.

⊖　Anthony Coggin, "Singapore Central Bank to Use Blockchain Tech for New Payment Transfer Project," *Cointelgraph*, June 9, 2017, https://cointelegraph.com/news/singapore-central-bank-to-use-blockchain-tech-for-new-payment-transfer-project.

供应商反馈等。"丝绸之路"是第一个同时利用 Tor 和比特币的暗网市场。该网站由程序员罗斯·乌布利特（Ross Ulbricht）（后称为 Dread Pirate Roberts）于 2011 年年初推出，最终发展成为拥有近 100 万用户、10 亿美元交易额的网站⊖。

FBI 特工克里斯托弗·塔贝尔（Christopher Tarbell）在 2013 年 9 月 27 日对乌布利特提起的刑事诉讼中解释说："'丝绸之路'已成为当今互联网上最复杂、最广泛的犯罪市场。该网站力图使得在互联网上进行非法交易，就像在主流电子商务网站上购物一样方便快捷。"⊜

有些市场具有比特币托管系统以及比特币"翻转器"（也称为混淆器），能为用户提供额外的交易隐蔽性。翻转器"通过一系列复杂、半随机的虚拟交易发送所有付款……这意味着几乎不可能将你的付款与离开网站的比特币关联起来"⊜。这意味着，即使买卖双方的比特币地址都是已知的，它们也不会直接关联到区块链中的共享交易，这使得很难跟踪钱的流向。

"丝绸之路"还设有一个论坛讨论区以及一个私有消息传递系统，因此用户不必依赖第三方通信系统，例如 Hushmail。像合法的电子商务企业一样，该网站得到了一组管理人员的运维支持，这些运维管理人员定期收取作为服务费的比特币，价值为 1000 美元到 2000 美元。"丝绸之路"在 2013 年 10 月因 FBI 的一次突袭而倒闭，乌布利特被捕。不到一个月，"丝绸之路 2.0"出现了（尽管它也于 2014 年 11 月倒闭）。截至撰写本书时，"丝绸之路 3.1"正在运行中，其上兜售着各种被盗数据"dumps"、黑客工具和其他违禁品。

现代暗网市场为交换并快速货币化被盗数据提供了一条路径，致使在黑客经济中出现了一些不同的工种。例如，不同的罪犯可能

- 发起网络钓鱼攻击并建立"僵尸网络"以进行数据转售。
- 扫描受感染的"肉机"以获取潜在有价值的数据，然后对其进行收集、分类和转售。
- 创建黑客工具，例如能让其他罪犯实施攻击的漏洞利用工具包。
- 运行一个用于交换被盗数据、工具和其他违禁品的"暗网市场"。

黑客经济中还有许多其他角色，随着技术的发展，新角色也在不断出现。

⊖ Joshuah Bearman, "The Rise & Fall of Silk Road," *Wired*, May 2015, https://www.wired.com/2015/04/silk-road-1.

⊜ United States v. Ross William Ulbricht, 13-MAG-2328 (S.D.N.Y. 2013), https://krebsonsecurity.com/wp-content/uploads/2013/10/UlbrichtCriminalComplaint.pdf.

⊜ United States v. Ross William Ulbricht, 13-MAG-2328 (S.D.N.Y. 2013), https://krebsonsecurity.com/wp-content/uploads/2013/10/UlbrichtCriminalComplaint.pdf.

5.4　暗网数据商品

暗网为犯罪分子提供了将被盗数据快速、便捷地货币化的途径，从而加重了数据泄漏现象。其危害还不止这些：它为犯罪分子提供了黑客工具和黑客知识，使他们能够入侵账户并闯入计算机，造成更多的数据泄漏。

反过来，数据泄漏也会影响暗网。当犯罪分子破坏计算机时，他们经常发现自己可以访问大量数据。但某些类型的数据至今还没有明确的获利途径，一般人还不知道怎么用这些数据并且缺少买家。像合法的企业家一样，犯罪分子也会开发新的方案来利用各种类型的被盗数据。结果是，出现了新的、专用的暗网市场（例如 W-2 商店）。这样一来，通过监视暗网，不仅可以监测到数据泄漏，还能预测新的攻击类型。

在本节中，我们将回顾在暗网上出售的与数据泄漏相关的商品的常见类型，包括个人身份信息、支付卡卡号、W-2 表格、账户凭证、医疗记录以及对计算机的远程访问。在此过程中，我们将讨论犯罪分子如何利用这些商品，这将有助于防御者了解现今应保护什么以及如何预见未来的威胁。

5.4.1　个人身份信息

被盗身份信息已经在网上被交易了数十年。姓名、地址、出生日期和 SSN 等“个人身份信息”（Personally Identifiable Information，PII）很有价值，因为它们都是犯罪分子进行身份盗窃和财务欺诈必不可少的。如今，犯罪分子经常将被盗的个人信息捆绑在一起，并以“fullz”的形式出售，通常每条记录的售价约为 30 美元。价格可能会有所不同，信用评分较高或信用卡余额较高的受害者的信息价格更高[⊖]。

5.4.2　支付卡卡号

支付卡卡号一直被广泛兜售。据监控暗网的公司 Gemini Advisory 称，被盗的支付卡卡号在 2019 年通常以每条记录 10 至 20 美元的价格出售[⊖]。

⊖　Keith Collins, "Here's What Your Stolen Identity Goes for on the Internet's Black Market," *Quartz*, July 23, 2015, https://qz.com/460482/heres-what-your-stolen-identity-goes-for-on-the-internets-black-market; Brian Stack, "Here's How Much Your Personal Information Is Selling For on the Dark Web," *Experian*, December 6, 2017, https://web.archive.org/web/20180220093122/https://www.experian.com/blogs/ask-experian/heres-how-much-your-personal-information-is-selling-for-on-the-dark-web/.

⊖　Brian Krebs, "Data: E-Retail Hacks More Lucrative Than Ever," *Krebs on Security* (blog), April 30, 2019, https://krebsonsecurity.com/2019/04/data-e-retail-hacks-more-lucrative-than-ever/.

5.4.3 W-2 表格

W-2 表格的欺诈行为在过去十年中已上升到泛滥的程度，这在很大程度上是由随处可以获得大量被盗的 PII 和 W-2 表格导致的。犯罪分子使用被盗的 PII（包括 SSN、姓名、地址和工资）提交虚假的纳税申报表，要求受害者退款。退款欺诈在 2010 年达到了惊人的 52 亿美元[一]。幸运的是，美国国税局实施了检测和预防 W-2 欺诈的技术，退款欺诈有所减少，但是截至 2017 年，纳税人倡导服务机构估计 W-2 欺诈仍然"花费了政府（实际为纳税人）每年超过十亿美元的钱"[二]。

兜售 W-2 表格的专门的电子商务商店在暗网上很多。记者布莱恩·克雷布斯公开了一家这类网上商店的屏幕截图，访客可以根据受害者的姓名、地址、工资或 SSN 选择个人的 W-2 表格。此类表格是根据工资定价的，较高的工薪阶层对应较高的价格。这家网上商店的界面直观，客户只需单击一个按钮即可将 W-2 表格添加到购物车，然后结账[三]。

5.4.4 医疗记录

医疗记录是罪犯的金矿。医疗保健诊所收集个人的极其全面的记录，包括个人身份信息、账单明细和健康信息。结果是，被盗的医疗记录被用于各种欺诈目的。"你可以将这些个人资料用于正常的欺诈行为。"一名在网上出售医疗记录的罪犯打出这样的广告[四]。

通过窃取受害者的健康保险信息，犯罪分子可以提出虚假的保险索赔或利用受害者的利益获得医疗服务。在健康保险覆盖范围不一致的美国，对医疗欺诈估计每年花费 80 亿到 2300 亿美元[五]。"在过去两年中，涉及老年人和残疾人医疗保健计划的欺诈总额超过 60 亿美元。"[六]犯罪分子还可以利用受害人的身份来获取处方药，并将其转售给没有处方的人。

㊀ Treasury Inspector General for Tax Administration, " Efforts Continue to Result in Improved Identification of Fraudulent Tax Returns Involving Identity Theft; However, Accuracy of Measures Needs Improvement, Reference Number: 2017-40-017, " U.S. Department of the Treasury, February 7, 2017, https://www.treasury.gov/tigta/auditreports/2017reports/201740017fr.pdf.

㊁ Taxpayer Advocate Service, " Most Serious Problems: Fraud Detection, " *Annual Report to Congress* 1 (2016): 151–60, https://taxpayeradvocate.irs.gov/Media/Default/Documents/2016-ARC/ARC16_Volume1_MSP_ 09_FraudDetection.pdf.

㊂ Brian Krebs, " W-2 2016 Screenshot, " *Krebs on Security* (blog), 2017, https://krebsonsecurity.com/wp-content/uploads/2017/01/w2shop-140.png.

㊃ Jennifer Schlesinger, " Dark Web is Fertile Ground for Stolen Medical Records, " *CNBC*, March 11, 2016, http://www.cnbc.com/2016/03/10/dark-web-is-fertile-ground-for-stolen-medical-records.html.

㊄ Laura Shin, " Medical Identity Theft: How the Health Care Industry is Failing Us, " *Fortune*, August 31, 2014, http://fortune.com/2014/08/31/medical-identity-theft-how-the-health-care-industry-is-failing-us.

㊅ Caroline Humer and Jim Finkle, " Your Medical Record is Worth More to Hackers than Your Credit Card, " *Reuters*, September 24, 2014, http://www.reuters.com/article/us-cybersecurity-hospitals-idUSKCN0HJ21I20140924.

医疗数据可以以各种方式被挪作他用，而这些方式尚无法立即被揭露出来。2011 年，波士顿的贝丝·以色列（Beth Israel）女执事医院的数千名患者的 X 射线光片被盗。贝丝·以色列的首席信息官约翰·哈拉姆卡（John Halamka）表示："扫描结果经常被卖给那些无法通过旅行签证体检的人。"⊖

重要的是，当谈到健康数据的价值时，没有太多可靠的研究可以参照。当前有关医疗记录的价值的报告并非基于统计上有效的样本集，而可能是研究人员对某些单个交易的观察。有时，这些报告甚至只是被不断地引用、再引用的谣言，真相也许是几年前某高管或安全专业人员的随口说词。世界隐私论坛执行董事帕姆·迪克森经常引用的一句话是："医疗记录文件的价格很高，它们在黑市上的售价为 50 美元。"她在 2008 年的声明至今仍在被记者引用。

可以确定的一件事是：大量盗窃和出售医疗数据的情况变得越来越严重。2016 年，TheDarkOverlord 勒索团伙在黑市上批量提供电子医疗记录，每条记录约 1 至 2 美元。记者和安全专家注意到这一价格明显下降了。安全公司 TrapX 的一份研究报告推测，这是供需问题。"有数以百万计的医疗记录被盗，令人难以置信的是，2016 年在'暗网'上出售的医疗记录的价格似乎有所下降。"⊜

Flashpoint 的高级分析师维塔利·克雷梅兹（Vitali Kremez）表示："犯罪分子在地下出售的医疗数据量在增加，这导致个人记录的价格非常低。"⊜同时，市场的日趋成熟也使其成为可能。首先，犯罪分子更容易出售数据，从而导致被盗医疗数据的范围扩散得更大。

5.4.5　账户凭证

在暗网上销售的用户名和密码组合非常抢手。犯罪分子可以直接使用这些数据来实施新的数据泄漏，以窃取更多的数据，从而进行转售、欺诈或访问银行账户等。

2017 年，来自谷歌的研究人员发表了一篇具有里程碑意义的论文，其中描述了他们对暗网中被盗凭证销售情况的监控（2016 年 3 月至 2017 年 3 月）。他们在暗网上发现了超过 19 亿张待售账户凭证。许多密码是从大型的互联网公司盗窃出来的，包括 Myspace、

⊖　Nsikan Akpan, "Has Health Care Hacking Become an Epidemic?" *PBS News Hour*, March 23, 2016, http://www.pbs.org/newshour/updates/has-health-care-hacking-become-an-epidemic.

⊜　Trapx Labs, *Health Care Cyber Breach Research Report for 2016* (San Mateo, CA: Trapx Security, 2016), 4, https://trapx.com/wp-content/uploads/2017/08/Research_Paper_TrapX_Health_Care.pdf.

⊜　Chris Bing, "Abundance of Stolen Healthcare Records on Dark Web is Causing a Price Collapse," *Cybersecurity*, October 24, 2016, https://www.cyberscoop.com/dark-web-health-records-price-dropping.

Adobe、LinkedIn、Dropbox、Tumblr 等，这些数据泄漏事件广为人知[⊖]。

早期，银行账户凭证通常用来交易。账户凭证的定价通常是根据账户余额的百分比设置的。后来，被黑客入侵的电子邮件和社交媒体账户的市场得到了发展。尤其是电子邮件账户更是敏感数据的金矿。通过访问你的电子邮件账户，犯罪分子可以：

- 重设 Amazon、PayPal、网上银行等网站上你的密码。这些账户是有效的交易工具，犯罪分子可以轻松地使用它们购买商品或服务，甚至转移现金。
- 进行电汇欺诈。犯罪分子会在电子邮件账户中搜索电汇请求，例如房地产交易、保险支出或卖方要求付款产生的电汇请求。然后，他们拦截消息并发送欺诈性请求（有时来自其他账户），这些请求旨在欺骗你将钱电汇至他们控制的账户。
- 攻击你的同事、客户、朋友和家人。犯罪分子可以使用你的账户向你的任何联系人发送电子邮件，这可能进而感染他们的计算机。
- 窃取可以使用或转售的机密信息。电子邮件包含大量数据，其范围从纳税申报表副本到商业机密，再到患者医疗信息等。

社交媒体账户对罪犯也同样有用。例如，2016 年 5 月，在 TheRealDeal 市场上出现了一个名为 Peace 的黑客，该黑客出售一个数据库，其中包含 1.67 亿 LinkedIn 用户的账户信息。该数据库包含 1.17 亿用户的电子邮件地址和加密密码。价格是 5 个比特币，约合 2200 美元。

犯罪分子为什么想要你的 LinkedIn 密码？首先，因为许多人将凭证重复用于多个账户。使用被盗的 LinkedIn 密码，犯罪分子可能能够侵入受害者的电子邮件账户、银行账户或其他诱人的目标。社交媒体账户还可用于锁定新的受害者，因为犯罪分子可以利用它们传播恶意链接或发送虚假的欺诈信息。兰德（RAND）国家安全研究部在 2014 年报道说："Twitter账户的售价比被盗的信用卡的售价要高，因为前者的账户凭证可能具有更高的收益。"[⊜]

密码数据泄漏非常普遍，以至于 2013 年安全研究员特洛伊·亨特（Troy Hunt）发布了"已被我拥有"（Have I Ben Pwned）的 Web 服务，该服务使用户可以检查是否在以前的数据泄漏中公开了其凭证[⊜]。尽管凭证失窃频频发生，但密码仍然是保护云账户安全的被最广泛采用的手段。结果导致了"商务电子邮件泄漏"和其他云账户泄漏行为的盛行，这

⊖ Kurt Thomas et al., "Data Breaches, Phishing, or Malware? Understanding the Risks of Stolen Credentials," in *Proceedings of the 2017 ACM SIGSAC Conference on Computer and Communications Security* (Dallas, October 30-November 3, 2017), 1422 https://static.googleusercontent.com/media/research.google.com/en//pubs/archive/46437.pdf.

⊜ Selena Larson, "Google Says Hackers Steal Almost 250,000 Web Logins Each Week," *CNN Tech*, November 9, 2017, http://money.cnn.com/2017/11/09/technology/google-hackers-research/index.html.

⊜ Troy Hunt, "Introducing 306 Million Freely Downloadable Pwned Passwords," Troyhunt.com, August 3, 2017, https://www.troyhunt.com/introducing-306-million-freely-downloadable-pwned-passwords; "Have I Been Pwned?" Pwned Passwords, https://haveibeenpwned.com/Passwords (accessed March 19, 2018).

将在第 13 章中详细讨论。

5.4.6　你的计算机

计算机本身就是物有所值，而我们并不是在谈论在 eBay 上出售的物理硬件。暗网上的犯罪分子买卖的是对计算机的远程访问权。受感染的计算机可能与数十个甚至数百个其他"肉机"（被黑客入侵的计算机）组合在一起，然后将这些僵尸网络（被黑客入侵的计算机组）出售（或按小时租用）给其他罪犯。英国 Webroot 公司的丹乔·丹切夫（Dancho Danchev）发现，在一个暗网站点上，1000 个美国"肉机"以 200 美元的价格被出售。犯罪分子可以使用此访问权限来收集敏感数据，攻击其他计算机或锁定数据并进行勒索[⊖]。

5.4.7　数据清洗

暗网并不是出售被盗数据的唯一场所。某些类型的被盗数据（例如 PII、健康信息、行为分析等）通常也在合法市场上交易，如第 2 章所述。尽管信誉良好的公司通常不故意从罪犯那里购买数据，但是缺乏透明度和法规限制使得被盗信息有可能流入合法市场，从而又可能导致泄漏行为。

被盗数据可以通过复杂的数据代理网络重新进入合法的供应链。2014 年，FTC 对 9 家主要的数据经纪人公司进行了调查，发现它们"从其他数据经纪人那里获得了大部分数据，而不是直接从原始来源获得。这些数据经纪人中的某些可能反过来又从其他数据经纪人获得了信息。FTC 研究的 9 家数据经纪人公司中有 7 家互相提供数据"。合法的数据经纪人不愿透露其数据来源。为了回应美国参议院商业、科学和交通委员会的询问，三大主要数据经纪人（Acxiom、Experian 和 Epsilon）拒绝透露其数据源（或客户）。该委员会报告说："（一些）被查询的经纪人通过合同限制消费者披露其数据来源，从而使这一秘密永久化。"[⊖]

数据经纪市场的复杂性以及缺乏监督和透明性，增加了被盗数据可能重新进入合法数据市场的风险[⊜]。许多类型的被盗数据不容易追查，如未标记的现金。SSN 可以由美国联邦政府集中发布，但是从那时起，没有哪个中央组织可以追踪其扩散和使用。SSN 可能已

⊖　Pierluigi Paganini, "Botnets for Rent, Criminal Services Sold in the Underground Market," Security Affairs, February 14, 2013, http://securityaffairs.co/wordpress/12339/cyber-crime/botnets-for-rent-criminal-services-sold-in-the-underground-market.html; "New Underground Service Offers Access to Thousands of Malware-Infected Hosts," Webroot, (blog) February 12, 2013, http://www.webroot.com/blog/2013/02/12/new-underground-service-offers-access-to-thousands-of-malware-infected-hosts.

⊜　U.S. Senate Comm. on Commerce, Science, and Transportation, A Review of the Data Broker Industry (Washington, DC: U.S. Senate, 2013), 6, http://educationnewyork.com/files/rockefeller_databroker.pdf.

⊜　Rob O'Neil, "Cybercriminals Boost Sales Through 'Data Laundering'," ZD Net, March 16, 2015, http://www.zdnet.com/article/cyber-criminals-boost-sales-through-data-laundering.

经被泄漏、出售和转售了很多次，以至于一串数字可能已从许多不同的地方被盗并通过许多未经授权的中间人传递。同样，健康信息、处方数据、网上冲浪数据和 GPS 位置数据可以以多种不同方式从许多不同的地方收集：有时是合法的途径，有时是非法途径。

结果是犯罪分子如今几乎可以窃取任何类型的数据，并找到不会问太多问题的买家。随着合法的数据分析和经纪公司继续发明新的数据产品，推动了原始数据源市场的发展。如果不仔细审查，其中可能包括被盗数据，这进一步加剧了数据泄漏的流行。

> **对被盗的数据做出反应**
>
> 发现组织中的数据在暗网上出现可能会令人震惊，但是你可以采取多种方式来保护组织和所涉及的个人。这里有一些提示：
>
> - 尽快确定可能被盗的数据的范围。完成一次完整的数据泄漏调查可能需要花费很长时间，但是与此同时，你可以根据现有证据开发初步的工作模型。
> - 请记住，数据可能已从你依赖的供应商或合作伙伴那里泄漏。你所属组织的网络可能尚未受到破坏。
> - 采取如下措施尽快减少伤害：
>   - 第一时间通知受影响的个人，以便他们有机会采取行动。
>   - 尽可能使数据贬值，例如更改密码。
>   - 监视可能使用被盗数据访问的任何账户或资产。
>   - 根据所公开的数据类型，实施其他访问控制，例如双因素认证或信用冻结。
> - 做好接受媒体质问的准备。正如在接下来的章节中将看到的那样，一旦数据在暗网上公开，记者们可能会将其视为一个有趣的故事。
>
> 一些组织雇用专业公司来监视暗网并在其任何数据似乎要被出售时提供警报。这种日益流行的服务称为"暗网扫描"。虽然没有一家公司有能力访问全部暗网，但有些公司可以广泛访问主流的暗网市场。此类服务可以帮助组织主动检测数据泄漏。

5.5　小结

在本章中，我们讨论了利用被盗数据的常见方法，还展示了欺诈和暗网市场是如何共生演变的，并解释了在许多不同类型的数据泄漏案件中多次出现的核心技术（例如，洋葱路由和加密货币）。后面章节将分析暗网上的被盗支付卡数据、将支付卡数据用于欺诈的行为和贩卖的情况。

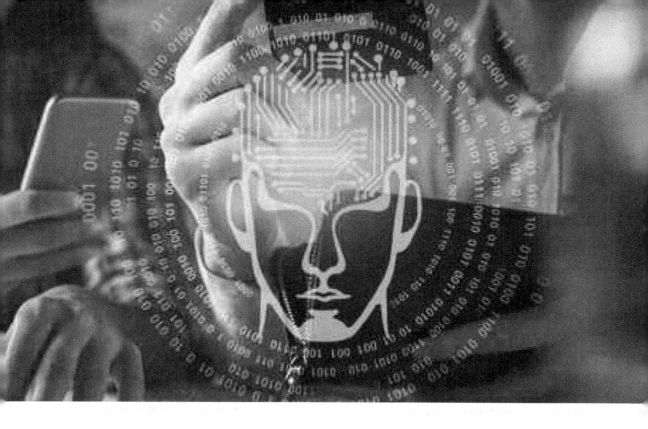

第 6 章

支付卡泄漏

支付卡泄漏事件可能非常复杂，并可能导致长达数年的诉讼。它的影响通常是广泛的，涉及商家、消费者、银行、支付处理商、信用卡品牌等。在本章中，我们将以 TJX 泄漏事件为例探索支付卡泄漏的责任和影响，并讨论支付卡行业（PCI）标准的影响。最后，我们将提供一些重要技巧，帮助你解决支付卡泄漏的棘手问题。

2008 年 3 月，Cisero 餐厅的老板锡西·麦库姆（Cissy McComb）给犹他州帕克城警局打了电话。她刚收到餐厅支付处理商 Elavon 的信息，通知她在 Cisero 餐厅使用过的支付卡可能被人获取、伪造，并在其他地方被冒用。维萨（Visa）将这家餐厅列为一组被盗信用卡的"共同购买点"，并通知了银行。Cisero 是一家夫妻店式的意大利餐厅，位于帕克城的大街上。史蒂夫（Steve）和锡西·麦库姆夫妇在 1985 年开了这家餐厅。在夏季圣丹斯节期间，Cisero 餐厅挤满了闪亮的明星和游客。餐厅老板们吹嘘说，罗伯特·雷德福（Robert Redford）、桑德拉·布洛克（Sandra Bullock）和罗素·克洛（Russell Crowe）都曾在这里用餐。西德尼·波伊特（Sidney Poiter）有一次还不小心让餐桌上的蜡烛点燃了菜单。其余时间，Cisero 餐厅也是当地居民的主要用餐地[⊖]。

现在，麦库姆夫人很担心。她给帕克城警局打完电话后，开车去了当地的美国银行分行。美国银行从 2001 年开始就安排其附属的支付处理商 Elavon 处理这家餐厅的信用卡业务。当地分行的工作人员都不知道有什么可疑的信息泄漏。

6 月，麦库姆夫人又收到了一封令人担忧的信。Elavon 通知这对夫妇，他们将被罚款 5000 美元，并需要在大约一个月后提供一份"PCI 合规性"证书，否则他们将面临额外的罚款。随后，美国银行"单方面"从餐厅账户中扣除了 5000 美元。麦库姆夫妇提交了一份 PCI 合规性证明，并支付了大约 4.1 万美元来升级他们的 POS 系统。

这对夫妇后来秘密地发现，维萨曾给美国银行发过一封信，信中写道："自本函发出之日起 30 天内，如果 Cisero 餐厅和夜总会还不合规，美国银行将被处以每月 5000 美元的罚款。" 90 天后，罚款将增加到每月 1 万美元或更多。虽然美国银行有权对这些罚款提出上诉，但如果只是提出上诉，银行就必须向维萨支付 5000 美元的费用，而且这笔费用是不可退还的，而且会被加到餐厅的应计负债中。

麦库姆夫妇还收到 Elavon 的通知，要求他们自费进行取证调查。Elavon 向他们提供了一份已得到维萨和万事达的批准可以进行取证调查的六家公司的名单。麦库姆夫妇选择了一家名为 Cybertrust 的公司。该公司调查后发现，不存在安全漏洞的"具体证据"，也没有入侵、恶意或未经授权活动的证据。麦库姆夫妇还聘请了第二家取证公司，也得出了类似的结论[⊖]。

尽管如此，万事达卡的一份报告称，包括大通银行和苏格兰皇家银行在内的发卡行已经报告了欺诈指控并正在寻求赔偿损失后，美国银行在未经它们同意的情况下，再次从麦

⊖ Bubba Brown, " Cisero's Ristorante, a Park City Mainstay, Closes Doors," ParkRecord.com, July 22, 2016, https://www.parkrecord.com/news/business/ciseros-ristorante-a-park-city-mainstay-closes-doors.

⊖ Elavon, Inc. v. Cisero's Inc., Civil No. 100500480 (3d Jud. Dist. Ct., Summit Cty., 2011), https://www.wired.com/images_blogs/threatlevel/2012/01/Cisero-PCI-Countersuit.pdf.

库姆夫妇的银行账户中扣除了 5000 多美元。新闻报道："维萨认定 Cisero 餐厅不合规的总成本为 133 万美元，但最终将罚款定在 5.5 万美元……万事达卡表示，尽管它可以对违规存储信用卡数据的行为处以最高 10 万美元的罚款，但决定只处以 1.5 万美元的罚款。"

麦库姆夫妇迅速关闭了他们的银行账户，以避免被进一步扣费。Elavon 提起诉讼，要求追加约 82 600 美元的罚款。麦库姆夫妇进行了反击，提起了反诉。这对夫妇的律师史蒂芬·坎农（Stephen Cannon）说："这就像维萨和万事达卡是政府一样，它们是从哪里获得对商家实施罚款和处罚权力的？"⊖

在媒体的关注下，这个案子在庭外悄悄和解了。

6.1　最大的支付卡骗局

支付卡泄漏可能非常复杂，会引发多年的诉讼。这会损害商家在消费者心中的声誉，甚至会让企业破产。一旦出现支付卡泄漏的情况，消费者的信用卡或借记卡卡号就会被暴露。这些卡号通常通过暗网或其他渠道被发放出去，不法分子通过无卡支付或制造假卡来牟利。对于假卡，他们一般自己使用或转售以赚取一定比例的余额提成。

多年来，支付卡信息泄漏一直排在数据泄漏排行榜的前列（仅次于更常见的"个人信息泄漏"，如姓名、SSN 等）⊖。这有两个原因：第一，支付卡信息被盗的风险极高；其次，当发生持卡人数据泄漏时，比其他类型的泄漏更容易被发现。

为什么持卡人的数据会有如此高的泄漏风险？这是因为支付卡的安全性有明显的漏洞，它依赖于一个根本算不上什么秘密的共享秘密。卡号实际上就是打开你账户的"钥匙"。为了保证账户的安全，你必须对这个卡号保密，但当使用卡的时候，你必须与许多人共享卡号。这个体系在根本上存在缺陷。

支付卡卡号短而紧凑，流动性很强。它们随使用而扩散。从服务员到记账员再到 IT 管理员，许多人都可以访问它们。支付卡卡号在黑市上的价值很高，原因是显而易见的。为了便于自动支付和加快交易速度，许多商家经常选择长时间存储支付卡数据。简而言之，所有 5 个数据泄漏风险因素都在此种方式中得到体现：保留时间长、易扩散、易于访问、高流动性和高价值。

如今，有许多更安全的支付交易方式。移动设备和密码认证技术的进步有可能将高风

⊖　Kim Zetter, "Rare Legal Fight Takes on Credit Card Company Security Standards and Fines," *Wired*, January 11, 2012, https://www.wired.com/2012/01/pci-lawsuit.

⊖　*2016 Data Breach Investigations Report*, Verizon Enterprise, 2016, 44, https://enterprise.verizon.com/resources/reports/2016/DBIR_2016_Report.pdf.

险的支付卡卡号淘汰。没有支付卡卡号，就不会有持卡人数据泄漏。这意味着，商家将不必担心大量敏感的支付卡卡号在它们的系统中泄漏。银行将不必投资于欺诈监控或重新发行信用卡。消费者将不必为持卡人数据泄漏而付出增加费用和价格的代价。

数据泄漏和由此导致的欺诈如此频繁，为什么我们仍然依赖不安全的支付卡卡号呢？尽管这些年来取得了一些进展，但对整个支付系统的全面改革将需要信用卡品牌、支付处理商、商家和所有相关实体的巨额投资。与此同时，强势的参与者（信用卡品牌和银行）已经开发出了"创可贴"（及早发现欺诈并在泄漏后弥补损失的机制），而这有时是以弱势的实体作为代价的。

在幕后，尤其是信用卡品牌，在债务处理过程中积累了巨大的控制权，并有效地让其他关键玩家相互竞争。支付卡行业在网络安全方面是自我监管的，它已经实施了让参与者感觉像是由政府监管的合同义务。维萨、万事达卡、发现和美国运通等信用卡品牌为它们的支付网络制定了规则。根据合约，银行和商家承担了大部分损失，而不是信用卡品牌本身。商家、支付处理商和其他经手支付卡的人别无选择，只能遵守信用卡品牌的规则，以免被剥夺使用支付卡的能力，而支付卡是现代经济的命脉。

其结果是，当持卡人的数据发生泄漏时，即使是很小的商家也可能会承担责任。银行被夹在中间，在对客户忠诚和自己的底线之间左右为难。即使是调查持卡人数据泄漏的取证公司也受到了微妙的控制：它们必须对信用卡品牌负责，才能"有资格"调查支付卡泄漏行为。

在本章中，我们将探讨支付卡泄漏的不同参与者以及影响他们行为的深层次因素。在此过程中，我们将具体研究支付卡行业安全标准委员会（PCI SSC）建立的标准如何在泄漏发生前后影响各参与方。最后我们将研究 TJ Maxx 和哈特兰（Heartland）公司的数据泄漏案例，它们为确定责任建立了强有力的先例。

6.2   泄漏的影响

欺诈猖獗，没有人希望处于挽回损失的漩涡中。这就是支付卡数据泄漏响应的核心。许多不同的参与者都受到支付卡泄漏的影响，包括：

- 消费者
- 银行
- 支付处理商
- 商家

- 信用卡品牌

在本节中，我们将讨论支付卡泄漏对每个参与者的影响。

6.2.1　信用卡支付系统如何运作

为了了解是谁为信用卡或借记卡数据泄漏买单，你首先必须从高层次上理解支付卡网络是如何工作的。不同的信用卡品牌有稍微不同的设置，典型的有"三方方案"或"四方方案"。

维萨和万事达卡使用四方方案，如图 6-1 所示。在四方方案中，每笔交易都有四个参与者：持卡人、发卡行（持卡人的银行）、收单行（商家的银行）和商家。在它们之间，信用卡品牌和支付处理商协助交流交易数据和转移资金。在 Cisero 反诉 Elavon 案中，四方的定义如下[⊖]：

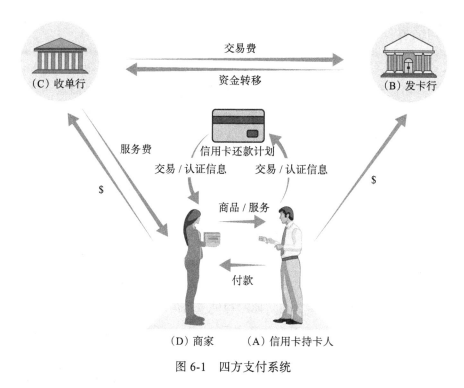

图 6-1　四方支付系统

- **持卡人**。持卡人是使用电子支付卡向商家购物的消费者。
- **商家**。当持卡人进行当面交易时，持卡人会在商家的 POS 终端刷自己的信用卡或

⊖　Elavon, Inc. v. Cisero's Inc., Civil No. 100500480 (3d Jud. Dist. Ct., Summit Cty., 2011), https://www. wired .com/images_blogs/threatlevel/2012/01/Cisero-PCI-Countersuit.pdf.

借记卡。

- **收单行**。收单行是商家的银行（如美国银行），通过向商家提供支付网络的接入权和维护应付给商家的款项来"获得"交易。收单行通常与处理商（如 Elavon）签订合同，为商家提供授权、清算和结算交易服务。

- **发卡行**。发卡行是持卡人的银行，如美国银行或富国银行，向零售客户发行信用卡和借记卡。

让我们来看一个典型的交易过程。当持卡人（A）使用信用卡购买商品或服务时，发卡行（B）授权此次交易。一旦获得授权，收单行（C）减去服务费之后将钱转给商家（D）。发卡行减掉交易费后将钱转给收单行，并记账在持卡人的账户中。

除了发卡行和收单行是同一品牌外，美国运通和发现所采用的三方方案是类似的。这就是为什么当地的银行可能会给你签发维萨卡或万事达卡，而不是美国运通卡或发现卡。

6.2.2 消费者

消费者自然会受到支付卡欺诈的影响，因为他们账户里的钱被偷了，或者在信用卡中记账了。这可能会产生一种寒蝉效应，让消费者更不愿把卡号交给商家。支付卡泄漏对商业不利，因此对支付处理链中的每个人都不利。零售商顾问克里斯·梅里特（Chris Merritt）评论说："当有人侵入一个网站时，会给消费者带来很多问题。"[⊖]

为了保护公众，美国通过了一项联邦法律，规定消费者只对前 50 美元的欺诈性收费负责[⊜]。一些信用卡协会甚至更进一步，例如维萨制定了"零责任"政策，以安抚消费者。信用卡公司大力宣传反欺诈活动，并承诺如果信用卡被冒用，持卡人一分钱都不用付[⊜]。

"零责任"并没有阻止消费者的恐惧故事变为现实。在一篇新闻报道中，消费者凯伦·琼斯（Karen Jones）在信用卡卡号被麦克斯的信用卡数据管道曝光之前，已经被盗刷从 CD Universe 在线购买了音乐。尽管琼斯并不为这些财务损失负责，但她说："盗刷使我十分悲伤，持续数月跟信用卡公司、商家和供应商沟通，才使超过 4000 美元的欺诈费用从我的账户减免。"多年来，银行在防欺诈系统上投入了大量资金，以便在卡号被盗后，

⊖ Paul A. Greenberg, "Online Credit Card Security Takes Another Hit," January 20, 2000, *E-Commerce Times*, https://www.ecommercetimes.com/story/2291.html.

⊜ United States Code, *15 U.S.C. 1643: Liability of Holder of Credit Card* (Washington, DC: GPO, 2006) https://www.gpo.gov/fdsys/granule/USCODE-2011-title15/USCODE-2011-title15-chap41-subchapI-partB-sec1643.

⊜ Paul Beckett and Jathon Sapsford, "A Tussle over Who Pays for Credit-Card Theft," *Wall Street Journal*, May 1, 2003, https://www.wsj.com/articles/SB105173975140172900.

将对消费者的影响降到最低。

如果消费者对欺诈的费用不承担责任，那么谁来承担呢？显然，总要有人来负责。罪犯可不会主动把钱还给你。

6.2.3　可怜的银行

发卡行往往首先承受持卡人数据泄漏造成的损失。当信用卡或借记卡卡号被盗进而被罪犯不正当消费时，发卡行通常要承担持卡人的损失。发卡行可以尝试从商家的银行（收单行）那里收回资金，而后者反过来又可以尝试从商家那里收回成本。（在某些情况下，支付链上还有其他支付服务商，它们可能也会承担部分责任。）正如 Cisero 餐厅的案例所示，这种制度引发了发卡行与商家之间的许多冲突。

当发现持卡人数据被盗时，发卡行可以选择注销并补发新卡，或者允许卡保持活动状态并监控是否出现欺诈行为。这两种选择的代价都是高昂的。如果银行选择补发信用卡，持卡人通常会感到恼火，因为他们的信用卡可能会突然失效，他们可能需要向已经开通自动付款的商家提供新的卡号。如果银行不补发新卡，那么诈骗犯可能会试图使用卡号，造成损失。考虑到持卡人数据泄漏的普遍性，银行通常会选择后一种方法：他们只是简单地监控受影响账户的欺诈行为，并采取额外的控制措施以将风险降至最低。

6.2.4　可怜的商家

遭遇持卡人数据泄漏的商家可能会损失数千甚至数百万美元。当持卡人的数据从商家的网络或 POS 系统中被窃取并随后被用于欺诈时，银行可能会试图从商家那里挽回损失。正如将在本章后面看到的 TJ Maxx 泄漏事件，银行通常是可以成功的。通常情况下，银行仍然会损失金钱或客户商誉，他们从商家银行追回的金额不包括补发信用卡的成本，甚至在许多情况下连被欺诈的全部金额都收不回来。

此外，信用卡品牌可能会对商家的收单行征收高额罚款，尤其是在有证据表明它们不符合行业安全标准的情况下。在 Cisero 餐厅的案例中，收单行可以向商家收取这些罚款。收单行有权按照之前订立的合同这样做。

当商家处理欺诈性交易时，也会因为被盗的支付卡卡号而蒙受损失。例如，西弗吉尼亚州一家邮购汽车配件公司的老板加里·豪威尔（Gary Howell）发现，一个客户在网上用偷来的美国运通卡购买了价值 4200 美元的汽车配件。他被银行告知这些损失是他自己的责任。当他打电话给美国运通卡请求帮助追查欺诈者时，美国运通卡的一名发言人表示，该公司有"不起诉"政策，从而拒绝提供帮助⊖。在全球范围内，那些通过销售商品或提供服务来换取欺诈性信用卡交易的商家都面临着失去其所提供商品的价值的风险。

6.2.5 可怜的支付处理商

支付处理商是协助商家、信用卡品牌和银行之间沟通的中介。当消费者向商家提供支付卡时，支付处理程序将管理一些任务，比如确定客户是否有足够的信用进行支付（"授权"）或指示银行从客户的账户扣款并向商家释放资金（"结算"和"提供资金"）。

就像商家一样，支付处理商也可能成为持卡人数据泄漏的受害者，在这种情况下，它们可能要为由此造成的损失负责。在本章的后面，我们将研究哈特兰公司支付处理商泄漏事件，这是一个具有代表性的案例。

当支付处理商在不知情的情况下处理欺诈性交易时，它们可能会被信用卡品牌收取额外的费用。例如，给在线零售商处理付款的 Website Billing 公司，就因交易费用问题与维萨展开了一场公开大战。维萨要求该公司就所处理的每一笔欺诈性交易都向维萨支付 15 美元。更严重的是，"当欺诈性交易额超过其所有国际交易额的 5% 时，维萨开始对每笔虚假交易额外收取 100 美元的罚款"。公司因罚款问题将维萨告上美联邦法院。最终，双方达成和解，该公司被法院要求向维萨支付 100 多万美元⊖。

6.2.6 不那么可怜的信用卡品牌

信用卡品牌有一个优势：它们为自己的支付网络制定规则。根据合同规定，银行和商家承担了大部分损失，而不是信用卡品牌。

此外，信用卡品牌可以对系统内的其他参与方征收罚款，并收取额外费用以弥补欺诈成本。信用卡协会辩解称，额外收费的目的是"弥补处理虚假交易的成本，就像银行对空头支票的收费一样"⊜。

一些参与方猜测，维萨和万事达卡等信用卡品牌甚至可以从额外收费中获利。"它们对信用卡欺诈的响应非常缓慢，因为它们能够将成本转嫁给商家，并在这个过程中征收罚款，从而为系统内的银行带来净收益。"Website Billing 的一名律师迈克尔·舍萨尔（Michael Chesal）表示。

⊖ Paul Beckett and Jathon Sapsford, "A Tussle over Who Pays for Credit-Card Theft," *Wall Street Journal*, May 1, 2003, https://www.wsj.com/articles/SB105173975140172900.

⊜ Paul Beckett and Jathon Sapsford, "A Tussle over Who Pays for Credit-Card Theft," *Wall Street Journal*, May 1, 2003, https://www.wsj.com/articles/SB105173975140172900.

⊜ Paul Beckett and Jathon Sapsford, "A Tussle over Who Pays for Credit-Card Theft," *Wall Street Journal*, May 1, 2003, https://www.wsj.com/articles/SB105173975140172900.

万事达卡的首席执行官回应道："我不认为有人会傲慢地坐下来说，我们会给这个行业赖以生存的井水下毒。" [⊖]

多年来，这些信用卡品牌开发了一套复杂的网络安全标准，系统中的所有其他参与方都必须遵守。我们将看到，这些标准有效地将安全（和损失）的责任转嫁到了商家、支付处理商、银行和系统中的其他参与者身上。

6.2.7　最可怜的还是消费者

由于数据泄漏和欺诈，商家和银行的损失不断扩大，它们通过提价和收取交易费把成本转嫁给了消费者。虽然消费者可能对特定的某笔欺诈交易"零责任"，但最终还是他们承担了成本。

6.3　推卸责任

大家都知道支付卡欺诈很猖獗，但这是谁的错呢？这个问题的答案对于确定谁应该对损失负责以及谁应当负责解决问题至关重要。

6.3.1　靶子指向商家

持卡人的数据通常是通过以下方法之一被盗的：

- **内部网络入侵**：黑客入侵商家或支付处理商的网络，并在其存储、处理或传输的过程中获取支付卡数据。通常情况下，商家内部网络上的 POS 系统是特定的攻击目标。商家经常长时间地存储信用卡数据，在不知情的情况下囤积了大量危险的信息，这加大了内部网络被攻破的风险。
- **电子商务网站入侵**：许多电子商务网站存在漏洞，这使得来自世界各地的犯罪分子能够破坏它们的支付系统，在某些情况下，这些人还可以远程访问敏感的内部服务器和数据库。
- **物理盗窃**：犯罪分子将"过滤器"（skimmer）放在合法读卡器的上面，以便从磁条中获取编码信息，或者在消费者（例如服务员或零售职员）交出支付卡时，简单地复制卡数据。与通过其他方法暴露的庞大数据量相比，被物理盗窃的卡信息数量相对较低。

当然，支付卡数据泄漏的地方就是最显眼和最明显容易出问题的地方。尤其是对于商

⊖ Paul Beckett and Jathon Sapsford, "A Tussle over Who Pays for Credit-Card Theft," *Wall Street Journal*, May 1, 2003, https://www.wsj.com/articles/SB105173975140172900.

家而言，它们因为以下原因会面临很高的风险：

- 商家共同处理大量的支付卡数据。
- 商家的支付处理系统暴露在公众面前，因此也暴露在了犯罪分子面前。例如，当地的商家开设了实体商店，人们可以通过这些商店直接与 POS 系统进行交互。电子商务网站本质上就是与互联网直接相连的。
- 商家通常不是从事安全行业的，它们只是想处理付款。事实上，许多商家都是小本经营，IT 支持有限，投资于安全方面的资金更是少之又少。

基于这些原因，商家在支付卡系统中是一个非常高风险的点。

6.3.2   根本性的缺陷

商家可以增加或减少风险，这取决于它们如何保护自己的环境，但最终，它们不能修复一个在根本上就不安全的系统。

目前的支付卡系统将商家置于了一个特别危险的境地，但这并不是唯一可以使用的系统；在数据泄漏方面，还有其他对商家来说风险小得多的支付方式。新的支付系统，如 PayPal 和 ApplePay，已经出现，它们根本不需要商家处理支付卡卡号。交易可以在没有卡号的情况下进行身份验证，这使得支付卡数据泄漏成为过去式。

然而，这些新的解决方案中没有任何一个像长数字编码的磁条卡那样被广泛采用。Gartner 的分析师阿维瓦·利坦（Aviva Litan）观察到"支持更强身份验证的技术是存在的，而且可以相当容易地实现……但似乎很少有银行这样做"[⊖]。

毫无疑问，商家更喜欢一个能降低它们风险的系统，但是它们是一个更大系统的参与者，而这个系统不是它们设计的，也不受它们控制。只要信用卡品牌公司造成的损失不超过一次系统大检修的成本，它们就不太可能推动支付系统安全模式的根本性变革。其结果是，支付卡数据泄漏将继续存在，但随着替代支付系统的出现，这种情况可能会逐渐消失。

投资替代支付技术

　　支付卡泄漏不一定非要存在。它们的出现是因为当前的支付系统依赖于共享的秘密，然后这些秘密被广泛传播，这显然是一种不安全的模式。随着支付技术的发展，商家、银行和其他参与者应该明智地投资于不依赖于静态支付卡卡号的技术，如 ApplePay、PayPal 和其他替代支付方法。

⊖　Kim Zetter, "That Big Security Fix for Credit Cards Won't Stop Fraud," *Wired*, September 30, 2015, https://www.wired.com/2015/09/big-security-fix-credit-cards-wont-stop-fraud.

6.3.3　安全标准出现

随着支付卡数据泄漏事件的激增，信用卡协会和银行很快就指出了类似在线零售商等终端的风险。作为回应，商家和支付处理商开始抵制信用卡协会，抱怨它们没有为使用支付系统的实体提供适当的支持。

支付卡行业承受着越来越大的压力。显然，信用卡协会需要确保消费者不会对使用信用卡产生畏难情绪，并平息商家和银行日益增长的不满情绪。

信用卡协会采取了行动，但并没有解决根本问题，只是小修小补。2000 年 4 月，就在 CD Universe 案件曝光后不久，维萨宣布了新的持卡人信息安全计划（CISP），定于 2001 年 6 月生效。CISP 的目的是"确保商家和信用审批链中的其他人有适当的安全措施来保护持卡人的信息"。它包括 12 项安全要求，被称为"数字十二项规章"（Digital Dozen）。维萨负责风险管理的高级副总裁约翰·肖尼西（John Shaughnessy）说，公司的目标是"创建一个'废话'清单，也就是没有人能反驳的东西"[○]。

"数字十二项规章"要求商家遵守严格的安全要求，并提供维萨认证的合规性证明。维萨表示，它将首先核查排名前 100 位的商家是否遵守规定，并对其他商家进行随机测试。如果遭到黑客攻击，商家还必须立即通知收单行，而收单行则必须通知维萨。

其他主要的信用卡协会也迅速效仿。万事达卡发布了《网站数据保护》标准，美国运通发布了《数据安全操作政策》。

虽然出现了太多不协调的安全"标准"，但几乎没有商家遵守其中的任何一个。然而，信用卡协会成功地转移了对话，把焦点从自己身上移开，把安全责任放在商家和其他参与者身上。很少有人讨论真正的问题，即支付卡模式本身的不安全性。

6.4　自我监管

随着暗网的滋生蔓延，支付卡泄漏成了一种流行病。公众和媒体对这个问题的关注非常广泛，很明显，如果支付卡行业不进行自我监管，政府可能会介入来建立标准。

监管的声音不绝于耳。"一些官员表示，现在可能是政府加强监管的时候了，监管内容包括电子商务企业应该保存何种金融信息、可以保存多长时间以及如何存储这些信息。"[○]

○　Paul Desmond, " Visa is Monitoring Merchants for Security Compliance, " *eSecurity Planet*, June 1, 2001, http://www.esecurityplanet.com/trends/article.php/688812/Visa-is-monitoring-merchants-for-security-compliance.htm.

○　Fran Silverman, " Cyber Pirates: Hacker's Credit Card Haul Raises Security Flag, " *Hartford Courant*, January 14, 2000, http://articles.courant.com/2000-01-14/business/0001140730_1_credit-card-cd-universe-card-numbers.

支付卡行业迅速反击。信用咨询公司 TransUnion 的前总法律顾问奥斯卡·马奎斯（Oscar Marquis）写道："这个行业需要保持灵活性，像过去那样找到解决方案。立法不会有帮助。"[⊖]

面对政府监管的呼声，信用卡品牌迅速联合起来，组成 PCI 安全标准委员会。它们实施了自己制定、自我管理的行业安全计划，即支付卡行业数据安全标准（PCI DSS）。自成立以来，PCI 安全标准委员会制定了一系列广泛的网络安全相关标准，以及对数据泄漏响应流程和取证公司的要求。这成功地平息了大众要求立法的呼声。

现代支付卡泄漏响应受到 PCI 安全标准委员会及其程序的严重影响。为了理解现代支付卡泄漏的动态（以及如何最好地响应），你必须对 PCI 安全标准委员会的工作原理和 PCI 数据安全标准程序的基础有一个深刻的理解。在本节中，我们将介绍 PCI 安全标准委员会的重要方面及其创建的标准。在本章的后面，我们将看到这些标准如何直接影响数据泄漏响应流程和责任划分。

6.4.1 PCI 数据安全标准

在 2004 年，5 个主要的信用卡品牌一起发布了 PCI 数据安全标准的第一个版本。为了接受支付卡，世界各地的商家都被合同要求遵守详细的技术标准。创建原始 PCI 数据安全标准的五个支付品牌是：

- 维萨
- 万事达
- 美国运通
- 发现
- JCB

PCI 数据安全标准对于指导支付卡泄漏事件是至关重要的。该标准被宣传为"帮助保护支付卡数据安全"的工具。然而，正如我们将看到的，它还可以作为一个工具来确定在发生数据泄漏时的责任，并且是信用卡品牌用来收回成本和产生收入的更广泛的合规性工具集的一部分。在首次应用 PCI 数据安全标准时，产生的直接影响包括：

- 平息了大众对支付卡行业加强安全和监管的广泛呼声。
- 将持卡人数据安全的责任完全放在处理支付卡数据的商家、支付处理商和其他下游实体身上，而不是信用卡品牌本身。

⊖   Oscar Marquis, " ID Theft Should be Addressed by the Industry, Not Congress, "*American Banker*, September 13, 2002, 9.

- 为信用卡品牌提供一个明确的机制，以便从商家和其他下游实体那里收缴罚款和欺诈费用补偿。
- 在涉及持卡人数据安全标准时，将信用卡品牌放在驱动者的位置上。

6.4.2　一个以营利为目的的标准

PCI 数据安全标准是一个专有标准。它是由一个营利性实体来维护的，要下载它，必须输入个人信息并且自动勾选一个选项，上面写着"是的，我有兴趣学习关于 PCI 安全标准委员会的信息及其培训项目"。（PCI 安全标准委员会销售的培训项目每个的价格一般为 1000 到 3000 美元。）它由营利性实体维护的事实意味着 PCI 合规性计划的管理能够为其所有者产生收入。

根据标准："PCI 数据安全标准适用于所有涉及支付卡处理的实体，包括商家、支付处理商、收单行、发卡行和服务提供商。"PCI 数据安全标准还适用于存储、处理或传输持卡人数据（CHD）和敏感认证数据（SAD）的所有其他实体。PCI 数据安全标准对"持卡人数据"和"敏感认证数据"的定义如下：

- **持卡人数据**：主账户号（PAN）、持卡人姓名、服务代码、有效期。
- **敏感认证数据**：完整的跟踪数据、CVV2、CID、CVC2、CAV2、PIN。

PCI 数据安全标准包括 12 类，如下所示[⊖]：

1）安装并维护防火墙配置以保护持卡人数据。

2）不要使用供应商提供的默认系统密码和其他安全参数。

3）保护已存储的持卡人数据。

4）在开放的公共网络中加密传输持卡人数据。

5）使用并定期更新杀毒软件或程序。

6）开发和维护安全的系统和应用程序。

7）根据业务需要限制对持卡人数据的访问。

8）为每个可以访问计算机的人分配唯一的 ID。

9）限制对持卡人数据的物理访问。

10）跟踪和监控所有网络资源和持卡人数据。

11）定期测试安全系统和流程。

12）维护针对所有员工的信息安全政策。

⊖　PCI Security Standards Council, *PCI DSS*, v.3.2.1, May 2018, https://www.pcisecuritystandards.org/documents/PCI_DSS_v3-2-1.pdf.

6.4.3   幕后的人

PCI 安全标准委员会监管 PCI 数据安全标准的维护和实施。PCI 安全标准委员会成立于 2006 年，自称是一个"全球开放的机构，旨在开发、加强、传播和帮助理解支付账户的安全标准"[○]。许多人认为它是一个非营利组织或政府机构，但它两者都不是，这一事实对网络安全和泄漏响应有着深远的影响。

PCI 安全标准委员会的 LinkedIn 页面声明，该组织是非营利性的，如图 6-2 所示，但这并不是真的。PCI 安全标准委员会绝对不是非营利性的。根据特拉华州的公共记录，PCI 安全标准委员会实际上是一家有限责任公司，"没有任何特殊属性，如非营利性或宗教性。"[○]

马萨诸塞州联邦和特拉华州的公司文件确认"PCI 安全标准委员会有限责任公司"是一家营利性有限责任公司，于 2006 年 9 月 7 日在特拉华州成立，随后在马萨诸塞州注册（如图 6-3 所示）。

同一份文件显示，该公司由五个成员管理，分别代表维萨控股公司、万事达卡国际有限公司、JCB 先进技术公司、发现金融服务有限责任公司和美国运通旅游相关服务公司（AETRS），如图 6-4 所示。

很难找到关于公司收入和所有权的细节，但总有细枝末节被暴露出来。例如，发现金融服务公司向美联储提交的 2014 年度报告称，DFS 持有 PCI 数据安全委员会"20% 的股权"。[○]

在查阅 PCI 安全标准委员会用以降低数据泄漏风险的标准和流程时，请记住这不是一个政府监管机构或独立的非营利组织。它有能力从自己建立的监管体系中获利，反过来，它也可以将任何利润转移给拥有它的信用卡协会。

动机分析

许多人认为 PCI 安全标准委员会是一个独立的第三方，管理支付卡系统的所有参与者，但它其实不是：PCI 安全标准委员会是由信用卡协会所有的，它们创建的标准只会反映它们的自身的利益。在发生数据泄漏事件时，请注意 PCI 安全标准委员会及其附属工具有首先保护信用卡品牌的动机，遭遇数据泄漏的商家和其他实体不能相信它们会平等地对待各方。

○ PCI Security Standards Council, "About Us," https://web.archive.org/web/20160414051410/https://www.pcisecuritystandards.org/about_us/.

○ State of Delaware, "Entity Details, File Number 4215897," Department of State: Division of Corporations, https://icis.corp.delaware.gov/Ecorp/EntitySearch/EntitySearchStatus.aspx?i=4215897&d=y.

○ Discovery Financial Services, *Annual Report of Holding Companies, Board of Governors of the Federal Reserve System*, U.S. Federal Reserve, December 31, 2014, 2.

图 6-2　PCI 安全标准委员会的 LinkedIn 页面，（不正确地）指示该组织是一个非营利
组织，它实际上是一个以营利为目的的有限责任公司

来源：LinkedIn，2019 年 5 月 30 日访问，https：//www.linkedin.com/company/pcissc/

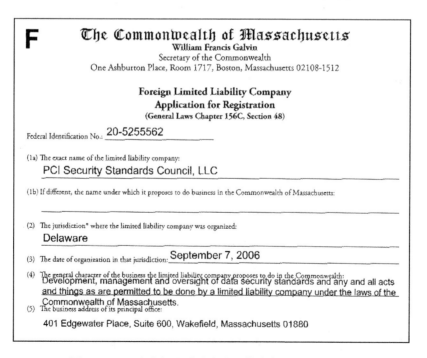

图 6-3　PCI 安全标准委员会在马萨诸塞州的注册申请

来源：MA SOC 文件编号 201270218250，2012 年 2 月 15 日

(7) The name and business address, if different from principal office location, of each manager:

Mike Mitchell	AETRS 200 Vesey Street UMC NY-01-30-02, New York, NY 10285
Rob Tourt	Discover Financial Services, LLC 2500 Lake Cook Road, Riverwoods, IL 600155
Lib de Veyra	JCB Advanced Technologies, Inc. 700 South Flower Street, Suite 1000, Los Angeles, CA 90017
Bruce Rutherford	Mastercard International Incorporated C/O Tax Department, 2000 Purchase Street, Purchase, NY 10577
Eduardo Perez	Visa Holdings, Inc. Attn: Taxation M1-6B, P.O. Box 8999, San Francisco, CA 94128

图 6-4　PCI 安全标准委员会在马萨诸塞州的注册申请显示了该公司的五名经理，他们分别代表五家主要的信用卡协会

来源：MA SOC 备案号 201270218250，2012 年 2 月 15 日

6.4.4　PCI 困惑

对于努力变得“ PCI 合规”的零售商和处理商，这个过程可能充满困惑。主要的信用卡协会要求所有处理、存储或传输持卡人数据的实体完全符合 PCI 数据安全标准的所有方面。但是，只有特定的实体需要第三方根据它们每年处理的交易数量验证它们的合规性。例如，维萨允许大多数每年少于 2 万笔电子商务交易和每年处理多达 100 万笔交易的商家完成一份自我评估问卷、一份合规性证明，以及（在某些情况下）作为 PCI 数据安全标准合规性证据的漏洞扫描结果。

通常信用卡品牌要求交易量大的商家和服务提供商达成 PCI 数据安全标准的合规，而这需要让认证安全评估机构（QSA）去验证。认证安全评估机构是经 PCI 安全标准委员会认证的组织，负责进行 PCI 数据安全标准的合规性审计。商家必须为认证安全评估机构的服务支付费用。

PCI 认证安全评估机构的工作是“验证实体对 PCI 数据安全标准的遵守情况”。换句话说，如果某商家要求一个认证安全评估机构去验证对 PCI 数据安全标准的合规性，那么一名来自获批准的认证安全评估机构的员工将审查公司的政策、流程和安全测试结果，采访员工，并通过 PCI 数据安全标准检查表确定公司是否符合每个项目，然后认证安全评估机构会发布一个与 PCI 安全标准委员会共享的报告。

PCI 认证安全评估机构通常对规则有不同的解释。雪佛龙的全球信息保护架构师杰・怀特（Jay White）说：“ PCI 合规性面临的最大挑战是，你只能听命于审计师。在一些审计师眼里，一切都变得非黑即白，而另一些审计师则对公司可能采取的控制措施有着

更微妙的看法。"[一]

6.4.5　认证安全评估机构的动机

认证安全评估机构有一个不言而喻的动机来满足它们的客户——需要它们评估的零售商和支付处理商。认证安全评估机构并不是随机分配的。相反，零售商可以从一长串 PCI 认证安全评估机构列表中进行选择。如果零售商对这次 PCI 评估的结果不满意，他们可以在下次选择不同的供应商。这为认证安全评估机构创造了一个内在的利益冲突：一方面，它们负责准确地报告组织的 PCI 合规性状态；另一方面，它们承受着巨大的商业压力，从而会报告组织喜欢的内容。这与由政府监管的行业形成了鲜明对比，比如金融行业，审查人员只为联邦存款保险公司或美联储等机构工作。

认证安全评估机构还必须得到 PCI 安全标准委员会的青睐（当然，PCI 安全标准委员会由 5 个信用卡品牌拥有）。PCI 安全标准委员会发明了认证安全评估机构的概念，所有被批准的公司都列在 PCI 安全标准委员会的网站上。（截至 2019 年 3 月，PCI 安全标准委员会网站上列出了 390 个已获批准的认证安全评估机构的名字。）

成为认证安全评估机构是一项巨大的投资。要想成为能够评估 PCI 数据安全标准的认证安全评估机构，它们必须向 PCI 安全标准委员会支付巨额费用。每个认证安全评估机构需要支付一笔初始申请费，外加一笔高达 2.4 万美元的"区域资格费"，该费用允许公司在该特定区域内进行评估。如果认证安全评估机构想要在其他地区进行评估，公司必须支付额外的费用。然而，认证安全评估机构的员工需要完成必要的培训计划，该计划的费用大约是每人 3000 美元。此外，认证安全评估机构及其所有的员工必须每年支付高额的"重新认证"费用，以保持作为 PCI 认证安全评估机构的资格。

如果一家公司想要在美国成为认证安全评估机构，并且只有一名员工接受过评估培训，那么该公司必须首先向 PCI 安全标准委员会支付至少 27 250 美元，之后每年至少支付 13 650 美元。这一费用对小型安全公司来说是非常高昂的，任何从事 PCI 评估工作的安全公司必须将它们的服务价格定得足够高，才能确保它们能够收回每年上交的费用。这些费用最终会转嫁给商家和其他需要租用认证安全评估机构服务的实体。

简而言之，认证安全评估机构项目是一个赚钱的生意。多年来，PCI 安全标准委员会增加了额外的"评估和解决方案"计划，比如"批准的扫描供应商""支付应用程序 - 认证安全评估机构"和"PCI 取证调查员"计划。商家和其他实体被信用卡品牌要求使用这

[一]　Jaikumar Vijayan, "Retailers Take Swipe at PCI Security Rules," *Computerworld*, October 15, 2007, https://www.computerworld.com/article/2552354/retailers-take-swipe-at-pci-security-rules.html.

些评估机构的服务或产品。这些项目中的每一个都需要额外的申请和培训费用，这些费用支付给了 PCI 安全标准委员会，而 PCI 安全标准委员会又由 5 大信用卡品牌拥有。

认证安全评估机构的资格可以由 PCI 安全标准委员会在任何时候撤销，这时认证安全评估机构会"重新申请"或简单地停止提供服务。正因为如此，认证安全评估机构要感谢 PCI 安全标准委员会和信用卡品牌让它们能够以这个身份继续经营下去。

由于信用卡品牌能从 PCI 合规性评估计划中赚钱，因此它们有一个直接的财务激励来确保零售商和其他实体继续雇用认证安全评估机构进行评估。

6.4.6　罚款

认证安全评估机构的报告可能会对零售商或支付处理商产生广泛的影响。纠正 PCI 合规性方面的问题的代价可能会很高，最终会导致对不合规的实体征收巨额罚款。我们稍后将会看到，一旦发生泄漏事件，认证安全评估机构的报告甚至可能在法庭上被用来证明商家失职。

商家或服务提供商可能会因不合规而受到高额罚款和处罚，但不是由信用卡品牌来直接执行的。相反，信用卡品牌会对夹在中间的银行罚款，商家是否会受到惩罚完全取决于银行的态度。

根据维萨的核心规则和维萨的产品与服务规则，对不符合维萨账户信息安全规定的实体的罚款金额可能高达 20 万美元[⊖]。在这里不合规的罚款会支付给信用卡品牌。当然，在支付这些罚款方面，银行的处境要比小夫妻店好得多。在 Cisero 餐厅案例中，维萨对美国银行处以罚款，然后让美国银行决定是否向麦库姆夫妇追讨这笔钱。

6.5　TJX 泄漏事件

2007 年 1 月 17 日，TJX 公司艰难地宣布，公司处理和存储与客户交易相关的信息的计算机系统遭到了未经授权的入侵。虽然 TJX 已经确定了一些从其系统中被盗的客户信息，但尚不清楚被盗的全部内容和多少客户会受到影响[⊖]。

最初，该公司估计在 18 个月的时间里，有超过 4560 万个卡号被盗，这已经是公开报

⊖　USA Visa, *Visa Core Rules and Visa Product and Service Rules*, https://usa.visa.com/dam/VCOM/download/about-visa/15-October-2014-Visa-Rules-Public.pdf (accessed April 23, 2016).

⊖　TJX Companies, Inc. "The TJX Companies, Inc. Victimized by Computer Systems Intrusion; Provides Information to Help Protect Customers," press release, January 17, 2007, https://www.doj.nh.gov/consumer/security-breaches/documents/tjx-20070117.pdf.

道过的最大的支付卡数据泄漏事件。这一数字最终被提高到超过 9400 万。此外，45.1 万人的驾照号码等个人信息也被曝光，具有讽刺意味的是，该公司之前收集这些信息的目的是打击欺诈。

维萨报告称，欺诈造成的损失高达 8300 万美元，并且还在不断增长。维萨美国公司负责调查和欺诈管理的副总裁约瑟芬·马伊卡（Joseph Majka）解释道："你知道，这些卡号在未来一段时间内会被出售，所以这种情况还会持续一段时间。" ⊖

银行、信用卡品牌和 TJX 自己都在努力解决这些损失。随后的诉讼确立了一个强有力的先例，表明商户将为支付卡泄漏造成的损失承担责任。更重要的是，它巩固了 PCI 合规性作为判定责任工具的地位。到尘埃落定之时，该公司缺乏 PCI 合规性已不是新闻，在法庭上被当作证据使用，甚至触发了新的州法律。在公众舆论和法律面前，PCI 合规性很重要。

在本节中，我们将回顾 TJX 案例中为确定支付卡泄漏责任而建立的重要先例。

6.5.1 新的典范

TJX 公司在 2007 年 1 月披露泄漏事件时，公众震惊了，不仅仅是震惊于这一惊人的盗窃规模，还震惊于 TJX 公司对自己网络内部发生的事情所知甚少，以及该公司在安全问题上看似漫不经心的态度。据《计算机世界》报道："这次攻击事件使它成为零售商中数据安全实践落后的典型代表。" ⊜

花旗集团（Citigroup）可能很早就发现了这次泄漏，其发现 TJX 是一组被盗卡号的共同购买点。换句话说，花旗集团发现一群信用卡卡号受到欺诈性使用的消费者都曾在 TJX 的商店购物⊜。TJX 在 2006 年 7 月收到通知，然而该公司直到当年 12 月才发现正在进行的网络入侵。而在那时，黑客已经入侵该公司的网络将近一年半了。

《连线》杂志的一个大标题这样写道："TJX 竟然没有注意到入侵者从其网络上下载了 80 GB 的数据。"令消费者感到沮丧的是，即使在 2006 年 12 月该公司发现了这次入侵之后，"公司又花了一个月的时间才向消费者披露这次入侵。" ⑭一名取证调查员报告说，他

⊖ Mark Jewell, " TJX Breach Could Top 94 Million Accounts, " *NBC News*, October 24, 2007, http://www.nbcnews.com/id/21454847/ns/technology_and_science-security/t/tjx-breach-could-top-million-accounts.

⊜ Jaikumar Vijayan, " One Year Later: Five Takeaways from the TJX Breach, " *Computerworld*, January 17, 2008, https://www.computerworld.com/article/2538711/cybercrime-hacking/one-year-later--five-takeaways-from-the-tjx-breach.html.

⊜ Jacqueline Bell, " Citigroup May Have Discovered Data Breach Early: TJX, " *Law 360*, December 6, 2007, https://www.law360.com/banking/articles/41795/citigroup-may-have-discovered-data-breach-early-tjx.

⑭ Kim Zetter, " TJX Failed to Notice Thieves Moving 80-Gbytes of Data on Its Network, " *Wired*, October 26, 2007, https://www.wired.com/2007/10/tjx-failed-to-n.

从未见过一家不通过日志进行监控和记录的大型零售商。

在这次泄漏事件被公开一个月后，TJX 仍然无法说出究竟有多少消费者受到了影响。一个 TJX 发言人说："我们还没有数字可以公布，我们的工作还没有结束。"○

6.5.2   谁的责任

许多银行补发新银行卡，这是一个昂贵的过程，因为每张卡的成本高达 25 美元，而且这也激怒了消费者。为了收回成本，由康涅狄格银行家协会、缅因州社区银行协会和马萨诸塞州银行家协会代表的数百家发卡行与 Amerifirst 等机构联手，对 TJX 提出了集体诉讼。

这些银行对 TJX 提出诉讼的一个关键原因是："当泄漏发生时，这家零售商没有遵守 PCI 数据安全标准规定的 12 项安全准则中的 9 项。"⊖一名加拿大隐私专员进行了一项为期 8 个月的调查，指出 TJX 不符合 PCI 数据安全标准的行为，其中包括缺乏网络分段、弱无线安全性和缺乏适当的日志记录等。

TJX 的 PCI 合规性问题被许多人视为该公司在保护消费者敏感数据方面存在疏忽的证据。尽管 PCI 并不是法律，而且维萨已经为 TJX 提供了去满足新要求的宽限期。维萨的约瑟芬·马伊卡在 2005 年 12 月的一封信中写道："维萨将延迟罚款到 2008 年 12 月 31 日，前提是商家继续努力进行补救。此次延迟取决于在 2006 年 6 月 30 日前 TJX 是否能完成规定的里程碑式的补救措施并由维萨确认。"⊜

事后，TJX 案例建立了在数据泄漏案例中使用 PCI 合规性作为证据的先例。如果某商家发生泄漏事件并被发现没有达成 PCI 合规，遭受损失的银行和其他实体可以将不合规作为商家存在过失的证据，从而加强其寻求索赔的理由。

6.5.3   努力应对安全问题

为什么 TJX 没有更安全？和大多数零售商一样，主要是由于成本和复杂性。

在 2005 年，TJX 的首席信息官保罗·卜德明（Paul Butka）给他的员工写了一封邮件，

⊖ Ellen Nakashima, "Customer Data Breach Began in 2005, TJX Says," *Washington Post*, February 22, 2007, https://www.washingtonpost.com/archive/business/2007/02/22/customer-data-breach-began-in-2005-tjx-says/dcf4720f-6385-4e4e-9b9c-9b120a0eaef8/.

⊜ Jaikumar Vijayan, " TJX Violated Nine of 12 PCI Controls at Time of Breach, Court Filings Say," *Computerworld*, October 26, 2007, http://www.computerworld.com/article/2539588/security0/tjx-violated-nine-of-12-pci-controls-at-time-of-breach–court-filings-say.html.

⊜ Ericka Chickowski, " TJX: Anatomy of a Massive Breach, " *Baseline*, January 30, 2008, http://www.baselinemag.com/c/a/Security/TJX-Anatomy-of-a-Massive-Breach.

讨论是否将过时的 WEP 无线加密协议升级到更安全的 WPA 技术时，他这样写道："WPA 显然是最佳实践，并可能在未来最终成为 PCI 合规性的要求，但我认为我们有机会通过取消升级 WPA 而省下来的资金来推迟 07 财年的部分支出。"

几周后，另一位 TJX 工作人员预言道："WEP 中没有旋转密钥，意味着我们确实不符合 PCI 的要求。如果这件事被人知道了，而且一旦发现有泄漏事件，可能会恶化调查结果，那么这就成了一个问题。"⊖

TJX 当然不是唯一一面临挑战的公司。在随后的一份新闻稿中，TJX 表示，其安全性"与美国大多数主要零售商一样好，甚至更好"。这有可能是真的⊜。

Qualys 的高管阿米尔·迪巴（Amer Deeba）说道："拥有高度分式、较老的计算环境的大型公司在应用 PCI 安全控制方面可能会遇到特别的困难。"为了达成 PCI 合规，零售商必须与他们的 POS 系统、操作系统和应用程序的供应商进行协调，以确保它们所依赖的所有软件都是合规的。它们通常需要重新构建网络，并投入大量资金升级软件。在某些情况下，供应商无法升级它们的软件，这给零售商带来了更大的麻烦。"许多大型零售商正在处理来自世界各地的信用卡信息，并将其存储在供应商不再支持或更新的老系统中。"⊜

在对 TJX 进行了 8 个月的调查后，加拿大隐私专员得出结论："TJX 的经验表明，保管大量敏感信息可能会成为一种负担。"

教训是什么？加拿大政府的结论是："公司所能拥有的最佳保障之一就是，不收集和不保留不必要的个人信息。"这个案例提醒所有在加拿大运作的机构，应审慎考虑收集和保存个人信息的目的，并采取相应的保障措施⊛。

以下两种方法可以用于避免数据泄漏：

1）小心保护敏感数据。

2）减少或消除敏感数据。

如果危险数据不存在，就不存在泄漏。

⊖　Ericka Chickowski, "TJX: Anatomy of a Massive Breach," *Baseline*, January 30, 2008, http://www.baselinemag.com/c/a/Security/TJX-Anatomy-of-a-Massive-Breach.

⊜　TJX Companies, "The TJX Companies, Inc. Announces Settlement with Attorneys General Regarding 2005/2006 Cyber Intrusion(s)," press release, June 23, 2009, http://investor.tjx.com/phoenix.zhtml?c=118215&p=irol-newsArticle&ID=1301566.

⊜　Jaikumar Vijayan, "Retailers Take Swipe at PCI Security Rules," *Computerworld*, October 15, 2007, https://www.computerworld.com/article/2552354/retailers-take-swipe-at-pci-security-rules.html.

⊛　Privacy Professor, "Canadian Privacy Commissioners Release TJX Investigation Report," *Privacy Guidance* (blog), September 25, 2007, http://privacyguidance.com/blog/canadian-privacy-commissioners-release-tjx-investigation-report.

6.5.4 TJX 的和解方案

对于 TJX 来说，尽管公司已经恢复了元气，但这次泄漏事件的代价是高昂的。2007年 8 月，该公司报告的数据泄漏响应成本为 2.56 亿美元。研究人员估计，最终的成本将接近 5 亿到 10 亿美元[一]。

TJX 迅速解决了与发卡行和消费者的集体诉讼，具体如下：

- **消费者**：消费者集体诉讼称，TJX 在通知客户信息泄漏方面行动迟缓，导致人们身份被盗用却没有能力寻求保护。这起案件在泄漏声明公开 9 个月后的 2007 年 9月得到了解决。"TJX 将向因此次入侵而蒙受现金损失或时间损失的顾客提供高达700 万美元的店内代金券，并将举行一次为期三天的顾客增值促销活动，所有的顾客在 TJX 店内购物打 85 折。据相关文档记录，每位顾客大约得到了 30 美元至 60美元不等的代金券，这些代金券可以送给别人或者叠加使用。"[二]

- **发卡行**：发卡行声称，TJX 在保护支付卡数据方面存在疏忽，而且有充足的证据支持这一点。其这样做主要是为了报销补发信用卡的高昂费用。2006 年，维萨推出了新的"账户数据危害恢复"（ADCR）计划，即"为因存储不当的银行卡信息被盗而对美国发卡行造成的欺诈损失提供自动补偿"。然而，维萨的 ADCR 不包括重新发卡的成本。2007 年底，发卡行与 TJX 公司达成了 4090 万美元的和解。美国商业新闻社（Business Wire）评论说："预计金融机构选择 TJX 的补偿方案将获得比选择传统方案或 ADCR 计划更多的补偿。"[三]

41 位州司法部长也对 TJX 提起了诉讼。两年后，此案终于成就了一项具有里程碑意义的协议。根据该公司的新闻稿，TJX 同意如下方案[四]：

- 提供 250 万美元，建立一个新的数据安全基金供各州使用，以推动有效的数据安全和技术发展。

- 提供 550 万美元的和解金额，其中 175 万美元用于支付与各州调查相关的费用。

[一] Ross Kerber, "Cost of Data Breach at TJX Soars to \$256m," *Boston.com*, August 15, 2007, http://archive.boston.com/business/globe/articles/2007/08/15/cost_of_data_breach_at_tjx_soars_to_256m.

[二] Ron Zapata, "TJX Settles Consumer Class Actions over Data Breach," *Law 360*, September 24, 2007, https://www.law360.com/articles/35681/tjx-settles-consumer-class-actions-over-data-breach.

[三] "Visa and TJX Agree to Provide U.S. Issuers up to \$40.9 Million for Data Breach Claims," *Business Wire*, November 30, 2007, https://www.businesswire.com/news/home/20071130005355/en/Visa-TJX-Agree-Provide-U.S.-Issuers-40.9.

[四] TJX Companies, "The TJX Companies, Inc. Announces Settlement with Attorneys General Regarding 2005/2006 Cyber Intrusion(s)," press release, June 23, 2009, http://investor.tjx.com/phoenix.zhtml?c=118215&p=irol-newsArticle&ID=1301566.

- 证明 TJX 的计算机系统满足政府规定的详细数据安全要求。
- 鼓励开发新技术，解决美国支付卡系统的漏洞。

值得注意的是，解决方案要求 TJX 实施特定的安全技术，包括升级其 WEP 加密接入点到 WPA，使用虚拟专用网（VPN）和安装杀毒软件。Gartner 分析师阿维瓦·利坦对这些技术规定提出了批评："我认为，比起安全技术，司法部长更关注信息披露规则和消费者保护……一旦政府开始要求或推荐使用端到端加密等技术，上述的技术要求或建议就会过时。"[⊖]

对零售商来说，2009 年 TJX 与司法部长的和解是一记警钟。一家律师事务所发布了一则客户新闻稿，称："TJX 的和解是一个警告。所有维护个人信息的公司必须执行一个安全的信息保护程序，并定期进行审计。"[⊜]

尽管存在法律纠纷和直接泄漏成本，但对 TJX 来说，损失并未持续。一位评论者抱怨道："你可能会认为，由于个人信息遭到如此大规模的泄漏，人们会特意避免在 TJX 旗下的商场购物，比如 TJ Maxx 和 Marshall。正相反，根据行业报告，TJX 在 2007 年的收入实际上比 2006 年增长了 8%……难怪这么多公司在严肃对待信息安全方面行动迟缓。"[⊝]

6.5.5　数据泄漏立法 2.0

TJX 泄漏事件引发了一波新的立法活动，主要目的是授权第三方针对遭遇泄漏的供应商提出索赔，并为支付卡数据建立安全标准。在 TJX 泄漏事件公开一年后，国际隐私专业人士协会（International Association of Privacy Professionals）报告称："为了应对公众和行业关注的数据泄漏事件，美国各州立法者正在推出'数据泄漏立法 2.0'。此外，立法者经常将支付卡行业数据安全标准作为这些新法规的基本网络安全标准……PCI 避免了立法者必须成为数据安全专家的需要，同时采用了一个兼顾数据安全不断变化本质的标准。"[⊗]

⊖　Jaikumar Vijayan, "TJX Reaches $9.75 Million Breach Settlement with 41 States," *Computerworld*, June 24, 2009, https://www.computerworld.com/article/2525965/cybercrime-hacking/tjx-reaches–9-75-million-breach-settlement-with-41-states.html.

⊜　Tara M. Desautels and John L. Nicholson, "TJ Maxx Settlement Requires Creation of Information Security Program and Funding of State Data Protection and Prosecution Efforts," Pillsbury Law, July 1, 2009, https://www.pillsburylaw.com/images/content/2/6/v2/2626/7F4F43B367B5276B0CFA6D13CFF4044C.pdf.

⊝　Mark Tordoff, "TJX Settlement Shows Why Compliance Isn't Taken Seriously," *Toolbox* (blog), September 26, 2007, https://it.toolbox.com/blogs/mark-tordoff/tjx-settlement-shows-why-compliance-isnt-taken-seriously-092607.

⊗　Luis Salazar, "Data Breach Legislation 2.0," *IAPP*, January 1, 2008, https://iapp.org/news/a/2008-01-data-breach-legislation-2.0.

TJX 泄漏事件发生后,明尼苏达州、马萨诸塞州、康涅狄格州、新泽西州、加利福尼亚州和得克萨斯州的立法者提出了有关支付卡数据安全的新法律。此后不久,明尼苏达州通过了《塑料卡安全法》(Plastic Card Security Act),该法规以一项禁止存储某些卡数据的核心 PCI 规定为基础。根据这项法律,"任何遭遇数据泄漏的公司,如果被发现在其系统中存储了被禁止存储的银行卡数据,都必须向银行和信贷协会偿还与注销和补发信用卡相关的费用。这些公司还可能因为违反州法律而被私人起诉"[⊖]。该法规为之后发生的数据泄漏事件中(包括 2014 年的塔吉特数据泄漏事件)出现的额外的诉讼奠定了基础。

在 TJX 泄漏事件发生后的几个月里,信用卡品牌利用 TJX 的案例来推动 PCI 合规性计划,效果显而易见。到 2007 年 10 月,"维萨宣布 65% 的一级商家和 43% 的二级商家符合标准,而年初这一比例分别为 36% 和 15%。"[⊜]不遵守规定的商家将被罚款。

银行纷纷表示支持"立法者将 PCI 数据安全标准作为确立零售商数据泄漏责任的一种手段,期望这将为它们打开损害赔偿的大门"[⊜]。当 2007 年美国州议会通过 H.B. 第 3222 号法案时,得克萨斯州几乎成为第一个强制要求零售商遵守 PCI 数据安全标准的州,但该法案在参议院委员会被否决了。

6.6   哈特兰泄漏事件

2008 年,哈特兰泄漏事件成为世界上最大的支付卡泄漏事件,共有 1.3 亿张支付卡信息被盗。哈特兰是新泽西州普林斯顿的一家支付处理公司,它处理的信用卡卡号比任何一家商家都要多。该公司充当中间人,从大约 20 万家商家那里接收刷卡号码,并将它们与信用卡网络连接起来。哈特兰在 2008 年处理了价值 669 亿美元的交易。

与 TJX 不同的是,哈特兰在遭遇泄漏时已经被认证为 PCI 合规。因此,哈特兰公司的泄漏行为引发了关于 PCI 合规性是否能主动保护支付卡数据的疑问。

在这一节中,我们将讨论哈特兰案例和它提出的关于 PCI 合规性的问题。我们还将研究哈特兰公司令人印象深刻的响应措施,并展示在泄漏发生后它实施的技术是如何推动整个行业向前发展的。

⊖ Jaikumar Vijayan, "Minnesota Becomes First State to Make Core PCI Requirement a Law," *Computerworld*, May 23, 2007, http://www.computerworld.com/article/2541431/security0/minnesota-becomes-first-state-to-make-core-pci-requirement-a-law.html.

⊜ Dan Kaplan, "TJX Settles with Banks over Data Breach," *SC Media*, December 19, 2007, https://www.scmagazine.com/tjx-settles-with-banks-over-data-breach/article/554018.

⊜ Luis Salazar, "Data Breach Legislation 2.0," *IAPP*, January 1, 2008, https://iapp.org/news/a/2008-01-data-breach-legislation-2.0.

6.6.1　哈特兰被入侵

2007 年 12 月下旬，黑客们在哈特兰网络中找到了突破口。利用某个在线网站存在的 SQL 注入漏洞，犯罪分子潜入哈特兰内部网络，安装了嗅探工具，在网络传输过程中截获"新鲜"的支付卡数据。

2008 年 10 月，维萨提醒哈特兰公司注意"可疑活动"。哈特兰迅速做出反应，与信用卡品牌密切合作，并请来多名取证调查员。2009 年 1 月 12 日，当一个漏洞被确认后，他们迅速向当局报告。一周后，哈特兰发布了一份新闻稿，同时还发布了客户支持项目，比如一个面向消费者的网站[⊖]。

6.6.2　追溯不合规

哈特兰的支付系统是 PCI 合规的，至少公司自己是这么认为的。2008 年 4 月，公司通过了 PCI 认证安全评估机构的例行检查，并通过了合格认证。9 个月后，该公司遭到了黑客攻击。

诉讼随之而来。除发卡行外，维萨、万事达卡、美国运通和发现也都提交了索赔申请。在 2009 年 3 月，维萨突然宣布哈特兰不再被认为是 PCI 合规的服务提供商。事实上，维萨的首席企业风险官艾伦·里奇（Ellen Richey）说，尽管有认证安全评估机构的认证，哈特兰数据泄漏的事实意味着它一开始就是 PCI 不合规。"正如我们之前所说的，尚未发现任何有问题的实体在遭遇泄漏时符合 PCI 数据安全标准。"[⊜]

安全专业人员感到十分困惑。Securiosis 公司的创始人里奇·莫古尔（Rich Mogull）表示："我们表面上看到的是，尽管没有一家 PCI 合规的公司发生了泄漏，但许多公司在获得了认证后，再在发生了泄漏后被发现不合规。很明显认证过程是有缺陷的。虽然我不指望认证能带来免受攻击的免疫力，但取消所有这些公司的认证似乎不怎么真诚。"[⊜]

哈特兰的高管们强调，公司的网络已经被 PCI 认证安全评估机构详细检查过，但没有人发现能被黑客利用的漏洞。此外，在泄漏事件发生后，哈特兰需要自费雇用一名合格的 PCI 事件响应评估人员，以确定此次泄漏事件的来源，这一调查耗时 6 周。

⊖　Heartland Payment Systems, "Heartland Payment Systems Uncovers Malicious Software In Its Processing System," press release, January 20, 2009, http://web.archive.org/web/20090127041550/http://2008breach.com/Information20090120.asp.

⊜　Jaikumar Vijayan, "Visa: Post-Breach Criticism of PCI Standard Misplaced," *CSO*, March 20, 2009, https://www.cso.com.au/article/296278/visa.

⊜　Dan Kaplan, "Visa: Heartland, RBS WorldPay No Longer PCI Compliant," *SC Media*, March 13, 2009, https://www.scmagazine.com/visa-heartland-rbs-worldpay-no-longer-pci-compliant/article/555578.

6.6.3　和解

最终，哈特兰以 6000 万美元的价格与维萨达成和解，以 4110 万美元的价格与万事达卡达成和解，以 360 万美元的价格与美国运通达成和解，以 500 万美元的价格与发现达成和解。该公司还设立了 240 万美元的消费者索赔基金以解决一起消费者集体诉讼⊖。

行业专家阿维瓦·利坦称，和解协议公平合理，并指出信用卡品牌对泄漏的响应已经趋于成熟。她表示："与 TJX 遭遇泄漏时相比，维萨及其成员银行在应对泄漏方面拥有了更多的经验。它们知道如何更友好地解决这些问题。"事实上，尽管哈特兰泄漏事件影响了更多的持卡人，但响应总成本预估远低于 TJX 创下的 2.56 亿美元。根据利坦的说法，这在一定程度上是由于哈特兰的首席执行官鲍勃·卡尔（Bob Carr）的"团队精神"以及与信用卡品牌卓有成效的工作关系，这帮助公司避免了"无休止的诉讼"⊜。

6.6.4　亡羊补牢：哈特兰安全计划

与大多数商家不同的是，在经历此次泄漏事件之后，哈特兰身处一个可改变这个行业的独特的位置。作为美国第五大收单机构，它占有相当大的市场份额。在遭遇泄漏后，哈特兰的团队进行了分析，发现了一个可以被人利用的弱点，那就是在支付系统的网络传输过程中可以拦截敏感数据。支付卡数据盗窃已经猖獗多年，但对网络传输中的数据的盗窃是犯罪分子使用的一种相对较新的手段，尤其是在 2008 年 Hannaford 黑客入侵事件中成了人们关注的焦点。

根据首席执行官鲍勃·卡尔的说法，哈特兰考虑了三种可能的解决方案来保护整个网络的支付卡数据⊕：

- **端到端加密**，即支付卡数据从整个网络的刷卡点开始加密，包括在传输和存储过程中全程加密。
- **令牌化**（tokenization），即刷卡后用随机生成的字符串（"令牌"）替换信用卡卡号，这样商家和其他实体在发生纠纷时就不必存储实际的信用卡数据来作为参考。

⊖ Penny Crosman, " Heartland and Discover Agree to $5 Million Data Breach Settlement," *Bank Systems & Technology*, September 3, 2010, http://www.banktech.com/payments/heartland-and-discover-agree-to-$5-million-data-breach-settlement/d/d-id/1294095?.

⊜ Linda McGlasson, " Heartland, Visa Announce $60 Million Settlement, " *Bank Info Security*, January 8, 2010, http://www.bankinfosecurity.com/heartland-visa-announce-60-million-settlement-a-2054.

⊕ Julia S. Cheney, *Heartland Payment Systems: Lessons Learned from a Data Breach*, (discussion paper, Federal Reserve Bank of Philadelphia, January 2010), https://www.philadelphiafed.org/-/media/consumer-finance-institute/payment-cards-center/publications/discussion-papers/2010/d-2010-january-heartland-payment-systems.pdf.

- **芯片（EMV）技术**，每张卡包含一个"智能"微芯片，用于协助加密数据交换，而不是依赖简单的磁条。

在这三种技术中，哈特兰将端到端的加密技术作为传输中数据的安全保护手段。卡尔强调："哈特兰的端到端加密模型大部分在公司内部进行加密，只有一小部分需要信用卡网络的合作。"⊖

为了实现端到端加密模型，哈特兰与 POS 开发伙伴合作设计了 Heartland E3 加密支付设备。该 POS 终端使用设备内的硬件（TPM）芯片对 PIN 进行加密，并将数据传输到支付处理商，支付处理商持有相应的密钥。这些设备比典型的 POS 系统更贵（当时的售价为 300 到 500 美元），但是卡尔指出，商家需要在成本与 PCI 合规性需求和相关风险之间做出权衡⊖。

最终，哈特兰推出了"哈特兰安全计划"，它结合了 E3 端到端加密解决方案、EMV（"芯片"）卡支持和令牌技术。到 2015 年，哈特兰对自己的新系统非常有信心，以至于为使用哈特兰安全系统的商家提供了世界上第一个泄漏保险："如果在支持哈特兰安全机器上加密失败，哈特兰将偿还商家支付给信用卡品牌、发卡行和收单行的合规性罚款、费用和评估费。"⊜

哈特兰的产品开发执行董事迈克尔·英吉利（Michael English）开门见山地说："通过加密和令牌化，商家消除了明文银行卡数据，因此，即使它们的网络被攻破，也没有卡数据可以被窃取和变现。"⑱尽管哈特兰的泄漏事件在短期内是毁灭性的，但该公司的应对促进了新技术的部署，并提高了整个支付生态系统的安全性。

⊖　Julia S. Cheney, *Heartland Payment Systems: Lessons Learned from a Data Breach*, (discussion paper, Federal Reserve Bank of Philadelphia, January 2010), https://www.philadelphiafed.org/-/media/consumer-finance-institute/payment-cards-center/publications/discussion-papers/2010/d-2010-january-heartland-payment-systems.pdf.

⊖　Julia S. Cheney, *Heartland Payment Systems: Lessons Learned from a Data Breach*, (discussion paper, Federal Reserve Bank of Philadelphia, January 2010), https://www.philadelphiafed.org/-/media/consumer-finance-institute/payment-cards-center/publications/discussion-papers/2010/d-2010-january-heartland-payment-systems.pdf.

⊜　"Heartland First to Offer Comprehensive Merchant Breach Warranty," *Business Wire*, January 12, 2015, https://www.businesswire.com/news/home/20150112005260/en/Heartland-Offer-Comprehensive-Merchant-Breach-Warranty.

㉕　"Heartland First to Offer Comprehensive Merchant Breach Warranty," *Business Wire*, January 12, 2015, https://www.businesswire.com/news/home/20150112005260/en/Heartland-Offer-Comprehensive-Merchant-Breach-Warranty.

6.7 小结

支付卡泄漏早已成为一种普遍现象。其影响波及我们的社区：商家和支付处理商被罚款；银行承受了巨大的损失，并以涨价或额外收费的形式将其转嫁给消费者。消费者还必须应对猖獗的欺诈和烦人的欺诈监控。

在潜在的支付卡泄漏中，你可能与下列任何一个参与者进行交互：

- **银行**——如果你是存在潜在数据泄漏的商家，你的收单行可能会通知你可疑的泄漏。尽管你可能对你的银行专员很友好，但如果银行遭到罚款、惩罚或其他损失，他仍可能会决定追究你的责任。

- **信用卡品牌**——信用卡品牌支持支付处理，但也可以对收单行征收罚款，或要求商家向 PCI 取证调查员支付昂贵的取证调查费用。

- **取证调查人员**——PCI 取证调查员由涉嫌受损害的实体支付费用，但有义务向信用卡品牌和收单行报告调查结果。

- **律师**——如果你聘请了律师，目的是为潜在的诉讼提供法律建议，那么他的工作可能受到律师 – 当事人特权的保护。你的律师可能是你真正可以信任的顾问——如果处理得当，律师有时可以将律师 – 当事人特权扩展到其他协助你调查的当事人。

遭遇支付卡泄漏的组织应该意识到每个参与者之间的复杂关系，并理解影响他们行为的各种动机。在这一章中，我们讨论了支付卡泄漏的影响，并展示了商家受到的不成比例的影响。然后，我们深入挖掘了 PCI 合规性，揭示了如何将 PCI 数据安全标准作为一个工具来使用以厘清责任。

在下一章中，我们将通过一个具有代表性的支付卡泄漏案例，讨论零售泄漏是如何演变的，并确定改变全球网络安全和泄漏响应实践的关键转折点。

| 第 7 章 |

零 售 末 日

　　美国塔吉特（Target）公司泄漏事件是历史上著名的数据泄漏事件之一，这很大程度上是因为它是数据泄漏响应最佳实践的典范。当时，支付卡泄漏事件很普遍，零售商处于困境之中。犯罪分子已经开发出精密的工具来攻击网络和目标零售商，以便从销售点系统中窃取支付卡数据。在本章中，我们将从技术层面和危机沟通方面研究从塔吉特公司泄漏事件中吸取的教训。最后，我们将探讨其影响，包括随后推出的加密芯片（EMV）卡。

在宾夕法尼亚州西部很远的地方，一幢不起眼的白色建筑里停着几辆车。四面旗子骄傲地飘扬在大门上方。法齐奥机械（Fazio Mechanical）公司的外观十分普通，但是尽管其外表低调，但是这家小型的供暖通风与空气调节（HVAC）公司却吸引了众多客户，其中包括 Sam's Club、Super Valu、Trader Joe's 和塔吉特（Target）。

在这栋大楼的白色墙壁之中，一封电子邮件静静地落在了某人的收件箱里。收件人点击它，触发了恶意软件的安装，为网络罪犯打开了大门。很少有人知道，这一个小小的行动可能会引发雪崩，导致 4000 万个信用卡卡号被盗并最终因包括诉讼、国会调查和近3 亿美元的累计费用的多年数据泄漏危机而埋葬了一个国际零售商公司⊖。随着一次点击，臭名昭著的塔吉特泄漏事件开始了。

塔吉特的供暖通风与空气调节（HVAC）系统供应商法齐奥机械公司是一家小型的家族企业，没有实时的恶意软件保护功能（相反，它拥有一个免费版的 Malwarebytes 反恶意软件扫描器，但该扫描器没有企业使用许可，并只能按需运行）⊜。犯罪分子潜伏在法齐奥机械公司的系统中，并最终获取了塔吉特门户网站的访问密码⊜。

2013 年 11 月 12 日，犯罪分子利用法齐奥机械公司的凭证进入塔吉特的网络⊛。在那里，犯罪分子潜入塔吉特公司的网络深处，最终在该零售商的销售点（POS）系统上安装了恶意软件，当顾客刷卡时，该系统会捕捉并窃取信用卡卡号。犯罪分子最初在 11 月 15 日至 28 日期间在一小批 POS 终端上安装了恶意软件，对他们的工具进行了测试和打磨⑤。

到 11 月底，犯罪分子已经将他们的恶意软件推送至塔吉特的大多数 POS 系统，最终对全美 1800 多家商店的 POS 设备造成了损害⑥。该恶意软件被编程用来将客户的信用卡卡号复制到一个内部共享文件中，在此，信用卡卡号被收集并传输到外部服务器。直至2013 年 12 月，犯罪分子从塔吉特的网络转移出了数百万个被盗的信用卡卡号，然后将它

⊖ Target, *2016 Annual Report*, accessed January 12, 2018, https://corporate.target.com/_media/TargetCorp/annualreports/2016/pdfs/Target-2016-Annual-Report.pdf.

⊜ Brian Krebs, "Email Attack on Vendor Set Up Breach at Target," *Krebs on Security* (blog), February 12, 2014, https://krebsonsecurity.com/2014/02/email-attack-on-vendor-set-up-breach-at-target.

⊜ Fazio Mechanical Services, "Statement on Target Data Breach," accessed January 12, 2018, https://web.archive.org/web/20140327052645/http://faziomechanical.com/Target-Breach-Statement.pdf.

⊛ *Hearing on "Protecting Personal Consumer Information from Cyber Attacks and Data Breaches" Before the S. Comm. on Commerce, Science, and Transportation*, 113th Cong. (March 26, 2014), https://corporate.target.com/_media/TargetCorp/global/PDF/Target-SJC-032614.pdf (written testimony of John Mulligan, Chief Financial Officer, Target).

⑤ Brian Krebs, "Target Hackers Broke in Via HVAC Company," *Krebs on Security* (blog), February 5, 2014, https://krebsonsecurity.com/2014/02/target-hackers-broke-in-via-hvac-company.

⑥ Brian Krebs, "Target Hackers Broke in Via HVAC Company," *Krebs on Security* (blog), February 5, 2014, https://krebsonsecurity.com/2014/02/target-hackers-broke-in-via-hvac-company.

们上传到一个卡片论坛，在那里出售这些卡号。

时机恰到好处。"在关键时刻——当圣诞礼物被扫描和装袋，收银员要求刷卡时——恶意软件就会介入，获取购物者的信用卡卡号，并将其存储在被黑客强占的塔吉特服务器上。"⊖由于黑客入侵时间与塔吉特的购物高峰期相吻合，犯罪分子在两周内成功收集了多达 4000 万张信用卡卡号。

塔吉特直到 2013 年 12 月中旬收到美国司法部和联邦经济情报局的通知，它才不再对盗窃一无所知。但那时，破坏已经完成。到 12 月 11 日，欺诈追踪公司 Easy Solutions 注意到"在黑市网站上，几乎每家银行和信用合作社的被盗的高价值信用卡数量都增加了 10 到 20 倍"⊜。

发卡行和银行都很清楚这次泄漏，并已将塔吉特确定为一个共同购买点——一个所有受影响的卡都曾在那里被使用过的地方，因此其可能是一个祸源。它们保持沉默，等待执法部门和信用卡品牌进行调查，直到有人向调查记者布莱恩·克雷布斯通风报信。

2013 年 12 月 18 日，来自两家大银行的消息人士向克雷布斯透露了泄漏信息后，克雷布斯揭发了这家零售商。"全美零售巨头塔吉特正在调查一起数据泄漏事件，可能涉及数百万客户的信用卡和借记卡记录。"克雷布斯在其流行博客"Krebs on Security"上写道，"根据两家最大的信用卡发卡行的消息，这次泄漏几乎波及了全美所有的塔吉特商店，在商店使用过的磁卡上存储的数据已被盗。"⊜

媒体一片哗然。出乎意料的是，塔吉特的管理团队笨手笨脚地做出了回应。第一天，所有人都保持了沉默。次日，该公司发布了一份简短的声明，证实了这一泄漏事件，并披露多达 4000 万张信用卡可能被盗，影响了 11 月 27 日至 12 月 15 日（后来延长至 12 月 18 日）在塔吉特购物的客户®。

由于银行和客户在圣诞节前忙碌的日子里难以控制卡欺诈和补发新卡，泄漏消息迅速引发了一场严重的公共关系噩梦。《赫芬顿邮报》的金·哈辛（Kim Bhasin）报道说："塔吉特一度令人羡慕的声誉可能永远无法从大规模数据泄漏事件中完全恢复，泄漏事件发生

⊖ M. Riley, B. Elgin, D. Lawrence, and C. Matlock, " Missed Alarms and 40 Million Stolen Credit Card Numbers: How Target Blew It, " *Bloomberg*, March 17, 2014, https://www.bloomberg.com/news/articles/2014-03-13/target-missed-warnings-in-epic-hack-of-credit-card-data.

⊜ Elizabeth A. Harris and Nicole Perlroth, "For Target, the Breach Numbers Grow," *New York Times*, January 10, 2014, https://www.nytimes.com/2014/01/11/business/target-breach-affected-70-million-customers.html.

⊜ Brian Krebs, " Sources: Target Investigating Data Breach," *Krebs on Security* (blog), December 18, 2013, https://krebsonsecurity.com/2013/12/sources-target-investigating-data-breach.

⑳ Melanie Eversley and Kim Hjelmgaard, " Target Confirms Massive Credit-Card Data Breach," *USA Today*, December 18, 2013, https://www.usatoday.com/story/news/nation/2013/12/18/secret-service-target-data-breach/4119337.

后，公众对塔吉特的印象急剧下降，并停留在历史低点。"[○]

在接下来的几周里，坏消息不断传出，就像一场缓慢移动的车祸。塔吉特第四季度的利润下降了 46%。2014 年 1 月，塔吉特宣布，多达 7000 万人的个人信息（包括姓名、地址、电话号码和电子邮件地址）可能被曝光，潜在受影响的总人数达到 1.1 亿。彭博社的调查记者披露了此次黑客攻击中令人震惊的细节，这些细节显示，塔吉特一再错过其昂贵的入侵检测系统发出的内部警报。塔吉特的前雇员分享了塔吉特内部不光彩的 IT 管理细节，损害了公司的声誉。

在接下来的几个月里，这家零售商继续挣扎于应对泄漏事件，就连忠实的顾客也失去了耐心。"哇，我真后悔在塔吉特购物。"一位沮丧的顾客在 Facebook 上发泄道，"因为它无法确保信息安全，我不得不注销了一张信用卡，这使得我的信用评分下降了 12 分。"另一位顾客补充道："我在 12 月就知道了……但现在我仍然很生气。"[○]

首席信息官辞职，首席执行官辞职，塔吉特的声誉触底。

塔吉特的泄漏事件是 2013 ～ 2014 年影响零售商的一系列重大公共 POS 系统泄漏事件中的第一起，我们将其称为"零售末日"。

零售末日是一个转折点。零售末日的发生是因为网络犯罪技术的进步，以及调查性报道策略的巨大飞跃。支付卡泄漏已经发生，但影响越来越严重，与此同时，媒体突然有了一种检测和报道这些泄漏事件的方法。结果，全美各地的零售商突然发现自己在头条新闻中"遭受"了黑客攻击。

在这一章，我们将概述导致塔吉特泄漏事件爆发的变化，并分析零售商的响应。然后，我们将讨论零售末日对更广泛的社区的影响，并展示 EMV（"芯片"）的推出如何分流了零售商的资金，而这些资金原本可以被投资于更现代、更安全的支付技术。

7.1　事故分析

想象一下，你正驾驶着一辆红色的跑车，在沙漠中以每小时 80 英里的速度行驶。突然，你面前的路变了。你发现自己歪歪斜斜地行驶在雪山公路的某个拐弯处，那里有一个陡峭的斜坡，没有护栏，但你还在红色跑车中。

这就是实际发生在塔吉特身上的事。2008 年至 2013 年，零售商面临着巨大的网络风

○ Kim Bhasin, "Target's Reputation May Never Be the Same Again," *Huff Post UK*, January 27, 2014, http://www.huffingtonpost.co.uk/entry/target-reputation_n_4673894.

○ Kim Bhasin, "Target's Reputation May Never Be the Same Again," *Huff Post UK*, January 27, 2014, http://www.huffingtonpost.co.uk/entry/target-reputation_n_4673894.

险，但许多企业高管并没有意识到这一点。塔吉特的领导层继续使用他们熟悉的技术管理公司，并没有意识到道路已经变得非常危险，他们的汽车没有很好的用来应对弯道的装备。

塔吉特并不是唯一处于这种境地的零售商。公司不稳定的网络安全状态在很大程度上是零售行业的常态，与塔吉特泄漏事件发生在同一时间框架下的多起零售网络泄漏事件就证明了这一点。威胁的格局已经迅速改变，但零售商并没有适应它。

为什么塔吉特会成为"大型零售泄漏事件的典型案例"？⊖

就像一场车祸一样，塔吉特数据泄漏危机是多种因素共同作用的结果。时机无疑是一个巨大的因素：公司在错误的时间出现在错误的地点。一年前，在公司还没有准备好之前，克雷布斯可能不会披露这个故事。一年后，没有人会感到震惊——公众已经对支付卡泄漏事件麻木了。如果是其他月份，假日购物季的压力也不会让泄漏事件的响应变得复杂。

在网络犯罪史上的那个特殊时刻：

- 商业开发工具包已经在最近被广泛应用，使得罪犯可以相对轻松地入侵和控制大量的终端系统。
- 攻击者已经开发了复杂的工具和技术，可以在供应链中旋转，并在被攻击组织的网络中横向移动。
- 卡片论坛和暗网市场已经能够转移大量被盗的卡号。
- 零售商们在网络安全、事故响应和泄漏预案等方面仍然存在巨大的差距。
- 金融机构在支付卡泄漏方面已经达到了一个临界点，并且正在寻找减少损失的方法。
- 调查记者布莱恩·克雷布斯与金融机构建立了牢固的联系，并获取了进入"暗网"市场的途径，这使他能够以前所未有的速度揭露数据泄漏丑闻。

所有这些因素结合在一起造成了一条非常滑的路，而司机们并没有注意到。

7.1.1 连环相撞

塔吉特被侵入后，Neiman Marcus 和 Michaels 立即宣布了它们自己的信用卡数据发生泄漏⊜。2014 年，一波又一波的 POS 机泄漏事件见报。2014 年 3 月，美容产品零售连锁

⊖ Jennifer LeClaire," Cost of Target Data Breach: $148 Million Plus Loss of Trust," *Newsfactor*, August 20, 2014, https://www.newsfactor.com/story.xhtml?story_id=00100016BSDE.

⊜ Bill Hardekopf," The Big Data Breaches of 2014," *Forbes*, January 13, 2015, https://www.forbes.com/sites/moneybuilder/2015/01/13/the-big-data-breaches-of-2014/.

店 Sally Beauty 的泄漏事件被曝光，此前有报道称，从该公司旗下商店盗走的 26 万张信用卡在"暗网"上被出售。克雷布斯的一项分析显示，该公司发生数据泄漏的原因是员工远程访问门户网站的证书被盗，大约 6000 个 POS 系统上被安装了恶意软件⊖。

2014 年 6 月，P.F. 张中国酒馆（P.F. Chang's China Bistro）宣布发生了一起数据泄漏事件，涉及美国 16 个州的 33 家餐馆，时间可以追溯到 2013 年 9 月⊜。

2014 年 7 月 31 日，美国国土安全部、联邦经济情报局、国家网络安全和通信集成中心（NCCIC）以及金融服务信息共享与分析中心（FS-ISAC）发布了一个联合警报，警示人们注意一种名为 Backoff 的新型、强大的 POS 恶意软件⊜。就在联邦政府发布 Backoff 警报的几周内，UPS 宣布它遭受了黑客攻击，而且正是联合警报才让它发现了漏洞⑭。

同月，连锁超市 Supervalu 宣布了一个"潜在的可能影响 1000 多家商店的数据泄漏事件"，并说："黑客在该公司的销售点网络上安装了恶意软件。"Dairy Queen 也证实，在收到联邦经济情报局的警报后，该公司正在调查一起泄漏事件。该组织的特许经营系统——各加盟商店是独立经营的——使得协调 Dairy Queen 调查和进行事件响应变得更加棘手⑮。

尽管有关零售泄漏的报道层出不穷，但有迹象表明，这些只是冰山一角。2014 年 8 月，《纽约时报》报道："7 家销售和管理店内收银机系统的公司已向政府官员证实，它们各自有多个客户受到影响。其中一些客户，比如 UPS 和 Supervalu，已经站了出来（发生了泄漏事件），但大多数还没有。"㉕

2014 年 9 月初，当克雷布斯爆出家得宝（Home Depot）被入侵的消息时，攻击还在继续。5600 万个借记卡和信用卡卡号被盗。根据克雷布斯的说法，家得宝的 POS 系统已经被感染了"与塔吉特相同的恶意软件"——BlackPOS 的新变种。到 9 月下旬，三明治

⊖　Brian Krebs, "Deconstructing the 2014 Sally Beauty Breach," *Krebs on Security* (blog), May 7, 2015, https://krebsonsecurity.com/2015/05/deconstructing-the-2014-sally-beauty-breach.

⊜　Brian Krebs, "P.F. Chang's Breach Likely Began in Sept. 2013," *Krebs on Security* (blog), June 18, 2014, https://krebsonsecurity.com/2014/06/p-f-changs-breach-likely-began-in-sept-2013; John H. Oldshue, "P.F. Chang's Data Breach Spans 33 Restaurants in 16 States," LowCards.com, August 4, 2014, https://www.lowcards.com/p-f-changs-data-breach-spans-33-restaurants-16-states-25949.

⊜　U.S. Department of Homeland Security, *Backoff: New Point of Sale Malware* (Washington, DC: US-CERT, July 31, 2014), 3, https://www.us-cert.gov/sites/default/files/publications/BackoffPointOfSaleMalware_0.pdf.

⑭　UPS Store, *Data Security Incident Information*, 2014, https://web.archive.org/web/20140830000548/http://www.theupsstore.com/security/Pages/default.aspx.

⑮　Brian Krebs, "DQ Breach? HQ Says No, But Would it Know?" *Krebs on Security* (blog), August 26, 2014, https://krebsonsecurity.com/2014/08/dq-breach-hq-says-no-but-would-it-know.

㉕　Nicole Perlroth, "U.S. Finds 'Backoff' Hacker Tool Is Widespread," *New York Times*, August 22, 2014, https://bits.blogs.nytimes.com/2014/08/22/secret-service-warns-1000-businesses-on-hack-that-affected-target/.

连锁店 Jimmy John's 也证实了旗下 216 家商店遭受了信用卡泄漏（尽管这一事件在很大程度上与家得宝的更大规模的信用卡泄漏事件相比显得微不足道）⊖。

2014 年 10 月，Kmart 宣布了一起持卡人数据泄漏事件，称："Kmart 商店的支付数据系统被一种新型恶意软件（类似于电脑病毒）蓄意感染。这导致借记卡和信用卡卡号被盗。"⊜在接近年底的时候，Staples 公司宣布："可能有 116 万用户的信用卡受到了影响。"⊜

数据泄漏疲劳

"泄漏疲劳"一词在 2014 年成了主流用法。波耐蒙研究所的数据显示，截至 4 月，30% 的受调查者在前两年收到过两封泄漏通知信，15% 收到过三封，10% 收到过五封以上⑩。截至 5 月，1.1 亿美国人（占美国总人口的近三分之一）的个人数据在前一年遭到泄漏。泄漏通知还在不断传来！㊄

"数据泄漏疲劳"是一个术语，用来描述那些对数据泄漏新闻已经麻木的消费者。家得宝泄漏事件被曝光后，一位名叫伊莉斯·胡（Elise Hu）的消费者写道："我已经没什么感觉了，在最近的记忆中，我们消费者遭遇了多少次超级黑客攻击呢？……但是，如果我们的信用卡被滥用，银行有责任采取补救措施，而我们只是拿到了新卡（这是一个恼人的麻烦，但并不会改变我们的生活），所以我和你们一样，对这些黑客攻击的消息只是耸耸肩而已。"㊅

身份盗窃委员会（Identity Theft Council）的创始人尼尔·奥法雷尔（Neal O'farrell）对"泄漏疲劳症"对安全措施的影响表示担忧。他写道："用户遭遇的黑客攻击越多，而没有遭受任何直接和有形的财务后果，他们就越不可能关心或

⊖ Brian Krebs, "Jimmy John's Confirms Breach at 216 Stores," *Krebs on Security* (blog), September 24, 2014, https://krebsonsecurity.com/2014/09/jimmy-johns-confirms-breach-at-216-stores/.

⊜ Alasdair James, "Kmart Investigating Payment System Breach," Kmart, October 10, 2014, http://www.kmart.com/en_us/dap/statement1010140.html.

⊜ Tom Huddleston Jr., "Staples: Breach May Have Affected 1.16 Million Customers' Cards," *Fortune*, December 19, 2014, http://fortune.com/2014/12/19/staples-cards-afiected-breach.

⑩ Experian, "Top Findings from Ponemon Institute Study Show Data Breach 'Fatigue' Possibly Increasing Consumers' Fraud Risk but Many Want Protection Provided by Breached Organizations," *Experian News*, May 14, 2014, https://www.experianplc.com/media/news/2014/top-findings-from-ponemon-institute-study-show-data-breach-fatigue-possibly-increasing.

㊄ Jose Pagliery, "Half of American Adults Hacked this Year," *CNN Tech*, May 28, 2014, http://money.cnn.com/2014/05/28/technology/security/hack-data-breach/index.html.

㊅ Elise Hu, "I Feel Nothing: The Home Depot Hack and Data Breach Fatigue," *All Things Considered*, NPR, September 3, 2014, https://www.npr.org/sections/alltechconsidered/2014/09/03/345539074/i-feel-nothing-the-home-depot-hack-and-data-breach-fatigue.

担心下一次的黑客攻击。(用户)不太可能做出反应,提高警惕,同样也不太可能改变自己的行为或习惯。用户也更有可能忽视任何警报、警告或通知,而不太可能要求或接受免费信用监控或身份保护。"[⊖]

泄漏疲劳的后果远远超出了对单个用户的影响。正如奥法雷尔所指出的那样,缺乏热情的用户不太可能追究遭受(数据)泄漏的组织的责任,从而导致更少的监督和更少的主动安全措施。"他们会因为太过疲惫和愤世嫉俗而不再愤怒……没有这种愤怒,任何事情都没有改变的机会。"

甚至法官们似乎也屈服于"泄漏疲劳"。经过多年的诉讼,2017 年美联邦地区法院一名法官驳回了一项金融机构针对 Schnuck Market 有限责任公司的诉讼。"被告方店铺的数据泄漏事件发生时,数据泄漏活动似乎正处于高峰期。当时,许多零售商要么没有意识到,要么不幸成为网络犯罪的目标。"法官迈克尔·J.里根(Michael J. Reagan)在判决中写道,"不幸的是,损失是持续的,回想起来,这些损失本来应该或者是可以避免的,但并不是所有的损失都可以得到补偿。"[□]

简而言之,可用一个词来评价,即无关紧要。

7.1.2 受到攻击的小企业

当法齐奥机械公司被黑客攻击的时候,美国各地的小企业正处于一场"流行病"之中。它们的银行账户被网络罪犯抽干了,这些网络罪犯向员工发送钓鱼邮件,窃取他们的网上银行凭证,然后通过电汇或伪造的工资条,将数万美元转移到"钱骡"那里。犯罪分子发现,小型企业的资金很容易被掠夺,因为它们很少有资源或知识来投资于安全,大多数小型企业的所有者认为没有人会想要闯入他们的公司。

赛门铁克(Symantec)的研究团队在 2012 年发布的《互联网安全威胁报告》中指出:"尽管小企业可能认为自己没有任何有目标的攻击者想要窃取的东西,但它们忘记了自己保留了客户信息、创造了知识产权,并把钱存在银行。从小企业偷来的钱和从大企业偷来的钱一样容易花。"[⊜]

⊖ Neal O'Farrell, "Data-Breach Fatigue: Consumers Pay the Highest Price," *Huff Post*, December 16, 2014, https://www.huffingtonpost.com/creditsesamecom/data-breach-fatigue-consu_b_5990040.html.

□ Community Bank of Trenton v. Schnuck Markets, Inc., No. 15-cv-01125-MJR (S.D. Ill. 2017), https://cases.justia.com/federal/district-courts/illinois/ilsdce/3:2015cv01125/71778/68/0.pdf.

⊜ Symantec, "Internet Security Threat Report 2014," *ISTR 19* (April 2014), http://www.symantec.com/content/en/us/enterprise/other_resources/b-istr_main_report_v19_21291018.en-us.pdf (accessed January 14, 2018).

直接从网上商业银行账户盗窃资金是一个大问题。克雷布斯在 2012 年底写道："每周，我都会主动或被动与那些因网络盗窃而损失数十万美元的组织联系。"

在几乎所有的情况下，事件的发生顺序几乎是相同的：组织的控制人打开一个带有恶意软件的电子邮件附件，一个特洛伊木马病毒感染他的电脑，使攻击者可以远程控制系统。接着，攻击者登录受害者的银行账户，查看账户余额——假设有可被侵吞的资金——在受害组织的工资单上加几十个"钱骡"。然后，"钱骡"被指示去账户取钱，最后通过附近的 MoneyGram 和 Western Union 的网点把钱以小额汇出去⊖。

表 7-1 显示的只是小企业成为这些网络盗窃的受害者的一个示例，是克雷布斯在 2009 ~ 2013 年整理的。正如你所看到的，攻击者不仅仅只将金融机构或大型组织作为目标。受到损害的许多企业大都属于制造业、服务业和其他行业，这些行业似乎不会立即面临网络犯罪的高风险。法齐奥机械是一家供暖通风与空气调节公司，恰好适合以上的描述。

表 7-1 例子：成为网络抢劫受害者的小企业

被盗金额	企业名称	类 型	位 置
$63 000 ⊖	Green Ford Sales, Inc.	汽车经销商	Abilene, KS
$75 000 ⊜	Slack Auto Parts	汽车制造商	Gainesville, GA
$100 000 ⊛	JM Test Systems	电子产品	Baton Rouge, LA
$180 000 ⊗	Primary Systems Inc.	楼宇安全及维修	St. Louis, MO
$200 000+ ⊛	Downeast Energy & Building Supply	水暖和五金	Brunswick, ME
$223 500 ⊕	Oregon Hay Products Inc.	干草压缩	Boardman, OR

⊖ Brian Krebs, " MoneyGram Fined $100 Million for Wire Fraud," *Krebs on Security* (blog), November 19, 2012, https://krebsonsecurity.com/2012/11/moneygram-fined-100-million-for-wire-fraud.

⊖ Brian Krebs, " Sold a Lemon in Internet Banking, " *Krebs on Security* (blog), February 23, 2011, https://krebsonsecurity.com/2011/02/sold-a-lemon-in-internet-banking.

⊜ Brian Krebs, " Businesses Reluctant to Report Online Banking Fraud," *Washington Post*, August 25, 2009, http://voices.washingtonpost.com/securityfix/2009/08/businesses_reluctant_to_report.html.

⊗ Brian Krebs, " Businesses Reluctant to Report Online Banking Fraud," *Washington Post*, August 25, 2009, http://voices.washingtonpost.com/securityfix/2009/08/businesses_reluctant_to_report.html.

⊛ Brian Krebs, "Cyberheists ' a Helluva Wake-up Call' to Small Biz," *Krebs on Security* (blog), November 6, 2012, http://krebsonsecurity.com/2012/11/cyberheists-a-helluva-wake-up-call-to-small-biz.

⊗ Brian Krebs, " Data Breach Highlights Role of ' Money Mules,'" *Washington Post*, September 16, 2009, http://voices.washingtonpost.com/securityfix/2009/09/money_mules_carry_loot_for_org.html.

⊕ Brian Krebs, " Hay Maker Seeks Cyberheist Bale Out," *Krebs on Security* (blog), April 11, 2013, https://krebsonsecurity.com/2013/04/hay-maker-seeks-cyberheist-bale-out.

（续）

被盗金额	企业名称	类　型	位　置
$560 000 ⊖	Experi-Metal Inc.	定制金属	Sterling Heights, MI
$588 000 ⊖	Patco Construction	建筑	Sanford, ME
$800 000 ⊜	J. T. Alexander & Son Inc.	燃油销售	Mooresville, NC
$801 495 ⊛	Hillary Machinery, Inc.	机床经销商	Plano, TX
$3 500 000 ⊛	TRC Operating Co.	石油加工	Taft, CA

　　小企业也越来越多地被用作"更复杂的攻击手段中的棋子"⊛。例如，在 2012 年，"水坑"攻击变得很普遍。网络罪犯会劫持一个脆弱的网站，并利用它来承载恶意软件，从而感染访问者。通过破坏"水坑"，犯罪分子可以利用访问该网站的一群用户传播恶意软件，即使他们足够聪明，能够避免点击钓鱼邮件中的链接。小企业经常有脆弱的网站，因为它们投入到信息技术的资源通常非常有限。

　　赛门铁克（Symantec）在 2013 年《互联网安全威胁报告》中表示："小企业由于缺乏足够的安全措施，正威胁着我们所有人。"⊕

"靶子"公司成了攻击的靶子？

　　许多人认为塔吉特泄漏是黑客蓄意闯入零售商并盗取信用卡卡号的结果。毕竟，对于一个罪犯来说，盗取 4000 万个卡号似乎是一个相当大的成就！显然，这一定是一次精心策划和执行的攻击的结果——就像电影《十一罗汉》里的团队一样，只不过这次是在网络空间里！

　　实际上，没有表明攻击者闯入法齐奥机械公司的目的是访问塔吉特的系统的

⊖ Brian Krebs, "Court Favors Small Business in eBanking Fraud Case," *Krebs on Security* (blog), June 17, 2011, https://krebsonsecurity.com/2011/06/court-favors-small-business-in-ebanking-fraud-case (accessed January 14, 2018).

⊖ Brian Krebs, "Maine Firm Sues Bank After $588,000 Cyber Heist," *Washington Post*, September 23, 2009, http://voices.washingtonpost.com/securityfix/2009/09/construction_firm_sues_bank_af.html.

⊜ Brian Krebs, "NC Fuel Distributor Hit by $800,000 Cyberheist," *Krebs on Security* (blog), May 23, 2013, https://krebsonsecurity.com/2013/05/nc-fuel-distributor-hit-by-800000-cyberheist.

⊛ Brian Krebs, "Texas Bank Sues Customer Hit by $800,000 Cyber Heist," *Krebs on Security* (blog), January 26, 2010, https://krebsonsecurity.com/2010/01/texas-bank-sues-customer-hit-by-800000-cyber-heist.

⊛ Brian Krebs, "Cyberheist Victim Trades Smokes for Cash," *Krebs on Security* (blog), August 14, 2015, https://krebsonsecurity.com/category/smallbizvictims.

⊛ Symantec, "Internet Security Threat Report 2014," *ISTR 19* (April 2014), http://www.symantec.com/content/en/us/enterprise/other_resources/b-istr_main_report_v19_21291018.en-us.pdf.

⊕ Symantec, "Internet Security Threat Report 2014," *ISTR 19* (April 2014), http://www.symantec.com/content/en/us/enterprise/other_resources/b-istr_main_report_v19_21291018.en-us.pdf.

证据。当然，这是有可能的，但基于当时常见的攻击模式，更有可能的是，攻击者发送了大量的钓鱼邮件，恰巧诱骗了法齐奥机械公司的一名用户。一旦进入法齐奥机械公司的网络，犯罪分子就会安装自动窃取密码的软件。他们在"战利品"中找到目标密码后，自然会把目光放在更大的战利品上。

　　"许多读者质疑，为什么攻击者会选择一家 HVAC 公司作为攻击塔吉特公司的渠道。"克雷布斯在后续报道中说，"答案是他们的本意并非如此，至少一开始不是这样打算的。这些电子邮件恶意软件攻击类似于霰弹攻击，向四面八方发送电子邮件，攻击者仅在有时间从受害者名单中寻找有趣的目标时，才开始进行相关区分。"⊖

7.1.3　攻击工具和技术

　　塔吉特公司的这次泄漏事件说明了攻击工具和技术的关键发展，这些都是经过多年完成的，具体包括以下技术和工具的成熟：

- 用来破坏终端和安装任意恶意软件的商业漏洞利用工具包。
- 凭证窃取和商业凭证窃取工具，如 ZeuS 和 Citadel。
- 从 POS 系统内存中窃取支付卡卡号的内存读取（RAM-scraping）恶意软件。
- 具有电子商务功能的卡贩商店，参见 5.3.6 节。

　　在这一节中，我们将剖析针对法齐奥机械公司的攻击和随后的塔吉特公司泄漏事件。正如我们将看到的，这些关键的技术发展对事件的发生顺序都有影响，使得点击钓鱼邮件导致了 4000 万个支付卡卡号和 1.1 亿人的个人信息的泄漏。

7.1.3.1　商业漏洞利用工具包

　　因为漏洞利用工具包的发展，小企业泄漏的蔓延是可能的。漏洞利用工具包是一个软件，罪犯可用其分发恶意软件和管理受感染的计算机组成的僵尸网络。现代的漏洞利用工具包易于使用，具有点击式界面和显示统计数据的仪表板。MPack 是一个早期的商业漏洞利用工具包，在 2006 年出现，并在地下以 700 到 1000 美元的价格出售。开发人员提供一年的支持，以及出售具有新功能的价格为 50 到 150 美元的附加模块⊜。

⊖　Brian Krebs, "Email Attack on Vendor Set Up Breach at Target," *Krebs on Security* (blog), February 12, 2014, https://krebsonsecurity.com/2014/02/email-attack-on-vendor-set-up-breach-at-target.

⊜　Robert Lemos, "MPack Developer on Automated Infection Kit," *Register*, July 23, 2007, https://www.theregister.co.uk/2007/07/23/mpack_developer_interview; Robert Lemos, "Newsmaker: DCT, MPack Developer," *Security Focus*, July 20, 2007, http://www.securityfocus.com/news/11476/2.

MPack 由一组带有数据库后端的 PHP 脚本组成。网络罪犯在一个服务器上安装了 MPack 漏洞利用工具包，然后想办法把流量引到他们的恶意网站。通常，这是通过向大量电子邮件地址发送垃圾邮件来实现的。另一种方法是入侵合法网站并注入代码，从罪犯的服务器加载恶意软件。当用户访问合法站点时，他们的 Web 浏览器也会运行恶意代码⊖。到 2007 年 5 月，PandaLabs 的研究人员报告说，他们已经发现了超过 10 000 个被入侵的网站，这些网站上都含有指向 MPack 服务器的链接⊜。

2010 年，"黑洞利用工具包"（Blackhole exploit kit）问世，带来了一些开创性的新功能。最重要的是，它提供了软件即服务（SaaS）租赁模型。罪犯不再需要建立自己的服务器，而是可以授权云中的黑洞。这使得低技能的罪犯也容易访问它。该工具包还为罪犯提供了一个方便的管理控制台，它提供按受害操作系统、浏览器软件、国家、漏洞类型等分类的统计信息。罪犯可以以 50 美元 / 天、500 美元 / 月或 1500 美元 / 年的价格租用该工具包⊜。

Sophos 在其 2013 年的《年度威胁报告》中称："黑洞利用工具包是目前世界上最流行、最臭名昭著的恶意软件攻击工具。它将非凡的技术灵活性与一种商业模式结合在一起，这种商业模式可能直接来自哈佛商学院的 MBA 案例。"⊛在 2012 年的巅峰时期，所有的被攻击站点和被感染的重定向中，有 27% 是由黑洞利用工具包造成的⊛。

垃圾邮件的浪潮淹没了世界各地的收件箱。为了应对 2012 年垃圾邮件数量的急剧增长，趋势科技（Trend Micro）对超过 245 项垃圾邮件活动进行了调查，以确定原因。它发现，绝大多数链接到网站的垃圾邮件都感染了"黑洞利用工具包"。同时指出，所使用的技术并不是什么新东西，"黑洞利用工具包引发的垃圾邮件活动对传统技术提出了相当大的挑战，因为攻击所用的技巧和机制使单纯的数量检测和阻止方法不堪重负。"⊗

看到黑洞利用工具包的巨大威力，2012 年底，该工具包的作者们（由一位名叫

⊖　Hon Lau, "MPack, Packed Full of Badness," *Symantec Connect*, May 26, 2007, https://www.symantec.com/connect/blogs/mpack-packed-full-badness.

⊜　Websense Security Labs, "Large Scale European Web Attack," *Websense Alerts*, June 18, 2007, https://web.archive.org/web/20080618075317/http://securitylabs.websense.com/content/Alerts/1398.aspx.

⊜　Fraser Howard, "Exploring the Blackhole Exploit Kit," *Naked Security by Sophos*, March 2012, https://nakedsecurity.sophos.com/exploring-the-blackhole-exploit-kit-3/.

⊛　Sophos, *Security Threat Report 2013*, https://www.sophos.com/en-us/medialibrary/pdfs/other/sophossecuritythreatreport2013.pdf.

⊛　Sophos, *Security Threat Report 2013*, https://www.sophos.com/en-us/medialibrary/pdfs/other/sophossecuritythreatreport2013.pdf.

⊗　Jon Oliver et al., "Blackhole Exploit Kit: A Spam Campaign, Not a Series of Individual Spam Runs" (research paper, Trend Micro Inc., July 2012), 5, https://www.trendmicro.de/cloud-content/us/pdfs/security-intelligence/white-papers/wp_blackhole-exploit-kit.pdf.

"Paunch"的开发者领导)公布了一个新的开发框架。这个Cool漏洞利用工具包的租金为每月一万美元。为什么这么贵?作者们宣布:"我们预留了10万美元的预算来购买浏览器和浏览器插件漏洞,这些漏洞将由我们独家使用,不会向公众发布。"换句话说,Cool漏洞利用工具包充满了零天(0day)漏洞,几乎可以保证不会被修补⊖。

Cool漏洞利用工具包很快就泛滥了。与此同时,黑洞利用工具包迅速衰落⊜。到2013年秋天,Neutrino、Sweet Orange和Redkit等新工具包取代了黑洞利用工具包,利用该工具包的攻击只占很小的比例。它的命运是在2013年底其背后的开发员Paunch被捕(最终被判处在劳改营服刑7年)决定的⊜。

对法齐奥机械公司(以及随后的塔吉特公司)的攻击恰好代表了那个时期。据新闻报道,法齐奥机械公司的泄漏始于"至少在盗贼开始从数千个塔吉特商店收银机中窃取卡数据之前的两个月收到的、充满恶意软件的网络钓鱼电子邮件"⊛。这意味着法齐奥机械公司的最初泄漏始于2013年9月或更早。在2012年,法齐奥机械公司的一名员工可能被席卷全球的众多垃圾邮件攻击之一轻松击中,点击了一个链接,然后被一个后端为黑洞利用工具包或类似工具的网站感染。从那时起,罪犯就开始随心所欲地安装他们选择的有效载荷了。

7.1.3.2　凭证窃取

犯罪分子是如何从法齐奥机械公司的网络跳到塔吉特的POS系统的?这是在塔吉特泄漏事件发生后几个月里讨论的大话题。2014年1月下旬,塔吉特公司的一名发言人证实,此次泄漏可以追溯到被盗的供应商凭证。接下来的一周,克雷布斯透露,这些凭证是专门从法齐奥机械公司窃取的⊕。

许多安全专家推测,法齐奥机械公司与塔吉特公司的内部网络有专用连接,目的是维护HVAC系统。然而,该公司的所有者罗斯·E.法齐奥(Ross E. Fazio)在2014年2月

⊖　Brian Krebs, "Crimeware Author Funds Exploit Buying Spree," *Krebs on Security* (blog), January 7, 2013, https://krebsonsecurity.com/2013/01/crimeware-author-funds-exploit-buying-spree.

⊜　MSS Global Threat Response, "Six Months after Blackhole: Passing the Exploit Kit Torch," *Symantec Connect*, April 7, 2014, https://www.symantec.com/connect/blogs/six-months-after-blackhole-passing-exploit-kit-torch.

⊜　Brian Krebs, "'Blackhole' Exploit Kit Author Gets 7 Years," *Krebs on Security* (blog), April 14, 2016, https://krebsonsecurity.com/2016/04/blackhole-exploit-kit-author-gets-8-years.

⊛　Brian Krebs, "Email Attack on Vendor Set Up Breach at Target," *Krebs on Security* (blog), February 12, 2014, https://krebsonsecurity.com/2014/02/email-attack-on-vendor-set-up-breach-at-target.

⊕　D. Yadron, P. Ziobro, and C. Levinson, "Target Hackers Used Stolen Vendor Credentials," *Wall Street Journal*, January 29, 2014, https://www.wsj.com/articles/holder-confirms-doj-is-investigating-target-data-breach-1391012641; Krebs, "Target Hackers Broke In."

的一份新闻稿中打消了人们的这种猜测。他说："法齐奥机械公司并未对塔吉特的 HVAC
系统进行远程监控或控制，我们与塔吉特的数据连接只用于电子账单传递、合同提交和项
目管理。"⊖

一位不愿透露姓名的塔吉特公司前员工向克雷布斯告密说："几乎所有的塔吉特承包
商都可以访问一个名为 Ariba 的外部计费系统，以及一个名为 Partners Online 的塔吉特项
目管理和合同提交门户网站。"⊜

Ariba 系统为供应商和客户之间的在线发票和支付活动提供了便利，但它似乎是犯罪
分子的目标。克雷布斯的文章深入探讨了这一点。他采访了塔吉特安全团队的一名前成
员，这名成员解释说："塔吉特的内部应用程序使用了动态目录（AD）凭证，我相信 Ariba
系统也不例外……这意味着服务器可以以这样或那样的形式访问公司网络的其余部分。"
换句话说，犯罪分子可以使用偷来的供应商凭证登录 Ariba 系统，利用底层服务器的一个
漏洞，然后凭借这种访问权限进入塔吉特的内部网络。这是一个可靠的理论。

7.1.3.3　密码盗取木马

到 2013 年底，犯罪分子早已认识到密码是通往王国的钥匙。当然，不仅银行凭证受
到罪犯的高度重视，其他凭证也很受关注。"从亚马逊网站到沃尔玛网站的所有登录信息
都会被转卖——要么批量出售，要么在地下犯罪论坛上以零售商的名义单独出售。"克雷
布斯在 2012 年底报道，"经营规模可观的僵尸网络（例如，数千个僵尸程序）的歹徒，可
以迅速积累大量的'日志'、用户凭证记录和受害者电脑的浏览历史。"⊜

克雷布斯报道，法齐奥机械公司已经感染了 Citadel 银行木马（这有两个根据，但他
不能证实细节）⊛。Citadel 是 ZeuS 银行木马的一个变种，其目的是窃取用户的网络凭证
和银行凭证。

趋势科技称，ZeuS 也被称为 Zbot，是"银行木马之母"。它在 2006 年末首次被发现，
并迅速成长为世界上最大的僵尸网络⊕。到 2009 年，一家安全公司估计美国有 360 万台

⊖　Fazio Mechanical Services, "Statement on Target Data Breach," accessed January 12, 2018, https://web.
archive .org/web/20140327052645/http://faziomechanical.com/Target-Breach-Statement.pdf.

⊜　Brian Krebs, "Email Attack on Vendor Set Up Breach at Target," *Krebs on Security* (blog), February 12,
2014, https://krebsonsecurity.com/2014/02/email-attack-on-vendor-set-up-breach-at-target.

⊜　Brian Krebs, "Exploring the Market for Stolen Passwords," *Krebs on Security* (blog), December 26, 2012,
https://web.archive.org/web/20140628170043/http://krebsonsecurity.com/2012/12/exploring-the-market-
for-stolen-passwords.

⊛　Brian Krebs, "Email Attack on Vendor Set Up Breach at Target," *Krebs on Security* (blog), February 12,
2014, https://krebsonsecurity.com/2014/02/email-attack-on-vendor-set-up-breach-at-target.

⊕　SecureWorks Counter Threat Unit, "Evolution of the GOLD EVERGREEN Threat Group," *SecureWorks*,
May 15, 2017, https://www.secureworks.com/research/evolution-of-the-gold-evergreen-threat-group.

电脑感染了 ZeuS[⊖]。

ZeuS 使罪犯不仅可以获取银行密码，还可以获取秘密问题的答案、回拨号码和想要窃取的任意信息。SecureWorks 表示："向窃取信息的恶意软件转型是实用的，因为随着银行加强了欺诈控制，靠窃取凭证实现的欺诈交易的数量减少了。犯罪分子会用新的解决方案来逃过富有挑战性的问题和基于特定地理位置的 IP 地址的欺诈检测。"[⊖]

为了应对泛滥的密码盗窃，银行监管机构敦促金融机构使用"带外"认证方法，比如发送到用户手机的移动交易认证号码（mTANs）[⊜]。那时，ZeuS 的作者已经发布了"移动端 Zeus"（ZitMo）功能，它向受害者提供了一个 Web 表单，请求他们填写手机号码，然后向受害者发送一个安装有 ZitMo 恶意软件的链接（通常伪装成安全更新或应用程序）。一旦被感染，受害者的手机就会向罪犯发送带有 mTANs 的任何文本信息的副本，罪犯将这些信息与用户被盗的银行凭证结合起来，远程登录他们的账户[⊗]。

根据 2012 年趋势科技的报告，由黑洞利用工具包发布的恶意软件中，66% 是 ZeuS 变种，另外 29% 是 Cridex 恶意软件，后者是另一个经常被用来窃取银行凭证的恶意程序。这意味着，在 2012 年初，由黑洞利用工具包发布的恶意软件中，有 95% 是用来窃取用户信息的[⊛]。

2011 年春天，ZeuS 的全部源代码泄漏了出来，这一事件改变了游戏规则。"现在该怎么办？"趋势科技写道，"有了 ZeuS 的源代码，我们将知道它是如何设计的，从而可改进现有的解决方案。"[⊗]

然而，网络罪犯也利用了最新可用的代码库。"随着源代码的发布和泄漏，ZeuS/Zbot 可能变得比现在更广泛传播，威胁也比现存的更大。"最先宣布 ZeuS 源代码泄漏的安全分析师彼得·克鲁斯（Peter Kruse）写道[⊕]。

⊖ Dune Lawrence, " The Hunt for the Financial Industry's Most-Wanted Hacker," *Bloomberg*, June 18, 2015, https://www.bloomberg.com/news/features/2015-06-18/the-hunt-for-the-financial-industry-s-most-wanted-hacker.

⊖ SecureWorks Counter Threat Unit, " Evolution of the GOLD EVERGREEN Threat Group," *SecureWorks*, May 15, 2017, https://www.secureworks.com/research/evolution-of-the-gold-evergreen-threat-group.

⊜ Federal Financial Institutions Examination Council, *Supplement to Authentication in an Internet Banking Environment*, 2011, https://www.ffiec.gov/pdf/authentication_guidance.pdf.

⊗ Denis Maslennikov, " ZeuS-in-the-Mobile: Facts and Theories," SecureList.com, October 6, 2011, https://securelist.com/zeus-in-the-mobile-facts-and-theories/36424.

⊛ Jon Oliver et al., " Blackhole Exploit Kit: A Spam Campaign, Not a Series of Individual Spam Runs" (research paper, Trend Micro Inc., July 2012), 5, https://www.trendmicro.de/cloud-content/us/pdfs/security-intelligence/white-papers/wp_blackhole-exploit-kit.pdf.

⊗ Roland Dela Paz, " ZeuS Source Code Leaked, Now What?" *Trend Micro* (blog), May 16, 2011, https://blog.trendmicro.com/trendlabs-security-intelligence/the-zeus-source-code-leaked-now-what/.

⊕ Peter Kruse, " Complete ZeuS Sourcecode has Been Leaked to the Masses," *CSIS*, May 9, 2011, https://web.archive.org/web/20110720042610/https://www.csis.dk/en/csis/blog/3229.

与法齐奥 / 塔吉特攻击事件有牵连的 Citadel 就是 2012 年初开始流行的一种 ZeuS 变体。和黑洞利用工具包一样，Citadel 也使用了 SaaS 模式。罪犯可用 2399 美元的基本费用和 125 美元 / 月的价格租用它。用户可以购买额外的软件模块，如杀毒规避工具和其他。但真正让 Citadel 与众不同的是它的客户支持系统，其中包括基于网络的故障单服务、聊天室和社交论坛，用户可以在这些论坛上交流想法，甚至为新项目开发提供资金[一]。2017 年，与 Citadel 有关联的犯罪软件开发商马克·瓦坦扬（Mark Vartanyan）被美国地方法院判处五年监禁。检方称，Citadel 的恶意软件造成了超过 5 亿美元的经济损失。

一旦犯罪分子在法齐奥机械公司的系统上安装了 Citadel，他们就有能力获取用户的网络应用程序密码，以及所存储的密码和任何其他以网络形式提交的数据。这些密码可能由罪犯自己使用，也有可能被打包在网上的凭证商店里出售[二]。许多人认为，入侵法齐奥机械公司的犯罪分子也偷走了塔吉特公司的信用卡卡号，但没有证据表明这是真的。从法齐奥机械公司第一次被黑客攻击到塔吉特公司的信用卡卡号被盗，这已经过去的两个多月的时间对于最初入侵的黑客来说，足够其获取凭证并在暗网上将其卖给另一个专门针对零售商的犯罪集团。

7.1.3.4　POS 机恶意软件

2013 年 12 月，塔吉特失窃了 4000 万个支付卡卡号，震惊了整个行业。这是由 BlackPOS 恶意软件（也称为 Kaptoxa）实现的，它是一个由罪犯安装在目标 POS 系统上的内存抓取工具。任由任何人评价，BlackPOS 恶意软件也不是一个“复杂的”工具。相反，它是罪犯安装在零售商 POS 系统上的简单实用程序。它从 POS 系统的内存（RAM）中抓取支付卡卡号。当客户刷卡时，POS 设备将卡数据读入 RAM，然后 BlackPOS 将数据复制到一个文件中，并以纯文本文件的形式存储，最后导出到 FTP 服务器[三]。

网络安全情报公司 IntelCrawler 的研究人员确认，一名昵称为“ree[4]”的 17 岁少年是 BlackPOS 恶意软件的作者。研究人员很快指出，并不是 ree[4] 自己非法入侵了塔吉特。相反，他“向来自东欧和其他国家的网络罪犯出售了 40 多台 BlackPOS，其中包括

[一] Brian Krebs, "'Citadel' Trojan Touts Trouble-Ticket System," *Krebs on Security* (blog), January 23, 2012, https://krebsonsecurity.com/2012/01/citadel-trojan-touts-trouble-ticket-system.

[二] Brian Krebs, "Exploring the Market for Stolen Passwords," *Krebs on Security* (blog), December 26, 2012, https://web.archive.org/web/20140628170043/http://krebsonsecurity.com/2012/12/exploring-the-market-for-stolen-passwords.

[三] IntelCrawler, "The Teenager Is the Author of BlackPOS/Kaptoxa Malware (Target), Several Other Breaches May Be Revealed Soon," January 17, 2014, https://web.archive.org/web/20140809015838/http://intelcrawler.com/about/press08.

像 .rescator、Track2.name、Privateservices.biz 等地下信用卡商店的老板"[一]。这款恶意软件的现价为 2000 美元，或者定价为从被盗的支付卡数据中获得利益的 50%。

对于罪犯来说，内存抓取 POS 恶意软件是一个巨大的成功。于是出现了许多变种，并在暗网上被兜售。据报道，在多次取证调查中发现的 Backoff 恶意软件能够为卡片数据抓取内存并记录击键行为。它具有持久性功能和用于发出命令和更新的内置命令和控制通道。据报道，Backoff 变种的"杀毒检测率低至零"，这意味着即使是拥有成熟的、经过更新的杀毒和补丁管理流程的组织也可能在不知不觉中成为受害者。

本质上，恶意软件的作者已经从阿尔伯特·冈萨雷斯离开的地方开始着手了（见第 6 章）。在阿尔伯特网络犯罪生涯的末期，他努力寻找新的方法来获取"新鲜"的持卡人数据，最终导致他的团队开始偷窃并分析 POS 系统。由此，阿尔伯特和他的同伙们入侵了 POS 服务器，并从网络流量中获取实时传送的银行卡数据。自从 TJX 泄漏发生以来，零售商增加了对网络加密的使用，所以从网络流量中嗅探持卡人数据显然是一场失败的战斗。从源（即 POS 设备本身）获取持卡人数据更好。

2013 年全年，零售商悄悄发现了数据泄漏事件，通常是在执法部门和银行发出警告后发现的，因为银行已经确定这些数据泄漏事件有共同购买点。这些很少在媒体上报道，但这个问题成了信用卡品牌、零售安全专家和调查人员的主要优先处理事项。2013 年春天，内存抓取 POS 恶意软件变得非常普遍，维萨发布了一个"数据安全警报"，内容如下[二]：

> 维萨发现，涉及杂货商的网络入侵事件有所增加。一旦进入商家网络，黑客就会在基于 Windows 的收银机系统或后台服务器上安装内存解析恶意软件，以提取完整的银行卡磁条数据。

在 Schnuck Markets 宣布 240 万个信用卡卡号被盗后不久，维萨就发出了警报[三]。其中包括"建议缓解策略"，其涉及网络安全措施、收银机 /POS 安全、管理访问控制（包括

[一] IntelCrawler, "The Teenager Is the Author of BlackPOS/Kaptoxa Malware (Target), Several Other Breaches May Be Revealed Soon," January 17, 2014, https://web.archive.org/web/20140809015838/http://intelcrawler.com/about/press08.

[二] Visa Data Security Alert, "Preventing Memory-Parsing Malware Attacks on Grocery Merchants," Visa, April 11, 2013, https://web.archive.org/web/20130512105230/https://usa.visa.com/download/merchants/alert-prevent-grocer-malware-attacks-04112013.pdf.

[三] Judy Greenwald, "Data Breach Case against Schnuck Markets Dismissed," Business Insurance, May 3, 2017, http://www.businessinsurance.com/article/20170503/NEWS06/912313250/Schnuck-Markets-data-breach-lawsuit.

提示"访问支付处理网络时使用双因素认证")和事件响应技巧。

在接下来的一年里，令人痛苦的是，零售商们没有注意到它的建议。

7.2 一盎司预防胜于一磅治疗

塔吉特本可用很多方法防止数据泄漏的发生。随后，参议院商业、科学和交通委员会主席、美国参议员约翰·洛克菲勒（John Rockefeller）委托撰写了一份题为"杀伤链"（Kill Chain）的报告，对 2013 年塔吉特数据泄漏事件进行分析。该报告的作者使用了"杀伤链框架"（最初由洛克希德·马丁（Lockheed Martin）公司开发）来分析目标泄漏，并确定如何预防灾难。洛克希德·马丁公司的网络"杀伤链"描述了攻击的不同阶段：

- **侦查**—— 收集目标的信息，如 IP 地址、电子邮件地址等。
- **武器化**——为利用做准备，例如，制作钓鱼邮件负载或恶意软件 USB 驱动器。
- **投递**——将"武器化"的内容投递给目标（即发送电子邮件、把 USB 丢在目标附近等）。
- **利用**——利用漏洞，使恶意代码可以在目标系统上运行。
- **安装**——将恶意软件加载到目标系统。
- **命令和控制**——通过一个利于软件更新、数据过滤和攻击者命令的通道远程控制目标系统。
- **操作对象**——完成最终目标。

参议院的结论是，"塔吉特错过了杀伤链上阻止攻击者和防止大规模数据泄漏的许多机会"[⊖]。

7.2.1 双因素认证

如果正如证据所显示的那样，罪犯窃取了供应商的密码并使用它登录到塔吉特应用程序，那么在理论上，通过使用强大的双因素认证，可以把攻击扼杀在萌芽状态[⊖]。例如，

⊖ S. Comm. on Commerce, Science, and Transportation, *A "Kill Chain" Analysis of the 2013 Target Data Breach* (Washington DC: U.S. Senate, March 26, 2014), https://www.commerce.senate.gov/public/_cache/files/24d3c229-4f2f-405d-b8db-a3a67f183883/23E30AA955B5C00FE57CFD709621592C.2014-0325-target-kill-chain-analysis.pdf.

⊖ S. Comm. on Commerce, Science, and Transportation, *A "Kill Chain" Analysis of the 2013 Target Data Breach* (Washington DC: U.S. Senate, March 26, 2014), https://www.commerce.senate.gov/public/_cache/files/24d3c229-4f2f-405d-b8db-a3a67f183883/23E30AA955B5C00FE57CFD709621592C.2014-0325-target-kill-chain-analysis.pdf.

如果塔吉特分发一个硬件令牌，生成一次性的 PIN 供供应商登录时使用，那么攻击者将无法在其他空闲时段远程登录。

根据"管理目标供应商的源代码"，塔吉特很少要求供应商使用双因素认证（2FA）。它被保留给"最高安全级别的供应商——那些需要直接访问机密信息的供应商"[一]。法齐奥机械公司的权限本来是非常有限的。

支付卡行业数据安全标准（PCI DSS）要求对 PCI DSS 要求范围内的所有系统的远程访问进行双因素认证。然而，塔吉特并不期望其面向供应商的应用程序处在 PCI DSS 范围内（参见 7.2.3 节）。Gartner 分析师阿维瓦·利坦评论道："公平地说，如果塔吉特认为自己的网络被适当地分割了，那么就不需要为每个人都提供双因素访问。"[二]

提示：部署双因素认证

双因素认证是众多网络安全问题的解决方案。由于其所涉及的成本和设置时间，许多组织都不愿意部署它。即使部署了它，许多组织也只将它用于"高风险"账户，而忘记了任何账户都可以作为进入网络的访问点。

幸运的是，随着技术的成熟，双因素认证正变得越来越容易使用。2013 年，当塔吉特被黑客攻击时，强大的双因素认证对 IT 人员和供应商来说都是昂贵和恼人的。今天，工具使双因素认证易于部署和使用。为了实现双因素认证而设计的移动应用程序的数量激增，提高了攻击者的门槛，并为供应商提供了一个简单、无硬件的解决方案。

没有什么安全措施是万无一失的，但在很多情况下，双因素认证只是一盎司预防，而不是一磅治疗。

7.2.2　脆弱性管理

据塔吉特前雇员称，其安全团队在大规模泄漏开始前的几个月就对零售商 POS 基础设施的漏洞表示了担忧。《华尔街日报》报道："这家总部位于明尼阿波利斯的零售商中至少有一位分析师希望对其支付系统进行更彻底的安全审查，这一要求至少在一开始被拒绝了。"[三]

[一]　Brian Krebs, "Email Attack on Vendor Set Up Breach at Target," *Krebs on Security* (blog), February 12, 2014, https://krebsonsecurity.com/2014/02/email-attack-on-vendor-set-up-breach-at-target.

[二]　Brian Krebs, "Email Attack on Vendor Set Up Breach at Target," *Krebs on Security* (blog), February 12, 2014, https://krebsonsecurity.com/2014/02/email-attack-on-vendor-set-up-breach-at-target.

[三]　D. Yadron, P. Ziobro, and D. Barrett, "Target Warned of Vulnerabilities Before Data Breach," *Wall Street Journal*, February 14, 2014, https://www.wsj.com/articles/target-warned-of-vulnerabilities-before-data-breach-1392402039.

美执法部门、联邦政府和维萨等信用卡品牌在 2013 年春夏期间发布了几份备忘录，警告零售商 POS 系统可能遭到新的攻击。然而，塔吉特的安全团队显然没有足够的人员来处理上报的全部问题。《华尔街日报》曾采访过塔吉特的一名前雇员，其称，塔吉特的安全团队 "每周会收到无数的威胁，但在每月的指导委员会会议上只能优先处理一部分问题" [⊖]。

泄漏事件发生后不久，塔吉特公司就聘请了威瑞森公司进行内部渗透测试。根据这份后来由布莱恩·克雷布斯泄漏并发布的报告，"威瑞森的安全顾问发现系统缺少关键的微软补丁，或者运行着过时的 Web 服务器软件，如 Apache、IBM WebSphere 和 PHP。这些服务托管在 Web 服务器、数据库和其他关键基础设施上……利用威瑞森发现的这些过时的服务或未打补丁的系统，其他人能够访问受影响的系统，而不需要知道任何认证凭证。"

重要的是，问题并不在于塔吉特安全人员不知道这些漏洞。威瑞森的安全顾问实际上发现塔吉特有一个 "全面的" 漏洞扫描程序——塔吉特只是没有对上报的漏洞进行修补。

这种常见问题通常是由人员配备、内部审计和安全管理功能方面的问题引起的。缺乏人力资源可能是安全问题最常见的挑战。与许多机构一样，塔吉特显然投资了昂贵的、企业级质量的安全工具，但（根据公开报告）可能没有足够的人员来监控这些工具的输出或解决报告中的问题。这种不平衡太常见了。

理想情况下，塔吉特应该有足够的人员和资源来及时修复扫描出现的所有漏洞。一个健康的审计程序应该确保能检测出和升级需长期处理的漏洞修复问题。例如，许多组织雇用第三方审计员进行年度漏洞扫描并向管理层报告，或者组织拥有内部审计功能，定期检测扫描结果并升级系统问题。网络安全团队还可以定期向管理层提供月度或季度总结报告，并送交管理层审核。如果漏洞不能迅速得到修复，这将促使组织的领导层审查团队的流程，并评估是否应该分配额外的资源。

不幸的是，许多组织没有投入足够的资源来妥善管理其网络安全项目，或者犯了把钱花在工具上而不是人身上的错误。引发这种情况的原因有很多。很多时候，执行管理团队或财务人员并不了解网络安全的重要性，因此选择不投资网络安全。在某些情况下，工具是有预算的，但是没有劳动力来支持它们，因为高管团队更愿意一次性购买软件，而不是创建一个职位。其他时候，整个组织可能会有预算限制，而作为一个成本中心，网络安全是第一批被削减的项目之一。

2013 年，对于大多数零售商来说，网络安全并不是首要任务，整个行业的安全预算都很紧张。这导致了缺乏及时的漏洞修复等系统问题。

⊖　D. Yadron, P. Ziobro, and D. Barrett, "Target Warned of Vulnerabilities Before Data Breach," *Wall Street Journal*, February 14, 2014, https://www.wsj.com/articles/target-warned-of-vulnerabilities-before-data-breach-1392402039.

提示：编制和审核

根据公开的报告，塔吉特的内部网络漏洞百出——其安全团队知道这一点。然而，对于该团队来说战线显然过长，无法解决这些问题。

组织可以通过确保网络安全团队有足够的资源来检测和纠正漏洞，从而降低数据泄漏的风险。通常情况下，组织会花钱购买昂贵的网络安全工具，如漏洞扫描器，但却没有为审查和纠正结果所需的人力资源投入预算。

对设备或软件的任何购买要求都应该对应着对有效使用工具所需的劳动力的估计。预算不仅要分配给工具本身，还要分配给利用它的人力。

有效的审计也很重要。无论你选择使用内部审计员还是外部审计员（或两者兼有），网络安全团队的活动都应形成文件，以进行审核，并向管理层报告。反过来，高层管理人员需要致力于为网络安全提供适当的资金。在困难时期，预算可能会减少，网络安全资源可能会受到限制。但在任何时候，用于工具和人力资源的资金都应该适当平衡。决策应该基于有依据的风险评估，而不是无知。

7.2.3　网络分段

网络分段指的是将网络划分为不同部分的过程，划分通常以风险或功能为基础。有效的网络分段阻断了网络段与网络段之间的流量，从而降低了数据泄漏的风险，将事件限制在特定的网络段内。2013 年，PCI DSS 不要求网络分段，但明确建议将其作为降低风险的一种方式。"适当的网络分段将存储、处理或传输持卡人数据的系统与不存储、不处理或不传输数据的系统隔离开来。"⊖

在塔吉特的泄漏事件中，攻击者能够从供应商可访问的服务器一直跳到塔吉特的持卡人数据环境的内部。有证据表明，塔吉特试图分割网络，但攻击者可以利用服务器管理账户和接口从一个网络段跳到另一个网络段。

提示：有效的网络分段

塔吉特泄漏之所以成为可能，是因为犯罪分子能够从供应商访问的系统转移到包含高度敏感 POS 系统的网络段。有效的网络分段可以有效地抑制入侵行为，防止犯罪分子访问 POS 系统。

⊖　Payment Card Industry Data Security Standard, v.3.0, November 2013, p. 11, https://www.pcisecuritystandards. org/minisite/en/docs/PA-DSS_v3.pdf.

网络分段并非华而不实，它需要一种有组织、有条理的方法。如果处理得当，组织首先会根据风险和功能对数据和系统进行分类，然后将网络划分成段，网络工程师配置防火墙和虚拟局域网（VLAN）来限制网络段之间的流量。对于任何异常都应该仔细跟踪和监视。

测试网络分段的有效性很重要，因为网络会不断发展。第一步是进行常规端口扫描，以验证网络分段过程是否有效。理想情况下，组织应该进行定期的渗透测试，其中技能熟练的人员冒充攻击者并尝试绕过网络段，以发现在分段实现中的更多的细微缺陷。

网络分段与其他行业所用的分段方法相似。例如，在牛肉行业中，生产商使用分段形式来降低大肠杆菌爆发的风险。曾在两家有机牛肉生产商工作过的财务主管海蒂·迪阿门特（Heidi DeArment）介绍了生产商如何将碎肉分成多批进行测试。她解释说："如果只宰杀一头牛，然后研磨其肉，并测试其血液，可以100%确保牛肉有或没有大肠杆菌。如果宰杀 10 000 头样本牛，你可能会、也可能不会获得足以代表整个批次的样本。"⊖批次越大，大肠杆菌未被发现并扩散到整个批次中的风险就越大。通过将批次分成较小的部分，生产者可以更有效地发现问题并控制风险。

像塔吉特这样面向消费者的品牌必须采取特别的预防措施来保护自己的形象。其数据泄漏相比于那些不太依赖消费者品牌认知度的公司会更严重、更快地打击它的底线。同样，其他行业也存在类似情况。迪阿门特指出，生产商承担的风险往往与其品牌的重要性相一致。她说："如果（一家有机牛肉供应商）暴发了大肠杆菌，大家都会记得的。你与商品的距离越远（这样公众就不会在第一时间追责于你），就更有希望获得更高级别的安全性——无论是数据泄漏还是细菌暴发。"

7.2.4   账号和密码管理

根据威瑞森渗透测试人员在泄漏发生后不久对塔吉特进行的检查，发现塔吉特的网络充满了薄弱、被默认和不正确存储的密码。有报告称："虽然塔吉特有密码政策，但威瑞森安全顾问发现该政策未被遵循。威瑞森的安全顾问发现了一个文件，其中包含存储在多个服务器上的有效网络凭证。他们还发现，塔吉特的系统和服务要么使用弱密码，要么使

⊖ 引自 2018 年 3 月与本书作者的私人对话。

用默认密码。利用这些弱密码，顾问们能够立即进入受影响的系统。"

攻击者当然可以利用默认或弱凭证在塔吉特的整个网络中横向移动，或者获得对服务器和 POS 系统的访问权。2014 年 2 月，在零售末日已经全面蔓延后不久，美国联邦调查局给零售商发布了一份备忘录，并警告说："将信用卡读卡器和借记卡读卡器连接到远程管理软件可能是一个"漏洞"，当这与弱密码同时存在时，远程管理和监视内部网络会更加容易。"⊖美国联邦调查局的警告暗示，在那段时间内发生的一次或全部零售网络泄漏事件中，弱密码可能是一个因素。

据报道，威瑞森的渗透测试人员总共破解了塔吉特 86% 的密码。他们的报告显示，17.3% 的密码只有 7 个字符。排名前十的密码包括"t@rget7""summer#1"和"sto$res1"——这些密码表面上看起来很复杂，但实际上很容易被使用自动工具的攻击者破解。此外，包含被存储密码的文件的存在，对于那些试图扩大对塔吉特最敏感资源的访问权限的罪犯来说，是非常有利的。

Dell Secureworks 的研究人员分析了在塔吉特攻击中被使用的恶意软件的报告，确定黑客使用了"一个不安全的服务账户"来窃取数据。他们建议："各组织应确保服务账户（包括第三方软件提供的默认凭证）得到妥善的保护，只提供给那些需要用它们履行工作职能的人。"⊜

提示：账户和密码管理

　　密码和账户的管理异常困难，特别是在大型、复杂的环境中。重要的第一步是，使用活动目录或类似的工具尽可能地集中账户。然后，可以集中实现密码长度或复杂性规则。

　　当考虑到存在大量的应用程序账户时，事情就变得棘手了，这些账户通常托管在云或第三方系统中。技术人员通常需要访问共享的管理员账户或服务账户。这将导致弱密码和密码被存储在共享文件夹中的文件——这是黑客的"宝库"。

　　供应商设备和软件对客户管理提出了一个特殊的挑战。通常，供应商设备预先配置了本地 IT 人员无法更改或本地 IT 人员不知道其存在的账户。POS 系统经常属于这一类。其结果是，攻击者可以简单地查找默认的设备密码，或者重用他

⊖　D. Yadron, P. Ziobro, and D. Barrett, "Target Warned of Vulnerabilities Before Data Breach," *Wall Street Journal*, February 14, 2014, https://www.wsj.com/articles/target-warned-of-vulnerabilities-before-data-breach-1392402039.

⊜　Keith Jarvis and Jason Milletary, "Inside a Targeted Point-of-Sale Data Breach," Dell Secureworks, January 24, 2014, https://krebsonsecurity.com/wp-content/uploads/2014/01/Inside-a-Targeted-Point-of-Sale-Data-Breach.pdf.

们在前一个受害者的网络上发现的凭证。

"早审计，常审计"是一条明智的经验法则。在安装和配置系统时，应该检查它们是否有默认凭证或弱凭证。IT 人员或第三方审计人员可以审计加密密码的文件，以确定它们有多"易破解"，就像威瑞森团队在塔吉特泄漏事件中所做的那样。

什么是强密码？如今，专家们一致认为密码长度是最重要的。在撰写本书时，14 个字符被认为是强密码的有效最小长度。这个数字今后只会增加。

人类天生不擅长记住密码（或传递短语），尤其是长密码或复杂密码。为了防止密码被存储在整个网络通用的文件中，你需要部署一个密码管理解决方案。这对于 IT 管理员来说尤其重要，他们通常需要管理许多密码和账户，并且可能需要共享账户凭证（共享账户并不理想，但有时需要共享账户）。明智的做法是，经常在网络中搜索包含密码的文件，这样可以快速发现密码，并确保它们不会落入坏人之手。

7.2.5　加密 / 令牌化

在塔吉特泄漏事件中，犯罪分子从被他们入侵的 POS 系统的内存中窃取了信用卡卡号。正如我们在第 2 章中所学到的，数据类似于有害材料。降低风险的一个有效的方法是，首先阻止塔吉特的 POS 系统处理明文支付卡卡号。支持这一目标的技术并非空谈，而是唾手可得。

2009 年哈特兰公司经历泄漏事件之后（参见 6.6 节），其首席执行官鲍勃·卡尔着手建立了一个安全的支付处理系统。哈特兰公司在 2010 年宣布推出 E3 终端。E3 POS 系统在用户刷卡或输入时使用硬件对卡数据进行加密。这意味着支付卡卡号永远不会被不加密地存储，即使是在设备内存中。卡尔说："如果坏人在数据前往中央处理器的路上拦截交易，如果你不加密这些交易，不把数据弄清楚，你就没有解决办法。"哈特兰公司还支持对文件中的卡片和其他目的进行令牌化（用非敏感数据替换卡号）⊖⊖。

当被问及为什么零售商还在继续受到数据泄漏的困扰时，卡尔表示，企业根本没有对

⊖　"Tokenization," Heartland, accessed January 14, 2018, https://developer.heartlandpaymentsystems.com/DataSecurity/Tokenization.

⊖　"Heartland Payment Systems®. Installs E3™ Terminals at 1,020 Merchants since May 24 Launch of Its End-to-End Encryption Solution," *Business Wire*, June 24, 2010, http://www.businesswire.com/news/home/20100624005625/en/Heartland-Payment-Systems-Installs-E3-Terminals-1020.

端到端加密和令牌化等有效的解决方案进行投资。"尽管引入了解决方案，但加密是我们采用的一种许多公司尚未实施基础部署的方案，因此它们为此付出了代价。"⊖

信用卡品牌没有宣传或要求使用最有效的解决方案——端到端加密和令牌化，因而并未给予实际的帮助。解决方案真正取决于个别零售商是否"超出信用卡品牌的要求"来购买包含这些有效技术的 POS 系统。

> **提示：端到端加密**
>
> 加密是防止数据泄漏的强大工具，尤其是在部署"端到端"时。"端到端"加密不同于"传输中的加密"。在传输过程中，数据通过网络发送时被包装在一个加密的"信封"中。当它到达另一端时，接收设备将打开数据并进行解密。
>
> 使用端到端加密，甚至在数据通过网络传输之前就对其进行加密。在支付卡泄漏的情况下，这意味着可以使用内置在磁条阅读器、键盘或其他输入形式中的硬件对卡数据进行加密。数据被加密存储在内存和任何设备硬盘上。
>
> 端到端加密减少了攻击者访问敏感数据的机会。在现代世界，终端设备和用户账户一直受到威胁。端到端加密增加了一层额外的保护，因此当设备或账户被入侵时，攻击者无法立即访问内存或硬盘上的数据。
>
> 尽可能地部署端到端加密：在 POS 系统、电子邮件账户和云上。通过这样做，你可以确保设备被入侵不等同于会发生泄漏。

7.3 塔吉特公司的应急响应

电台牧师查尔斯·斯温德尔（Charles Swindoll）说："我相信，生活是由 10% 发生在我身上的事和 90% 我对它的反应组成的。"同样，数据泄漏危机通常只有 10% 是关于发生了什么，而 90% 是关于组织如何反应。这一点在塔吉特的例子中非常明显。

塔吉特泄漏事件标志着泄漏响应最佳实践的范式转变。我们将会看到，这在很大程度上是因为调查记者布莱恩·克雷布斯的崛起。在塔吉特泄漏事件发生之前，零售商与执法部门秘密合作了几周或几个月，直到他们准备好进行披露。TJX、哈特兰公司和其他发生了类似事件的公司以这种方式响应了它们的泄漏事件。这并不是说，发生泄漏事件的零售

⊖ Kelly Jackson Higgins, " Heartland CEO On Why Retailers Keep Getting Breached, " *Dark Reading*, October 6, 2014, https://www.darkreading.com/attacks-breaches/heartland-ceo-on-why-retailers-keep-getting-breached/d/d-id/1316388.

商可以花掉全世界所有的时间，但它们通常有时间去准备自己的响应，安排公开通知，起草公开声明，等等。通常情况下，发生泄漏事件的零售商从未公开姓名，消费者只是收到一封通知将为他们更换借记卡卡号的通用信函。

塔吉特的泄漏事件不是这样发生的。塔吉特泄漏事件是突然被克雷布斯有意发现的。

克雷布斯本人代表着高科技新闻调查的一个新发展。他知道如何进入暗网，并能看到支付卡卡号何时突然涌入市场，这表明存在重大泄漏。他还与银行业有着密切的联系，并乐于与银行家们交换信息，而银行家们也正在迫切地想办法减少因欺诈而造成的损失。因此，克雷布斯有能力发现支付卡泄漏并找出源头——他的目标就是公布这些信息。

克雷布斯不仅出人意料地披露了塔吉特泄漏的消息，而且还继续挖掘。他查明了泄漏初期的情况，并透露塔吉特没有发现他的这一行为。他也鼓励其他人挖掘细节，从 Dell Secureworks 的研究人员到彭博社的同事。

出乎意料的是，塔吉特转动了轮子。它未能对随之而来的媒体骚动做出有效反应。更糟糕的是，大量的调查性新闻报道暴露了塔吉特在应对泄漏事件的早期犯下的所有错误。塔吉特的危机沟通（或缺乏沟通）只会火上浇油。尽管 4000 万个卡号的损失无疑是巨大的，但由于该公司的响应措施，这场泄漏变成了一场全面的企业灾难。

在本节中，我们将剖析塔吉特对泄漏事件的最初响应，然后逐步了解其危机沟通策略，确定出其他组织可以采用哪些经验教训来最小化泄漏事件造成的负面影响。我们将分析塔吉特的泄漏事件对更广泛的社区的影响，包括银行、信用合作社和消费者。最后，我们将展示塔吉特泄漏事件和其他公司的类似泄漏事件是如何促使"芯片"卡的推出的——这一发展并没有真正降低持卡人数据大规模泄漏的风险。

7.3.1 意识到

据统计，塔吉特公司在安全基础设施上投入了大量资金，比大多数零售商都多。《彭博商业周刊》的一份调查报告披露："六个月前，该公司开始安装由计算机安全公司 FireEye 制造的价值 160 万美元的恶意软件检测工具……塔吉特公司在班加罗尔的安全专家团队 24 小时监控公司的计算机。如果班加罗尔的安全团队发现了任何可疑的东西，塔吉特在明尼阿波利斯的安全操作中心将得到通知。"⊖

是的，尽管塔吉特拥有精良的设备和大批分析师，但当黑客入侵其网络时，它却没有

⊖ M. Riley, B. Elgin, D. Lawrence, and C. Matlock, "Missed Alarms and 40 Million Stolen Credit Card Numbers: How Target Blew It," *Bloomberg*, March 17, 2014, https://www.bloomberg.com/news/articles/2014-03-13/target-missed-warnings-in-epic-hack-of-credit-card-data.

察觉。塔吉特公司没有注意到犯罪分子通过它的系统进行了探索，并最终获得了 POS 设备和客户数据库的访问权；也没有注意到犯罪分子什么时候在其 POS 系统上安装了恶意软件，什么时候一次又一次地返回以安装更新并侵入其他服务器；更没有注意到犯罪分子将卡号输出到网络外的服务器，最终在黑市上出售。

回顾第 4 章介绍的数据泄漏响应 DRAMA（开发、意识到、行动、维持、调整）模型。正如 4.3 节所述，在泄漏的潜伏期，组织必须"意识到"潜在的泄漏已经发生了。这通常包括以下行动：

- 识别数据泄漏的前兆。
- 上呈给数据泄漏响应团队。
- 通过保存和分析可用的证据进行调查。
- 确定泄漏范围。

并不是塔吉特的工作人员不关心罪犯窃取了数百万个卡号，而是该组织没有意识到这一点。正如记者后来发现的那样，很多迹象——比如重复的 IDS 警告——从未被上呈至合适的工作人员，因此没有及时地进行适当的调查。

塔吉特公司怎么会错过如此明显的信号呢？在这一节中，我们将深入讨论塔吉特的"意识到"阶段中出现的问题，并提供具成本效益的提示来更好地保护你的组织。

7.3.1.1 错过警报

关于塔吉特泄漏事件的启示之一是，其工作人员在犯罪分子安装和调整恶意软件时收到了关于犯罪分子活动的警报（许多警报）。2013 年 11 月 30 日，FireEye 系统提醒塔吉特班加罗尔的安全团队注意可疑活动，攻击者正在安装过滤恶意软件，用于输出被盗的信用卡卡号。塔吉特的杀毒软件赛门铁克终端防护（Symantec Endpoint Protection）系统在几天前也曾在同一台服务器上检测到可疑活动并发出警报。彭博社透露："班加罗尔的安全团队收到了警报，并递交给明尼阿波利斯的安全团队，接着什么都没发生。出于某种原因，明尼阿波利斯的工作人员对警报没有做出反应。"[⊖]

塔吉特公司的 FireEye 系统能够自动屏蔽恶意软件，从而减轻工作人员的负担，但据查看 FireEye 配置的人士称，塔吉特公司已经禁用了这一功能。

在接下来的几天里，犯罪分子继续收集信用卡卡号，并把它们放在一个内部系统中。12 月 2 日，犯罪分子开始输出卡号。直到 12 月 18 日——在执法部门第一次通知塔吉特

⊖ M. Riley, B. Elgin, D. Lawrence, and C. Matlock, " Missed Alarms and 40 Million Stolen Credit Card Numbers: How Target Blew It, " *Bloomberg*, March 17, 2014, https://www.bloomberg.com/news/articles/2014-03-13/target-missed-warnings-in-epic-hack-of-credit-card-data.

公司后近一周，犯罪分子还在继续窃取支付卡数据[一]。

与此同时，FireEye 系统继续发出警报。如果塔吉特的团队在 11 月 30 日至 12 月 2 日之间对警报做出反应，它本可以阻止卡号永远离开塔吉特的网络，从而阻止全球最大的数据泄漏事件之一。

据报道，塔吉特公司直到 12 月 12 日接到美国司法部和联邦经济情报局的通知后才知道这次泄漏事件。但是，有证据表明，塔吉特公司内的某些人早些时候已经偶然发现了该恶意软件。12 月 11 日，一个恶意软件样本被上传到公共服务网站"VirusTotal"，在那里该样本被扫描以寻找恶意软件的踪迹。Dell Secureworks 的研究人员表示："此次提交被归因于塔吉特公司内的某人，因为人们普遍认为该恶意软件是专门为入侵塔吉特量身定制的。"[二]

直到很久以后，才有迹象表明塔吉特公司内部的人理解了恶意软件的重要性，或者即使他们理解了，也没有发出警报。

7.3.1.2 不作为的原因

为什么塔吉特会"睡倒在轮子上"（正如一位新闻播音员所说）？[三]没有人确切地知道答案。安全团队不响应警报的原因有很多。通常，安全团队收到的入侵检测系统警报的数量远远超出了其处理能力。这种情况经常发生在安装了新的入侵检测设备但还没有仔细"调试"的情况下。一个缺少微调的入侵检测设备可能会导致由完全正常的活动触发的大量无意义的警报，这会压倒那些学着忽略它们的分析师。

FireEye 等安全工具通常被配置为禁用预防功能，至少在一开始是这样的。IT 团队关注的是误报——合法的流量应该被允许，但是却被标记为可疑的。当没有分配人力资源来仔细地微调系统并将误报最小化时，这种风险尤其高。

塔吉特公司可能也没有足够的员工来处理泄漏事件，或者可能因为遇到感恩节假期而人手不足。许多安全团队在工作日响应迅速，但在工作日之外或周末就缺乏有效的监视或响应流程。

所有这些问题都源于缺乏有效的管理、培训和预算——这并不奇怪，因为塔吉特公司在遭到攻击之前没有首席信息安全官，因此，没有一个专职高管负责监督信息安全[四]。

[一] *Hearing on "Protecting Personal Consumer Information"* (written testimony of John Mulligan).

[二] Keith Jarvis and Jason Milletary, "Inside a Targeted Point-of-Sale Data Breach," Dell Secureworks, January 24, 2014, https://krebsonsecurity.com/wp-content/uploads/2014/01/Inside-a-Targeted-Point-of-Sale-Data-Breach.pdf.

[三] Bloomberg, "How Target Could Have Prevented Customer Data Hack," *YouTube*, 6:19 min, posted March 13, 2014, https://www.youtube.com/watch?v=G68hY3TsGYk.

[四] Kristin Burnham, "Target Hires GM Exec As First CISO," *InformationWeek*, June 11, 2014, https://www.informationweek.com/strategic-cio/team-building-and-stafing/target-hires-gm-exec-as-first-ciso/d/d-id/1269600.

塔吉特：错过警报的时间线

塔吉特公司错过了在入侵造成灾难之前阻止入侵的许多机会，这一事实不仅影响了泄漏事件本身，也影响了事后公众的观感。以下是事件和相应警报如何展开的摘要：

- 2013 年 11 月 27 日，据首席财务官约翰·穆里根（John Mulligan）称，这可能是客户信用卡卡号被盗的第一天。"从 11 月 27 日到 12 月 18 日，在我们美国商店购物的顾客受到了支付卡数据被盗的影响。"[一]

- 2013 年 11 月 28 日，赛门铁克杀毒软件针对过滤服务器发出了警报（大约的日期）[二]。

- 2013 年 11 月 30 日，到目前为止，攻击者已经在大多数塔吉特 POS 系统上部署了恶意软件[三]。

- 2013 年 11 月 30 日，攻击者在内部转储服务器上安装过滤恶意软件；FireEye 发出警报；塔吉特公司的班加罗尔监测小组向明尼阿波利斯的响应者发出警报[四]。

- 2013 年 12 月 2 日，信用卡数据首先从塔吉特网络传输到外部服务器[五]。

- 2013 年 12 月 2 日，攻击者更新过滤恶意软件；FireEye 发出警报[六]。

- 2013 年 12 月 2 日到 18 日，攻击者继续窃取信用卡数据。根据 Dell Secureworks

[一] *Hearing on "Protecting Personal Consumer Information"* (written testimony of John Mulligan).

[二] M. Riley, B. Elgin, D. Lawrence, and C. Matlock, "Missed Alarms and 40 Million Stolen Credit Card Numbers: How Target Blew It," *Bloomberg*, March 17, 2014, https://www.bloomberg.com/news/articles/2014-03-13/target-missed-warnings-in-epic-hack-of-credit-card-data.

[三] Brian Krebs, "Target Hackers Broke in Via HVAC Company," *Krebs on Security* (blog), February 5, 2014, https://krebsonsecurity.com/2014/02/target-hackers-broke-in-via-hvac-company.

[四] Keith Jarvis and Jason Milletary, "Inside a Targeted Point-of-Sale Data Breach," Dell Secureworks, January 24, 2014, https://krebsonsecurity.com/wp-content/uploads/2014/01/Inside-a-Targeted-Point-of-Sale-Data-Breach.pdf.; M. Riley, B. Elgin, D. Lawrence, and C. Matlock, "Missed Alarms and 40 Million Stolen Credit Card Numbers: How Target Blew It," *Bloomberg*, March 17, 2014, https://www.bloomberg.com/news/articles/2014-03-13/target-missed-warnings-in-epic-hack-of-credit-card-data.

[五] M. Riley, B. Elgin, D. Lawrence, and C. Matlock, "Missed Alarms and 40 Million Stolen Credit Card Numbers: How Target Blew It," *Bloomberg*, March 17, 2014, https://www.bloomberg.com/news/articles/2014-03-13/target-missed-warnings-in-epic-hack-of-credit-card-data.

[六] M. Riley, B. Elgin, D. Lawrence, and C. Matlock, "Missed Alarms and 40 Million Stolen Credit Card Numbers: How Target Blew It," *Bloomberg*, March 17, 2014, https://www.bloomberg.com/news/articles/2014-03-13/target-missed-warnings-in-epic-hack-of-credit-card-data.; Keith Jarvis and Jason Milletary, "Inside a Targeted Point-of-Sale Data Breach," Dell Secureworks, January 24, 2014, https://krebsonsecurity.com/wp-content/uploads/2014/01/Inside-a-Targeted-Point-of-Sale-Data-Breach.pdf.

的说法，数据是从被破坏的 POS 系统发送到一个内部共享文件的。在这段日子的上午 10 点到下午 6 点，受攻击的内部服务器通过 FTP 将信用卡数据文件从塔吉特网络传输出去[⊖]。

塔吉特案例完美地说明了为什么"检测到"和"意识到"不是一回事。自动工具"检测到"恶意软件并生成警报是不够的，甚至连安全人员也注意不到它。组织必须意识到该事件并了解其范围。在塔吉特案例中，个别工作人员看到了警报，但没有做出响应：团队未能上呈、调查和确定泄漏范围。

提示：投资于人力资源

许多公司投入金钱购买昂贵的安全设备，却发现仍然错过了重要的泄漏迹象。在对安全工具做预算时，请确保对监控、调整设备和响应警报所需的人力资源进行相应的投资。这不是一次性的投资，因为人们需要参加持续的培训来识别最新的威胁，决定上呈什么，以及如何响应。

7.3.1.3　行业标准

塔吉特没有检测到泄漏并不奇怪。根据威瑞森的调查，2013 年 99% 的支付卡泄漏事件都是由受害者以外的人发现的。威瑞森的研究人员在 2014 年的《威瑞森数据泄漏调查报告》中称："我们继续认为，执法部门的通知和欺诈检测是最常见的发现泄漏的方法。在许多情况下，对泄漏事件的调查将发现其他受害者，这就解释了为什么执法部门是发现泄漏的首要方法以及是我们的 POS 入侵数据集中的首要贡献者。"几天内只有 1% 的 POS 入侵被发现；85% 的入侵耗时数周才被发现（正如塔吉特案例那样），其余的耗时数月或数年被发现。总之，塔吉特公司的检测和反应时间完全正常[⊖]。

POS 数据泄漏响应的早期阶段可能会持续几周甚至几个月，因为商家会进行内部审查并决定是否通知公众。执法部门对"揭发"商家或迫使商家披露信息不感兴趣，它们希望商家能够放心地通知它们并分享证据。通常，在发生重大泄漏事件时，执法部门会与商家和信用卡品牌悄悄合作，收集证据，并在可能的情况下提供帮助。执法的重点往往是追踪罪犯，并最终将他们绳之以法。执法部门的调查可能包括从许多不同的泄漏事件中拼凑

⊖　Keith Jarvis and Jason Milletary, "Inside a Targeted Point-of-Sale Data Breach," Dell Secureworks, January 24, 2014, https://krebsonsecurity.com/wp-content/uploads/2014/01/Inside-a-Targeted-Point-of-Sale-Data-Breach.pdf.

⊖　*2014 Data Breach Investigations Report*, Verizon Enterprise, 2014, 18, http://www.verizonenterprise.com/resources/reports/rp_Verizon-DBIR-2014_en_xg.pdf.

信息，以打击犯罪团伙。

另外，通过识别商家是一个共同购买点，信用卡品牌或银行也可能会发现泄漏。信用卡品牌没有义务披露哪个商家该负责，它们通常也不会这样做。相反，当检测到欺诈时，信用卡品牌会向银行发送一份受影响卡的清单，银行可能会选择补发这些卡。尽管银行的数据集通常要小得多，但它们有时也能识别共同购买点，不过它们往往没有足够的信息来确定泄漏源。即使在商家似乎是源头的情况下，银行也必须非常小心，因为泄漏实际上有可能发生在供应链的更高层（比如商家的支付处理器）。

通常情况下，公众永远不会知道某个特定的商家被入侵了。受影响的用户经常会收到信用卡品牌的通用信函，通知他们卡号被盗了。根据美国的州法律，商家可能会被要求报告泄漏事件，但许多人根本就不会这么做。

2013 年 12 月 12 日，美国联邦特工调查并通知了塔吉特公司。彭博社报道："然而，当局得到的不仅仅是欺诈性指控的报告，而是获得了实际被盗的数据，这些数据是黑客不小心留在公司的转储服务器上的。"⊖

根据以往的零售支付卡泄漏事件，塔吉特有理由预计，在执法部门的加入和指导下，可能会展开一项持续数周甚至数月的调查。一旦它理解了调查范围并评估了它所能做出的选项，它就可以决定下一步的行动步骤，例如在适当的时候准备通知等。

塔吉特的数据泄漏是前所未有的。这并非因为它被攻破的方式，或者错过的警报，或者脆弱的 POS 系统（尽管这些都没有帮助）。与流行的观点相反，塔吉特的检测能力和反应时间对于当时的零售行业来说是完全正常的（根据许多说法，比平均水平要好）。

塔吉特的数据泄漏事件之所以与众不同，是因为它的持续时间被记者布莱恩·克雷布斯意外地缩短了。

7.3.2　克雷布斯因子

克雷布斯本身代表了数据泄漏响应方面的重大进展。克雷布斯曾是《华盛顿邮报》的一名员工，2009 年离开该报社自立门户。自从 2001 年电脑蠕虫感染了他的电脑以来，他就一直沉迷于调查电脑犯罪。"感觉就像有人闯进了我的家。"克雷布斯多年后告诉《纽约时报》⊖。2009 年，克雷布斯开了自己的博客"Krebs on Security"。2010 年，他获得

⊖　M. Riley, B. Elgin, D. Lawrence, and C. Matlock, " Missed Alarms and 40 Million Stolen Credit Card Numbers: How Target Blew It, " *Bloomberg*, March 17, 2014, https://www.bloomberg.com/news/articles/2014-03-13/target-missed-warnings-in-epic-hack-of-credit-card-data.

⊖　Nicole Perlroth, "Reporting from the Web's Underbelly," *New York Times*, February 16, 2014, https://www.nytimes.com/2014/02/17/technology/reporting-from-the-webs-underbelly.html.

了安全博客会议的"最佳非技术安全博客"（Best NonTechnical Security Blog）奖，并被 SANS 研究所评为十大网络安全新闻工作者之一。

克雷布斯改变了故事和心灵，也就是高管的心灵。2013 年 12 月 18 日，他改变了塔吉特故事。他写道："多个可靠消息来源告诉我，全美零售巨头塔吉特正在调查一起可能涉及数百万客户信用卡和借记卡记录的数据泄漏事件。消息人士称，泄漏似乎始于 2013 年黑色星期五前后，这是一年中最繁忙的购物日。"⊖

克雷布斯是怎么知道塔吉特泄漏事件的呢？据《纽约时报》报道，2013 年 12 月，克雷布斯"在地下的私人论坛里四处闲逛，罪犯们在那里炫耀自己新获得的信用卡和借记卡"。不久之后，一位来自银行业的"消息人士"打电话给他，说该银行发现了大量的支付卡诈骗。这家银行拜访了一家黑市卡片店，买回了一批自己的卡片，同时发现了一个共同购买点：塔吉特⊖。克雷布斯向其他消息来源证实了这一消息，并迅速发布了他的独家新闻。

第二天，塔吉特公司确认失窃后，克雷布斯联系了新英格兰一家小银行的同事，询问银行是否收到了维萨或万事达卡的任何通知。他在那里的联系人表示，银行还没有被正式告知任何事情，但"急于确定有多少张银行卡最有可能被用于欺诈，应该主动注销多少张银行卡并补发新卡给客户"。克雷布斯达成了一项协议：他将向银行工作人员展示如何从一家黑市卡片店购买自己的一批卡片，作为交换，他可以写银行的故事。银行同意了⊜。

克雷布斯成功的原因有两个：首先，他渗透进了暗网，并因了解"卡片店"和暗网市场而声名鹊起。"在过去的一年中，我花了很多时间兜转于各种各样的出售'dumps'的地下商店里。'dumps'是被盗的信用卡数据的街头俚语，购买者可以用这些数据伪造新卡，然后到大卖场购买高价商品，这些商品可以很快被转手换成现金。"克雷布斯在 2014 年夏天写道⑱。这种熟悉意味着，他知道什么时候会发生重大泄漏，因为信用卡将开始涌入市场。

他解释说："当你看到一个黑市的信用卡商店开始向市场出售数百万张信用卡时，一

⊖   Brian Krebs, " Sources: Target Investigating Data Breach," *Krebs on Security* (blog), December 18, 2013, https://krebsonsecurity.com/2013/12/sources-target-investigating-data-breach.

⊜   Nicole Perlroth, " Reporting from the Web's Underbelly," New York Times, February 16, 2014, https://www .nytimes.com/2014/02/17/technology/reporting-from-the-webs-underbelly.html.

⊜   Brian Krebs, " Cards Stolen in Target Breach Flood Underground Markets," *Krebs on Security* (blog), December 20, 2013, https://krebsonsecurity.com/2013/12/cards-stolen-in-target-breach-flood-underground-markets.

⑲   Brian Krebs, " Peek Inside a Professional Carding Shop," *Krebs on Security* (blog), June 4, 2014, https://krebsonsecurity.com/2014/06/peek-inside-a-professional-carding-shop.

些重大的事情就发生了，所以是时候开始工作了。"[一]

　　其次，多年来，克雷布斯与银行家建立了联系，并已成为一个人的信息交换中心。多年来，他一直在报道暗网市场、欺诈性电汇和支付卡泄漏事件的发展，并在此过程中获得了与金融业内部人员的联系。到 2013 年，尤其是规模较小的银行迫切需要能够帮助它们迅速应对可疑支付卡泄漏的信息。规模较大的银行拥有一支由欺诈分析师组成的团队，凭借其规模，可以相对较快地识别出泄漏和共同购买点。

　　"小银行通常需要和其他银行交换意见，这就是我的切入点。"克雷布斯说。我联系了一些和我有关系的银行，说："嘿，看起来，你们的很多信用卡都被在网上销售，而且数量很多。以下是你如何获得它们的办法。仅供参考，我很想知道你有没有发现规律。"[二]

　　在披露了塔吉特的故事并发表了这家新英格兰小银行的后续文章后，克雷布斯发现自己被银行家们的要求淹没了。"在过去的一年中，特别是塔吉特泄漏事件发生之后，我已经成了小银行的信息共享和分析中心（ISAC）。"克雷布斯说——这显然填补了一个急需的缺口，"我只是说，只要你能做到，我很乐意与你分享我所发现的信息。"[三]

　　由于能够进入暗网市场，并且有一群乐于分享细节的忠诚小银行，克雷布斯一个接一个地揭露了零售商支付卡泄漏事件。Neiman Marcus 和 Michaels 的泄漏事件在塔吉特泄漏事件发生后几周内就被曝光了。由于克雷布斯的报道，P.F. 张中国酒馆、Sally Beauty 和其他许多零售商的泄漏事件很快被曝光[四]。

　　多亏克雷布斯，一旦被盗的卡在暗网上被出售，主流媒体就会迅速报道。这意味着，零售商不能再指望在幕后悄悄地处理调查，并花上数周时间精心制作新闻稿。它们也不能指望信用卡品牌代表它们发布一封含糊其辞的匿名信。一旦发现支付卡被盗，零售商必须做好准备立即采取公开响应措施。 这种压力催生了由网络安全公司运营的专门的第三方

[一]　Jay MacDonald, "'Spam Nation' Author Brian Krebs Sheds Light on Card Data Black Market," Credit-Cards.com, November 18, 2014, https://www.creditcards.com/credit-card-news/spam-nation-brian-krebs-data-black-market-1278.php.

[二]　Jay MacDonald, "'Spam Nation' Author Brian Krebs Sheds Light on Card Data Black Market," Credit-Cards.com, November 18, 2014, https://www.creditcards.com/credit-card-news/spam-nation-brian-krebs-data-black-market-1278.php.

[三]　Jay MacDonald, "'Spam Nation' Author Brian Krebs Sheds Light on Card Data Black Market," Credit-Cards.com, November 18, 2014, https://www.creditcards.com/credit-card-news/spam-nation-brian-krebs-data-black-market-1278.php.

[四]　Brian Krebs, "Hackers Steal Card Data from Neiman Marcus," *Krebs on Security* (blog), January 10, 2014, https://krebsonsecurity.com/2014/01/hackers-steal-card-data-from-neiman-marcus; Brian Krebs, "Banks: Credit Card Breach at P.F. Chang's," *Krebs on Security* (blog), June 10, 2014, http://krebsonsecurity.com/2014/06/banks-credit-card-breach-at-p-f-changs.

事件响应团队，以及预先包装好的呼叫中心和信用监控服务，这些服务可以迅速被激活。这还推动了保险公司泄漏响应服务的增长（如第 12 章中所述）。

> **提示：准备好立即发表公开声明**
>
> 　　第三方很容易检测到支付卡泄漏。这里的第三方包括银行和能识别共同购买点的信用卡协会，以及监视暗网的任何人。你的组织遭遇泄漏的第一个警告可能来自一个记者的电话。你的第一反应很重要。一旦媒体发现支付卡被盗，时间就开始飞快地流逝。
>
> 　　提前准备好一份声明和一份计划，这样你就可以立即对发现你遭遇泄漏的第三方做出回应。

7.3.3　沟通危机

被克雷布斯"揭发"是一件坏事。然而，塔吉特的反应要糟糕得多。在接下来的几周里，塔吉特的团队犯了一些严重的错误，激起了公众的怒气。这些错误包括：有时阻挠媒体；有时又采取强硬手段，试图赢回公众的信任。我们看到，塔吉特公司

- 保持沉默，这加剧了人们的怀疑和猜测。
- 发布"冷酷"和冷漠的声明。
- 不承担责任。
- 拒绝道歉。
- 没有提供足够的呼叫中心资源，让消费者失望。
- 提供了当时无法兑现的补偿。
- 发布了一系列有关新信息的新闻报道，引起了媒体的强烈兴趣。
- 未能控制媒体交流，导致多重致命的泄密。

最终，这场沟通灾难变成了一场雪崩，摧毁了公司的领导层，严重损害了公司的底线。

7.3.3.1　懒得理你

塔吉特的第一个公关错误是阻碍克雷布斯。在得知塔吉特可能发生潜在的泄漏后，克雷布斯立即打电话给这家零售商，要求其发表声明，但塔吉特显然还没有准备好回答问题。尽管塔吉特的发言人几小时后回复了他的电话⊖，但不予置评。结果，塔吉特错过了

⊖　Nicole Perlroth, "Reporting from the Web's Underbelly," *New York Times*, February 16, 2014, https://www.nytimes.com/2014/02/17/technology/reporting-from-the-webs-underbelly.html.

第一次讲述自己故事的机会。更糟糕的是，当天晚上的报道称该公司不合作，称总部位于"明尼苏达州明尼阿波利斯"的塔吉特品牌公司没有回复记者的多次评论请求⊖。

在接下来的几周里，该公司一直坚持其"最小披露"战略。它最初的公开通知没有透露多少细节，也没有提供补偿或信用监控。该公司的首席执行官格雷格·斯坦哈费尔（Gregg Steinhafel）在一份简短声明中表示："我们对可能造成的任何不便表示歉意。"

消费者感到愤怒。在接下来的几天里，许多人都遭到了欺诈性指控，或者被告知必须等待补发的信用卡。一名顾客的银行账户被盗走了 850 美元，他说："我不得不借钱吃圣诞晚餐，我和我哥哥也不得不借钱付房租。"⊜

"为什么塔吉特要花这么长时间来报告数据安全泄漏？"《NBC 新闻》的一位记者问道⊜。没有好的答案。

"我不会再在塔吉特购物了。"一位愤怒的"客人"惊呼道，他在圣诞节前几天遭遇了欺诈⊛。

客户拨打公司热线去咨询，却经历了漫长的等待时间。当塔吉特公司努力应对愤怒来电的冲击时，顾客们变得更加愤怒。"客户对塔吉特的黑客入侵响应感到愤怒"，一条标题这样写道⊝。

作为回应，塔吉特公司发出了一封电子邮件，劝阻消费者不要打电话。"我们的呼叫中心持续接到大量的来电，团队成员的数量已增加了一倍多，全天候接听电话，帮助客户解决可能遇到的任何问题。我们已经通过电子邮件与 1700 万名"客人"进行了沟通，并提醒他们，除非他们的账户出现了欺诈行为，否则不需要紧急致电。"⊗

与消费者一样，媒体也遭到了拒绝。"塔吉特公司还没有回应来自本刊的任何评论请求，而且该公司也没有公开说明这次泄漏是如何发生的。"克雷布斯报道。在首次

⊖ Brian Krebs, "Sources: Target Investigating Data Breach," *Krebs on Security* (blog), December 18, 2013, https://krebsonsecurity.com/2013/12/sources-target-investigating-data-breach.

⊜ Michael Finney, "Woman's Debit Card Suspended Due to Target Breach," *abc7 News*, January 14, 2014, http://abc7news.com/archive/9393709.

⊜ Kelli Grant, "Why Did Target Take So Long to Report Data Security Breach?" *NBC News*, December 20, 2013, https://www.nbcnews.com/business/why-did-target-take-so-long-report-data-security-breach-2D11783300.

⊛ Alexandra Klausner, "'I Won't Shop at Target Again': Angry Fraud Victims Condemn Store after Details of up to 40 MILLION Credit Cards are Stolen by Hackers," *Mail Online*, December 19, 2013, http://www.dailymail.co.uk/news/article-2526235/Over-1-MILLION-Target-customers-account-information-stolen-Black-Friday-weekend-in.html.

⊝ Aimee Picchi, "Customers Seeing Red Over Target's Hacking Response," *CBS News*, December 20, 2013, https://www.cbsnews.com/news/customers-seeing-red-over-targets-hacking-response.

⊗ Target, "Target Data Security Media Update #2," press release, December 23, 2013, https://corporate.target.com/press/releases/2013/12/target-data-security-media-update-2.

宣布泄漏近一个月后。消费者猜测，由于塔吉特没有做出回应，记者们转向了调查性报道。

提示：双向沟通

当泄漏发生时，组织保持静默是很自然的。高管和公关团队害怕说错话，结果往往是什么都不说。更糟糕的是，律师们经常建议高管们保持沉默。不幸的是，沉默会快速侵蚀信任，而愤怒的利益相关者将填补沟通的空白。

正如"DRAMA"模型中的"行动"命令所暗示的那样，说点什么很重要，而且要快。请记住下面的危机沟通技巧（3.3.5 节已经介绍过了）：

- **早点说，亲自说**。与媒体保持和谐的关系。当媒体联系你时，请提供引言，这样就可传达出这样一个信息：你并没有试图隐瞒什么。
- **清楚、迅速地道歉**。真诚的道歉可以化解愤怒，并显示出对利益相关者的尊重。
- **学会倾听**！让你的员工准备好倾听利益相关者的意见。例如，你可以考虑开设一个呼叫中心来应对这种情况，这样，公众就可以快速地与真人对话。同样，股东、监管机构和其他利益相关者也需要一个能够倾听他们的担忧并发泄强烈情绪的联络点。

塔吉特从一开始就深刻地认识到，沟通是有效应对泄漏的基础。

7.3.3.2 受害者

从一开始，"逃避责任"似乎就是塔吉特公司主要的形象修复策略，但事与愿违。"我们非常严肃地对待此事，并与执法部门合作，将责任人绳之以法。"该公司在最初的通告函中表示[⊖]。

显然，塔吉特是受害者，就像消费者自己一样。"这是对塔吉特、我们的团队成员，最重要的是，对我们的客人的犯罪。"首席执行官格雷格·斯坦哈费尔说[⊖]。

公众并不买账。美国公共利益研究集团消费者项目的主管米兹文斯基（Ed Mierzwinski）说："当一家公司没有做好保护消费者信息或告知他们任何问题的工作时，消费者会感到

⊖ Target, "Target Confirms Unauthorized Access to Payment Card Data in U.S. Stores," press release, December 19, 2013, https://corporate.target.com/press/releases/2013/12/target-confirms-unauthorized-access-to-payment-car.

⊖ Target, "A Message from CEO Gregg Steinhafel about Target's Payment Card Issues," *Bullseye View*, December 20, 2013, https://corporate.target.com/article/2013/12/target-ceo-gregg-steinhafel-message.

沮丧。"⊖

　　"不要扮演受害者。"维萨在 2008 年发布的一份商家指南中敦促道,"几年前,当宣布数据泄漏时,企业可能会成功地把自己简单地描述成受害者。如今,这是一个有缺陷且危险的策略。虽然你可能已经遭遇了针对你的犯罪行为,但公众和商业媒体仍会追究你的责任,不会把你当作共同受害者。"⊖

　　要是塔吉特听从了维萨的建议就好了。"受害者"战略的问题在于,它没有给塔吉特公司承担责任的空间,这最终导致了能力和品格的问题,并导致了公司高管团队的垮台。

提示:承担责任

　　塔吉特声称自己是"受害者"的声明听起来很空洞。消费者觉得塔吉特有责任保护他们的数据,但却未能尽到责任。虽然"受害者"在其他情况下可能是一个成功的形象修复策略,但它通常不适用于数据泄漏响应。尤其是当该组织的网络安全项目存在明显的漏洞时,就像塔吉特一样。

　　"受害者"战略也会适得其反,因为它会侵蚀组织的领导团队的信心。请回忆一下 3.2.3 节中信任的 3C:能力、品格和关心。如果组织的领导层不承担泄漏的责任,并对出现的问题提供充分的解释,利益相关者通常会指责其缺乏能力、品格或关心。就塔吉特公司而言,这导致了其首席执行官的下台。

　　只有承担起责任,领导层才有机会保持信心,扶正局面。

7.3.3.3　请在圣诞节前相信我们

随着圣诞节倒计时的结束,塔吉特的高管团队显然陷入了恐慌。对零售商来说,受损的形象会迅速影响销售。他们发布了一则"来自塔吉特首席执行官格雷格·斯坦哈费尔关于支付卡问题的网络信息",并在 YouTube 上发布了一系列视频(现已删除)。这条信息包含几种形象修复策略⊜:

- 第一个视频的标题是"塔吉特公司的 CEO 表达感谢",很明显,这是为了使公司更人性化,并充分利用节日期间公众对公司的普遍善意倾向(加强公众对公司的支持)。

⊖　Beth Pinsker, "Consumers Vent Frustration and Anger at Target Data Breach," *Reuters*, January 14, 2014, http://www.reuters.com/article/us-target-consumers/consumers-vent-frustration-and-anger-at-target-data-breach-idUSBREA0D01Z20140114.

⊖　Visa, *Responding to a Data Breach: Communications Guidelines for Merchants*, 2008, 8, https://usa.visa.com/dam/VCOM/global/support-legal/documents/responding-to-a-data-breach.pdf.

⊜　Target, "A Message from CEO Gregg Steinhafel about Target's Payment Card Issues," *Bullseye View*, December 20, 2013, https://corporate.target.com/article/2013/12/target-ceo-gregg-steinhafel-message.

- 塔吉特试图用这样的声明将伤害最小化："我们希望我们的客人明白，只是在受影响的时间段内在塔吉特购物，并不意味着他们是欺诈的受害者。事实上，在其他类似的情况下，实际遭遇欺诈的可能性通常很低。最重要的是，我们想让客人放心，他们不会为任何信用卡和借记卡欺诈承担财务责任。"

- 他们继续逃避责任，声称"这是针对塔吉特、我们的团队成员，最重要的是，对我们的客人的犯罪"。

- 塔吉特在演示纠正措施方面做了一个微弱的尝试（"问题已经确定并消除了"），但是由于缺乏关于管理团队能力的细节和问题，该声明无法令人信服。

- 一个关于信用监控（补偿 / 纠正措施）的承诺在声明的中间部分被掩盖了："为了给客人提供额外的保证，我们将提供免费的信用监控服务。"塔吉特说。然而，消费者实际上没有办法注册信用监控服务，这加剧了他们的失望情绪，并让他们越来越觉得自己无能。事实上，直到 1 月中旬，受影响的塔吉特用户才可以真正注册该服务。此外，信用监控在支付卡泄漏方面的作用有限，因为它无法阻止任何人使用被盗的卡号进行欺诈。

- 塔吉特公司为顾客提供了一项特别优惠："我们在一起，本着这种精神，我们将为 12 月 21 日和 22 日在美国商店购物的顾客提供 10% 的折扣，这与我们团队成员收到的折扣相同。"信息以这样的话结束："只在店里使用有效。每位客人在一次交易中只能使用一次。若被法律禁止，则无效。在加拿大无效。没有现金价值。"折扣原本可能是一种补偿形式，但这句话却强化了塔吉特与"客人"之间非个人的、交易性的关系。

这条信息并未起效。塔吉特公司 2013 年第四季度的利润下降了 46%，这主要是由数据泄漏造成的⊖。事件发生后的两个月里，公司股价下跌了 11%，直至首席财务官约翰·穆里根在电话会议上"向投资者保证，顾客正开始重返其美国门店"之后，公司股价才出现强劲上涨⊖。

⊖ Maggie McGrath, " Target Profit Falls 46% on Credit Card Breach and the Hits Could Keep Coming, " *Forbes*, February 26, 2014, https://www.forbes.com/sites/maggiemcgrath/2014/02/26/target-profit-falls-46-on-credit-card-breach-and-says-the-hits-could-keep-on-coming.

⊖ Dhanya Skariachan and Jim Finkle, " Target Shares Recover after Reassurance on Data Breach Impact, " *Reuters*, February 26, 2014, https://www.reuters.com/article/us-target-results/target-shares-recover-after-reassurance-on-data-breach-impact-idUSBREA1P0WC20140226; Yahoo! Finance, *Target Corporation (TGT)*, 2014, https://finance.yahoo.com/quote/TGT/history?period1=1357023600&period2=1420009200&interval=1d&filter=history&frequency=1d.

> **提示：提供真正的价值**
>
> 　　在制定补偿或纠正措施策略时，要考虑什么才是对你的利益相关者真正有价值的或有助于纠正问题。当信任关系被破坏时，提供同时对发生泄漏的组织有利的提议（比如塔吉特公司 10% 的折扣）对消费者来说似乎是一种廉价的贿赂。相反，选择提供明确和毫不含糊的利益给受委屈的一方，不可能是别有用心的。这在短期内可能会花费更多，但这无疑是修复关系最有效的方法。

7.3.3.4　道歉不深刻

　　塔吉特的危机沟通消息中没有一个明确的道歉。缺席是令人震惊的。例如，在 2013 年 12 月 20 日发表的斯坦哈费尔的书面"消息"中，他只是为"客人"试图联系塔吉特的客户服务代表时遇到的困难道歉。"我们向你道歉，并希望你理解我们正在经历前所未有的电话流量。"这位首席执行官的信息中并没有对泄漏事件本身的道歉，也没有对塔吉特公司推迟发布通知的道歉，这让公众大为恼火。

　　无论是对个人还是对组织，道歉都是人际关系中至关重要的元素。心理治疗师贝弗利·恩格尔（Beverly Engel）写道："这是一种重要的社交仪式，是对受委屈的人表示尊重和同情的一种方式。这也是承认一种行为的一种方式，如果不注意，这种行为可能会损害双方的关系。道歉能够消除他人的怒气，避免被进一步误解。虽然道歉不能消除过去的不良行为，但如果真诚而有效地道歉，就能消除这些行为的负面影响。"[⊖]

　　在许多数据泄漏案例中，组织不会道歉，因为担心道歉会增加责任。然而，正如我们将在第 9 章中看到的，一个明确的道歉可以迅速化解愤怒，实际上有助于减少诉讼（详见 9.6.4 节）。

　　俄亥俄州立大学菲舍尔商学院的研究人员发现，道歉有六个关键要素[⊖]：

1）表达遗憾。

2）解释出了什么问题。

3）承认有责任。

4）发布悔改宣言。

5）提供补偿手段。

6）请求宽恕与原谅。

⊖　Beverly Engel, *The Power of Apology: Healing Steps to Transform All Your Relationships* (Hoboken, NJ: Wiley & Sons, 2002), 12.

⊖　Jeff Grabmeier, "The 6 Elements of an Effective Apology, According to Science," *Ohio State University News*, April 12, 2016, https://news.osu.edu/news/2016/04/12/effective-apology.

"我们的研究结果表明，最重要的部分是对责任的承认。"该学院的管理与人力资源荣誉退休教授罗伊·利维克（Roy Lewicki）表示，"说你犯了错，那么这就是你的错。"⊖

塔吉特公司等待的时间越长，公众的怨恨和愤怒就越强烈。该公司表示，感觉很糟糕："我们意识到，这个问题一直令人困惑，具有破坏性。我们非常重视客人信息的隐私和保护。"⊜⊜但道歉的关键要素缺失了。塔吉特没有承担责任，因此，它无法有效地解释出了什么问题，无法表示忏悔，也无法请求原谅。

提示：道歉

当数据泄漏发生时，道歉通常是修复形象的第一步。你等得越久，（用户）就会越生气。

向受影响的利益相关者清晰、迅速、认真地道歉。记住俄亥俄州立大学研究人员所描述的道歉的关键要素⊕：

1）表达遗憾。

2）解释出了什么问题。

3）承认有责任。

4）发布悔改宣言。

5）提供补偿手段。

6）请求宽恕与原谅。

道歉使你和你的利益相关者能够开始修复过程并继续前进。

7.3.3.5 个人化

从 2013 年 12 月 20 日开始，塔吉特泄漏事件的媒体交流有了明显的、奇怪的和个人化的改变。显然，有人告诉公司高管，他们最初的沟通太过简洁，没有人情味。突然，塔吉特向"客人"发送了由首席执行官"签名"的新邮件（更不用提在电子邮件上草草签名的古怪之处了）。

⊖ Jeff Grabmeier, " The 6 Elements of an Effective Apology, According to Science," *Ohio State University News*, April 12, 2016, https://news.osu.edu/news/2016/04/12/effective-apology.

⊜ Target, " A Message from CEO Gregg Steinhafel about Target's Payment Card Issues," *Bullseye View*, December 20, 2013, https://corporate.target.com/article/2013/12/target-ceo-gregg-steinhafel-message.

⊜ Target, " A Message from CEO Gregg Steinhafel about Target's Payment Card Issues," *Bullseye View*, December 20, 2013, https://corporate.target.com/article/2013/12/target-ceo-gregg-steinhafel-message.

⊕ Jeff Grabmeier, " The 6 Elements of an Effective Apology, According to Science," *Ohio State University News*, April 12, 2016, https://news.osu.edu/news/2016/04/12/effective-apology.

随后，该公司发布了一篇名为《近期塔吉特数据泄漏的幕后》的文章，其中刊登了多名高管不安、悲伤的照片和视频。你几乎可以看到公关顾问在指导塔吉特的高管，告诉他们要"人性化"地作出回应。他们确实这么做了，但结果并不鼓舞人心。

到 2014 年 1 月，塔吉特公司已不顾一切地修复其形象。斯坦哈费尔接受了 CNBC 的独家采访，其间，受到了大肆吹捧。不幸的是，结果并不令人满意。这位首席执行官看上去很紧张，说话的速度经常太快，于是他又开始使用"固定"的通用短语，比如"安全"，他重复了不下九遍○：

> 这是为了让我们的环境更安全。
>
> 到晚上 6：00，我们的环境已经安全了。
>
> 我可以告诉你，塔吉特的环境是安全的，我们对此非常有信心。
>
> 我们真的想向他们保证塔吉特的环境是安全的。
>
> 我们删除了恶意软件，这样就可以提供一个安全的购物环境。
>
> 我们的……环境是安全的，我们对此非常有信心。
>
> 我们深知，我们的环境是安全的。
>
> 我们认为拥有安全可靠的环境非常重要。
>
> 我可以告诉你，塔吉特的环境是安全的，我们对此非常有信心。

达特茅斯学院企业沟通学教授保罗·阿根提（Paul Argenti）指出："人们对'客人'一词非常关注，而不断重复'客人'一词，十分生硬。"○

在 CNBC 的采访中，斯坦哈费尔给人留下了一个强烈的印象，那就是他要隐瞒一些事情。他避开了对细节的回答，改变了话题，有一次还直截了当地说："我们正在进行刑事调查，你可以理解。我们只能分享这么多。"（对此，主持人贝基·奎克（Becky Quick）似乎并不领情。）○据路透社报道："这家美国第三大零售商在提供其所知情况和时间细节方面含糊其辞。"○

○ "CNBC Exclusive: CNBC Transcript: Target Chairman & CEO Gregg Steinhafel Speaks with Becky Quick Today on CNBC," press release, January 13, 2014, https://www.cnbc.com/2014/01/13/cnbc-exclusive-cnbc-transcript-target-chairman-ceo-gregg-steinhafel-speaks-with-becky-quick-today-on-cnbc.html.

○ Jena McGregor, "Target CEO Opens Up about Data Breach," *Washington Post*, January 13, 2014, https://www.washingtonpost.com/news/on-leadership/wp/2014/01/13/target-ceo-opens-up-about-data-breach.

○ Becky Quick, "Target CEO Defends 4-Day Wait to Disclose Massive Data Hack," *CNBC*, January 12, 2014, https://www.cnbc.com/2014/01/12/target-ceo-defends-4-day-wait-to-disclose-massive-data-hack.html.

○ R. Kerber, P. Wahba, and J. Finkle, "Target Apologizes for Data Breach, Retailers Embrace Security Upgrade," *Reuters*, January 13, 2014, https://www.reuters.com/article/us-target-databreach-retailers/target-apologizes-for-data-breach-retailers-embrace-security-upgrade-idUSBREA0B01720140113.

难怪斯坦哈费尔会紧张：他在主动地误导公众。他说："12 月 15 日周日真的是第一天。就在那天，我们确认我们有一个问题……星期一……第二天真正开始了调查工作和法务工作……第三天在做准备工作，我们想要确保我们的商店和呼叫中心能够做好充分的准备。第四天进行了通知。因此，在这个四天进程中，对一些人来说，时间可能比这四天还长，我们夜以继日地工作，试图做正确的事情，做到透明、真实，然后尽快分享我们所知道的。"

但 12 月 15 日（周日）并不是"第一天"，调查在周一之前就已经开始了。记者后来发现，美国司法部和联邦经济情报局早在 3 天前的 12 月 12 日就通知了塔吉特公司。斯坦哈费尔很快强调，"第一天"是泄漏被"确认"的那一天，但事实是塔吉特几天前就得到了通知，而"四天进程"实际上是一周。塔吉特公司害怕公众的强烈反应，选择误导公众而不是揭露真相。

斯坦哈费尔最终明确地道歉并承担责任——这一令人耳目一新的进步为他在媒体上赢得了声誉。不幸的是，这些声明并没有出现在许多新闻片段中，比如 NBC 的商业报道《晚间新闻》——这是一个强有力的提醒，新闻媒体会选择最有趣的片段来播放，而不一定是那些遭遇泄漏的组织希望看到的片段。

斯坦哈费尔也成功地将这个故事人性化，他在周日早上和妻子喝咖啡时才知道这次泄漏事件，这是一个"普通人"（everyday Joe）的经历，很多人都有同感。然而，股东们并不想听到 CEO 和消费者一样惊讶的消息。在整个采访过程中，斯坦哈费尔努力表现出关心他人的样子，但并没有让人确信该公司在网络安全管理方面的能力——这个错误最终让他丢掉了工作。

提示：真诚和自信

在危机中，强有力的领导者是无价的，部分原因在于，如果个人陈述是真诚的，那么效果最好。视频和音频信息尤其如此。你可以让一组公关人员写一份精心准备的声明，让首席执行官跟着提词器阅读，但这经常会给人留下这样的印象：内容过多。

最有效的陈述是真实的、发自内心的。在撰写个人陈述时，可以考虑让你的发言人（比如 CEO）密切参与，并确保内容能真正引起他的共鸣。

7.3.3.6　对受害者进行钓鱼式攻击

雪上加霜的是，网络罪犯复制了塔吉特的通知邮件和网站设计，并发送了大量看似来自塔吉特的钓鱼邮件——但事实上，这些邮件包含了一些诈骗网站的链接，这些网站窃取了受害者的个人信息[一]。不幸的是，塔吉特使用了一个虚假的、非塔吉特官方的电子邮件地址来发送其官方通知，这造成了其要么不了解良好的网络安全做法，要么不在乎给人的印象。塔吉特发布了它的早期通知后，《福布斯》的一位撰稿人指出了这个"美丽而可怕"的地址，它由一个含有 50 个字符的字母数字字符串组成，网址是 target.bfi0.com。"许多用户会认为这是一封诈骗邮件（或者根本不会注意到，更让人担心的是，真正的诈骗者的行为经常几乎与此完全相同）。"[二]

为了减轻损害，塔吉特发布了一系列更新消息和警告。圣诞节前一天，塔吉特公司发布了一份更新消息，称："我们注意到了有限的网络钓鱼或诈骗通信事件。为了让我们的客人相信从塔吉特收到的信息确实来自我们，我们正在公司网站上建立一个专门的模块，用来展示塔吉特公司发给客人的所有官方信息的 pdf 文档。"[三]

提示：针对钓鱼攻击做好规划

网络罪犯会利用任何机会让人们点击链接或访问恶意网站。在一次重大的数据泄漏发生之后，经常会看到大量针对受害者的诈骗信息和网站，这些信息和网站经常模仿真实的通知或赔偿。除了塔吉特以外，在艾可菲公司和安森保险公司泄漏事件以及无数其他事件中也是如此。

通过从一开始就采取预防措施来保护你的利益相关者。只要情况允许，使用一个众所周知的、被广泛信任的域名发布网页和发送电子邮件。教育收件人，让他们知道如何区分来自团队的真实消息和其他的虚假消息。在你能做到的最大程度上，在设计沟通计划时考虑网络安全，这样受害者就不会遭受两次伤害。

7.3.3.7　坏新闻活动

塔吉特公司不仅点燃了媒体的狂热，它还在几个月的时间里通过持续不断的新闻报道和定期发布新的消息来煽风点火。塔吉特的泄漏基本上演变成了一场糟糕的多媒体营销活动，包括常规的电子邮件、社交媒体、电视和杂志。这与维萨多年来一直向商家提供的处理泄漏的明智建议完全相反："让它成为某天的故事。通过提前沟通并交付承诺的消息更

[一] Catey Hill, "Email 'from Target' to Customers is a Phishing Scam," *MarketWatch*, December 20, 2013, https://www.marketwatch.com/story/scammers-pounce-on-target-fiasco-2013-12-20.

[二] James Lyne, "Target's Latest Failure and How to Spot a Scam," *Forbes*, January 7, 2014, https://www.forbes.com/sites/jameslyne/2014/01/07/targets-latest-failure-and-how-to-spot-a-scam.

[三] James Lyne, "Target's Latest Failure and How to Spot a Scam," *Forbes*, January 7, 2014, https://www.forbes.com/sites/jameslyne/2014/01/07/targets-latest-failure-and-how-to-spot-a-scam.

新，公司能够减少媒体过度渲染的机会。"⊖

随着危机的持续，塔吉特公司明显地隐瞒信息和反复做出误导性甚至虚假的陈述，无意中给了记者调查的动机。例如，2013 年 12 月 24 日，路透社报道："据一位熟悉情况的高级支付高管透露，攻击塔吉特公司的黑客成功窃取了加密的 PIN。"这与塔吉特早期的声明相矛盾，该声明称"没有迹象表明借记卡 PIN 受到了影响"⊜。

在听到路透社的声明后，塔吉特公司坚持自己的立场，坚称"未加密的 PIN 数据没有被访问"，PIN 数据没有被"泄漏"⊜。三天后，该公司又发布了一份新闻稿，承认除卡号外，其网络上"高度加密的 PIN 数据已被移除"⊛。这一逆转引发了另一场媒体狂热，并加剧了民众普遍的不信任和认为塔吉特要么无能要么不诚实的看法。

"记者越努力挖掘有关泄漏的信息，记者及其编辑对故事的重视程度就越高，这将反映在新闻的播出地点和被认为具有新闻价值的时间中。"针对商家的维萨指南解释说⊛。PIN 被盗的声明具有新闻价值，因为其含有全新的信息，但由于塔吉特显然试图掩盖该消息，因此该声明令人震惊。

让我们来看看塔吉特的泄漏事件是如何在泄漏发生后的头几周发展出多条故事线的：

- 塔吉特最初对布莱恩·克雷布斯的回应不足，这就保证了他能在没有塔吉特参与的情况下发表文章。第二天，塔吉特又笨拙地发布了最初的公告，随后几天又进行了多次多媒体交流，随着时间的推移，这又给了记者们不必要的素材。

- 到 12 月下旬，包括纽约、康涅狄格州、南达科他州和马萨诸塞州在内的几个州都已发布有关数据泄漏的公开声明，并展开了调查。作为回应，塔吉特的总法律顾问蒂姆·贝尔（Tim Baer）与来自多个州的司法部长举行了电话会议。国家调查本身就被认为具有新闻价值。《华尔街日报》报道了这次电话会议，也包括在假期后的 1 月初安排的后续电话会议⊛。立法者（例如美国参议员查克·舒默（Chuck

⊖ Visa, *Responding to a Data Breach: Communications Guidelines for Merchants*, 2008, 8, https://usa.visa.com/dam/VCOM/global/support-legal/documents/responding-to-a-data-breach.pdf.

⊜ Jayne O'Donnell, " Target: PINs not Part of Stolen Credit Card Info," *USA Today*, December 19, 2013, https://www.usatoday.com/story/money/personalfinance/2013/12/19/target-credit-debit-card-data-breach/4125231.

⊜ Jim Finkle and David Henry, " Exclusive: Target Hackers Stole Encrypted Bank PINs -Source," *Reuters*, December 25, 2013, https://www.reuters.com/article/us-target-databreach/exclusive-target-hackers-stole-encrypted-bank-pins-source-idUSBRE9BN0L220131225.

⊛ David Goldman, " Target Confirms PIN Data was Stolen in Breach," *CNN Tech*, December 27, 2013, http://money.cnn.com/2013/12/27/technology/target-pin/index.html.

⊛ Visa, *Responding to a Data Breach: Communications Guidelines for Merchants*, 2008, 8, https://usa.visa.com/dam/VCOM/global/support-legal/documents/responding-to-a-data-breach.pdf.

⊛ Sara Germano and Robin Sidel, " Target Discusses Breach with State Attorneys," *Wall Street Journal*, December 23, 2013, https://www.wsj.com/articles/target-discusses-breach-with-state-attorneys-1387842976?mg=prod/accounts-wsj.

Schumer》）举行了新闻发布会，以回应公众对泄漏的强烈抗议。

- 就在新年的前几天，塔吉特公司透露，加密的 PIN 也被盗了，推翻了之前的声明。这加剧了信任的普遍缺乏，并刺激了记者去挖掘更多内幕。

- 2014 年 1 月 10 日，塔吉特透露，除了 4000 万个支付卡卡号外，多达 7000 万客户的个人信息（姓名、地址、电话、电子邮件地址）也被曝光[⊖]。根据塔吉特的数据，总共有 7000 万到 1.1 亿人受到影响[⊜]。这一消息在全美引起了又一轮的震动。新年以来塔吉特一直相当稳定的股票价格下跌了，导致了更多的新闻报道。

- 为了修复塔吉特公司的形象，该公司首席执行官格雷格·斯坦哈费尔接受了 CNBC 电视台的独家采访。2014 年 1 月 13 日（周一），这个 30 分钟的采访从早上 6 点的"财经论坛"一直持续到晚间商业报道[⊜]。

- 为了应对普遍的愤怒和不信任，美国国会就塔吉特泄漏事件举行了多次听证会，包括使用其首席财务官约翰·穆里根的证词。美联邦贸易委员会也展开了调查。

坏新闻一点一滴地泄漏出来，形成了媒体活动的巨大洪流。

提示：保持平淡

如果你不小心，重大的数据泄漏可能会变成重大的新闻活动。由于隐藏信息，甚至颠倒声明，塔吉特给记者留下了这样的印象：如果他们付出努力，就会挖出很多内幕。相反，塔吉特随后在不同时间向媒体发布的声明、更新的消息和视频，引发了媒体的狂热。

可通过一次性发布所有的信息（至少，在最大程度上）来降低媒体对你的数据泄漏事件的兴趣。考虑披露那些可能被调查记者发现的信息，这样就不会给记者留下挖掘独家新闻的动力。通过这种方式，你可以将数据泄漏转化为坏新闻的风险最小化。

7.3.3.8 媒体泄漏

各大新闻媒体嗅到了这则有趣的新闻，于是纷纷组建调查小组。塔吉特的雇员（过去

⊖ Target, "Target Provides Update on Data Breach and Financial Performance," press release, January 10, 2014, https://corporate.target.com/press/releases/2014/01/target-provides-update-on-data-breach-and-financia.

⊜ Elizabeth A. Harris and Nicole Perlroth, "For Target, the Breach Numbers Grow," *New York Times*, January 10, 2014, https://www.nytimes.com/2014/01/11/business/target-breach-affected-70-million-customers.html

⊜ "CNBC Exclusive: CNBC Transcript: Target Chairman & CEO Gregg Steinhafel Speaks with Becky Quick Today on CNBC," press release, January 13, 2014, https://www.cnbc.com/2014/01/13/cnbc-exclusive-cnbc-transcript-target-chairman-ceo-gregg-steinhafel-speaks-with-becky-quick-today-on-cnbc.html.

的和现在的）、供应商、执法部门和承包商似乎都惊呆了而无法做出任何回应。

据报道，彭博社《商业周刊》的调查记者"采访了十多位熟悉该公司数据安全运营的塔吉特公司前雇员，以及八名对黑客及其后果有专门了解的人，包括前雇员、安全研究人员和执法人员"。这些消息人士透露了一系列令人不快的细节，彭博社的员工利用这些细节拼凑出了塔吉特"错过警报"的新闻。"他们讲述的故事是关于警报系统的，安装该系统是为了保护零售商和客户之间的纽带，效果很好。但是后来，4000 万张信用卡卡号，以及 7000 万条地址、电话号码和其他个人信息从它的主机源源不断地涌出时，塔吉特待机了。"⊖

同样，《华尔街日报》似乎也能毫不费劲地找到消息来源，获得有关塔吉特公司泄漏事件的内部消息。"新的细节来自对塔吉特公司前雇员、了解泄漏后调查的人以及与大型企业网络合作的其他人的采访，表明，此次泄漏行为并非完全是天方夜谭，而是对一个已知的弱点进行的复杂攻击。"该报社在 2014 年 2 月的报告中写道⊖。

更糟糕的是，克雷布斯能够获得威瑞森在塔吉特泄漏发生后的几周内制作的高度机密的塔吉特内部渗透测试报告的副本，并利用它制造了一条毁灭性报道。"机密性调查的结果（直到现在从未公开披露）证实了专家们长期以来的猜测：攻击者一旦进入塔吉特的网络，就没有什么可以阻止他直接和完整地访问塔吉特商店中的每个收银机。"克雷布斯揭示，"塔吉特公司委托进行这项研究的目的是'预防诉讼'，牵扯到的银行可能会联合起来起诉公司，以弥补向客户补发信用卡的成本。"

很明显，塔吉特公司对其媒体交流没有控制权。当重大公关事件发生时，媒体来敲门是正常的。虽然泄漏确实发生了，但很少有这么多人愿意与记者分享丑陋的细节。这种行为表明对公司缺乏忠诚，也可能因为缺乏培训和薄弱的"安全文化"——也可能是这些问题导致了泄漏本身。人力资源是每个组织的信息安全项目的重要组成部分。有证据表明，在塔吉特，这个事实也被忽视了。

提示：控制媒体交流

　　在泄漏发生之后控制组织的交流是绝对关键的。当出现有趣的故事时，记者可能会将目标对准组织中从低级别的 IT 员工到薪酬最高的高管中的任何一个人，

⊖ M. Riley, B. Elgin, D. Lawrence, and C. Matlock, " Missed Alarms and 40 Million Stolen Credit Card Numbers: How Target Blew It, " *Bloomberg*, March 17, 2014, https://www.bloomberg.com/news/articles/2014-03-13/target-missed-warnings-in-epic-hack-of-credit-card-data.

⊖ D. Yadron, P. Ziobro, and D. Barrett, " Target Warned of Vulnerabilities Before Data Breach, " *Wall Street Journal*, February 14, 2014, https://www.wsj.com/articles/target-warned-of-vulnerabilities-before-data-breach-1392402039.

以了解细节。

在危机来临之前，一定要培训你的员工。指定一个媒体联络点，并确保每个人都知道在哪里。考虑打印小卡片或海报，以便在发生危机时在整个办公大楼内悬挂，并附上关键的联系信息。确保每个员工都知道不要同媒体谈话，并将呼叫者介绍给指定的联系人。在常规的员工培训中包含这些关键信息。

完成这些的时机是在危机爆发之前。在此之后，一切都很难说。

7.3.3.9 恶意软件泄漏

在塔吉特公司不知情的情况下，它的技术人员意外地向公众泄漏了高度敏感的信息，甚至是在这次泄漏事件被公布之前。这后来又成为困扰公司的问题。

2013 年 12 月 11 日，有人从塔吉特服务器上传了一个恶意软件样本到 VirusTotal 分析服务。世界各地的用户都将恶意软件上传到 VirusTotal，VirusTotal 运行着自动威胁分析工具，然后提供结果报告。塔吉特的技术人员（或第三方分析师）极有可能发现了受感染的"过滤"服务器，并上传了恶意软件以查看它是什么。VirusTotal 维护着大量的恶意软件和报告库，安全专家可以利用这些库来诊断其自身网络上的问题。

问题是 VirusTotal 不会对上传的恶意软件样本保密。相反，该组织与许多组织共享其恶意软件数据库——恶意软件可能包含非常有启发性的信息。Dell Secureworks 的研究人员获得了一份从塔吉特上传的恶意软件副本，发现它被用于将多批被盗的支付卡卡号从犯罪分子的内部交付准备服务器转移到塔吉特网络外的一个系统。该恶意软件包含了塔吉特内部服务器的 IP 地址、一个关键的进程名和其他各种细节，使得研究人员能够确定安装日期和可能的过滤时间。

类似地，塔吉特内的响应者显然在 2013 年 12 月 18 日将 POS 恶意软件上传到了 ThreatExpert。与 VirusTotal 一样，ThreatExpert 是一种分析恶意软件样本并向响应者提供信息的第三方服务。ThreatExpert 也与其他人共享其数据库。Dell Secureworks 的研究人员获得了一份塔吉特 POS 恶意软件的副本，该软件用于从内存中提取卡号，然后定期将它们转移到塔吉特内部服务器。研究人员发现，该恶意软件包含塔吉特公司内部服务器的硬编码 IP 地址、Windows 域名、用户账户凭证，甚至还有一个包含被盗信用卡卡号的文件。目前还不清楚研究人员从哪里获得了恶意软件的样本，但是内部 IP 地址和用户账户凭证已经在 ThreatExpert 的恶意软件报告中公布⊖。

⊖ Threat Expert, *Submission Summary*, January 8, 2014, https://krebsonsecurity.com/wp-content/uploads/2014/01/POSWDS-ThreatExpert-Report.pdf.

2014 年 1 月 14 日，克雷布斯在博客上发布了有关该恶意软件的信息，并称这是来自"接近调查的消息来源"所揭露的[⊖]。10 天后，Dell Secureworks 发表了一份深入的分析报告，披露了进一步的技术细节，进一步激起了媒体的关注。后来，美国国会在调查塔吉特公司的网络泄漏事件时，引用了这份报告[⊖]。

这个故事的寓意是，恶意软件可以很具有启发性。恶意软件样本可以包含关于被黑客入侵的组织的内部网络配置、账户甚至被盗数据片段的敏感信息。通过分析已编译的恶意软件样本的时间戳，研究人员可以准确地有根据地猜测某个组织何时以及如何受到攻击。通过查看上传时间，他们可以知道防御者可能在什么时候发现了恶意软件，并计算出从检测出到披露的时间间隔。

提示：仔细评估恶意软件分析服务

VirusTotal 和 ThreatExpert 之类的服务可能非常有用，但它们提供的信息是有代价的。通常，它们与第三方共享用户上传的恶意软件样本。在某些情况下，这可能会泄漏有关组织何时以及如何遭到入侵的敏感信息。

所有检测和分析恶意软件的工作人员（包括系统管理员、安全团队成员和取证调查人员）都应该接受培训，以了解使用第三方恶意软件分析服务的利弊。当你与第三方共享一个恶意软件样本时，考虑你可能会泄漏什么信息是很重要的。你可能会发现安装它的罪犯的详细信息，但你也可能正在分享有关你所服务的组织的机密甚至破坏性的信息。

仔细检查你使用的任何恶意软件分析工具的服务条款，并确保你了解泄漏的可能性。为了在你的组织中进行恶意软件分析，建立一个明确的书面政策，教育你的调查人员。通过采取这些预防措施，可以减少意想不到的媒体丑闻。

7.3.3.10 失职的形象

在塔吉特公司泄漏事件的始终，公司给许多利益相关者都留下了以下负面印象：

- **能力不足**——塔吉特没有很好地管理或监督公司的网络安全项目。

- **品格缺陷**——塔吉特公司缺乏勇气和正直。

- **漠不关心**——塔吉特公司真正关心的不是消费者的福利，而是自己的利润率和钱包。

⊖ Brian Krebs, "A First Look at the Target Intrusion, Malware," *Krebs on Security* (blog), January 15, 2014, https://krebsonsecurity.com/2014/01/a-first-look-at-the-target-intrusion-malware (accessed January 16, 2018).

⊖ U.S. Comm. on Commerce, Science, and Transportation, *"Kill Chain" Analysis*; Jarvis and Milletary, "Inside a Targeted."

这些事情不一定是真的，但在塔吉特的整个响应中，它的行动（或缺乏行动）导致了这三种类型的负面看法。这些看法破坏了利益相关者对组织的信任。随着斯坦哈费尔的视频的发布以及公司公关团队的共同努力，一些负面看法得到了纠正，但并不是所有。

2014 年 3 月，当彭博社发布其泄漏内容时，消费者仍难以理解塔吉特公司的反应。彭博社《商业周刊》的编辑约翰·泰兰吉尔（John Tyrangiel）在电视上分析了塔吉特的泄漏响应，这一段完美地抓住了消费者的情绪[⊖]。

"令人难以置信的是，从黑客攻击真正发生到塔吉特公司实际发表声明之间的时间如此之长，"主持人讲道，"我们知道它为什么在开车时睡着吗？"

"嗯，这真是一个大谜题。"泰兰吉尔回答说。评论员们回顾了事实：塔吉特公司显然在最先进的安全工具上投入了大量资金，远远超过当时的大多数零售商。该公司似乎关心网络安全，有迹象表明，它的意图是最好的。泰兰吉尔强调说："我们发现所有人都在说不存在任何形式的掩盖。"

这次攻击本身并不特别，主持人将其描述为"非常普通的操作"。塔吉特公司的安全工具有效地发出了警报，其团队有多次可以阻止这次泄漏的机会。经过事实分析，泰兰吉尔得出结论："真是太失职了。"就是这样。这是一个被广泛接受的结论。是的，利益相关者表达了对 3C 的担忧，包括关心和品格，但到了 2014 年 3 月，人们普遍认为塔吉特的团队在网络安全方面根本没有能力。

不知不觉中，塔吉特公司通过笨拙的公众响应，帮助制造了这种无能的形象。这并不是零售商犯下的最糟糕的错误，但这确实意味着，为了修复形象，最终需要对管理层进行更换。

2014 年 5 月 5 日，斯坦哈费尔在塔吉特公司工作了 35 年后"辞职"，这可能是大型公司的首席执行官因数据泄漏被免职的最早案例[⊖]。塔吉特公司在笨拙地响应了泄漏事件后，接下来的沟通仅激起了公众的愤怒，并在几个月的时间里引发了媒体的负面关注。因为想通过用斯坦哈费尔的形象"人性化"塔吉特的泄漏事件沟通，而后来他成了塔吉特公司网络安全失败的一个象征，所以斯坦哈费尔的辞职成了该公司唯一的复苏之路。

7.3.4 家得宝做得更好

2014 年 9 月，就在塔吉特泄漏事件发生 9 个月后，克雷布斯公布家得宝公司正在调

⊖ Bloomberg, "How Target Could Have Prevented Customer Data Hack," *YouTube*, 6:19 min, posted March 13, 2014, https://www.youtube.com/watch?v=G68hY3TsGYk.

⊖ The Street, "Target CEO Gregg Steinhafel Resigns Post-Customer Data Breach," *YouTube*, 1:45 min, posted May 5, 2014, https://www.youtube.com/watch?v=bKxyETHsdvc.

查一起可能在 4 月或 5 月开始的、规模远远大于塔吉特公司的泄漏事件。这一次，克雷布斯的公告中出现了一个名为 rescator.cc 的刷卡论坛的截图，该论坛上在出售家得宝的信用卡卡号。两周后，家得宝披露有 5600 万张支付卡被盗⊖。

　　然而，尽管此次泄漏事件规模巨大，但家得宝在很大程度上保住了自己的声誉。该公司当季的销售额实际上有所增长，超出了分析师的预期。这不仅由于公司的首席执行官弗兰克·布莱克的声誉经受住了泄漏事件的考验，同时，他不久后就退休了，并因处理艰难局面的能力而受到称赞⊜。

　　"家得宝的数据泄漏比塔吉特公司的泄漏更严重，为什么人们对塔吉特感到愤怒？"《市场观察》询问道⊜。

　　塔吉特公司和家得宝的泄漏事件在很多方面都很相似：它们都是大型零售商，并出乎意料地被克雷布斯曝光。在这两起案件中，数千万个支付卡卡号被泄漏（分别为 4000 万和 5600 万）。但是，塔吉特的声誉和销售额直线下降，家得宝却没有。

　　可以肯定的是，家得宝在很多方面都有优势。首先，该公司的泄漏是在 2014 年 9 月宣布的，而不是像塔吉特那样在 2013 年 12 月宣布，当时假日销售给泄漏响应增加了巨大的紧迫性。其次，当家得宝被入侵时，零售网站被入侵的事件已经屡见不鲜。许多人已经"泄漏疲劳"。

　　即便如此，也还有一些可能产生更大影响的其他因素。

　　家得宝推出了积极的消费者响应。当克雷布斯就泄漏事件联系家得宝时，该公司提供了一份直截了当的声明。"我可以确认我们正在调查一些不寻常的活动，我们正在与我们的银行合作伙伴和执法部门合作进行调查。"发言人宝拉·德瑞克（Paula Drake）宣读了一份声明（已经提前准备好了！），"保护客户的信息是我们非常重视的事情，我们正在积极地收集事实，同时努力保护客户。如果确认发生了泄漏，我们将确保立即通知客户。目前，出于安全考虑，不适合进一步推测，但我们会尽快提供更多信息。"⑩

　　几小时后，家得宝在其网站上发布了一条公开消息，用《财富》杂志的话说，这条消

　　⊖　Kate Vinton, " With 56 Million Cards Compromised, Home Depot's Breach Is Bigger Than Target's, " *Forbes*, September 18, 2014, https://www.forbes.com/sites/katevinton/2014/09/18/with-56-million-cards-compromised-home-depots-breach-is-bigger-than-targets.

　　⊜　John Kell, "Home Depot Shrugs Off Data Breach with Sales Growth," *Fortune*, November 18, 2014, http://fortune.com/2014/11/18/home-depot-earnings-breach.

　　⊜　Catey Hill, " Home Depot's Data Breach is Worse than Target's, so Where's the Outrage?" *MarketWatch*, September 25, 2014, https://www.marketwatch.com/story/yawn-who-cares-about-home-depots-data-breach-2014-09-24.

　　⑩　Brian Krebs, " Banks: Credit Card Breach at Home Depot," *Krebs on Security* (blog), September 2, 2014, https://krebsonsecurity.com/2014/09/banks-credit-card-breach-at-home-depot/.

息"幸运地避开了拗口的企业术语"。塔吉特在其早期发布的消息中隐晦地提到了"支付卡问题",而家得宝则从一开始就披露了"可能的支付数据泄漏"○。毫无疑问,塔吉特公司的律师们相信,通过隐瞒细节和谨慎措辞可保护公司不受伤害,但结果是塔吉特公司在舆论的法庭上惨败——家得宝没有重蹈覆辙。

家得宝在其第一份新闻稿中也列入了道歉和保证立即提供信用监控,这甚至发生在泄漏被证实之前。"我们知道这个消息可能令人担忧,我们为可能造成的担忧道歉……如果确认有泄漏,我们将向任何可能受到影响的客户提供免费的身份保护服务,包括信用监控。"

更重要的是,家得宝立即聘用了一个呼叫中心,其每天能够处理5万通来电。据新闻报道,呼叫量从未超过该中心容量的25%,但家得宝的首席执行官弗兰克·布莱克"宁愿保持安全"○。这意味着忧心的客户可以拿起电话与人交谈,而不会遭受塔吉特客户所经历的长时间等待所带来的挫折感。

《财富》杂志在一篇名为《家得宝的CEO弗兰克·布莱克如何避免自己的遗产被黑客入侵》的文章中写道:"布莱克承担了全部责任,授权他的团队解决问题,并将重点放在需要的地方,即客户身上。"通过承担责任,家得宝也能够发出真诚的道歉,并采取纠正措施。几周内,家得宝宣布,它已推出了增强的支付数据加密技术,并计划在2014年底前完成EMV卡读卡器的部署○。

家得宝泄漏事件引发了巨大的连锁反应,影响了银行和信用合作社。例如,美国独立社区银行家进行的一项研究表明:"由于家得宝数据泄漏,美国的社区银行补发了近750万张信用卡和借记卡,补发总成本超过9000万美元。"○

尽管受到了影响,但与塔吉特泄漏事件相比,家得宝公司的泄漏事件引发的消费者愤怒明显要少得多。为什么?因为家得宝有效地保留了3C(能力、品格和关心),提前主动地讲述自己的故事,承担责任,道歉,有效地倾听,无缝地回应顾客,并做出弥补。结果呢?销售额增加,甚至还打造了一位更受人尊敬的CEO。

○ Target, "Message from CEO Gregg Steinhafel"; Home Depot, "Message to our Customers about News Reports of a Possible Payment Data Breach," *Home Depot Media Center*, September 3, 2014, https://web.archive.org/web/20140903143546/https://corporate.homedepot.com/MediaCenter/Pages/Statement1.aspx.

○ Jennifer Reingold, "How Home Depot CEO Frank Blake Kept His Legacy from Being Hacked," *Fortune*, October 29, 2014, http://fortune.com/2014/10/29/home-depot-cybersecurity-reputation-frank-blake.

○ Kate Vinton, "With 56 Million Cards Compromised, Home Depot's Breach Is Bigger Than Target's," *Forbes*, September 18, 2014, https://www.forbes.com/sites/katevinton/2014/09/18/with-56-million-cards-compromised-home-depots-breach-is-bigger-than-targets.

○ CBInsight, "Community Banks Reissue Nearly 7.5 Million Payment Cards Following Home Depot Data Breach," press release, December 18, 2014, http://do1.cbinsight.com/press-release/community-banks-reissue-nearly-7-5-million-payment-cards-following-home-depot-data-breach.

7.4 连锁反应

塔吉特公司的数据泄漏事件在整个金融和零售业（事实上，是在全世界范围内）引发的连锁反应，至今仍在重演。

7.4.1 银行和信用合作社

金融机构立即蒙受损失。在美国各地举行的闭门会议上，银行家们抱怨处理成本过高，并就欺诈问题交换了意见。

数据泄漏事件发生两个月后，美国消费者银行家协会（CBA）和国家信用联盟（CUNA）联合报告说，其为会员更换信用卡的总支出超过 2 亿美元[一]。此金额包含 2180 万张卡的更换费，而这 2180 万张卡仅占塔吉特数据泄漏事件中被盗的 4000 万张卡的 54.5%。

数据泄漏事件的事后调查发现，这些数字不包括欺诈成本，甚至不包括发行信用卡的全部成本。CUNA 的首席执行官比尔·切尼（Bill Cheney）说："信用合作社已经或即将更换 85% 的受塔吉特数据泄漏事件影响的信用卡，而不收取会员的任何费用。"

虽然有些成本很容易追踪和量化（比如换卡成本和欺诈成本），但其他成本却十分模糊。例如，在发生重大泄漏后增加客户支持的成本很少得到报告。摩根大通（J.P.Morgan Chase）就是一个完美的例子，该公司在塔吉特数据泄漏事件发生数天后宣布，其将在一个周日额外开放一些分行，以"帮助客户度过假期购物的最后几天"，毫无疑问，银行不得不为此支付额外的加班费，以保证分行能够多营业一天（更不用说员工商誉的损失，因为突然要求员工在圣诞节前的周日工作）[二]。

以下是金融机构因塔吉特公司的泄漏事件而花费的一些费用[三]：

- 信用卡更换费用
- 会员通知费用
- 欺诈交易造成的损失
- 增加的客户服务成本

[一] Consumer Bankers Association (CBA), " Cost of Target Data Breach Exceeds $200 Million, " *National Journal*, February 18, 2014, https://web.archive.org/web/20140306224523/http://www.nationaljournal.com/library/113696.

[二] Sara Germano, " Target's Data-Breach Timeline, " *Corporate Intelligence* (blog), *Wall Street Journal*, September 25, 2014, https://blogs.wsj.com/corporate-intelligence/2013/12/27/targets-data-breach-timeline.

[三] Smart Card Alliance Payments Council, *The True Cost of Data Breaches in the Payments Industry* (White Paper PC-15001, Smart Cards Alliance, March 2015), http://www.emv-connection.com/downloads/2015/03/The-Cost-of-Data-Breaches.pdf.

- 欺诈监测费用

- 客户流失 / 新客户减少造成的损失

- 为重建信任而开展宣传活动的费用

钱从哪里来？塔吉特与两家发卡行的最终和解金额分别达到了6700万美元（维萨）和3930万美元（万事达卡），这个金额甚至还不足以支付补发信用卡的费用，更不用说欺诈交易的处理费用和其他费用了。和解资金中很大一部分流向了信用卡品牌本身。而且，金融机构在泄漏事件发生后多年仍未收到结算资金中属于它们的份额。

信用卡品牌吹捧"零责任"政策，而为此付出代价的却是银行。正如一位银行家所说："大多数人没有意识到遭受损失的不是塔吉特或其他遭受这种侵害损失或欺诈损失的企业，而是他们的发卡行。"⊖最终，银行和信用合作社只能通过以下这种方式弥补这部分损失：那就是提高消费者所需要支付的费用。

7.4.2　信用卡欺诈泛滥

一旦卡号被从塔吉特窃取出来，它们就会迅速出现在由网络犯罪分子"Rescator"运营的卡片店 rescator.la 中。这名犯罪分子可追溯为乌克兰居民安德烈·霍迪列夫斯基（Andrey Hodirevski）⊜。2010年，霍迪列夫斯基的个人网页上列出了他未来的目标，其中包括"统治世界（可能会抢劫世界上所有的银行）"⊝

金融机构慌忙止损。在塔吉特泄漏事件发生的几天后，克雷布斯宣布与当地的一家银行合作来探索黑市商店，目的是寻找和购买该银行自己的卡。他们在 Rescator 网站上创建了一个账户，并通过电汇向其提供了450美元的资金（其他汇款方式包括 Bitcoin、Litecoin、WebMoney 和 PerfectMoney，此外还有更多选择，如主流的 Western Union 和 MoneyGram）®。

"信用卡商店"通常将"基本名称"分配给从同一商家窃取的卡号组，并经常公布"有效率"（即银行未取消的卡的百分比）。2014年12月，塔吉特的卡被以"Tortuga"（乌龟）为基本名称上传，有效率为100%。这些"新鲜的"卡获得了溢价。克雷布斯和他的同事

⊖ Benchmarking & Survey Research/ABA, *Target Breach Impact Survey* (American Banker's Association, July 2014), 14, https://www.aba.com/Tools/Function/Payments/Documents/TargetBreachBankImpact.pdf.

⊜ Brian Krebs, "Who's Selling Credit Cards from Target?" *Krebs on Security* (blog), December 24, 2013, https://krebsonsecurity.com/2013/12/whos-selling-credit-cards-from-target.

⊝ Brian Krebs, "Who's Selling Credit Cards from Target?" *Krebs on Security* (blog), December 24, 2013, https://krebsonsecurity.com/2013/12/whos-selling-credit-cards-from-target.

® Brian Krebs, "Cards Stolen in Target Breach Flood Underground Markets," *Krebs on Security* (blog), December 20, 2013, https://krebsonsecurity.com/2013/12/cards-stolen-in-target-breach-flood-underground-markets.

发现，这批银行卡的价格为 26.60 美元到 44.80 美元。许多 Tortuga 卡都包含退款保证，这意味着，如果这张卡在购物时无效，那么"信用卡商店"承诺换卡或退款[⊖]。

重要的是，塔吉特的"dumps"与被盗卡号所在商店的城市、州、邮政编码和所在国家信息一起出售。这些信息对欺诈者非常有用，因为银行经常在卡上设置欺诈警报，以限制其在持卡人的常住地之外的使用。利用地理信息，犯罪分子可以创建克隆卡并在持卡人所在的地区使用，实现了通过数据来获利，大大降低了信用卡被冻结的可能性[⊜]。

从塔吉特的"dumps"盗取的数据中不包括 CVV 编号，这意味着该数据不太可能被用于线上的欺诈性购买。

随着时间的流逝，塔吉特卡的有效率下降了。接着，这些卡被以新的基本名称出售，并以不同的有效率进行宣传。到 2014 年 2 月中旬，塔吉特卡（以"BeaverCage"为基本名称出售）广告宣称的有效率仅为 60%，售 8 至 28 美元。图 7-1 展示了塔吉特卡随时间下降的有效率。请注意，克雷布斯制作的这张图是根据 Rescator 犯罪团伙广告宣称的数字得出的。正如克雷布斯本人指出的那样："Rescator 一定对伪造编号有既得利益。"[⊜]

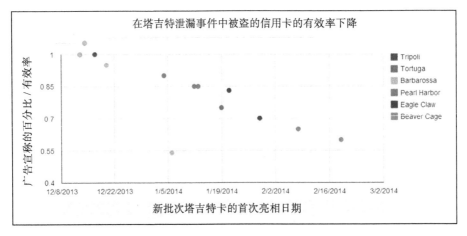

图 7-1　在 Rescator 卡片论坛上以不同的基本名称广告的塔吉特的"dumps"随时间变化的有效率

来源：Krebs，Fire Sale on Cards

[⊖]　Brian Krebs, "Cards Stolen in Target Breach Flood Underground Markets," *Krebs on Security* (blog), December 20, 2013, https://krebsonsecurity.com/2013/12/cards-stolen-in-target-breach-flood-underground-markets.

[⊜]　Brian Krebs, "Cards Stolen in Target Breach Flood Underground Markets," *Krebs on Security* (blog), December 20, 2013, https://krebsonsecurity.com/2013/12/cards-stolen-in-target-breach-flood-underground-markets.

[⊜]　Brian Krebs, "Fire Sale on Cards Stolen in Target Breach," *Krebs on Security* (blog), February 19, 2014, https://krebsonsecurity.com/2014/02/fire-sale-on-cards-stolen-in-target-breach.

7.4.3　补发还是不补发

许多人惊讶地发现，银行和信用合作社一旦怀疑数据被盗，并不会立即补发新卡。原因当然是，银行在权衡欺诈风险与补发新卡的成本、麻烦。

美国银行家协会的一项调查显示，在塔吉特数据泄漏的情况下，补发借记卡的平均成本为 9.72 美元，而补发信用卡的平均成本为 8.11 美元。这包括卡的成本、邮资、售后服务以及其他费用。小银行和信用合作社支付的费用最高（每张卡为 11 至 13 美元）；大银行能够利用规模经济使每张卡的成本为 2 至 3 美元⊖。

补发新卡时，商家也会受到打击，尤其是那些依赖定期自动付款的卡的商家。一位企业主抱怨说："在我的体育馆里，最受欢迎和最赚钱的是那些客户注册并通过信用卡每月自动付款的项目。每有一张信用卡的信息被泄漏，都会使我损失客户和金钱。"⊖

当信用卡被注销并必须补发时，消费者也会感到沮丧。较大的银行可以投资购买即时信用卡打印机，但是许多小银行负担不起，其客户必须等待新卡被邮寄到家。这将使大银行在数据泄漏事件发生后在提供客户服务方面拥有更强的竞争力。塔吉特数据泄漏事件发生后，银行补发了许多卡，以致在全球范围内信用卡库存不足，从而进一步增加了延迟。

所有这些因素都给银行和信用合作社造成了不再补发信用卡的巨大压力。除此之外，还有一个事实是，许多被盗的卡将永远不会被使用，特别是在像塔吉特数据泄漏事件这样大规模的泄漏中，罪犯有大量的卡可选择。

对于美国西北部的许多银行和信用合作社来说，塔吉特不是 2013 年年底最令它们头疼的，而 URM 公司才是，这家公司负责处理该地区数百家商店的付款。突然，在感恩节那一周，顾客们在杂货店排起了长队，被告知要用现金或支票支付。支付处理商被入侵，数百家商店的 POS 系统在一年中最繁忙的购物日被关闭。

"即使有更多被盗用的卡片，我们也没有在塔吉特身上遭受很多损失。损失来自 URM，因为这家公司的被盗信息立即被使用了。"密苏拉联邦信用联盟的企业风险管理和数据管理总监杰森·科尔伯格（Jason Kolberg）说。根据科尔伯格的说法，较小的、更本地化的 URM 攻击导致了更快的欺诈行为，对当地金融机构的打击尤其严重。

当然，除了更改 PIN 之外，还可用其他方法降低欺诈风险。金融机构和支付处理机构监控信用卡欺诈的迹象，如在持卡人所在区域以外的突然使用或其他不寻常的行为模式。当然，这些方法并不是万无一失的，但如果银行不补发信用卡，就必须权衡不确定的欺诈风险，因为这样做会给消费者带来一定的成本和麻烦。

⊖　Benchmarking & Survey Research/ABA, *Target Breach Impact Survey* (American Banker's Association, July 2014), 14, https://www.aba.com/Tools/Function/Payments/Documents/TargetBreachBankImpact.pdf.

⊖　Elaine Pofeldt, "Keeping Customers on Contracts Amid Credit Card Churn," CreditCards.com, June 30, 2014, https://www.creditcards.com/credit-card-news/keeping-customers-contracts-amid-churn-1585.php.

7.5 芯片与骗局

塔吉特泄漏事件发生后,公众普遍感到愤怒。消费者感到不满,商家感到不满,银行和信用合作社对此感到不安。

零售末日引发了对支付卡系统安全性的广泛审查。回想一下,支付卡系统从根本上是不安全的:你有一串很长的号码,你应该对它保密,但你必须把它给很多人才能使用。问题是显而易见的。多年来,欺诈行为层出不穷,信用卡品牌利用 PCI DSS 和合同义务,不断将责任(和债务)推给银行和商家。

与此同时,替代支付解决方案也在蓬勃发展。PayPal 迅速扩展其商家服务,让消费者能够在实体店用手机支付⊖。在塔吉特泄漏事件后不到一年,ApplePay 就被公开发布了,紧随其后的是三星支付(Samsung Pay)和安卓支付(Android Pay)。这些解决方案使用了令牌化,因此不需要商家处理支付卡卡号。这意味着,如果替代支付解决方案得到广泛实施,支付卡泄漏将成为过去——至少对商家来说是这样的——PCI DSS 合规性也将成为过去。

信用卡品牌迅速建立了不同的对话。塔吉特泄漏事件发生后,维萨和万事达卡曾激烈宣称,问题在于,美国没有像欧洲那样使用芯片密码卡。然而,我们将看到,EMV 技术实际上并不能帮助塔吉特或其他零售商避免数据泄漏。信用卡品牌拥有 EMV 技术和许多与之相关的专利,因此它们受益于"芯片"的广泛应用。

商家把钱投入支持 EMV 的新型 POS 终端上,而不是集中在 PayPal、ApplePay 和其他实际上能够降低它们的泄漏风险的替代解决方案上(更不用提合规性要求了)。

直到今天,塔吉特后 EMV 的影响仍然挥之不去。在本节中,我们将展示零售末日是如何导致 EMV 技术的大规模采用的,而 EMV 技术反过来又将原本可能用于替代支付解决方案的资金重新定向。因此,支付卡数据泄漏仍然是一个普遍的问题。

7.5.1 替代支付解决方案

防止支付卡数据泄漏的最佳方法是首先清除支付卡数据。这远远不是一个白日梦,在塔吉特被攻破之时,PayPal 和其他公司已经将这付诸实践。苹果公司当时正准备在全球推出 ApplePay,这将改变游戏规则。

当 ApplePay 于 2014 年 9 月推出时(就在家得宝大泄漏事件发生后几周),苹果公司的首席执行官蒂姆·库克(Tim Cook)提请人们注意安全效益,他说:"我们完全依赖于

⊖ Verne G. Kopytoff, "PayPal Prepares to Expand Offline," *Bits* (blog) *New York Times*, September 15, 2011, https://bits.blogs.nytimes.com/2011/09/15/paypal-prepares-for-a-move-offline.

暴露在外的数字以及过时且脆弱的磁性接口，这种方式已经有 50 年历史了，而我们所有人都知道的安全码并不是那么安全。"[⊖]

ApplePay 和类似的产品允许消费者通过将手机接入商家的 POS 系统进行支付。电话和 POS 系统通过近场通信（NFC）进行无线通信。持卡人不需要刷一条极不安全的磁条，或者因等待长时间的 EMV 交易而排队。商家从来没有收到过卡号，所以没有什么可以从当地的 POS 系统中被盗。

从逻辑上讲，大规模迁移到利用令牌化的移动支付系统是明智的。商家将不再需要承担处理信用卡卡号的风险，因为它们永远不会收到信用卡卡号。消费者甚至可以通过生物认证（如 iPhone 上的 TouchID）来保护自己，而且他们可以方便地使用自己手机上的任意数量的账户进行支付。

7.5.2　信用卡品牌的反击

信用卡协会有一个不同的计划。相反，它更努力地推动世界采用 EMV(俗称"芯片"）。

EMV 卡是一种"智能卡"，用于增强信用卡交易的安全性和附加功能选项，如改进对离线交易的支持。"智能卡"就是它们听起来的样子：比老式磁条卡"更智能"的卡片。其上有一个内置的小型计算机芯片。当与读卡器一起使用时，智能卡可以执行复杂的过程，例如密码验证。

传统上，在美国，信用卡包含带有编码信息的磁条。磁条卡很容易被复制，罪犯经常从磁条上窃取数据，然后复制到新卡上。这在餐馆里尤其容易发生，因为服务员可以拿着顾客的信用卡走进另一个房间，然后把卡复制到机器上。罪犯还可以在加油站和其他终端购买设备的常规信用卡插槽的上方安装信用卡"过滤器"(skimmer)。

EMV 在欧洲广泛使用，最近在美国也得到了更广泛的采用。用户有两种使用 EMV 卡进行身份验证的常见方法："芯片 – PIN"或"芯片 – 签名"。

- 芯片 – PIN：当智能卡被配置为使用"芯片 – PIN"时，用户除了在购买时刷卡外，还必须输入 PIN。卡片加密检查 PIN 是否正确。
- 芯片 – 签名：在"芯片 – 签名"系统中，用户没有 PIN。他们（理论上）使用签名来验证自己的身份。然而，由于大多数商家不检查用户签名的有效性，与芯片 – PIN 的身份验证方法相比，这种方法的安全性较低。

⊖　Shirley Li, " Apple Pay Might Just Make Mobile Wallets Finally Happen," *Atlantic*, September 9, 2014, https://www.theatlantic.com/technology/archive/2014/09/apple-pay-coin-softcard-google-wallet-might-just-make-mobile-wallets-finally-happen/379899/.

7.5.3 改变沟通

就在塔吉特泄漏事件的消息公布后几周，万事达卡公司的高管克里斯·麦克威顿（Chris McWilton）发表了一份声明：

"随着最近报道的商家数据泄漏事件的发生，芯片技术获得了更大的关注，理所当然……万事达卡继续认为，现在是时候将 EMV 迁移到美国了。"○

维萨也加入了进来。"维萨致力于确保我们的网络在最高安全级别运行，并将继续推动业界采用包括 EMV 芯片技术在内的新安全措施。"维萨公司的首席执行官查理·沙夫（Charlie Scharf）说。

这些信用卡品牌已经宣布，美国商家必须在 2015 年 10 月 1 日之前改用支持 EMV 的 POS 机。塔吉特泄漏事件发生后，它们又大力宣传。它们强调，"责任转移"不是强制性的。相反，任何没有改用 EMV 的商家都会发现自己需要为某些类型的欺诈承担责任。

例如，如果一个罪犯将一个卡号复制到一张新卡的磁条上，然后在一个商家的未启用芯片终端上刷卡，那么商家将承担欺诈责任，而不是银行。这样做的理由是，如果 EMV 终端能够防范欺诈，那么商家就会因选择不使用现有的技术来防止欺诈而承担责任。

7.5.4 阻止了数据泄漏，还是没有？

EMV 卡比磁条卡更难克隆，因为它们包含一个微小的计算机芯片。因此，它们可以帮助减少某些类型的欺诈，即罪犯伪造信用卡副本并将其用于店内购物。

然而，EMV 并不能降低数据泄漏的风险。犯罪分子仍然可以从 POS 系统的内存中窃取支付卡信息，就像对塔吉特公司和家得宝公司做的那样。一旦卡数据被盗，这个号码就可以用于无卡消费，而且这些数据仍然可以复制到非 EMV 卡上，并可在接受磁条卡的零售商（它们都接受磁条卡）那里进行欺诈性消费。

正如克雷布斯直言不讳地说："'零'是指，如果塔吉特公司在泄漏发生之前就将技术部署到位，具有芯片和 PIN 功能的终端能够阻止恶意分子窃取的客户卡数量（没有端对端地加密卡数据，卡号和有效期仍然可能被盗，并在网上交易中被使用）。"○

研究表明，EMV 一般不会减少欺诈。在欧洲国家，在部署好 EMV 之后，实体卡欺诈有所减少，但无卡欺诈有所增加○。犯罪分子只是利用偷来的信用卡数据进行网上购

○ Chris McWilton, " Customer Letter," Mastercard, January 8, 2014, https://newsroom.mastercard.com/wp-content/uploads/2014/01/C-McWilton-Customer-Letter-01-07-14.pdf.

○ Brian Krebs, " The Target Breach, By the Numbers," *Krebs on Security* (blog), May 6, 2014, https://krebsonsecurity .com/2014/05/the-target-breach-by-the-numbers/.

○ Benjamin Dean, " What You Will Pay for a More Secure Credit Card," *Fortune*, October 1, 2015, http://fortune.com/2015/10/01/pay-secure-credit-card.

物，而不是亲自进行诈骗。

"EMV 对数据泄漏没有任何帮助。"专注于零售和酒店行业的技术研究公司 IHL Group 的总裁格雷格·布泽克（Greg Buzek）说，"EMV 也无力保持网上交易的安全。"⊖

这就引出了一个问题：如果 EMV 实际上并没有预防数据泄漏或减少总体欺诈，那么为什么信用卡协会希望在塔吉特数据泄漏事件发生之后采用它呢？

7.5.5　谁拥有芯片？

信用卡品牌还有另一个促使商家使用 EMV 的原因：它们拥有 EMV。缩写词 EMV 本身就代表"Europay、Mastercard 和 Visa"，这是最初开发该标准的三个信用卡品牌。这些品牌成立了 EMVCo 有限责任公司（在特拉华州注册）来开发和管理 EMV 标准。如今，EMVCo 的所有者包括美国运通、JCB、万事达卡、发现、银联和维萨。在 EMVCo 的网站上可以看到："EMV 是 EMVCo 有限责任公司在美国和世界其他国家的注册商标或商标。追溯到 1999 年，EMV 指的是由 EMVCo 管理的所有规范。"⊜

根据 IPWatchdog 发布的一项研究，截至 2015 年，万事达卡持有的 EMV 相关专利最多（22.3%），维萨持有 4.5%。这些信用卡品牌在迫使在美国大规模部署 EMV 方面有着既得利益。

7.5.6　公众舆论

维萨和万事达卡在塔吉特泄漏事件发生后发表的声明给公众留下了一个错误的印象，即 EMV 本可以帮助防止泄漏事件发生，塔吉特公司没有部署 EMV 是一种疏忽。"消费者也希望 EMV 能恢复他们对支付系统的信心。"塔吉特泄漏事件发生后，CreditCards.com 网站报道说⊜。

塔吉特本身就很快地延续了 EMV 神话，把塔吉特事件说成全美性的失败。"我认为我们看到的是我们系统中的漏洞。"该公司的首席执行官在泄漏事件发生后的第一次采访中说，"在美国，我们使用的是磁条技术，那是旧的技术……有一个更好的方法，它被称为 EMV 技术……我们认为，现在是美国承诺来达到这一标准的时候了。"⑩

⊖　Glenn Taylor, "EMV 'Money Pit' Set to Cost Retailers $35 Billion," *Retail Touch Points*, July 24, 2015, https://www.retailtouchpoints.com/topics/pos-payments-emv/emv-money-pit-set-to-cost-retailers-35-billion.

⊜　"The Trademark Centre," EMVCo, accessed January 17, 2018, https://www.emvco.com/about/trademark-centre.

⊜　Tamara E. Holmes, "Data Breaches Turn Spotlight on EMV Cards," CreditCards.com, February 7, 2014, https://www.creditcards.com/credit-card-news/data_breaches-spotlight-EMV_chip_cards-1273.php.

⑩　"CNBC Exclusive: CNBC Transcript: Target Chairman & CEO Gregg Steinhafel Speaks with Becky Quick Today on CNBC," press release, January 13, 2014, https://www.cnbc.com/2014/01/13/cnbc-exclusive-cnbc-transcript-target-chairman-ceo-gregg-steinhafel-speaks-with-becky-quick-today-on-cnbc.html.

在受到抨击的情况下，塔吉特迅速做出反应，宣布将斥资 1 亿美元升级其 POS 系统以支持 EMV。"在网络犯罪分子造成大量的数据泄漏之后，塔吉特仍在努力纠正自己的问题，塔吉特在周二宣布，它将在明年年初之前对其借记卡和信用卡使用更安全的技术，这很可能使其成为美国第一家使用 EMV 的主要零售商。"⊖

尽管 EMV 并不是解决数据泄漏的有效方法，公众还是接受了信用卡协会的说辞。这给了塔吉特一个直截了当的方式来宣布其基础设施"安全"，从而重新赢得公众的信任。它紧跟潮流，花了钱，并"升级"为 EMV。

7.5.7   值得吗?

许多观察者质疑向 EMV 的转变是否值得。美国国家零售基金会（National Retail Foundation）估计，该行业此举的总成本将为 300 亿至 350 亿美元⊜。其中包括新设备、软件、认证、安装和培训费用，以及 12 亿美元的新芯片卡花费⊜。

EMV 还以其他方式冲击了商家的钱包。消费者使用 EMV 卡支付花费的时间更长，结账过程变慢。POS 系统供应商 Harbortouch 的创始人兼首席执行官贾里德·艾萨克曼（Jared Isaacman）解释称："平均而言，使用芯片卡支付需要 7 至 10 秒，而使用传统的刷卡支付需要 2 至 3 秒。"⑩

商家推迟了从磁条式向 EMV 式转换的整个前景，因为担心产品线更长和销售损失。在芝加哥的 ADA 酒吧，服务员米歇尔·绍特（Michelle Szot）详细记录了一些数字。"在一家有 300 名顾客的夜晚蓝调酒吧，那将是很糟糕的……每四张卡片加起来会花掉一分钟。"她说，"每隔几秒钟就会无法提供一杯饮料……你本可以赚到钱——酒吧本可以赚到钱。"⑮

零售商们非常谨慎，以至于许多零售商在购物高峰期故意关闭芯片读卡器。2015 年圣诞节前一周，也就是责任转移最后期限的两个月后，CVS 在结账期间关闭了 EMV 系统。

⊖　Elizabeth A. Harris, "After Data Breach, Target Plans to Issue More Secure Chip-and-PIN Cards," *New York Times*, April 29, 2014, https://www.nytimes.com/2014/04/30/business/after-data-breach-target-replaces-its-head-of-technology.html.

⊜　David French, "Hearing on the EMV Deadline and What it Means for Small Businesses," *NRF*, October 7, 2015, https://nrf.com/sites/default/files/ChipAndPin-2015-SmallBusiness-HearingStatement.pdf.

⊜　"Retail's $35 Billion 'Money Pit': Product Overview," IHL Group, accessed January 17, 2018, http://www.ihlservices.com/product/emv.

⑩　Stacey Wescoe, "EMV Cards Could Slow Holiday Shopping Lines," LVB.com, accessed January 17, 2018, November 30, 2015, http://www.lvb.com/article/20151130/LVB01/311259997/emv-cards-could-slow-holiday-shopping-lines.

⑮　Matthew Sedacca, "Chip Cards are Going to Ruin Your Night Out at the Bar," *VinePair*, August 17, 2016, https://vinepair.com/articles/the-new-credit-card-chips-are-a-disaster-for-bartenders-and-customers.

据 *Quartz* 杂志报道："CVS 可能不是唯一这样做的零售商。对于排长队的解决方案不是加快结账速度，而是在一年中最繁忙的购物季完全'绕过'新的安全功能。"[一]

PIN 与签名

芯片 – PIN 卡在减少欺诈方面非常有效，因为购买时需要双因素认证。犯罪分子可能会窃取银行卡数据，但他们如果没有用户的 PIN，就没那么幸运了。然而，许多美国企业对芯片 – PIN 卡的实施有合理的担忧。

很多消费者觉得增加的 PIN 很烦人，尤其是考虑到持卡人的钱包里平均大约有三张卡，而且很多人需要追踪多个 PIN[二]。更重要的是，在餐馆里，在使用芯片 – PIN 卡之前，小费必须加到总消费金额中，这彻底改变了美国人长期以来的用餐习惯。Buzztime 的市场营销高级副总裁大卫·米勒（Dave Miller）说："对于传统的 EMV 设备，服务器通常在进行卡交易之前要求输入小费。这一过程消除了服务员在顾客签名结账后输入更高小费金额进行欺诈的可能性，但也可能会让服务员和顾客感到不舒服，从而削弱了客人的体验。"[三]

结果是，在美国发行的大多数 EMV 卡都是芯片 – 签名的形式，而不是芯片 – PIN 的形式。正如著名作家约翰·哈格雷夫（John Hargave）在 2006 年说明的那样，签名并没有太多用处。哈格雷夫（早期互联网幽默网站 Zug.com 的共同创建者）决定测试是否有人实际上在看他的签名。哈格雷夫在他的信用卡刷卡凭条上的签名块处进行了一系列艺术加工，包括画鲸鱼 Shamu、人体图以及写"I stole this card"一词，所有这些都被接受了，直到一次去 Circuit City 公司试图购买一台 16 800 美元的电视，并用大写字母"NOT AUTHORIZED"签名，他才被拒绝[四]。

芯片 – 签名与单"芯片"一样有效——本质上是单因素认证（你拥有的东西），而芯片 – PIN 提供双因素认证（你拥有的东西和你知道的东西）。芯片 – 签名卡的欺诈率通常会更高，但在美国，客户体验更为重要。

[一]　Ian Kar, "The Chip Card Transition in the US Has Been a Disaster," *Quartz*, July 29, 2016, https://qz.com/717876/the-chip-card-transition-in-the-us-has-been-a-disaster.

[二]　Stefani Wendel, "State of Credit: 10 Year Lookback," *Experian* (blog), May 20, 2019, https://www.experian.com/blogs/insights/2019/05/state-of-credit-2018-2/.

[三]　Matthew Sedacca, "Chip Cards are Going to Ruin Your Night Out at the Bar," *VinePair*, August 17, 2016, https://vinepair.com/articles/the-new-credit-card-chips-are-a-disaster-for-bartenders-and-customers.

[四]　John Hargrave, "How Crazy Would I Have to Make My Signature Before Someone Would Actually Notice?" Zug.com, April 28, 2007, https://web.archive.org/web/20070428090930/http://www.zug.com:80/pranks/credit.

7.5.8   无芯片，请刷卡

当全美各地的零售商购买新的 POS 系统时，消费者困惑地看着，这些系统放在零售商的柜台上，EMV 插槽里有一张小卡片，上面写着"无芯片"或"请刷卡"。在许多情况下，这些新设备会失灵数月或数年。

这一点尤其令人困惑，因为新的 POS 系统非常昂贵。部署新的 POS 基础设施需要投资新的设备和劳动力。但显然还缺乏设备，因为在最后期限之前订购了新的 POS 设备的零售商发现，它们要等上 4 个月才能收到设备⊖。一旦责任期限过了，商家就要对某些没有使用 EMV 的欺诈交易承担责任，因此它们有强烈的动机立即使用新功能。

神奇的是，数以千计的新 POS 设备仍放在柜台上，EMV 功能未被使用。它们被闲置了很长时间，以至于出现了一个新的行业：制造商开始兜售适应 EMV 读卡器插槽的卡片，上面写着"芯片读卡器即将推出"和"请刷卡！"，这些都被吹捧为"对客户的简单提醒，提醒他们芯片读卡器没有启用"⊖。一些供应商甚至提供印有商家标志的定制卡片。

7.5.8.1   EMV 认证瓶颈

事实证明，升级到 EMV 系统并不是那么简单，因为每个 POS 系统都必须通过 EMVCo 认证，而 EMVCo 并非偶然地由六个主要的卡品牌拥有。有三个级别的认证，前两个级别可以由 POS 设备的制造商完成。许多拥有更复杂设置的商家需要获得"三级"认证，其中每个卡品牌都要进行集成设置测试。

认证本身可能是一个昂贵的过程。 在线支付博客 Paylosophy 解释说："通常，EMV 认证涉及管理费（由收单行收取），每次运行正式测试脚本的费用为 2000 美元到 3000 美元。EMV 工具包（每次 EMV 认证中都要使用）的平均成本为每用户许可证 10 000 美元到 30 000 美元。"⊜每个处理卡的收单行都收取自己的费用，并且仅接受某些工具包，因此商家最终可能要多次支付这些费用。

所有的 POS 制造商和软件供应商都必须获得他们的终端认证，而唯一可以提供认证的公司是 EMVCo。其结果是积压了大量的认证申请。供应商还必须向 EMVCo 支付高昂的费用，以启动流程——这些费用无疑会以产品价格的形式传递给商家。供应商还必须定期向 EMVCo 支付额外的"续费"。费用结构以晦涩的 PDF "公告"形式列在 EMVCo 网

⊖   Ian Kar, " The Chip Card Transition in the US Has Been a Disaster," *Quartz*, July 29, 2016, https://qz.com/
     717876/the-chip-card-transition-in-the-us-has-been-a-disaster.

⊜   Chip Reader Messages, " Chip Reader Messages -20 Card Set," Amazon, accessed October 1, 2018, https://
     www.amazon.com/Chip-Reader-Messages-Card-Set/dp/B01HSUF5Y0/.

⊜   " EMV Certification in a Nutshell, " Paylosophy, accessed January 17, 2018, http://paylosophy.com/emv-
     certification-nutshell.

站上。例如，目前的批准费用和更新费用为 5500 美元到 6000 美元⊖。

在设备本身获得认证后，商家必须申请自己的三级认证。在这个复杂的过程中，商家与每个卡品牌和收单行进行谈判。三级认证的成本取决于每个商家的基础设施的规模和复杂性，但据报道可能为数百美元到数万美元⊜。

愤怒的气泵

EMV 转换对设有收银台的商店来说已经够艰难的了，但对那些投资于更昂贵的设备（如自动取款机或加油站）的企业来说，价格太高了。ATM 升级的最后期限最终被推迟到 2016 年 10 月，而加油站的最后期限则被推迟到 2017 年 10 月。

许多安全专业人士对这一扩展表示担忧："由于加油站位于室外，暴露在外，无人值守，犯罪分子很容易对其安装读卡器，在不显眼的情况下收集持卡人的数据……推迟使用更安全的 EMV 技术将使欺诈者继续欺骗消费者。"⊜

7.5.8.2　时间使人付出代价

当商家等待 EMVCo、信用卡品牌和收单行慢慢处理大量的认证请求时，EMV 责任转移的最后期限来了又走。在加州，两家零售商对信用卡品牌提起诉讼，声称："在商家等待认证时，信用卡欺诈行为仍在继续。但是，由于 EMV 最后期限将责任转移给了不遵守规定的一方，这意味着任何在未激活的终端上刷卡的欺诈交易都要商家负责。这两名原告抱怨，它们将面临 88 笔超过 9000 美元的退款，外加每笔 5 美元的手续费——这是一个巨大的财务负担。"⑩

2016 年的春天，美国参议员理查德·德宾（Richard Durbin）给 EMVCo 写了一封措辞严厉的信，称："美国 2015 年向 EMV 的过渡一直受到各种问题的困扰，这些问题给零售商和消费者带来了负担，也阻碍了 EMVCo 减少欺诈的目标。例如，许多购买了 EMV 读卡器技术的商家由于 EMV 软件认证过程缓慢而无法使用它。此外，许多消费者不被鼓

⊖　EMVCo, "Card Approval Fee Change Notification," *EMVCard Type Approval Bulletin* 26, 4th ed., (October 2018), https://www.emvco.com/wp-content/uploads/documents/CTA_Bulletin_No_26_4th_Ed_-_CA_ApprovalFeeChangeNotification_20181005.pdf (accessed July 31, 2019).

⊜　"EMV Costs, Certifications and More: What You Need to Know Before the Migration," QuickBooks, accessed January 17, 2018, https://quickbooks.intuit.com/r/emv-migration/emv-costs-certifications-and-more-what-you-need-to-know-before-the-migration.

⊜　"Delayed EMV Liability Shift Brings More Harm Than Help," Chargeback911.com, December 9, 2016, https://chargebacks911.com/delayed-emv-liability-shift-brings-more-harm-than-help.

⑩　BI Intelligence, "Small Businesses are Moving Ahead with an EMV Lawsuit," *Business Insider*, October 10, 2016, http://www.businessinsider.com/small-businesses-are-moving-ahead-with-an-emv-lawsuit-2016-10.

励使用 EMV 卡，因为在零售柜台进行交易需要等待很长时间。"

德宾参议员指出，EMVCo 领导层缺乏"多元化的利益相关方代表"是根本问题。他写道："消费者、金融机构、商家、支付处理商、技术公司和较小的支付网络……在 EMVCo 的任何决定中都不具备有意义的投票。"事实上，不同的利益相关者为了能有自己的代表，它们必须注册 EMVCo 订阅服务，个人会花费 750 美元，其公司会花费 2500 美元[○]。

德宾总结道："EMVCo 目前似乎是由大型卡网络为它们自己运营的。"[◎]

7.5.8.3   耗尽资源

零售末日的长期影响是刺激 EMV 技术的采用。具有讽刺意味的是，EMV 的推出实际上并没有降低支付卡数据泄漏的风险。相反，它将资源和注意力从可能真正有用的技术上转移开了。

研究公司 IHL Group 的创始人格雷格·布泽克表示："12 年前，EMV 被引入欧洲时，意义重大。如今，它妨碍了真正的数据安全，因为它窃取了关键的预算，使我们无法专注于零售商面临的线上黑客风险。"[◎]

通过迅速而有力地推动 EMV 的采用，这些信用卡品牌成功地转移了公众对替代支付解决方案（和金钱）的注意力。"移动商务为商家提供了与客户沟通的机会，并通过一种可能比现在的实体销售点更安全的解决方案，更好地定位并服务于最有利润和最受欢迎的消费者。"Market Platform Dynamics 的首席执行官凯伦·韦伯斯特（Karen Webster）说，"EMV 的部署只会迫使人们将注意力和资源从为消费者、商家和为整个支付系统增加价值的事情上转移开。"[®]

2015 年 10 月，在 EMV 责任转移的最后期限即将到来之际，美国零售联合会（National Retail Federation）向国会提交了一份措辞严厉的声明，提醒人们注意这样一个事实：信用

○ "EMVCo Subscriber Programme," EMVCo, accessed January 17, 2018, https://www.emvco.com/get-involved/subscribers.

◎ Dick Durbin, "Durbin Questions Whether Credit/Debit Card Chip Technology Rollout Is Adequately Protecting Competition & Consumers," Dick Durbin, U.S. Senator, Illinois (website), press release, March 17, 2016, https://www.durbin.senate.gov/newsroom/press-releases/durbin-questions-whether-credit-/-debit-card-chip-technology-rollout-is-adequately-protecting-competition-and-consumers; Dick Durbin, "Letter from Senator Durbin to Director of Operations Brian Byrne," Dick Durbin, U.S. Senator, Illinois (website), May 11, 2016, https://www.durbin.senate.gov/imo/media/doc/Letter%20from%20Senator%20Durbin%20to%20EMVCo%20Director%20of%20Operations%20Brian%20Byrne%20-%20May%2011,%202016.pdf.

◎ "EMV: Retail's $35 Billion 'Money Pit,'" BusinessWire, June 3, 2015, http://www.businesswire.com/news/home/20150603006366/en/EMV-Retails-35-Billion-Money-Pit (accessed January 17, 2018).

® Karen Webster, "6 Reasons to Call an EMV 'Time Out,'" PYMNTS.com, March 23, 2014, https://www.pymnts.com/news/2014/6-reasons-to-call-an-emv-time-out.

卡品牌的转型使它们自己从经济上受益，同时也威胁了它们的竞争对手[一]：

> 如果可以迫使企业以巨额费用快速安装与EMVCo、卡公司的未来业务计划最兼容的设备（EMV卡个性化，基于芯片的联系规范（即近场通信技术），等等），则可以有效地将竞争性替代产品，例如新的移动平台（例如星巴克风格的付款程序），拒之门外。

很明显，支付卡管理系统中存在利益冲突，有时可能导致利润取代了安全性。

7.6　立法和标准

零售末日引发了一系列立法活动。在塔吉特泄漏事件发生后的几个月里，美国的六个国会委员会就数据安全和数据泄漏问题举行了听证会。部分因为塔吉特公司的通知延迟受到公众的密切关注，所以美国缺乏全国性的数据泄漏通知法律引发了大量讨论，进而导致了各州法律的混乱。美国参众两院提出了几项法案，试图建立主动的安全标准，以及一项全国性的数据泄漏通知规定。

美国司法部长埃里克·霍尔德（Eric Holder）大力推动了国会的行动，他发布了一段视频声明以呼吁国家立法者采取行动[二]。美国联邦贸易委员会曾对塔吉特的泄漏事件展开调查，并借此机会推动扩大其监管网络安全的权力。2014年3月，伊迪丝·拉米雷斯（Edith Ramirez）在参议院商业、科学和交通委员会作证。拉米雷斯说："在数据安全和泄漏通知这两个领域的立法应该赋予联邦贸易委员会寻求民事处罚的能力（以帮助制止非法行为），对非营利组织的管辖权，以及《行政程序法》下的规则制定权力。"[三]

拟议中的联邦立法没有一项获得通过。网络安全监管可能会显著增加企业的风险和成本。尽管得到了消费者的广泛支持，但企业对立法前景并不感到乐观。联邦政府的泄漏通知标准本可以大大简化泄漏响应，但却存在许多与现有州法律相冲突的问题[四]。

[一]　David French," Hearing on the EMV Deadline and What it Means for Small Businesses," *NRF*, October 7, 2015, https://nrf.com/sites/default/files/ChipAndPin-2015-SmallBusiness-HearingStatement.pdf.

[二]　Tom Risen," FTC Investigates Target Data Breach," *US News*, March 26, 2014, https://www.usnews.com/news/articles/2014/03/26/ftc-investigates-target-data-breach.

[三]　Federal Trade Commission, *Data Breach on the Rise: Protecting Personal Information From Harm* (Washington, DC: U.S. Senate, April 2, 2014), https://www.ftc.gov/system/files/documents/public_statements/296011/140402datasecurity.pdf.

[四]　N. Eric Weiss and Rena S. Miller, *The Target and Other Financial Data Breaches: Frequently Asked Questions* (Report R3496, Congressional Research Service, February 4, 2015), https://fas.org/sgp/crs/misc/R43496.pdf.

处于微妙地位的美国零售联合会重申，它支持制定国家数据泄漏通知标准⊖但警告称，它"对制定'过度通知'标准的立法持谨慎态度，这种标准可能会降低公众对最严重威胁的敏感度"⊜。

不过，制定国家网络安全标准的步伐仍在缓慢推进。2014 年 2 月，美国政府宣布发布由美国国家标准与技术研究院（NIST）开发的关键基础设施网络安全改善框架⊜。这一新框架是一项为期一年的倡议的结果，该倡议是在奥巴马一年前发布的改善关键基础设施安全的行政命令下启动的⊛。

该框架不是联邦法规。这对任何组织都不是强制性的。相反，这是一种领导行为，它建立了一种"共同语言，以一种符合成本效益的方式，根据业务需求应对和管理网络安全风险"⊛。

尽管 NIST 的网络安全新框架（通常简称为 NIST）早在塔吉特公司泄漏事件公布之前就已经"在准备中"了，但它在 2014 年 2 月发布的时机再好不过了。公众普遍支持网络安全倡议，并对制定国家标准有明确需求。在接下来的几年里，许多实体——从证券交易委员会和联邦金融机构审查委员会等监管机构，到私营企业和非营利组织——开始提及 NIST 网络安全框架，并鼓励它们的社区利用它。

7.7 小结

塔吉特数据泄漏事件是支付卡数据泄漏的转折点。以前，商家可以指望泄漏行为在几周、几个月甚至更长的时间内不被公开，而现在，甚至可以在它们自己还不知道发生了什么时，就被主流媒体公开曝光。这种转变在很大程度上是由调查记者布莱恩·克雷布斯推动的，他为对基于暗网研究和来自银行及信用合作社骨干的建议进行报道铺平了道路。这

⊖ Alina Selyukh, "New Hopes for U.S. Data Breach Law Collide with Old Reality," *Reuters*, February 11, 2014, https://www.reuters.com/article/us-usa-security-congress/new-hopes-for-u-s-data-breach-law-collide-with-old-reality-idUSBREA1A20O20140211.

⊜ Tom Risen, "FTC Investigates Target Data Breach," *US News*, March 26, 2014, https://www.usnews.com/news/articles/2014/03/26/ftc-investigates-target-data-breach.

⊜ National Institute of Standards and Technology (NIST), *Framework for Improving Critical Infrastructure Cyber-security* v.1.0 (Framework Paper, NIST, Washington, DC, February 12, 2014), https://www.nist.gov/sites/default/files/documents/cyberframework/cybersecurity-framework-021214.pdf.

⊛ Office of the Press Secretary, "Executive Order Improving Critical Infrastructure Cybersecurity," The White House, President Barack Obama (website), February 12, 2013, https://obamawhitehouse.archives.gov/the-press-office/2013/02/12/executive-order-improving-critical-infrastructure-cybersecurity.

⊛ National Institute of Standards and Technology (NIST), *Framework for Improving Critical Infrastructure Cyber-security* v.1.0 (Framework Paper, NIST, Washington, DC, February 12, 2014), https://www.nist.gov/sites/default/files/documents/cyberframework/cybersecurity-framework-021214.pdf.

种新模式促使精明的零售商采用更强大的危机沟通计划，并投资于数据泄漏的预防和响应计划。不这么做的人通常会付出沉重的代价。

零售泄漏导致的大规模欺诈和卡替换成本引发了公众的广泛抗议。尽管没有表明 EMV 降低了大规模数据泄漏的风险的证据，但信用卡品牌迅速推动采用 EMV 作为解决方案。相反，EMV 耗尽了那些原本可能投资更安全的新型支付技术的商家的资源。因此，支付卡数据泄漏在今天仍然是一种流行病。最终，消费者付出了代价，企业蒙受了损失。

有利的一面是，零售末日将网络安全问题推到了公众对话的前沿，并推动了对 NIST 网络安全框架等倡议的支持。这也暴露了供应商的漏洞和数据泄漏所带来的风险，我们将在下一章进一步讨论。

| 第 8 章 |

供应链风险

　　科技是全社会各个方面的基础，它通过庞大、复杂的网络将供应商与其客户联系在一起。供应商的安全风险可能会扩散到客户身上，有时会导致广泛的数据泄漏。在本章中，我们将讨论由于服务提供商访问客户的 IT 资源和数据而导致的风险转移。接着，我们将分析整个技术供应链（包括软件和硬件供应商）中引入的风险，并提供使数据泄漏风险最小化的技巧。

谷歌于 2010 年初震惊了世界，当时这家看似无敌的公司宣布遭到黑客入侵。首席法律官戴维·德拉蒙德（David Drummond）写道："在 2009 年 12 月中旬，我们发现了针对谷歌公司的基础设施的高度复杂且目的明确的攻击，导致谷歌知识产权被窃取。起初，这看起来只是安全事件（尽管是重大事件），但是很快发现，它与普通安全事件完全不同。"

根据德拉蒙德所说，谷歌并不孤单。他写道："互联网、金融、技术、媒体和化学等领域的至少二十家大公司也受到了类似的攻击。"

在接下来的几周内，包括 Adobe、雅虎、Rackspace、赛门铁克和英特尔在内的主要科技巨头，以及美国国防承包商 Northrup Grumman 和 Dow Chemical 都公开宣称自己是受害者。有证据表明，至少有 34 家公司成为攻击目标。该系列攻击被称为"巨头攻击行动"。

巨头攻击暴露了高度互连的世界所固有的深层风险。据报道，受害的科技巨头为无数组织提供着软件和 IT 服务。它们是各个领域的无处不在的供应商，这些领域有军事、政府、金融、卫生、制造等。从理论上讲，破坏这些科技公司，攻击者可以威胁到整个社会的安全。

一旦巨头攻击者入侵某家科技巨头，他们便寻求访问知识产权资源库。据报道，源代码在赃物中占主导地位。这不仅直接危害被黑客入侵的科技公司，而且对公司的客户也有严重的影响。攻击者可能使用被盗的源代码来识别更多的漏洞，或创建仿冒产品（可能是受感染的）。更令人恐惧的是，有权访问科技巨头的源代码存储库的恶意行为者可能会在源代码中注入恶意代码，如果这种行为未被发现，则可以将恶意代码部署到全球范围内的客户中。这个想法令人不寒而栗。

有一点是明确的，巨头攻击者利用软件供应链的弱点闯入了科技巨头公司。他们利用 Adobe Reader 和微软 Internet Explorer 这两种软件程序（已部署在全球无数的系统中）的零日漏洞入侵了他们的目标。（令人惊讶的是，微软似乎早在这一切发生前几个月就已经知道 Internet Explorer 中存在漏洞，却没有选择立即发布补丁程序，从而使客户面临着看似不必要的风险。）⊖

零日漏洞利用是一种尖端技术，一般来说，其开发需要耗费大量的资金。同时，它们是使用常见的社会工程策略来实现攻击的：攻击者通过电子邮件或网络聊天向受害者发送鱼叉式网络钓鱼邮件，当受害者单击链接或打开受感染的附件时，会自动在其计算机上安装后门，从而使攻击者可以远程访问。

作为早期的云存储提供商，谷歌代其客户保存大量敏感数据，包括电子邮件、文档、

⊖ Kim Zetter, "Microsoft Learned of IE Zero-Day Flaw Last September," *Wired*, January 22, 2010, https://www.wired.com/2010/01/microsoft-zero-day-flaw.

个人身份信息等。巨头攻击者获得了谷歌的知识产权以及少量客户数据的访问权。如果谷歌在公共关系方面未采取十分出色的策略，则可能会造成重大声誉损失。

直到巨头攻击行动事件发生，技术部门成为攻击目标的事实在全球 IT 界引起了震惊。突然，每个人都变得更加脆弱。"我只能说，哇，世界已经改变了。"迈克菲（McAfee）的首席执行官乔治·库特茨写道，"这些攻击表明，各个行业的公司都是非常有利可图的目标。"

"巨头攻击行动"只是对技术提供商的攻击浪潮上升的开始。它说明了：

- 供应链风险至关重要。一家被黑客入侵的公司可能会对其所有客户的安全造成威胁。
- 单个产品中的软件漏洞可能导致全球范围内的级联危害。
- 强大的技术公司并非立于不败之地，事实远非如此。
- 每个人都有危险。

如今，技术已成为社会各个方面的基础，它通过庞大、复杂的网络将供应商及其客户联系在一起。供应商的安全风险可能会滴落到客户身上，有时会导致大规模的数据泄漏。在本章中，我们将讨论由于服务提供商访问客户 IT 资源和数据而如何转移风险。然后，我们将分析在整个技术供应链（包括软件和硬件供应商）中引入的风险，并提供使泄漏风险最小化的技巧。

8.1　服务提供商的访问服务

服务提供商通常可以访问敏感的客户数据或提供 IT 资源以供客户完成工作。犯罪分子可能会选择这种访问方式，或者只是因为客户对这种访问方式进行了错误的管理，从而导致数据泄漏。这种类型的泄漏通常是在以下过程之一中发生的：

- **数据存储**——在客户数据存储在服务提供商存储库中时发生泄漏。（请注意，有关云数据泄漏的讨论将在第 13 章给出。）
- **远程访问**——滥用第三方远程访问凭证，或跨第三方连接（例如虚拟专用网络）传播的泄漏。
- **物理访问**——盗窃或未经授权访问敏感信息，这些信息通常以纸张或存储介质的形式存储。

我们将依次讨论这些情况。

8.1.1　数据存储

几乎每个组织都依赖于代表他们存储和处理数据的外部服务提供商，具体包括律师事务所、会计师事务所、销售和营销公司、IT 提供商等。当这些服务提供商之一遭到攻击时，自然也会危害到客户的数据。"巴拿马文件"泄漏事件就是一个很好的例子。

> **提示：审核你的供应商**
>
> 　　泄漏风险会在你的供应链中蔓延。为了最大限度地降低这种风险，请确保在初始合同阶段和定期（例如，每年一次）仔细审查供应商的网络安全实践。理想情况下，供应商评估应作为包含以下内容的正式计划的一部分进行[⊖]：
>
> - 建立供应链风险管理流程。
> - 使用已建立的流程确定优先级并评估供应商。
> - 使用合同来实施适当的措施。
> - 评估供应商以确保它们满足合同要求。
>
> 　　如今，许多供应商都定期进行网络安全评估，包括技术和非技术组件，以最大限度地降低泄漏风险。组织可以选择对关键供应商进行自己的深入评估，也可以要求供应商自己进行评估并提供结果（在这种情况下，成本可能以较高的价格传递给客户）。为了最大限度地减少审核供应商的工作量，请考虑向供应商索取现有的第三方评估或摘要的副本。

8.1.2　远程访问

　　许多供应商都可以远程访问客户的系统。在某些情况下，对于提交发票或时间表的访问，其权限相当有限。但是，如美国塔吉特公司的 HVAC 供应商法齐奥机械公司（见第 7 章）的例子所示，即使对 IT 资源的访问权限有限，犯罪分子也可能从一个网络跳到另一个网络并造成数据泄漏。

　　一些供应商可以广泛地远程访问其客户的网络，以提供 IT 服务或支持其安装的设备。不幸的是，这种访问可能被犯罪分子滥用，他们窃取供应商的凭证或将其网络作为攻击跳板。例如，医疗保健提供者 Athens Orthopedic 和 Midwest Orthopedic 发现它们在 2016 年遭到攻击，当时一个犯罪团伙窃取了它们的数据进行勒索。Midwest Orthopedic 的患者通知信透漏："黑客……可能通过第三方承包商进入了我们的保密数据库系统。"[⊜] Athens

---

⊖　National Institute of Standards and Technology (NIST), *Framework for Improving Critical Infrastructure Cyberse-curity* v.1.1 (April 16, 2018).

⊜　"Local Medical Group Involved in Computer Hack Identified," *Daily Journal Online*, July 27, 2016, http://dailyjournalonline.com/news/local/local-medical-group-involved-in-computer-hack-identified/ article_1dfafa55-d3d5-54ba-98cf-bdccafeed7a0.html.

Orthopedic 的新闻稿指出："当黑客使用为诊所提供某些服务的外部承包商的凭证时，泄漏就发生了。"[⊖]

犯罪分子也可以使用盗窃来的密码或有针对性的网络钓鱼攻击，利用一个被黑的供应商轻易地入侵许多客户。不幸的是，在纯文本文件中存储明文密码是发生在许多服务提供商的计算机上的常见现象，因为这是管理众多客户网络的凭证的简单方法。供应商可能没有能用来跟踪和管理多个客户账户的密码的较好系统。结果对于它们所服务的客户而言可能是毁灭性的。

Athens Orthopedic 和 Midwest Orthopedic 就是一个例子，一个供应商不安全将使许多客户面临泄漏风险。昵称为"Dissent Doe"（无名氏）的安全研究员收到了一份提示——可将两家诊所的数据泄漏与"Dropbox 上的欠缺安全措施的 Quest Records LLC 公司的文件"联系起来，这些文件中包含着所有供应商客户网络的密码。Quest Records LLC 公司反过来印证了它遭遇了一次"数据安全事件"，还声称公司正在配合 FBI 展开调查。

"Quest Records LLC 公司的其他客户的医疗信息有多少可能已经被窃取或者仍然处于危险之中？"Dissent Doe 写道，"先前至少有两个没有透露名字的组织正在调查该供应商的泄漏行为，以评估是否导致其患者信息受到损害。"[⊖]

提示：评估供应商的远程访问

供应商的远程访问是许多组织面临的最大的网络安全风险。为了减少由供应商远程访问而造成的泄漏风险，可以采取以下措施：

- **确保供应商拥有安全的密码管理系统**，以最大限度地降低密码被盗或不安全操作造成的（如重用）的风险。
- **要求供应商使用双因素认证**。这样，如果仅仅是密码被盗，犯罪分子也不能直接访问。
- **记录并监视供应商的远程访问**，以快速检测被滥用或被盗的账户凭证。

8.1.3　物理访问

早在"数据泄漏"一词出现之前，供应商就由于物理访问而带来过安全风险。通常

⊖　Athens Orthopedic Clinic, "Important News for Patients," accessed January 18, 2018, http://athensorthopedicclinic.com/important-news-patients.

⊖　Dissent, "Quest Records LLC Breach Linked to TheDarkOverlord Hacks; More Entities Investigate If They've Been Hacked," *DataBreaches.net* (blog), August 15, 2016, https://www.databreaches.net/quest-records-llc-breach-linked-to-thedarkoverlord-hacks-more-entities-investigate-if-theyve-been-hacked.

是，工作人员回家后，清洁人员可以在不受监督的情况下访问敏感信息。安全防护人员、交付人员和其他技术支持人员可能比大多数人知晓更多的访问信息，而且很大程度上往往是不受监管的。在白天工作的员工可能会忘记第三方在晚上可以随意访问其办公桌和橱柜，那时敏感信息是处于未锁定或可见状态的。

有这样一个物理数据泄漏的典型例子：一个身份盗窃团伙的七名成员在盗窃了芝加哥西北医学院教职基金会的 250 名患者的身份之后，于 2010 年 3 月被警察逮捕了。具体是，一个在夜间工作的看门人从患者档案中窃取了个人信息，并将其传递给了她的同谋。根据库克郡治安官汤姆·达特（Tom Dart）的说法，小偷接着会"上网申请信用卡或申请邮寄该人的信用报告"。最终，犯罪分子使用患者账户进行了超过 30 万美元的欺诈性购物（包括购买家具、电子产品、电器和珠宝）。

提示：管理物理访问

物理数据泄漏是信息安全团队经常忽略的一个老问题。正如 NIST 所警告的那样："物理安全和网络安全应该是同等重要的。"[⊖] 为了减少由供应商造成的物理泄漏风险，可采取以下措施：

- **实施"整洁桌面 / 干净屏幕"策略**，以确保在无人看管时他人无法访问敏感信息。
- **即使在设备内部也要采取适当的物理安全预防措施**。锁定敏感数据，确保钥匙和其他接入设备得到适当保护，并在适当的地方安装摄像机和其他监视系统。
- **对可以访问设施的供应商进行背景调查**。对所有具有受信任访问权限的第三方人员都应进行单独标识和仔细审查。

8.2   技术供应链风险

如前文所见，技术可以充当风险的管道，使威胁从服务提供商传播到客户。同时，技术本身会带来风险。软件和硬件可能包含可利用的漏洞、后门和恶意软件，并在不知不觉中被安装到世界各地的客户组织中。恶意攻击者可能会故意入侵技术公司，以从源头将漏

⊖ National Institute of Standards and Technology (NIST)," Best Practices in Cyber Supply Chain Risk Management," U.S. Department of Commerce, September 2015, https://csrc.nist.gov/CSRC/media/Projects/Supply-Chain-Risk-Management/documents/briefings/Workshop-Brief-on-Cyber-Supply-Chain-Best-Practices.pdf.

洞或恶意软件引入产品。此外，技术公司还依赖其他技术公司，从而可导致风险在整个供应链中扩散。

在本节中，我们将探讨技术供应链风险的复杂主题，包括软件和硬件漏洞以及针对技术公司的攻击。

8.2.1　软件漏洞

软件无处不在且具有全球性。所有的软件都有错误，一些错误会导致漏洞，其中某些漏洞会导致数据泄漏。许多软件产品已被大规模部署，这意味着单个软件漏洞可能导致全球无数组织发生数据泄漏。

8.2.1.1　错误和漏洞

行业专家估计，程序员平均每写 1000 行代码会引入 15 ～ 50 个错误[⊖]。强大的培训和测试过程可以减少生产软件中的错误数量，但代价是很高的。因此软件中的错误的数量几乎不可能为零。这些残留的错误一直潜伏在生产软件中，直到有人（朋友或敌人）发现为止。

犯罪分子利用这些漏洞中的一部分，获得对系统资源的未授权访问。新漏洞被公布后，"黑帽"开发人员便采取行动，迅速开发可利用该漏洞的插件和恶意软件。这种行为使现有的漏洞利用工具包更有效，也可能激发全新恶意软件的开发。

现实情况更加糟糕，一些网络犯罪分子专门挖掘软件漏洞进行牟利。全世界技能较高的黑客们一直在搜索"零日"漏洞（尚不知道的漏洞）。一旦发现零日漏洞，便将其出售给出价最高的人，也有可能将其存储起来以备后用。

> **提示：为零日攻击做准备**
>
> 数据泄漏响应团队应该将所有的系统都视为包含零日漏洞，因为事实上也几乎可以肯定是这样的。虽然积极主动、具有前瞻性的修补方法是理想的方法，但是强大的监测和基于网络的检测过程是解决风险的关键。理想情况下，你希望在初期检测到潜在的漏洞，或者至少尽早将其扼杀在萌芽中。为此，你应该：
>
> - 实施基于网络的检测机制和监控，以检测易受未知攻击的系统漏洞。
> - 与 IT 管理员和风险管理团队紧密协调，以帮助确定软件补丁程序的优先级并开发补救控制。

⊖　Steve McConnell, *Code Complete: A Practical Handbook of Software Construction*, 2nd ed. (Seattle: Microsoft Press, 2004).

- 确保为所有的应用程序提供适当的软件清单和补丁程序管理系统，并主动跟踪和管理第三方供应商的升级包。
- 接收会影响组织风险的关键漏洞和软件升级的相关警报。

8.2.1.2   扩大规模

当漏洞广泛存在于全球数百万台计算机、手机和物联网设备中的软件副本中时，漏洞将更加强大。在这些情况下，单个错误可能导致广泛的级联数据泄漏。级联的安全故障问题最早是在 21 世纪初暴露出来的，当时诸如 Slammer 和 Nimda 之类的网络蠕虫恶意软件以惊人的速度在数百万台计算机上传播，造成了网络过载进而发生了大规模的中断。安全专家发出警报，如丹·吉尔（Dan Geer）博士及其同事在其著名的《单一文化》论文中指出："蠕虫无须对目标计算机进行太多猜测，因为几乎所有的计算机都具有相同的漏洞。"⊖

将时间快进二十年到今天，仍然存在相同的问题。从美国国家安全局的网络武器库泄漏的 "EternalBlue" 漏洞已被攻击者迅速利用，并在 74 个国家和地区的关键网络中传播 WannaCry 勒索软件。"据报道，WannaCry 对多个国家的银行、医院、电信服务、火车站和其他关键基础设施造成了破坏。"《科技艺术》的丹·古丁（Dan Goodin）报道⊜。后来，包括臭名昭著的 Emotet 银行木马、"NRSMiner" 加密矿工以及无数其他恶意软件也是利用这个漏洞进行传播、感染的，这些感染在许多情况下引发了数据泄漏。

提示：为大规模漏洞做准备

大规模漏洞在大白天下时会迅速转变为大规模攻击。通过采取以下步骤，在大规模漏洞（例如 EternalBlue）曝光后，可以降低组织遭受泄漏的风险：

- 预期攻击者能够快速开发出复杂的有效载荷。
- 快速跟踪组织的响应。
- 尽快修补受影响的系统。
- 如果无法立即进行修补，请确保组织的响应团队意识到风险在增加。
- 实施其他基于网络的检测和保护机制，以识别针对脆弱性系统的攻击。

⊖ Dan Geer et al., "CyberInsecurity: The Cost of Monopoly," *Computer & Communications Industry Association Report*, September 24, 2003, https://www.schneier.com/essays/archives/2003/09/cyberinsecurity_the.html.

⊜ Dan Goodin, "An NSA-Derived Ransomware Worm Is Shutting Down Computers Worldwide," *Ars Technica*, May 12, 2017, https://arstechnica.com/information-technology/2017/05/an-nsa-derived-ransomware-worm-is-shutting-down-computers-worldwide/.

8.2.1.3 补丁程序问题

防止由软件漏洞引起的泄漏的解决方案看似很简单（给受影响的系统打补丁），但实际上并非如此。首先，必须发现漏洞并将其报告给供应商，然后才能对其进行修补。仅此一项就可能是一个挑战，特别是在还有一个巨大的地下黑市在到处寻找零日漏洞的情况下。

即使供应商发现了漏洞，也不意味着就有补丁。供应商需要投入大量资源来分析报告出来的漏洞并开发软件补丁。和所有的组织一样，软件供应商的资源也有限，因此必须确定响应的优先级。结果是，在发现漏洞和发布补丁之间始终存在延迟。医院、制造商、运输当局和许多其他类型的组织严重依赖于专门的第三方供应商，但在将补丁发布给客户系统之前，这些供应商可能需要数月或数年的时间来评估和测试补丁。在某些情况下，补丁可能永远不存在。

即使供应商已经开发出并分发了软件补丁，脆弱的组织也可能经常由于资源限制、兼容性问题或处理问题而无法立即部署补丁。例如，在微软修补好"EternalBlue"漏洞大约一年后，网络安全公司"Proofpoint 发现了一个涉及 500 000 台受感染 Windows 计算机的加密僵尸网络，该僵尸网络仍能使用 EternalBlue 漏洞进行扩展。这是因为全球的 IT 团队必须测试补丁程序并确保在部署之前它可以兼容所有的软件。在运营敏感的环境中，运行时间至关重要，系统更改的风险可能很高，因此如何安排停机时间来更新系统可能是一个挑战。

结果是，当发现一个广泛存在的漏洞时，大量的计算机在很长一段时间内仍然容易受到攻击是很常见的。同时，犯罪分子会利用这种延迟来危害全世界的计算机系统。

提示：补丁程序管理

每个人都知道补丁程序管理很重要，但是要快速、安全地部署它们有很多障碍。以下是管理软件更新的一些技巧：

- 由专人负责接收有关操作系统和应用程序的重要补丁的警报。
- 根据风险确定软件补丁程序的优先级。
- 确保有一个正式、有效的计划来在整个组织中安装软件补丁程序。
- 定期进行审核，以查找缺少补丁的系统，并验证程序是否正常运行。
- 考虑放弃那些复杂或难以维护的现场软件，在适当的时候转而采用由第三方维护的云应用程序。
- 对网络进行分段，以使敏感设备和其他可能位于打补丁优先级后面的系统分开。这将减少恶意软件从普通工作站传播到更脆弱、更专用的设备的风险。

8.2.2　硬件风险

硬件设备也可以用于传播恶意软件。例如，在 2015 年，卡巴斯基实验室（Kaspersky Labs）透露，一个名为"Equation Group"的阴暗组织已经入侵了希捷、西部数据、IBM、东芝、三星和其他存储品牌。30 多个国家和地区出现了受感染的硬件驱动程序。攻击的目标包括"政府和军事机构、电信公司、银行、能源公司、核研究人员、媒体"。一旦将恶意软件安装在硬盘的固件中，即使重新格式化硬盘并重新安装，该恶意软件也能够持久存在。卡巴斯基研究人员科斯汀·雷乌（Costin Raiu）说："硬件将能够不断感染计算机。"此外，该恶意软件还可以防止磁盘扇区被删除，也能在启动时返回恶意代码而不是正常的指令⊖。

研究人员称，一种 Equation Group 硬盘蠕虫病毒可适应气隙网络，它将待泄漏的数据存储在被感染的硬盘驱动的隐藏区中。当硬盘驱动器连接到可以访问 Internet 的系统时，蠕虫会将数据上传到攻击者的 C&C 服务器（命令 & 控制服务器）。

为了创建恶意软件，雷乌坚持认为，Equation Group 肯定是获得了访问制造商的专有源代码的权限。他说："使用公开信息重写操作系统（硬盘驱动）的可能性为零。"这个提醒也再次引起了人们对巨头攻击的担忧，因为巨头冲击行动的特点恰恰是主要制造商的源代码被泄漏。

8.2.3　攻击技术公司

巨头攻击行动和随后对硅谷的攻击表明，技术公司本身可以成为攻击目标，这也增加了人们的担心，越是流行的软件越可能被破坏，然后攻击者就能获取许多其他组织的访问权限。

有一次，著名安全公司 RSA 的一个漏洞被攻击者直接利用，随后他们成功地实施了对美国国防部门的攻击。当时，RSA 是双因素认证令牌的领先提供商。其"SecurID"产品用于保护全球 4000 万个组织使用的登录界面，其中包括美国国防部（DoD）的承包商和企业银行客户。由于硬件令牌比单因素认证更昂贵、更费人力，因此使用 RSA SecureID 产品的用户的账户价值通常更高，也愿意在网络安全防御方面投入更多资金⊖。

RSA 宣称在 2011 年 3 月遭到黑客入侵，但语焉不详。当时，其首席执行官阿特·科

⊖　Kaspersky Labs, "Kaspersky Lab Discovers Equation Group: The Crown Creator of Cyber-Espionage," press release, February 16, 2015, https://usa.kaspersky.com/about/press-releases/2015_equation-group-the-crown-creator-of-cyber-espionage.

⊖　Riva Richmond, "The RSA Hack: How They Did It," *Bits* (blog), *New York Times*, April 2, 2011, https://bits.blogs.nytimes.com/2011/04/02/the-rsa-hack-how-they-did-it.

维略（Art Coviello）在公司网站上发布了"致 RSA 客户的公开信"。这封信使用了一个泛泛而谈的标题，试图掩盖其戏剧性的真相：这家著名的安全公司受到了攻击，攻击者窃取的东西是一个谜。科维略的信含糊地透露，攻击者"提取"了与 SecurID 系列产品有关的数据。客户不得不怀疑 SecurID 的核心知识产权是否已受到损害，进而自己的系统是否可能因此受到威胁[一]。

屋漏偏逢连阴雨，两个月后，美国国防承包商洛克希德·马丁公司遭到黑客攻击，它公开将矛头指向 RSA。洛克希德公司向媒体证实，其取证分析师得出的结论是，RSA 漏洞是随后发生的网络攻击的"直接因素"，因为它使攻击者可以计算或猜测出六位数的一次性 PIN（作为验证身份的第二个因素）[二]。之后不久，另一个主要的国防部承包商 L-3 通信公司宣布它也遭到了攻击者的攻击，这些攻击者"利用了在 RSA 攻击中得到的泄漏信息"[三]。全世界都痛苦地意识到，RSA 的双因素认证产品遭到了破坏。

由于客户对 RSA 公司的旗舰产品系列失去了信心，该公司未来的前景不容乐观。之后，RSA 发布了另一封"公开信"，为"具有集中用户群的客户"提供令牌替换或监视服务，这些客户通常专注于保护知识产权和企业网络[四]。

这一绝望的举动对应着巨大的代价。几个月后，RSA 公司的总裁汤姆·海塞尔（Tom Heiser）说："这是我们经历过的地狱般的事情。"该公司不得不将产量提高 7 倍，以满足替换令牌的需求，并且仅监控计划一项就耗资 6600 万美元[五]。RSA 公司的公关团队实施了危机沟通策略，与 60 000 多名客户联系，其中包括通过电话联系的 15 000 多名客户，以及通过电话会议和面对面的会议联系的 5000 多名客户。同时，高度重视军事部门、政府机构、国防部承包商和金融机构等重要客户，急急忙忙地为其所有用户补发令牌，同时努力管理其通行证[六]。

[一] Dan Goodin, "RSA Breach Leaks Data for Hacking SecurID Tokens," *Register*, March 18, 2011, https://www.theregister.co.uk/2011/03/18/rsa_breach_leaks_securid_data.

[二] Christopher Drew, "Stolen Data Is Tracked to Hacking at Lockheed," *New York Times*, June 3, 2011, http://www.nytimes.com/2011/06/04/technology/04security.html.

[三] Kevin Poulsen, "Second Defense Contractor L-3 'Actively Targeted' with RSA Secured Hacks," *Wired*, May 3, 2011, https://www.wired.com/2011/05/l-3.

[四] Art Coviello, "Open Letter to RSA SecurID Customers," RSA, 2011, https://web.archive.org/web/20110701042640/www.rsa.com/node.aspx?id=3891.

[五] Hayley Tsukayama, "Cyber Attack on RSA Cost EMC $66 Million," *Washington Post*, July 26, 2011, https://www.washingtonpost.com/blogs/post-tech/post/cyber-attack-on-rsa-cost-emc-66-million/2011/07/26/gIQA1ceKbI_blog.html.

[六] Nelson D. Schwartz and Christopher Drew, "RSA Faces Angry Users After Breach," *New York Times*, June 7, 2011, http://www.nytimes.com/2011/06/08/business/08security.html.

极度"老练"的网络攻击

为了努力地解释公司是如何被黑客攻击的,包括谷歌、Adobe 和其他公司在内的巨头攻击行动的受害者抓住了一个共同的策略:强调攻击技术先进、手法高超。在随后的媒体闪电战中,一个词脱颖而出:"老练"。作为文过饰非的形象修复策略,这可以有效地转移责任负担,使攻击行为看起来像是不可控制的,而不是受害者的任何失职或疏忽的结果。尽管该策略过去曾被一些遭受黑客入侵的组织采用过,但在巨头攻击行动中再一次出现,而且在很大程度上取得了成功。

同时,"高级持续威胁"(APT)的概念也逐渐成为主流。科技公司和记者对此概念习以为常。这个词对公众来说是陌生的,评论员用这个词让自己听起来很时髦,并且将攻击者描绘成极端"老练"的对手,这与公司的关键形象修复策略十分吻合。

一年后,RSA 公司在遭到攻击后也采取了同样的策略。"最近,我们的安全系统发现有黑客正在针对 RSA 实施一种极其老练的网络攻击。"科维略在公开通知中写道,"我们的调查使我们相信该攻击属于高级持续威胁类别。""老练"和"高级持续威胁"一词再次出现在数据泄漏公告中。这则消息暗示,攻击者采用的技术很"高级",以至于没有哪一家安全公司能够抵挡。

8.2.4 供应商的供应商

技术供应链并不是真正意义上的供应链,它更像是一个复杂的网络,技术提供商彼此高度相互依赖。风险以非线性方式流经整个系统。巨头攻击含蓄地说明了这一点。这些技术巨头依赖的软件中存在能被黑客利用的漏洞,而这些漏洞又是由其他技术巨头生产的。

软件配置管理(SCM)系统是许多技术巨头所依赖的一个流行产品的例子。大型软件开发人员使用 SCM 系统来管理和保护其源代码存储库。这些系统的安全性至关重要,因为源代码是许多科技公司的关键。能够访问科技公司的源代码的攻击者有可能制造假冒产品或竞品,识别能在未来的攻击中使用的零日漏洞,或在受害者的客户系统中安插后门。

在巨头攻击出现之后,迈克菲的研究人员指出了 SCM 系统是在整个软件供应链中造成风险的关键。许多 SCM 供应商被许多技术巨头使用。研究人员对财富 1000 强公司使用的流行控制软件(Perforce)进行了安全性分析。

分析结果令人大开眼界。迈克菲的研究人员发现了被广泛使用的 SCM 软件的主要漏洞，包括绕过身份验证问题、加密强度不够和其他严重的安全问题[一]。软件巨头依赖于相同且被广泛部署的易受攻击的代码管理软件，这给整个技术供应链都带来了风险。大多数人从未考虑过这个问题。

> **提示：实施级联风险管理**
>
> 在评估供应商时，请确保每个供应商都会管理其供应商的风险。这似乎是一个挑战，但是由于供应商管理已内置于通用网络安全和信息管理标准（例如 NIST 网络安全框架、ISO 27001、COBIT 等）中，因此这实际上变得更加容易了。你的组织可以要求供应商遵守通用框架，其中包括对其供应链的风险管理。这样，可以帮助减少供应商的供应商带来的风险。

8.3 网络武器库

多年以来，随着技术的成熟和传播，漏洞和漏洞利用程序已成为一种"有价值"的商品。显然，数据泄漏可用于获得军事、经济、金融或政治优势。某些政府、有组织的犯罪集团和黑客顾问开始囤积"网络武器"，以便为黑客活动提供便利，结果却发现这些危险的缓存也可能被盗窃。当"网络武器库"暴露出来时，这种影响会波及全世界。

美国国家安全局的泄漏事件就是一个例子。很少有人会意识到美国政府拥有大量的网络武器，直到 2016 年，一个名为"Shadow Brokers"的神秘组织出现在网上，声称自己入侵了 Equation Group（回想起以前，Equation Group 通常被认为是 NSA 运营的）。在接下来的几个月中，攻击者转储了多个失窃数据缓存，包括非常有效的漏洞利用程序（例如 EternalBlue）和"FuZZbuNch"。后者是一种易于启动漏洞利用程序的工具，类似于公开可用的 Metasploit 框架[二]。

黑客们还没完。在随后的几周里，Shadow Brokers 宣布了一项订阅服务，使买家能够定期收到新发布。起价约为每月 21 000 美元[三]。

[一] McAfee Labs and McAfee Foundstone Professional Service, "Protecting Your Critical Assets: Lessons Learned from 'Operation Aurora'" (white paper, McAfee, Santa Clara, CA, 2010), https://www.wired.com/images_blogs/threatlevel/2010/03/operationaurora_wp_0310_fnl.pdf.

[二] Shadow Brokers, "Lost in Translation," *Steemit*, February 2017, https://steemit.com/shadowbrokers/@theshadowbrokers/lost-in-translation.

[三] Swati Khandelwal, "Shadow Brokers Launches 0-Day Exploit Subscriptions for $21,000 Per Month," *Hacker News*, May 29, 2017, https://thehackernews.com/2017/05/shadow-brokers-exploits.html.

8.3.1　武器发射

网络犯罪分子贪婪地收集了新近可用的黑客工具，并将其整合到最新的恶意软件中。在 Shadow Brokers 宣布入侵后的几周内，基于被泄漏的网络武器，全球已有 20 余万台计算机感染了恶意软件。

被泄漏的漏洞并非零日漏洞。在微软发布了一个更新（该更新修复了四个漏洞。许多人推测，微软对泄漏的材料进行了早期了解，并急于弥补其软件漏洞）后，许多组织没有时间测试和部署新补丁，直到遇到强大的新恶意软件为止。几个月和几年后，许多系统仍然脆弱。Phobos Group 的首席执行官安全专家丹·坦特勒（Dan Tentler）说："这场血腥战争将继续下去，而且情况会变得越来越糟。"

8.3.2　呼吁裁军

科技公司对 NSA 存储漏洞而不是将漏洞透露给供应商的行为感到震惊。这些漏洞不仅可能被 NSA 利用，还可能被任何发现它们的攻击者利用。此外，当网络武器库发生泄漏（如 NSA 遭受的缓存数据泄漏时），没有一个简单的用来部署一个可以保护广大群众的补丁程序的方法。结果，整个世界变得更加脆弱。

微软作为世界上最流行的 PC 操作系统的制造商，NSA 泄漏的漏洞中最严重的漏洞影响了其 Windows 平台，这无疑给微软造成了巨大的麻烦，也造成了严重的财务损失。

在 2017 年 2 月的 RSA 会议上，微软的总裁兼首席法律顾问布拉德·史密斯（Brad Smith）呼吁各国政府应保护平民免受网络武器的侵害。"我们现在需要的是《日内瓦数字公约》。"史密斯说，"我们需要一项公约，其呼吁某些政府保证自身不会参与对私营企业的网络攻击，不针对民用基础设施（无论是电力、经济还是政治方面的基础设施）展开攻击。我们需要政府保证，进一步来说，政府需要与私营企业合作来应对漏洞，不存储漏洞，并采取更多措施。"⊖

史密斯为此公约制订了六点计划⊖：

1）不得针对科技公司、私营企业或关键基础设施展开攻击。

2）协助私营企业努力发现、遏制、响应攻击事件并从事件中恢复。

3）向供应商报告漏洞，而不是存储、出售或利用该漏洞。

⊖　Brad Smith, Transcript of Keynote Address at the RSA Conference 2017 " The Need for a Digital Geneva Convention " (Moscone Center, San Francisco, CA, February 14, 2007), 10, https://blogs.microsoft.com/wp-content/uploads/2017/03/Transcript-of-Brad-Smiths-Keynote-Address-at-the-RSA-Conference-2017.pdf.

⊖　Brad Smith, Transcript of Keynote Address at the RSA Conference 2017 " The Need for a Digital Geneva Convention " (Moscone Center, San Francisco, CA, February 14, 2007), 10, https://blogs.microsoft.com/wp-content/uploads/2017/03/Transcript-of-Brad-Smiths-Keynote-Address-at-the-RSA-Conference-2017.pdf.

4）在开发网络武器时要保持克制，并确保所开发的任何东西都是有限的、精确的且不可重复使用的。

5）致力于网络武器的不扩散活动。

6）限制进攻行动以避免群体性事件。

尽管有硅谷的压力，但裁军的呼吁似乎并未达成任何重要的网络军备控制协议。存储网络武器以及可能遭到的武器泄漏的风险还在继续。

网络裁军

公众对网络武器库的争论在很多方面反映了过去关于核武器的争论。全球超级大国曾经急于开发核武器来防御敌人。一旦开发完成，就必须对武器进行仔细的保护和管理，而这需要付出巨大的代价。核武器赤裸裸的存在增加了大规模毁灭的风险。

埃德·格罗斯（Ed Grothus）是核裁军辩论中的关键人物。格罗斯是一名前武器技术员，曾在洛斯阿拉莫斯国家实验室（LANL）工作了20年，他在开发核武器的工作道德上苦苦挣扎。从LANL退休后，格罗斯创立了黑洞（Black Hole）打捞场。在这里，他把大部分时间用于将废弃的实验室设备转变为艺术项目，例如用废弃的弹头制作巨型金属花。在黑洞的入口处，访客会看到一个标语，上面写着："除非每个人都安全，否则没有人安全。"

格罗斯的标语强烈地提醒人们，核武器的存在增加了所有人的风险。同样，网络武器库的存在也增加了所有人的风险。尽管网络武器库可以为其所有者提供强大的优势，但这并非没有代价。网络武器库难以控制。如果一个工作组发现了漏洞，那么其他工作组可能也会发现相同的漏洞并加以利用。此外，数据泄漏的风险适用于所有的系统，包括恶意软件和漏洞利用程序的缓存。这类网络武器总是存在被盗或泄漏的风险，并可能以意想不到的方式被使用，甚至可能变成针对其创造者的工具。

8.4　小结

在当今互连的世界中，泄漏的风险遍及供应链。服务提供商通过代表客户存储和访问数据来将风险转移给客户。技术提供商，例如软件供应商和硬件制造商，可能会不经意地将漏洞、后门程序和恶意软件引入供应链。网络犯罪分子意识到了上游攻击的威力，所以对技术提供商进行了长期、多阶段、有针对性的攻击。

组织不能再无视供应商带来的风险。为了管理泄漏风险，建立正式的供应商审查流程并确保它们也在正式管理网络安全风险非常重要。

但是，即使是最成熟的审查程序也无法与政府资助的网络武器库相提并论。美国国家安全局的网络武器缓存的泄漏从根本上改变了全球数据泄漏的风险，它释放了强大的网络武器，并且犯罪分子立即将其用于入侵世界各地的计算机。存储漏洞和漏洞利用程序会给所有人带来风险。普通组织（从学校到医院再到企业）会由于国家级网络武器的泄漏而遭到攻击，只要存在网络武器库，这种趋势就会持续下去。

在下一章中，我们将深入研究医疗保健数据泄漏。由于医疗设备的特殊性，医疗保健组织严重依赖第三方供应商来确保网络安全。在许多情况下，由 EternalBlue 和其他被泄漏的 NSA 网络武器造成的勒索软件和数据窃取恶意软件也使它们遭受了沉重打击。这都说明了供应链网络安全漏洞会如何对所有人造成直接影响。

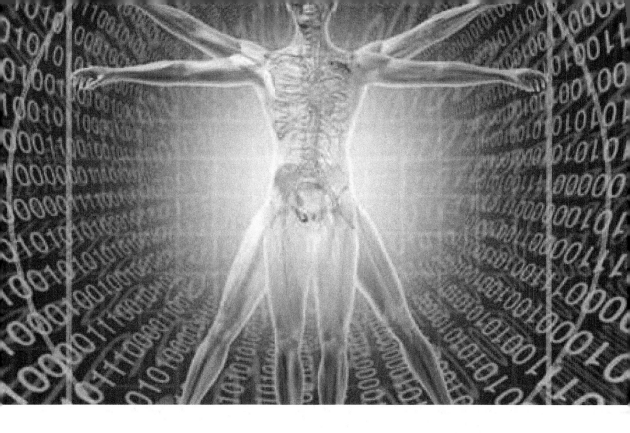

第 9 章

健康数据泄漏

　　健康信息是高度敏感的，也受到了犯罪分子的重视，犯罪分子可以使用它们进行身份盗窃、保险欺诈、药品欺诈、勒索和许多其他犯罪。因此，医疗保健提供者和业务伙伴必须遵守最严格的数据泄漏法规，包括健康保险可携性与责任法案（HIPAA）。在本章中，我们将深入研究 HIPAA 的相关部分，这些法规定义了针对某些与健康信息相关的泄漏行为的预防和响应要求。然后，我们将分析仅限于医疗保健环境的挑战，并讨论数据如何"逃脱"HIPAA/HITECH 法规或"绕过"它们。最后，我们将列举数据泄漏的负面影响，并说明从处理医疗事故中吸取的经验教训也可以帮助我们解决数据泄漏问题。

想象一下这种场景：你的医疗记录被拍照并发布到互联网上，向全世界展示你当前的医疗问题。美国国家橄榄球联盟（NFL）的球员杰森·皮埃尔-保罗（Jason Pierre-Paul）的右手在一场烟花事故中受伤后，就发生了这样的事情。

ESPN 的记者亚当·谢夫特（Adam Schefter）在收到皮埃尔-保罗的医疗记录的照片后发了一条推文：“ESPN 获得的医疗图片显示，今天巨人队的杰森·皮埃尔-保罗的右手食指被截肢。”这张照片显示了手术室的时间表，以及皮埃尔-保罗在迈阿密杰克逊纪念医院的医疗记录摘录[一]。

直到 ESPN 发出这条推文，皮埃尔-保罗的团队才知道他被截肢的消息。关于皮埃尔-保罗的意外和手部受伤的传言流传了好几天，结果是，纽约巨人队撤回了一份价值 6000 万美元的长期合同。

在皮埃尔-保罗的医疗记录被发布在推特上后，一场媒体风暴随之而来，粉丝和记者都对谢夫特发布这些照片的决定的道德性和合法性提出了质疑[二]。突然之间，《健康保险可携性与责任法案》(HIPAA) 流行起来。粉丝们愤怒地发帖，指责谢夫特违反了联邦法律[三]：

“@AdamSchefter，你拿别人的保密医疗记录干什么？HIPAA 可能会认为你和 @espn 一同违反了法律。#JPP #toofar”——戴恩·奥尔德里奇（Dane Oldridge）(@TheREALCrankie1) 2015 年 7 月 9 日

“@AdamSchefter 这个笨手笨脚的人。你最好准备好你的博客，因为你在 ESPN 待不了多久了。#HIPAA # 违规”——亚伦·斯坦利·金（Aaron Stanley King）(@trendoid) 2015 年 7 月 9 日

9.1   公众与患者

谢夫特的推文违反了 HIPAA 吗？

对于杰克逊纪念医院来说，这起事件几乎可以肯定是违反了 HIPAA。HIPAA 保护受保护的健康信息（PHI）的隐私和安全。这一开创性的联邦立法于 1996 年通过，随后颁布

[一] Matt Bonesteel, "Jason Pierre-Paul, Adam Schefter and HIPAA: What It all Means," *Washington Post*, July 9, 2015, https://www.washingtonpost.com/news/early-lead/wp/2015/07/09/jason-pierre-paul-adam-schefter-and-hipaa-what-it-all-means.

[二] Erik Wemple, "Twitter Stupidly Freaks about ESPN, Jason Pierre-Paul and HIPAA," *Washington Post*, July 9, 2015, https://www.washingtonpost.com/blogs/erik-wemple/wp/2015/07/09/twitter-stupidly-freaks-out-about-espn-jason-pierre-paul-and-hipaa.

[三] Eliot Shorr-Parks, "Did ESPN Violate HIPAA Rules by Posting Jason Pierre-Paul's Medical Records?" NJ.com, July 8, 2015, http://www.nj.com/giants/index.ssf/2015/07/did_espn_violate_hippa_rules_by_posting_jason_pier.html.

了 HIPAA 隐私规则和 HIPAA 安全规则，分别于 2003 年和 2005 年实施。HIPAA 极大地改善了由"受保护的实体"持有的受保护的健康信息的安全性和保密性，这些"受保护的实体"包括医疗保健提供者、健康计划、医疗信息交换中心及其"业务伙伴"（代表受保护的实体工作的个人或组织）。

杰克逊卫生系统迅速采取了行动。该公司的首席执行官卡洛斯·A. 米戈亚（Carlos A. Migoya）立即发布了一封公开信，称："据媒体报道称，杰克逊纪念医院的病人的受保护的健康信息是由一名员工泄漏的。积极的内部调查……正在进行中……如果确认杰克逊纪念医院的员工或医生侵犯了病人的合法隐私权，他们将被追究责任，甚至可能被解雇。"⊖

9.1.1　法外之地

然而，谢夫特和 ESPN 实际上并没有违反联邦法律。《体育画报》的法律分析师迈克尔·麦卡恩（Michael McCann）表示："HIPAA 并不适用于获取他人医疗记录的媒体。虽然这种做法的确侵犯了隐私，但 HIPAA 第一修正案却对此没有明确规定，使得并不会因为侵犯隐私而违反联邦法律，尤其是在涉及公众人物的案件中。"

HIPAA 的保护是有限的，比大多数人意识到的还要有限。印第安纳大学法律中心的执行主任尼古拉斯·P. 特里（Nicolas P. Terry）称，HIPAA 及其堂兄弟《卫生信息技术促进经济和临床健康》（Health Information Technology for Economic and Clinical Health，HITECH）法案是"下游"的数据保护模型。"上游数据保护模型限制数据收集，而下游模型主要限制收集后的数据分发。"特里写道⊜。HIPAA/HITECH 特别适用于涉及医疗保健的治疗和支付的"受保护的实体"，它们可通过合同扩展到这些实体的"业务伙伴"。"数据本身是不受保护的。一旦健康信息摆脱了这个非常具体的组织列表的限制——例如，发生数据泄漏——病人就很难阻止其他人购买、出售、交易或使用它们。"

在佛罗里达州，皮埃尔－保罗起诉 ESPN 和谢夫特违反了佛罗里达州的医疗隐私法。然而，被告指出："佛罗里达州的医疗隐私法并不适用于包括媒体成员在内的普通公众——它并不像原告皮埃尔所主张的那样，在全世界范围内预先限制任何据称是从佛罗里达州的医疗服务提供者那里获得医疗信息的人的言论。"⊜地方法院同意这一观点。

皮埃尔－保罗自己知道，不应该指责谢夫特和 ESPN 不恰当地报道了他截肢的事实，

⊖　Jackson Health Systems (@jacksonhealth), " This is a Statement from Carlos A. Migoya, President and CEO of Jackson Health System in Regards to Current Events, " Twitter, July 9, 2015, 12:01 p.m., https://twitter.com/jacksonhealth/status/619219877518290951/photo/1.

⊜　Nicholas P. Terry, "Big Data Proxies and Health Privacy Exceptionalism," *Health Matrix* 24 (2014): 66.

⊜　Jason Pierre-Paul v. ESPN, Inc, No. 1:16-cv-2156 (S.D. Fla. 2016), http://thesportsesquires.com/wp-content/uploads/2014/05/307369385-Espn-s-Finger.pdf.

他主动承认，这些信息可能"引起了公众的合理关注"，然而，他声称"公布医疗图表本身并不违法"，但公布医疗记录中的真实照片是对他隐私的侵犯。

皮埃尔－保罗的法律团队在庭审文档中写道："如果公众人物的住院构成了公开其个人医疗记录的授权，那么隐私权将不复存在。事实上，公众人物对寻求医疗会犹豫，或者不太可能与医疗保健专业人士分享某些信息，原因是担心医院的工作人员会把他们的医疗记录卖给那些想要从中获利的出版机构（就像 ESPN 所做的那样），从而对他们的健康产生负面影响。"最终，皮埃尔－保罗和 ESPN 达成庭外和解，而这一案件中有几个问题并没有得到解决。

9.1.2 数据泄漏视角

对杰克逊纪念医院来说，对皮埃尔－保罗的数据的披露是可耻的、非法的，两名员工因此被辞退。对于谢夫特来说，在推特上发布皮埃尔－保罗的医疗信息被许多人认为是准确、及时和相关的新闻报道，尤其是考虑到皮埃尔－保罗的医疗状况对于他高调的公众角色的重要性。关于皮埃尔－保罗的医疗记录照片，谢夫特说："在一个用图片和视频讲述故事和证实事实的时代，消息来源和他们的动机经常受到质疑……这是最有力的证明。"⊖

换句话说，"数据泄漏"的定义及其后果，不仅取决于所泄漏的具体数据，还取决于所泄漏数据的来源和被披露方式。通常情况下，有这样一种信息披露路径，在这个路径上，后续的信息管理者——有些获得了授权，有些则没有——可获取并传输受保护的数据。在许多情况下，路径看起来更像一棵树，因为单个管理员可能将数据传输给其他许多管理员。

谁是经授权或未经授权的保管人的问题很棘手。医院可以将第三方 IT 提供者视为有授权的保管人，即使患者可能会反对。在某些情况下，公众或第三方的利益可能会超过数据主体隐私的重要性。法律往往与个人的期望不同。我们将看到，随着数据的传递，这常常看起来像一个电话游戏，每个数据保管人对下一方施加的规则略有不同，似乎没有人是真正受控的。

这对数据泄漏管理有着奇怪而令人困惑的影响。相同的数据可能会被两个不同的组织曝光，但是因为它们与数据主体的关系不同，所以一个是数据泄漏，另一个不是（就像杰森·皮埃尔－保罗、杰克逊纪念医院和 ESPN 的例子）。响应方不仅需要仔细考虑如何应对数据泄漏，还需要考虑具体事件是否"算作"数据泄漏。当涉及健康信息时，这已经变成了一个非常复杂的问题。

⊖　Kevin Draper, "Jason Pierre-Paul Is Suing ESPN Because Its Reporting Was Too Accurate," *Deadspin*, September 8, 2016, https://deadspin.com/jason-pierre-paul-is-suing-espn-because-its-reporting-w-1785963477.

在本章中，我们将首先介绍健康信息的数字化，这激发了越来越多的数据泄漏。我们将谈及 HIPAA/HITECH 法规的相关部分，它们定义了针对某些与健康相关的泄漏行为的预防和响应要求。(简单起见，本章的讨论主要集中在美国的 HIPAA/HITECH 法规，但许多相同的问题也适用于其他司法管辖区的健康数据保护法规。)

在本章的稍后部分，我们将首先讨论数据会如何"逃脱"HIPAA/HITECH 法规或"绕过"它们，然后分析特定于医疗保健环境下的挑战，这些挑战可能会导致数据泄漏风险。它们包括复杂性、供应商管理的设备、移动劳动力和云的出现。最后，我们将列举数据泄漏的负面影响，并展示如何利用从处理医疗事故中获得的经验教训解决数据泄漏问题。

个人健康数据

在本书中，我们将"个人健康数据"定义为描述个人健康或可用于推断与个人健康相关的信息的任何信息，具体包括任何形式的从个体收集的与健康有关的数据，包括 HIPAA 正式定义的"受保护的健康信息"、美国州法律规定的任何医疗信息，以及人们使用移动应用程序、在线健康社区和其他个人健康管理工具共享或收集的与健康相关的数据。

"健康数据"存在于医疗信息生态系统之外。健康数据可由以下几方面生成：

- 与药剂师、保险公司、软件提供者和其他业务伙伴共享"健康数据"的医疗保健提供者。
- 使用可穿戴健康追踪器、健康应用程序、WebMD 等社交媒体网站的受试者。
- 从诸如购物历史、地理位置数据等信息中推断出受试者的健康信息的第三方。

9.2　医疗保健的目标

根据身份盗窃资源中心（ITRC）的数据泄漏报告，仅在 2017 年，就有 500 万条医疗 / 保健记录发生泄漏[⊖]。2015 年，这一数字达到了惊人的 1.216 亿，这要归因于安森保险（Anthem）和普瑞美拉（Premera）等医疗领域的大型机构的大规模泄漏[⊖]。

布鲁金斯技术创新中心（Brookings Center for Technology Innovation）报告称："自

⊖ Identity Theft Resource Center, *2017 End of Year Report* (San Diego: ITRC, 2018), https://www.idtheftcenter.org/images/breach/2017Breaches/2017AnnualDataBreachYearEndReview.pdf.
⊖ Identity Theft Resource Center, *Data Breach Reports: December 29, 2015* (San Diego: ITRC, 2015), http://www.idtheftcenter.org/images/breach/DataBreachReports_2015.pdf.

2009 年底以来，超过 1.55 亿美国公民的医疗信息在未经许可的情况下被泄漏了大约 1500 次。"[一]

这意味着近一半的美国人的受保护的健康信息可能被暴露了，而这仅仅是基于实际检测到并报告给了美国政府的泄漏事件。

为什么医疗机构及其业务伙伴经常受到侵害？健康行业在所有五个数据泄漏风险类别方面都发生了巨大的变化：流动性、访问、保留时间、价值和扩散。正如我们将看到的，从大量的个人健康信息中提取价值的努力极大地增加了数据泄漏的风险，并在一开始就产生了一个关键问题，即什么构成了"泄漏"。

9.2.1　数据自助餐

医疗机构存储了几乎所有可以想象到的敏感信息：SSN、账单数据、信用卡卡号、驾照号码（通常是高分辨率的 ID 扫描件）、保险细节，当然还有医疗记录。实际上，医疗保健提供者是"fullz"的一个极好的来源（详见 5.3.1 节），因为它们倾向于将广泛的身份信息、财务数据和联系方式都存储在一个地方。

Protenus 的创始人罗伯特·洛德（Robert Lord）表示："医疗记录是目前有关个人身份最全面的记录。"Protenus 为医疗保健机构提供隐私监控软件[二]。

罪犯可以将医疗记录中的信息分割开来，分别出售。例如，"在地下市场论坛 AlphaBay 上，用户 Oldgollum 以 500 美元的价格出售了 4 万份医疗记录，但专门删除了可被单独出售的财务数据。"迈克菲实验室（McAfee Labs）在 2016 年报道，"从本质上讲，Oldgollum 为了从这两个市场获得最大收益，采取了双重投资策略。"迈克菲的团队指出，医疗数据的价格是"高度可变的"，部分原因是卖家可以把偷来的数据分解，按不同的用途出售[三]。

医疗保险巨头安森保险公司在 2015 年报告称，7880 万份记录遭到泄漏时，被盗数据包括"姓名、生日、SSN、街道地址、电子邮件地址和包括收入数据的就业信息"。安森保险公司谨慎地报告说，没有证据能表明"医疗信息，如声明、检测结果或诊断代码，被

[一]　Center for Technology Innovation at Brookings, *Hackers, Phishers, and Disappearing Thumb Drives: Lessons Learned from Major Health Care Data Breaches* (Washington, DC: Brookings Institution, May 2016), https://www.brookings.edu/wp-content/uploads/2016/07/Patient-Privacy504v3.pdf.

[二]　Mariya Yao, "Your Electronic Medical Records Could Be Worth $1000 to Hackers," *Forbes*, April 14, 2017, https://www.forbes.com/sites/mariyayao/2017/04/14/your-electronic-medical-records-can-be-worth-1000-to-hackers/#4be095ad1856.

[三]　C. Beek, C. McFarland, and R. Samani, *Health Warning: Cyberattacks are Targeting the Health Care Industry* (Santa Clara: McAfee, 2016), https://www.mcafee.com/us/resources/reports/rp-health-warning.pdf.

针对或被获取"⊖。即便如此，在随后的集体诉讼中，该公司还是以创纪录的 1.15 亿美元来达成和解。设立结算基金是为了支付信用监控费用和受害者的自付费用⊜。

安森保险公司是一个典型的例子，它说明了医疗保健提供商及其业务伙伴不仅要为潜在的健康数据泄漏负责，还要为通常与之捆绑在一起的身份数据和财务数据负责。

根据医疗保健提供者所持有的数据的数量和价值，它们必须面对许多与金融机构和政府机构所面临的相同的风险，此外，它们还要承担处理大量个人健康数据的额外风险。

9.2.2　流动性的推动

健康数据变得越来越"流动"，以紧凑、结构化的格式存储，便于传输和分析。曾几何时，医疗保健提供者将你的信息存储在文件柜中，并在进行治疗时访问它。现在你的数据已经被转换为电子比特和字节。

在过去的 20 年里，医疗行业见证了一场技术革命。现今，医疗保健提供者的计算机系统日益互联，许多人为了进行治疗、成本 / 风险分析或医学研究，访问与健康相关的数据。数据被一遍又一遍地复制，散布在世界各地，通常情况下，医护人员对此都不知情，更不用说病人了。

个人健康数据的数字化和电子医疗记录（EMR）系统的广泛使用为大规模健康数据泄漏埋下了隐患。2009 年，美国政府通过了 HITECH 法案，为将健康数据转向电子系统提供了强有力的财政激励。从 2015 年 1 月 1 日开始，医疗保健提供者被要求"有意义地使用"EMR 系统，以维持他们的医疗保险报销水平。结果，许多诊所为了赶上最后期限，匆忙地将纸质医疗记录转化为电子医疗记录，而忽视了安全问题。

当 HITECH 法案通过时，技术倡导者欢呼雀跃，称电子健康档案"每年可以节省数百亿美元，因为它减少了文书工作，加快了沟通速度，还能预防药物产生有害的相互反应。数据挖掘还可以带来更好的决策和治疗"⊜。

哈佛大学的教授、内科医生布莱克福特·米德尔顿（Blackford Middleton）说："最终，我们将能在网上获取数百万患者的记录。"这一声明无疑让任何一位在《华盛顿邮报》上读到过这句话的网络安全专家胆战心惊。近十年后，健康记录的数字化刺激了突破性医疗

⊖　Anthem, "Statement Regarding Cyber Attack against Anthem," press release, February 5, 2015, https://www.anthem.com/press/wisconsin/statement-regarding-cyber-attack-against-anthem.

⊜　Beth Jones Sanborn, "Landmark $115 Million Settlement Reached in Anthem Data Breach Suit, Consumers Could Feel Sting," *Healthcare IT News*, June 27, 2017, http://www.healthcareitnews.com/news/landmark-115-million-settlement-reached-anthem-data-breach-suit-consumers-could-feel-sting.

⊜　Robert O'Harrow Jr., "The Machinery Behind Health-Care Reform," *Washington Post*, May 16, 2009, http://www.washingtonpost.com/wp-dyn/content/article/2009/05/15/AR2009051503667.html.

技术的发展，并侵蚀了数亿数据泄漏受害者的隐私[⊖]。

9.2.3   保留时间

医疗记录还在。虽然没有关于保留医疗记录的通用准则，但美国的大多数州都规定了至少保留 5 至 10 年的要求[⊜]。然而，可以肯定地说，随着从纸张到电子格式的转换，许多保健提供者几乎没有动力去清理文件存储库。事实上，随着大数据分析行业的出现，许多组织无限期地保留着个人健康数据，因为这些数据可以用来出售或交换有价值的商品和服务。

9.2.4   保质期很长

被窃取的健康数据可能在一次泄漏事件发生后的数年甚至一生中都有用处。"医疗记录的价值远远超过一张支付卡。"杜维尔（Douville）说。其危害也是这样，正如弗朗西斯（Frances）案例所示。

2014 年 1 月，"PPL WORLD WIDE"在 Facebook 上宣布："弗朗西斯的 HPV 呈阳性！"据美国国家公共广播电台（NPR）报道，所发布的信息包括弗朗西斯的全名和出生日期，"还透露了她感染了人类乳头瘤病毒，这是一种会导致生殖器疣和癌症的性传播疾病"[⊜]。

可怜的弗朗西斯曾在当地一家医院接受治疗，一名了解她的医护人员拿到了她的医疗记录，并将她的诊断结果发布在了 Facebook 上。弗朗西斯向护士主管报告了这一事件后，医院给她发了一封道歉信，但对弗朗西斯来说，伤害已经造成。"甚至现在还很难处理这件事。"她说，"我需要花费额外的汽油钱去另一个城市买食品、杂货或处理类似的事情，这样我就不用看到附近的邻居了。"[⊠]

健康信息一旦被窃取，也不会像其他形式的数据那样被改变或迅速贬值。你可以在支

⊖ Robert O'Harrow Jr., "The Machinery Behind Health-Care Reform," *Washington Post*, May 16, 2009, http://www.washingtonpost.com/wp-dyn/content/article/2009/05/15/AR2009051503667.html.

⊜ Health Information & the Law, *Medical Record Retention Required Health Care Providers: 50 State Comparison*, accessed January 17, 2018, http://www.healthinfolaw.org/comparative-analysis/medical-record-retention-required-health-care-providers-50-state-comparison.

⊜ Charles Ornstein, "Small Violations of Medical Privacy Can Hurt Patients and Erode Trust," NPR, December 10, 2015, http://www.npr.org/sections/health-shots/2015/12/10/459091273/small-violations-of-medical-privacy-can-hurt-patients-and-corrode-trust.

⊠ Charles Ornstein, "Small Violations of Medical Privacy Can Hurt Patients and Erode Trust," NPR, December 10, 2015, http://www.npr.org/sections/health-shots/2015/12/10/459091273/small-violations-of-medical-privacy-can-hurt-patients-and-corrode-trust.

付卡数据泄漏后更改卡号，但你不能更改医疗记录。

简而言之，涉及个人健康信息的数据泄漏可能会困扰患者一生。

9.3　HIPAA：重要但有缺陷

在美国，数据泄漏的预防和响应是由联邦法律规定的，至少在受保护的健康信息方面是这样。HIPAA 法规包括主动的网络安全要求，而 HITECH 法案（多年后颁布）专门用于处理泄漏响应和通知。

HIPAA/HITECH 法规远非完美。即使对安全专业人员来说，理解其中的要求——更不用说遵守它们了——可能也是一项艰巨的挑战。在本节中，我们将展示 HIPAA 是如何出现和发展的，以便理解其最初的意图（以及这是如何造成 HIPAA/HITECH 后来有关新闻报道中的许多"空白"的）。接着，我们将讨论泄漏通知规则的通过，并展示实施罚款和处罚会如何导致泄漏报告的增加。

9.3.1　保护个人健康数据

保护健康信息隐私的本能可以追溯到西药的起源。两千多年来，医生们发誓要对病人的健康信息保密。希波克拉底誓言的最早版本中有这样一句话：

"无论我在病人的生活中看到或听到什么，无论这些是否与我的专业实践有关，都不应该在外面谈论，我将保守秘密，因为我认为所有这些事情都是私人的。"⊖

时至今日，保护病人隐私的义务依然存在，并明确包含在《美国医学会医学道德规范》（AMA Code of Medical Ethics）和医学院使用的类似文件中。

与此同时，个人健康信息对研究人员、雇主和整个社会都是有价值的，对媒体、数据经纪人和寻求利润的企业也是如此。更多地连接和访问医疗记录可以为患者带来更好的治疗，但它也带来了严重的隐私问题。

1997 年，美国卫生与公众服务部的秘书唐娜·E. 萨拉拉（Donna E.Shalala）在全美新闻俱乐部午餐会上发表了激情洋溢的演讲⊖：

直到最近，在一家总部位于波士顿的卫生维护组织，每个临床工作人员都可以访问病人的电脑记录，查看其心理治疗的详细记录。在科罗拉多州，一名医

⊖　Michael North trans.," The Hippocratic Oath," National Library of Medicine, 2002, https://www.nlm.nih.gov/hmd/greek/greek oath.html.

⊖　" Health Care Privacy," *C-SPAN video*, 53:05 min, posted, July 31, 1997, https://www.c-span.org/video/?88794-1/health-care-privacy&start=1629.

科学生在夜间复制了无数的健康记录，然后把它们卖给了希望能轻松打赢官司的处理医疗事故的律师。在美国的一个主要城市，一家地方报纸刊登了一名国会候选人企图自杀的消息。这名候选人认为保存在当地医院的信息安全且私密，但她错了。

那我们其他人呢？当我们向医生或健康保险公司提供有关我们的情绪、母亲身份、金钱或药物的宝贵信息时，会发生什么？当这些信息从一台电脑传到另一台电脑，从医生传到医院，谁能查看它？谁来保护它呢？如果他们不保护这些信息，那么会发生什么呢？

我们正在做决定。这一决定取决于我们在接下来的几个月里做的事情，这些医疗保健、通信和生物领域的革命可能会给我们带来巨大的希望，或者更大的危险。选择权在我们自己手中。我们必须扪心自问，会利用这些革命来改善而不是阻碍我们的医疗保健吗？会利用它们来保护而不是牺牲我们的隐私吗？会利用这些革命来加强而不是抽干医疗保健系统之血，并且加强病人和医生之间的信任纽带吗？

摆在我们面前的根本问题是：我们的健康记录将被用来治愈我们还是揭示我们？美国民众想知道答案。作为一个国家，必须做出决定。

秘书萨拉拉提出了保护医疗信息的建议，这些建议以下五个关键原则为基础：

- **边界**：健康信息应该用于健康目的，但有一些被谨慎控制的例外。
- **安全性**：创建、存储、处理或传输健康信息的实体应该采取"合理的步骤来保护信息"，并确保信息没有"被不当使用"⊖。
- **消费者控制**：个人应该有权访问他们的个人健康记录，包括能查看内容和访问记录，以及纠正任何错误。
- **问责制**：滥用或未能妥善保护个人健康信息的实体应被追究责任，"对违规行为实施切实而严厉的惩罚……包括罚款和监禁"。
- **公共责任**：出于保护公共卫生、研究和执法的目的，个人健康信息可以而且应该以受控的方式披露。

安全与公开披露之间的平衡尤其棘手，我们将在9.4.3节和9.4.4节看到这一点。

最终，得益于秘书萨拉拉和其他许多人的努力，HIPAA安全规则和隐私规则得以颁布，并成为美国的健康信息安全、隐私和泄漏响应的基础。

⊖　U.S. Department of Health and Human Services, " Testimony of Secretary of Health and Human Services, September 11, 1997," *ASPE*, February 1, 1998, https://aspe.hhs.gov/testimony-secretary-health-and-human-services-september-11-1997.

9.3.2　HIPAA "没有牙齿"

HIPAA 安全规则于 2005 年 4 月 1 日生效（对于较小的实体来说晚一年）。它要求所有受保护的实体建立管理、技术和物理控制来保证受保护的健康信息的安全。这听起来不错，但在实践中，HIPAA 并没有得到有效执行。此外，HIPAA 中并无规定，如资料遭泄漏，须通知受影响人士。因此，医疗泄漏事件很常见，但很少被报道，甚至很少在关系密切的信息安全圈之外讨论。

在本节中，我们将讨论在 2005 年到 2009 年（在 HITECH 泄漏通知规则实施之前）期间 HIPAA 对数据泄漏准备和响应的影响。这将为下一节讨论这些规则的影响奠定基础。

9.3.2.1　缺乏执行

2006 年 InfoWorld 的罗杰·A. 格里姆斯（Roger A. Grimes）报告说："尽管自 HIPAA 生效以来，已经有超过 19 420 个违反 HIPAA 的投诉／违规行为被正式提出，但却没有进行任何罚款。这很神奇，但不幸的是，并不令人惊讶。除了针对特定个人的两起刑事起诉外，似乎没有对违反 HIPAA 法案的组织进行惩罚。"[一]

全美的安全和隐私专业人士开始说 HIPAA "没有牙齿"。即使卫生与公众服务部对违反 HIPAA 的行为处以罚款，罚款金额也相当低，对于违反了"相同的要求或禁令"的行为，罚款范围为 100 美元到每自然年最高 2.5 万美元[二]。许多医疗机构的高管认为，潜在的罚款远远低于将医疗机构的网络和流程纳入 HIPAA 所需的资金。

9.3.2.2　不要求泄漏通知

HIPAA 的安全规则没有提到"泄漏"一词。尽管该术语出现在提议的规则中，但制定者删除了它，代之以更通用的术语"安全事件"，并定义为"试图或成功地未经授权访问、使用、披露、修改、销毁信息或干扰信息系统中的系统操作"。

法律要求受保护的实体"识别和应对可疑或已知的安全事件；在切实可行的范围内，减轻受保护实体所知悉的安全事故的有害影响；记录安全事件及其结果"。是不是有点含糊？在规则定稿之前，评论者写信要求美国卫生与公众服务部提供更具体的指导，但制定者回应说细节将"取决于实体的环境和相关信息"[三]。

[一]　Roger A. Grimes, " HIPAA has No Teeth," CSO, June 5, 2006, http://www.infoworld.com/article/2641625/security/hipaa-has-no-teeth.html.

[二]　U.S. Department of Health and Human Services, " HIPAA Administrative Simplification: Enforcement, " 70 Fed. Reg. 8389 (Feb. 16, 2006), https://www.federalregister.gov/documents/2006/02/16/06-1376/hipaa-administrative-simplification-enforcement.

[三]　U.S. Department of Health and Human Services, "45 CFR Parts 160, 162, and 164: Subpart-C, " 68 Fed. Reg. 8377 (Feb. 20, 2003), https://www.cms.gov/Regulations-and-Guidance/Regulations-and-Policies/QuarterlyProviderUpdates/ Downloads/cms0049f.pdf.

即使是向可能受到影响的各方报告健康数据泄漏，也几乎没有推力。HIPAA 没有明确的通知要求。相反，"当不当披露（'泄漏'）发生时，相关责任方应采取有效措施'减轻'披露的危害，这可能意味着去通知信息被披露的个人。"⊖

美国联邦政府没有要求向任何机构或公众报告泄漏事件。这使得美国卫生与公众服务部很难评估问题的严重程度，它在 2009 年指出："没有一个国家的数据泄漏登记系统能够记录所有的数据泄漏。"医疗机构也存储着敏感的个人信息，如 SSN，它们有时会被要求通知受影响的人，因为泄漏了受州法律保护的个人信息。根据州法律，一些健康数据泄漏事件也报告给了州法律规定的卫生机构；许多人被公共网站跟踪，比如被由开放安全基金会（Open Security Foundation）维护的数据丢失数据库跟踪，（令人惊讶的是）卫生与公众服务部自己也向该基金会寻求统计数据⊜。

9.3.2.3   缺少检测

安全事件只会导致更多的工作、责任、愤怒的病人，甚至罚款，所以没有人想要揭露其中的秘密。当医疗机构发现"安全事件"时，通常法律和合规性顾问会询问是否存在任何能表明受保护的健康信息或其他受监管的数据被访问或获取的证据。如果没有证据，那么通常不会通知任何人，该事件也不会被归类为泄漏。

例如，如果一个系统管理员发现攻击者通过一个未打应用补丁的 Web 界面闯入了医院服务器，但医院没有保留文件访问日志或网络日志（这些日志将将表明敏感数据已经（或尚未）被触及），通常情况下，法律团队会得出这样的结论：没有明确的表明存在泄漏行为的证据，所以不会向任何人报告。这件事就此结束。

因此，医疗保健组织几乎没有动力投资于前沿的入侵检测系统、详细的日志系统或其他先进的网络监控技术。在缺乏证据的情况下，它们通常认为没有发生泄漏。

实际上，在 HIPAA 安全规则发布的初期，无知是福。

9.3.2.4   缺乏经济激励

即使医疗数据被泄漏的消息传了出去，也不太可能影响医疗保健诊所的利润。

"如果病人受到数据泄漏的影响，他们也不太可能更换医生。"布鲁金斯学会（Brookings Institution）的尼亚姆·雅拉吉（Niam Yaraghi）写道，"大多数人选择医疗保健提供者是基于距离他们居住地的远近。在特定的地理区域内，这种提供者的供应是有限的。在许多情况

⊖ Frost Brown Todd LLC, "HIPAA Breach Notification Rules," October 6, 2009, https://www.frostbrowntodd.com/resources-New_HIPAA_Breach_Notification_Rules_10-06-2009.html.

⊜ U.S. Department of Health and Human Services, "Breach Notification for Unsecured Protected Health Information," 74 Fed. Reg. 42739, 42761 (Aug. 24, 2009), https://www.gpo.gov/fdsys/pkg/FR-2009-08-24/html/E9-20169.htm.

下，在病人的家几英里的范围内只有一个专家、检测中心或医院。专业医疗服务的缺乏意味着大多数患者别无选择。在这样一个市场，这样重大的安全泄漏对组织的收入流几乎没有影响，对于投资数字安全并防止数据泄漏发生没有经济激励。"[⊖]

简而言之，在 2009 年之前，医疗保健行业根本不存在针对 HIPAA 安全合规性以及泄漏通知的经济激励措施。

与此同时，一些医疗保健安全团队在 HIPAA 方案、形成事件响应程序、设置中央日志服务器和为每个用户建立单独的计算机账户方面取得了进展。然而，另一些人很大程度上忽视了新规，或草率地逐步推进合规性工作。

9.3.3　泄漏通知规则

上述情况在 2009 年随着 HITECH 法案的通过而改变。此外，HITECH 还引入了 HIPAA 泄漏通知规则[⊜]。2009 年发布了一项临时规则，2013 年初最终颁布了 HIPAA 综合规则。最终规则包括"泄漏"的定义、明确的通知要求，以及（在某些情况下）公开披露要求。

9.3.3.1　泄漏的定义

泄漏通知规则对"泄漏"的定义如下[⊜]：

> 泄漏是指获取、访问、使用或披露受保护的健康信息……会损害受保护的健康信息的安全性或隐私。

HITECH 中的术语"泄漏"明确排除了受保护的健康信息被受保护的实体的员工以不太可能的形式访问的场景，以及类似的场景。

9.3.3.2　通知要求

HIPAA 泄漏通知规则是美国联邦政府为健康数据泄漏创建的第一个通知要求。它要求：

- **通知到个人**——组织必须在发现数据泄漏后 60 天内通知到每个受影响的个人。
- **通知到媒体**——对于"涉及一个州或管辖区 500 多名居民"的泄漏事件，相关组织

⊖　Center for Technology Innovation at Brookings, *Hackers, Phishers, and Disappearing Thumb Drives: Lessons Learned from Major Health Care Data Breaches* (Washington, DC: Brookings Institution, May 2016), https://www.brookings.edu/wp-content/uploads/2016/07/Patient-Privacy504v3.pdf.

⊜　45 C.F.R. §§164.400–414.

⊜　U.S. Department of Health and Human Services, " Part 164 Security and Privacy: 164.402 Definitions," 78 Fed. Reg. 5566, 5695 (Jan. 25, 2013), https://www.gpo.gov/fdsys/pkg/FR-2013-01-25/pdf/FR-2013-01-25.pdf.

必须通知"知名媒体"。美国卫生与公众服务部提醒说,仅仅更新组织的网站不足以满足通知的要求。

- **通知秘书**——组织发现泄漏后必须通知美国卫生与公众服务部的秘书。对于涉及 500 人以上的泄漏事件,组织必须在发现后 60 天内通知秘书。对于较小的泄漏,每个组织必须保留一份日志,并在自然年结束后 60 天内向秘书提供通知。

泄漏通知规则适用于所有在 2009 年 9 月 23 日或之后发生的泄漏行为,但美国卫生与公众服务部不会"对在 2010 年 2 月 22 日前发生的泄漏行为未提供必要的通知而实施制裁"[一]。

9.3.3.3 耻辱之墙

HITECH 法案要求美国卫生与公众服务部的部长"公布一份影响 500 人及以上的未受保护的健康信息泄漏清单"[二]。该清单目前作为一个可搜索的 Web 应用程序发布,其中列出了每个受保护的实体的名称、泄漏提交日期、受影响的人数和有关泄漏的摘要。现在,除了经济处罚和潜在的媒体关注外,那些遭遇泄漏的组织将永远被安全专家们钉在"耻辱之墙"上,如图 9-1 所示。

Breach Report Results						
Name of Covered Entity	State	Covered Entity Type	Individuals Affected	Breach Submission Date	Type of Breach	Location of Breached Information
Brooke Army Medical Center	TX	Healthcare Provider	1000	10/21/2009	Theft	Paper/Films
Business Associate Present: No						
Web Description: A binder containing the protected health information (PHI) of up to 1,272 individuals was stolen from a staff member's vehicle. The PHI included names, telephone numbers, detailed treatment notes, and possibly social security numbers. In response to the breach, the covered entity (CE) sanctioned the workforce member and developed a new policy requiring on-call staff members to submit any information created during their shifts to the main office instead of adding it to the binder. Following OCR's investigation, the CE notified the local media about the breach.						
Mid America Kidney Stone Association, LLC	MO	Healthcare Provider	1000	10/26/2009	Theft	Network Server
Alaska Department of Health and Social Services	AK	Healthcare Provider	501	10/30/2009	Theft	Other, Other Portable Electronic Device
Health Services for Children with Special Needs, Inc.	DC	Health Plan	3800	11/17/2009	Loss	Laptop
Mark D. Lurie, MD	CA	Healthcare Provider	5166	11/20/2009	Theft	Desktop Computer
L. Douglas Carlson, M.D.	CA	Healthcare Provider	5267	11/20/2009	Theft	Desktop Computer
David I. Cohen, MD	CA	Healthcare Provider	857	11/20/2009	Theft	Desktop Computer
Michele Del Vicario, MD	CA	Healthcare Provider	6145	11/20/2009	Theft	Desktop Computer
Joseph F. Lopez, MD	CA	Healthcare Provider	952	11/20/2009	Theft	Desktop Computer
City of Hope National Medical Center	CA	Healthcare Provider	5900	11/23/2009	Theft	Laptop
The Children's Hospital of Philadelphia	PA	Healthcare Provider	943	11/24/2009	Theft	Laptop

图 9-1 美国民权办公室列出了"影响 500 及以上的数据泄漏"

来源:"正在调查的个案",民权办公室,卫生与公众服务部,2016 年 8 月 14 日,https://ocrportal.hhs.gov/ocr/breach/breach_report.jsf

---

[一] GBS Directions, "HIPAA Privacy Breach Notification Regulations," *Technical Bulletin* 8 (2009), 8, https://www.ajg.com/media/850719/technical-bulletin-hipaa-privacy-breach-notification-regulations.pdf.

[二] U.S. Department of Health and Human Services, "Cases Currently Under Investigation," Office for Civil Rights, accessed October 14, 2016, https://ocrportal.hhs.gov/ocr/breach/breach_report.jsf.

9.3.3.4　泄漏推论

至关重要的是，最终的"泄漏通知规则"颠覆了泄漏定义过程。它指出：

> 除非受保护的实体或业务伙伴（如适用）证明受保护的健康信息被泄漏的可能性很小，否则，不被允许地使用或披露受保护的健康信息被认为是一种泄漏行为。

这一变化（发布于 2013 年 1 月）产生了深远的影响。缺乏证据不再意味着组织可以掩盖潜在的泄漏事件。受保护的实体和业务伙伴现在有强大的动力来实现文件系统访问日志记录、网络监控和类似功能，以允许它们排除泄漏。再加上罚金的大幅增加，医疗保健组织现在有了投资安全基础设施的可靠业务理由。

提示：收集大量证据

根据 HIPAA 泄漏通知规则，你的医疗保健组织必须假定发生了数据泄漏，并做出相应的反应，除非它能够证明事实并非如此。

如果你的网络上有受 HIPAA 监管的健康数据，请确保收集大量与网络安全相关的事件记录，包括网络登录 / 注销、对受监管数据的访问、入侵检测报告等。在没有证据的情况下，你可能不得不假设整个数据集都发生了泄漏。这可能导致不必要的和昂贵的过度通知，以及损害声誉。

定期测试证据收集系统，这样当一个可疑的泄漏确实发生时，你会知道自己有所需要的证据。通过这种方式，可以快速排除泄漏，或者至少将泄漏范围尽可能缩小。

9.3.3.5　四个因素

根据美国卫生与公众服务部的规定，受影响的实体必须进行风险评估，以确定一个可疑的泄漏是否损害了受保护的健康信息。这种风险评估至少应包括以下四个因素[⊖]：

1）所涉及的受保护的健康信息的性质和范围，包括标识符的类型和重新标识的可能性。

2）是否存在未经授权使用受保护的健康信息的情况或该信息被披露给哪些个体。

3）受保护的健康信息是否确实被取得或看过。

⊖ U.S. Department of Health and Human Services, " Breach Notification Rule," accessed January 18, 2018, https://www.hhs.gov/hipaa/for-professionals/breach-notification/index.html.

4）针对受保护的健康信息的风险已被减轻的程度。

如果一个实体根据这种风险评估得出了发生泄漏的"可能性很低"的结论，那么可以得出这样的结论：没有发生泄漏事件。无论如何，实体都需要维护风险评估文档。

美国卫生与公众服务部指出，只有在泄漏涉及未受保护的 PHI 或"通过使用秘书指导中指定的技术或方法，未经授权的人可使用、阅读或识别 PHI"的情况下，才需要发出通知。

在美国，受 HITECH 监管的数据是目前为数不多的反例之一，当遇到可疑泄漏时，除非组织能证明有其他情况，否则就默认数据已被泄漏。根据美国大多数州和联邦法规，几乎没有如何实际确定是否发生了泄漏行为的指导，特别是在证据不存在或不确定的情况下。因此，与其他行业相比，维护健康数据的组织现在更有动力去监控和收集证据。在下一节中，我们将讨论如何倾斜数据泄漏的统计数据。

> **提示：进行四因素风险评估**
>
> 即使当电子形式的受保护的健康信息被暴露或受到未经授权的访问时，你也不必去声明泄漏发生了。花点时间进行一次正式的风险评估，至少使用美国卫生与公众服务部描述的四个因素进行评估。在许多情况下，完成风险评估的组织合理地确定了受保护的健康信息陷入危险的风险很低，这使得通知变得不必要。
>
> 考虑利用外部顾问来监督这项工作。专门处理医疗数据泄漏事件的律师见过很多这样的案例，他们可以从以往的类似案件中吸取经验。此外，选一个合格的第三方来负责，如果他们的决定后来受到董事会、监管机构、调查人员或媒体的质疑，那么能够为内部领导层提供一些保护。

9.3.4 处罚

HITECH 法案还要求美国卫生与公众服务部大幅增加对泄漏行为的经济处罚，并对故意怠工行为实施处罚。"HITECH 法案颁布前，HIPAA 规定的民事罚款的最高限额是每次 100 美元，凡在同一自然年多次违反同一规定或禁令者，罚款 25 000 美元。"律师事务所 McGuire Woods 发出法律警告，"罚款数额随罪责程度的增加而增加，对违反同样的 HIPAA 规定的最高罚款为每年 150 万美元。"⊖（值得注意的是，随着时间的推移，罚金

⊖ McGuire Woods, "HIPAA Omnibus Final Rule Implements Tiered Penalty Structure for HIPAA Violations," *McGuire Woods Legal Alert*, February 14, 2013, https://www.mcguirewoods.com/Client-Resources/Alerts/2013/2/HIPAA-Omnibus-Final-Rule-Implements-Tiered-Penalty-Structure-HIPAA-Violations.aspx.

会进一步增加。)

HITECH 法案确立了四类罪责:

- 未察觉

- 合理理由

- 故意忽视——发现后 30 天内纠正

- 故意忽视——发现后 30 天内未纠正

也有四个相应的惩罚等级,根据罪责的等级增加。"我们观察到,当人们不努力时,美国卫生与公众服务部往往会开出更高的罚单。最好不要试,否则会遇到大麻烦的。"波士顿儿童医院的信息安全官员迈克尔·福特(Michael Ford)说[一]。

美国民权办公室负责实际的调查和征收罚款,但其在最初的一次调查中遭到了令人震惊的反对。根据 HIPAA 的要求,马里兰州坦普尔希尔斯的齐内特健康组织拒绝公布 41 名患者的医疗记录,随后被上报给民权办公室。此外,当民权办公室联系齐内特健康组织进行调查时,"他们没有出现,无视我们,拒绝与我们接触,以致我们无法理解他们为什么这样做。"民权办公室的主管乔治娜·韦尔杜戈(Georgina Verdugo)说。该机构于 2011 年 2 月 22 日宣布,对齐内特健康组织进行处罚,齐内特健康组织成为第一个被 HIPAA 罚款的受保护的实体:总共 430 万美元,其中 130 万美元是由于没有公布病人的医疗记录,另外 300 万美元是由于"从 2009 年 3 月 17 日到 2010 年 4 月 7 日,齐内特健康组织每天都没有配合民权办公室的调查,而且……未能合作是因为齐内特健康组织故意忽视需遵守的隐私规则"[二]。

仅仅两天后,民权办公室就宣布与马萨诸塞州总医院达成和解协议,要求医院支付 100 万美元,因为一名员工在地铁上遗落了包含受保护的健康信息的文件[三]。民权办公室在其新闻稿中说:

> 我们希望医疗保健行业密切关注这一协议,并认识到民权办公室对 HIPAA 的执行是认真的。保护患者的健康信息是受保护的实体的责任[四]。

[一]　迈克尔·福特与作者的面谈,2017 年 6 月 20 日。

[二]　"HHS Imposes a \$4.3 Million Civil Money Penalty for Violations of the HIPAA Privacy Rule," *Business-Wire*, February 22, 2011, https://www.businesswire.com/news/home/20110222006911/en/HHS-Imposes-4.3-Million-Civil-Money-Penalty.

[三]　Shannon Hartsfield Salimone, "HIPAA Enforcement Escalates: What Does This Mean for the Healthcare Industry?" *ABA Health eSource* 7, no. 8 (April 2011), https://www.americanbar.org/content/newsletter/publications/aba_health_esource_home/aba_health_law_esource_1104_salimone.html.

[四]　Chester Wisniewski, "HIPAA Fines Prove the Value of Data Protection," Naked Security by Sophos, February 25, 2011, https://nakedsecurity.sophos.com/2011/02/25/hipaa-fines-prove-the-value-of-data-protection.

到 2016 年，媒体报道称，民权办公室"近年来加强了执法活动"，并"更加积极地执行 HIPAA 法规"。仅在 2016 年，该机构就收到了超过 2200 万美元的款项，其中包括针对倡导健康系统（Advocate Health System）公司的创纪录的 550 万美元的罚款，原因是该公司的三次数据泄漏影响了数百万患者。

福特说："当你开始看到数百万美元的罚款……你会觉得 HIPAA 还是有牙齿的。"⊖

提示：保持礼貌和迅速响应

当民权办公室来敲门的时候，保持礼貌和迅速响应是很重要的。当然，来自监管机构的询问可能会带来压力，但有大量证据表明，合作会为受影响的组织带来更好的结果。

记住罪责的四种类型。如果你能证明任何问题的发生是由于缺乏知识或合理理由，那么惩罚将会比故意忽视低。（例如，问题得到了报告，但根本没有得到解决。）即使存在故意忽视，请记住，你可以在发现问题后 30 天内对问题进行补救来减少过失，因此，迅速响应可以为你的组织节省资金，从长远来看也可以避免麻烦。

9.3.5　对业务伙伴的影响

HITECH 法案极大地改变了对受保护的实体的"业务伙伴"的要求。突然之间，全美的律师、IT 公司和供应商都被要求遵守 HIPAA 的安全规则和隐私规则，向它们服务的受保护的实体报告受保护的健康信息的泄漏情况，并确保它们利用的任何分包商都有义务按照合同的规定做同样的事情。

这对于病人的隐私保护来说是一个重要的飞跃，但估计有 25 万到 50 万的受保护的实体的业务伙伴还没有准备好。医疗保健信息和管理系统协会（HIMSS）在 2009 年 12 月进行的一项调查表明："业务伙伴，也就是那些为医疗保健组织处理患者私人信息的人，包括来自计费单位、征信局、福利管理机构、法律服务机构、索赔处理机构、保险经纪公司、数据处理公司、药房连锁店、会计公司、临时办公室人员和离岸转录供应商的所有人，基本上都没有准备好应对 HITECH 法案中新的与数据泄漏相关的义务⊖。

事实上，许多业务伙伴并不知道它们突然被要求遵守这项新规定。HIMSS 的研究

⊖　与福特的面谈。

⊖　HIMSS Analytics and ID Experts, *Evaluating HITECH's Impact on Healthcare Privacy and Security* (Burlington, VT: HIMSS Analytics, November 2009), https://web.archive.org/web/20111112031528/http://www.himssanalytics.org/docs/ID_Experts_111509.pdf.

显示："超过 30% 的受访业务伙伴不知道 HIPAA 的隐私和安全要求已经扩展到它们的组织。"⊖

当时，HIMSS 发现，在接受调查的医疗保健实体中，超过一半的实体表示，受 HITECH 法案的影响，它们将"重新谈判业务合作协议"，近一半的实体表示，它们将"因违规而终止商业合同"。然而，在 HITECH 法案通过后的几年里，业务伙伴却很少受到审计，所受监管也很有限。

9.4 "逃脱" HIPAA 的数据

由于 HIPAA 和许多类似的法律只适用于特定的实体，如医疗保健提供商，谁生成数据的问题是决定选何种法律以及数据暴露事件是否构成该法律下的"泄漏"的核心。

主要有三种方式可以使受监管的数据"逃脱" HIPAA/HITECH 的限制：

- **数据泄漏**：被泄漏的信息可以交易和出售，或者用来制作衍生数据产品。
- **授权信息共享**：国家法规可能要求医疗保健实体出于获取公共利益的目的向第三方提供信息，例如跟踪和管理流行病。美国国家处方药监控项目（PDMP）就是这样一个例子。
- **去识别化和重新标识**：根据 HIPAA，数据可以被"重新标识"并无限制地发布。然而，重新标识总是有风险的，大数据分析和数据经纪人的出现使重新标识变得更加容易。

此外，某些个人健康信息从一开始就"绕过"了 HIPAA，因为这些信息是在典型的护理者 / 病人关系之外创建的。数据主体惊讶地发现，保存其数据的"未覆盖实体"实际上不受 HIPAA/HITECH 法规的约束。

9.4.1 被泄漏数据的交易

在美国，健康信息只有在"受保护的实体"或"业务伙伴"手中才受 HIPAA 保护，如本章开头所讲，ESPN 等新闻媒体并不包括在内。

虽然利用被窃取数据的合法性值得怀疑的，但全球性法律标准的缺乏意味着，在许多司法管辖区，美国的数据保护法根本不适用。此外，日益复杂的数据经纪人网络助长了数据清洗，使被窃取的数据能够重新进入合法市场，详见第 2 章。

⊖　HIMSS Analytics and ID Experts, *Evaluating HITECH's Impact on Healthcare Privacy and Security* (Burlington, VT: HIMSS Analytics, November 2009), https://web.archive.org/web/20111112031528/http://www.himssanalytics.org/docs/ID_Experts_111509.pdf.

9.4.2　强制信息共享

法律强制的信息共享会增加数据泄漏的风险，PDMP 就是一个很好的例子。这些数据库是健康信息的宝库，旨在为减少药物滥用而广泛提供这些信息。美国的 9 个州、哥伦比亚特区和关岛都有 PDMP。虽然各州的具体情况各不相同，但通常要求医生和药剂师向政府报告附表Ⅱ-Ⅳ或Ⅱ-Ⅴ类药品的处方。州政府拥有一个数据库，其中包含每个人的详细信息，以及详细的处方记录。

医生和药剂师在开处方或配药前必须先检查 PDMP 数据库。这意味着，成千上万的医生、药剂师和他们的同事，通常还有执法机构、州医疗管理人员和其他人员，都可以在网上使用州 PDMP 数据库。该数据库也可供邻近州的医生访问，如马里兰州的 PDMP，该数据库可供特拉华州、华盛顿特区、西弗吉尼亚州、弗吉尼亚州和宾夕法尼亚州的处方医生使用。在纽约州，麻醉药品执法局（Bureau of Enforcement）宣传称，该局"每年为该州逾 9.5 万名处方医生提供数百万份安全的官方处方"[一]。

PDMP 具有如此广泛的可访问性，这一事实使它面临着未经授权访问的高风险。考虑到州内任何一个 PDMP 密码被盗或电脑被恶意软件感染的医务人员都可以成为这个庞大数据库的入口。从本质上讲，PDMP 数据库可以通过 Web 直接访问，并且通常仅受专业人员选择的单因素身份验证（用户名和密码）的保护。

2009 年，弗吉尼亚州的居民发现他们的医疗记录在美国国家处方监控项目（PMP）网站被破坏时遭访问，黑客留下了以下信息[二]：

> 就我个人而言，我目前有 8 257 378 份医疗记录和 35 548 087 张处方。此外，我做了一个加密的备份，并删除了原来的。不幸的是，弗吉尼亚州的医疗记录备份似乎也失踪了……只需 1000 万美元，我很乐意提供密码。你有 7 天的时间来决定。如果 7 天之后，你决定不付钱，我就会把这个备份放到市场上，以最高的出价卖出。现在我不知道这一切值多少钱，也不知道谁会买它，但我打赌有人会的。见鬼，如果我不能移动处方数据，至少我可以为个人数据（姓名、年龄、住址、社会保障号、驾照号）找到一个买家。

弗吉尼亚州的州长蒂姆·凯恩（Tim Kaine）选择不支付赎金。两个月后，该州正式向53 余万名社会保障号可能已被存储在该系统上的用户发送了泄漏通知函[三]。

㊀　New York State Department of Health, Bureau of Narcotic Enforcement, accessed January 18, 2018, https://www.health.ny.gov/professionals/narcotic (accessed January 18, 2018).

㊁　Cary Byrd, "Stolen Files Raise Issues About Prescription Drug Monitoring Programs," *eDrugSearch*, May 11, 2009, https://edrugsearch.com/stolen-records-raise-questions-about-prescription-drug-monitoring-programs.

㊂　Bill Sizemore, "Virginia Patients Warned about Hacking of State Drug Web Site," *Virginia Post*, June 4, 2009, http://hamptonroads.com/2009/06/oficials-hacker-may-have-stolen-social-security-numbers.

当时，弗吉尼亚州有应用于社会保障号码、信用卡卡号和类似数据的泄漏通知法，但不包括健康或医疗数据（2010 年，美国通过了《医疗信息泄漏通知法》，尽管它只适用于"由公共基金支持的"州政府机构或组织）⊖。结果，该州并没有通知在被入侵系统中有数据的所有患者。相反，只有其社会保障号存在于数据库中的人才会得到通知。该州的政府网站上有一个常见的问题解答，表明："如果 PMP 中有你的一个处方记录，但它不包含一个可能是 SSN 的 9 位数字，你将不会收到通知信。"⊖

9.4.3　去识别化

HIPAA 隐私规则允许受保护的实体和业务伙伴对 PHI 去识别化，然后与任何人共享结果数据，而不受 HIPAA 规则的约束。在这里，去识别化指的是修改医疗信息数据集的过程，以降低个体被识别的风险。

根据 HIPAA，PHI 可以通过以下两种方式中的一种来去识别化，如图 9-2 所示：

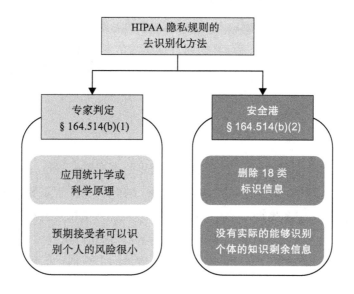

图 9-2　HIPAA 隐私规则下可接受的两种去识别化方法说明

来源：HHS，《关于去识别化方法的指导》

⊖　Va. Code Ann. § 32.1-127.1:05, Breach of Medical Information Notification (2010), https://law.lis.virginia.gov/vacode/title32.1/chapter5/section32.1-127.1:05.

⊖　Virginia Department of Health Professionals, "Questions and Answers: Updated June 5, 2009," accessed January 18, 2018, https://web.archive.org/web/20090618021638/http://www.dhp.virginia.gov/misc_docs/PMPQA060509.pdf.

- **专家判定**：专家使用"统计和科学原理"来判定识别个人的风险非常低。
- **安全港**：从记录中删除 18 类标识信息。例如姓名、电子邮件地址、面部照片、社会保障号等。

从理论上讲，去识别化可以使组织保留医疗数据集的大部分价值，同时降低个体受试者的隐私受到损害的风险。美国卫生与公众服务部的说法是："隐私规则并不限制使用或披露去识别化的健康信息，因为它不再被视为受保护的健康信息。"⊖

美国民权办公室在评估网络安全事件是否属于泄漏（并因此受泄漏通知法的约束）时，将去识别化作为需要考虑的因素之一。在评估泄漏风险时，要求组织考虑"标识符类型"和"重新标识的可能性"⊜。根据 HITECH 法案，泄漏行为被定义为"不被允许地使用或披露受保护的健康信息"，这些信息由受保护的实体或业务伙伴持有，因此，未经授权访问去识别化的信息通常不被视为泄漏行为。

取消标识是健康数据"逃脱"HIPAA 监管环境的一种方式。根据 HIPAA，去识别化的数据可以自由出售、转让或向世界公开，而不受监管。然而，美国卫生与公众服务部的网站明确解释说："去识别化的数据……仍有被识别的风险。尽管风险非常小，但并不是零，而且去识别化的数据仍有可能与其所对应的患者的身份相关联。"⊜如果敏感数据被去识别化，并转移到第三方，然后被重新标识，那么原始的敏感数据可能潜在地存在于受 HIPAA 监管的组织之外。

9.4.4 重新标识

"重新标识"是将标识数据添加回先前去识别化的数据集的过程。重新标识可能出于多种原因，例如，要跨两个或多个数据集匹配记录；在研究中发现重要发现时，要有通知研究对象的道德操守；或者是有一些不太道德的问题，比如市场营销和个人数据挖掘。为了支持重新标识，HIPAA 明确允许实体用代码替换标识信息。美国民权办公室明确表示："如果受保护的实体或业务伙伴成功识别出了其所维护的去识别化信息的主体，那么现在

⊖ U.S. Department of Health and Human Services, *Guidance Regarding Methods for De-identification of Protected Health Information in Accordance with the Health Insurance Portability and Accountability Act (HIPAA) Privacy Rule*, accessed January 18, 2018, https://www.hhs.gov/hipaa/for-professionals/privacy/special-topics/de-identification/index.html.

⊜ U.S. Department of Health and Human Services, "Breach Notification Rule," accessed January 18, 2018, https://www.hhs.gov/hipaa/for-professionals/breach-notification/index.html.

⊜ U.S. Department of Health and Human Services, *Guidance Regarding Methods for De-identification of Protected Health Information in Accordance with the Health Insurance Portability and Accountability Act (HIPAA) Privacy Rule*, accessed January 18, 2018, https://www.hhs.gov/hipaa/for-professionals/privacy/special-topics/de-identification/index.html.

与特定个体相关的健康信息将再次受到隐私规则的保护，因为它将符合受保护的健康信息的定义。"⊖

虽然可以删除显式的标识符，但使数据集对研究人员（和商业实体）有价值的因素也可以用来定义独特的配置文件，并最终重新标识用户。研究人员已经证明，重新识别比人们认为的要容易得多。具体的健康状况、治疗日期和时间、医生姓名、治疗地点和处方历史就像一个数字健康指纹。

"健康信息……从睡眠模式到诊断记录再到基因标记……可以描述出一个非常详细的个人画像，这使其在本质上不可能去识别化，从而使得它对各种实体都有价值，比如数据经纪人、营销人员、执法机构和罪犯。"美国民主与技术中心隐私和数据项目的主任米歇尔·德·穆伊（Michelle De Mooy）说⊖。

9.4.5　双重标准

重新标识并不是犯罪。虽然有几个国家要求购买者签署或承认一项"数据使用协议"，以获得去识别化的信息，但 HIPAA 不要求购买者在转让去识别化的数据时签署或承认协议。其结果是，受保护的实体（或业务伙伴）可以根据法律对数据进行去识别化，并无限制地将其转移给第三方。然后第三方可以尝试重新标识数据。如果成功，第三方将拥有与受保护的实体相同的数据，而不受 HIPAA/HITECH 法规的约束。

设想一下，你突然发现你的组织不小心在网络上公布了人名和已知的医疗问题，这让你非常震惊。这是数据泄漏吗？视情况而定。如果你为医疗保健服务提供商工作，那么 HIPAA/HITECH 适用于你，你需要考虑 HIPAA/HITECH 对泄漏的定义。另一方面，如果你在一家拥有重新标识数据的营销公司工作，可能没有适用于你的相关法律。

这意味着，两个不同的组织公开完全相同的数据时，在一种情况下可能是"泄漏"，而在另一种情况下则不会，仅仅是因为数据库产生的方式不同。

9.4.6　医疗保健之外

健康追踪器、移动健康应用程序、亲子鉴定、社交媒体网站，以及许多其他新兴技

⊖　U.S. Department of Health and Human Services, *Guidance Regarding Methods for De-identification of Protected Health Information in Accordance with the Health Insurance Portability and Accountability Act (HIPAA) Privacy Rule*, accessed January 18, 2018, https://www.hhs.gov/hipaa/for-professionals/privacy/special-topics/de-identification/index.html.

⊖　Adam Tanner, "The Hidden Trade in Our Medical Data: Why We Should Worry," *Scientific American*, January 11, 2017, https://www.scientificamerican.com/article/the-hidden-trade-in-our-medical-data-why-we-should-worry.

术，通常都不在护理者 / 病人关系的范围之内，因此不受 HIPAA 等法规的保护。这些"不受保护的实体"（NCE）经常收集个人的与健康和医疗相关的大量细节，它们可以几乎没有限制地共享或出售这些信息。

通过不受保护的实体传播的健康信息的扩散增加了个人健康数据暴露的风险。不受保护的实体通常不受要求它们保护健康数据的特定规则的约束。美国卫生与公众服务部在 2016 年报告称："不受保护的实体被发现在从事各种各样的实践，如在线广告和营销、个人信息的 139 种商业用途或销售，以及行为跟踪，所有这些都表明信息的使用可能比公众预期的更广泛。"⊖

缺乏要求特定网络安全保障的法规和监督，NCE 可能成为特别高风险的环境。由于没有对事件检测方法和监督的标准要求，在这些环境中可能会有很大比例的潜在泄漏未被检测到。马克西姆斯联邦服务（Maximus Federal Services）公司在 2012 年对个人健康记录（Personal Health Record，PHR）供应商进行的一项研究发现："在所调查的 41 家个人健康记录供应商中，只有 5 家采用了引用审计、访问日志或其他方法来检测对个人健康记录中身份信息的未授权访问。"⊜

受试者通常没有意识到 NCE 有很大的自由来共享或出售他们的健康信息。例如，在 2017 年 5 月，律师乔尔·温斯顿（Joel Winston）指出，通过将 DNA 样本提交给主流的服务公司 AncestryDNA 进行分析，用户授予了 AncestryDNA 和 Ancestry 集团公司一个永久的、免版税的、全球性的、可转让的许可来使用自己的 DNA……在它们认为适当的范围内，以它们认为适当的形式，通过任何媒体或媒介，利用现在知道的或以后开发或发现的任何技术或设备，使用、主办、转授权和分发分析结果⊜。

"有多少人在点击同意按钮之前真正阅读了这些合同？有多少 Ancestry.com 客户的亲戚也在阅读？"温斯顿问。此后不久，AncestryDNA 公司改变了服务条款。

即使在公司合并、清盘或被收购之后，健康信息仍然作为资产和风险存在。AncestryDNA 在其目前的隐私声明中不辞辛劳地指出了这一点⑲：

⊖　U.S. Department of Health and Human Services, *Examining Oversight of the Privacy & Security of Health Data Collected by Entities Not Regulated by HIPAA* (Washington, DC: HHS, June 2016), https://www.healthit.gov/sites/default/files/non-covered_entities_report_june_17_2016.pdf.

⊜　Maximus Federal Services, *Non-HIPAA Covered Entities: Privacy and Security Policies and Practices of PHR Vendors and Related Entities Report*, December 13, 2012, https://www.healthit.gov/sites/default/files/maximus_report_012816.pdf.

⊜　Ancestry.com, "AncestryDNA Terms and Conditions (United States)," accessed January 18, 2018, https://web.archive.org/web/20170521230901/https://www.ancestry.com/dna/en/legal/us/termsAndConditions.

⑲　Ancestry.com, "Ancestry Privacy Statement," accessed January 18, 2018, https://www.ancestry.com/dna/en/legal/us/privacyStatement#3.

随着我们的业务不断增长和变化，我们可能会重组、购买或出售子公司或业务单元。在这些交易中，客户信息通常是被转移的资产之一，仍然受制于当时流行的隐私声明中的承诺。此外，如果 AncestryDNA 或其绝大部分资产、股票被收购、转让、处置（全部或部分，包括与任何破产或类似程序相关的），个人信息当然将是转让资产之一。

NCE 不受 HIPAA 泄漏通知规则的约束，因此不需要根据 HIPAA/HITECH 报告健康相关数据的"泄漏"。然而，2010 年生效的美国联邦贸易委员会的健康泄漏通知规定确实适用于个人健康记录供应商及其服务提供商或"相关实体"。这一规定要求组织在发现"未经授权获取不安全的、个人健康记录中的可识别身份的健康信息"时，通知受影响的美国公民或居民、联邦贸易委员会，在某些情况下，还应通知媒体[一]。当疑似泄漏行为表明某个组织可能进行"不公平或欺骗性行动或做法"时，联邦贸易委员会可能还会进行调查，因为这是它核心任务的一部分[二]。

9.5 健康数据泄漏之疫蔓延

突然之间，在 2010 年医疗数据泄漏事件开始浮出水面。许多专业人士总结，这意味着医疗数据泄漏事件正在增多。美国的身份盗窃资源中心公布的统计数据似乎表明，2009 年至 2010 年间，医疗数据泄漏事件的数量增加了一倍多[三]。

美国律师协会发表了露西·汤姆森（Lucy Thomson）律师的一篇精辟分析，她开篇写道："大规模的数据泄漏正以惊人的频率发生。对各行业数据泄漏的分析为医疗行业敲响了警钟……从 2007 年到 2009 年，医疗泄漏事件从第四名稳步上升到了 2010 年和 2011 年仅次于商业领域（数据泄漏）的第二名。"[四]

然而，医疗领域的泄漏事件数量真的大幅增加了吗？还是有其他因素在起作用呢？

[一] Federal Trade Commission, "Health Breach Notification Rule: 16 CFR Part 318," accessed January 18, 2018, https://www.ftc.gov/enforcement/rules/rulemaking-regulatory-reform-proceedings/health-breach-notification-rule.

[二] Thomas Rosch, *Deceptive and Unfair Acts and Practices Principles: Evolution and Convergence* (Washington, DC: FTC, May 18, 2007), 1, https://www.ftc.gov/sites/default/files/documents/public_statements/deceptive-and-unfair-acts-and-practices-principles-evolution-and-convergence/070518evolutionandconvergence_0.pdf.

[三] Identity Theft Resource Center, *ITRC Breach Statistics 2005-2016*, accessed January 18, 2018, https://www.idtheftcenter.org/images/breach/Overview2005to2016Finalv2.pdf.

[四] Lucy L. Thomson, *Health Care Data Breaches and Information Security: Addressing Threats and Risks to Patient Data* (Chicago: American Bar Association, 2013), 253–67, https://www.americanbar.org/content/dam/aba/publications/books/healthcare data breaches.authcheckdam.pdf.

9.5.1   是泄漏更多，还是报道更多？

InformationIsBeautiful.net 网站有一个互动页面，名为"世界上最大的数据泄漏和黑客攻击：选定的损失超过 3 万条记录"。如图 9-3 所示，该图表按年份列出了数据泄漏情况，在本例中，只过滤了医疗行业的泄漏情况。每个气泡的大小表示暴露记录的大致数量。

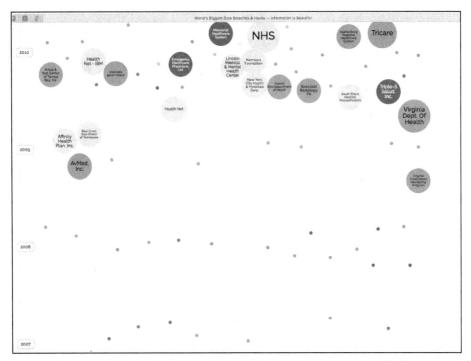

图 9-3   从 2007 年到 2010 年，按照时间报道的主要医疗保健部门的数据泄漏，每个气泡代表一次泄漏，其被随机放置在它发生的那一年之内（图片由 InformationIsBeautiful.net 提供）

令人吃惊的是，在 2009 年之前，没有有关重大泄漏事件的报道：最早的重大泄漏事件是弗吉尼亚州的 PMP，在这一章前面已经讨论过了。之后是 AvMed 有限责任公司，据报道，2009 年 12 月发生的两起笔记本电脑失窃事件影响了 120 万病人。随后 Affinity Health Plan 有限责任公司在 2010 年 4 月报道，超过 40 万名患者的数据可能从办公室复印机的一个硬盘中泄漏，因为在重用它之前没有正确清除数据。

当然，在 2009 年 9 月 23 日之前，对受保护的健康信息的"泄漏"没有法律定义，至少在美国联邦法律下是没有的。没有明确要求组织通知受影响人员的泄漏通知规则，也没有要求通知媒体或卫生与公众服务部，更没有"耻辱之墙"（公众可以在上面看到所报道的泄漏事件）。如果一个组织没有及时通知受影响的各方，就不会面对罚款的威胁。

2009 年 9 月（泄漏通知规则的生效日期）和 2010 年 2 月（组织因未提供适当通知而可能受到处罚的日期）引入了大规模的监管变化。几乎可以肯定的是，这些变化引发了被报道的健康数据泄漏事件数量的大幅上升。此外，对数据泄漏的假设促使许多组织以一种前所未有的方式投资于网络监控和日志记录，这使这些组织有了自行检测数据泄漏的新能力。

换句话说，医疗保健行业的数据泄漏事件的数量不一定真的在上升。相反，医疗行业首次定义了什么是数据泄漏，并鼓励组织发现和报道数据泄漏。突然，公众瞥见了冰山的其余部分。

9.5.2　复杂性：安全的敌人

为什么会有这么多医疗泄漏事件？随着这个问题成为公众关注的焦点，行业网络安全专业人士面临着无数挑战。大西洋卫生系统（Atlantic Health System）公司的信息安全和企业经理拉里·皮尔斯（Larry Pierce）解释说："医疗行业如此有吸引力的原因有两个——一个是数据的价值，另一个是保障和保护措施有时没有到位，无法保护这些环境。"[⊖]

"安全的最大敌人是复杂性。"著名的安全专家布鲁斯·施奈尔（Bruce Schneier）在 1999 年写道[⊖]。如果是这样的话，那么医疗组织确实有一个强大的敌人。

在接下来的几节中，我们将探讨导致医疗保健数据泄漏流行的具体因素：它们的 IT 环境的复杂性、对第三方的依赖、缺少边界、移动劳动力、个人移动设备和社交媒体的出现、对云计算的依赖越来越强等。这些领域的技术进步都增加了数据泄漏的风险，也改变了我们的响应方式。

从真正的专业软件应用程序到独特的人员配备问题和物联网（IoT）的出现，医疗技术已经变得非常复杂。我们将看到，安全专业人员很难跟上。

9.5.2.1　专用应用程序

从信息管理的角度来看，现代医疗场所是非常复杂的环境。医院网络通常用 ADT 软件系统跟踪病人进入医院到出院的时间。整个医院到处都是 ADT 与中央 EMR 连接的情况。

各个部门维护专用的应用程序，如放射科、实验室或制药系统。所有这些应用程序需要与 ADT 和 EMR 集成，以同步患者的最新、准确信息。数据通过使用国际 HL7（健康

⊖　拉里·皮尔斯与作者的谈话，2017 年 6 月 20 日。
⊖　Bruce Schneier, "A Plea for Simplicity: You Can't Secure What You Don't Understand," *Schneier on Security*, November 19, 1999, https://www.schneier.com/essays/archives/1999/11/a_plea_for_simplicit.html.

等级 7）协议的接口引擎在软件应用程序之间传输。

波士顿儿童医院（Boston Children's Hospital）的信息安全官员迈克尔·福特表示："远程组织接收并将数据发回 EMR。处方是用 HL7 协议在某个地方的药房开出的。"数据也被研究人员和数据仓库共享，通常是实时的。

"病人的数据在数百个系统之间来回流动。"福特说，"这些系统看起来像一个巨大的大脑，很难都画出来。"⊖

皮尔斯指出："医疗保健领域的环境比银行业甚至政府的环境要复杂得多，大多数医疗系统必须支持的应用和程序超过 300 个，而且都是可供远程访问的。"⊜

9.5.2.2　人员和服务

当将医疗环境与银行或其他行业的环境进行比较时，很容易看出在医疗环境中为什么安全是一个挑战。与银行一样，医院除了存储医疗细节外，还存储高度敏感的财务和身份信息数据。与银行不同，医院是全天候对公众开放的。这个简单的事实使得寻找安装软件补丁或运行灾难恢复测试的时间窗口变得很有挑战性。

银行雇用的是一组定义明确的人员：出纳员、信贷员、经理等。然而，医院员工包括全职和兼职的工作人员，在多种场所进行轮换的医生、从学术机构雇用的研究人员等。轮流值班的护理人员也需要访问患者数据，而且不可能预先准确地预测谁需要访问特定患者的医疗记录。这对医院的访问控制模式产生了重大影响。医疗机构倾向于在治疗后分析方面投入更多资金，以发现不适当的访问，并阻止未来的问题，而不是对工作人员访问特定患者的记录设置具体的限制。

9.5.2.3　病人

在医院里，当病人从救护车上被推下来时，他可能没有身份证，甚至没有说话的能力，但医院的工作人员仍然需要准确地识别病人，找到正确的医疗记录，并提供治疗。与此相比，银行通常要求客户提供身份验证或回答认证问题以获得服务。皮尔斯说，大西洋卫生系统公司通过在急诊科安装手掌扫描仪解决了识别病人身份的问题，这是另一个必须集成到医院 IT 环境中的高科技（且昂贵的）系统。

9.5.2.4　物联网

医疗技术的复杂性只会随着技术的进步而增加。如今，智能冰箱使用条形码读取器追踪母乳的过期日期，并通过互联网将温度监测数据传输到云应用程序，云应用程序可以

　⊖　与福特的谈话。
　⊜　与皮尔斯的谈话。

通过手机应用程序访问。植入了救生设备（如心律转复除颤器）的病人可在大厅里来回走动，而可以通过射频信号远程控制病人身上的设备。物联网的出现和移动网络的无处不在意味着，医疗保健场所实际上凭借着附着在病人身上的联网设备在运行，但许多设备都不在当地 IT 人员的控制范围之内。

9.5.2.5　医院感染

攻击者开发恶意软件，目的是在不影响医院运作的情况下，悄悄地从医疗网络中窃取信息，以保持长期的立足点。由被感染设备形成的"僵尸网络"可以卖给犯罪集团，用于悄悄从受影响的系统窃取有价值的信息。这类"隐秘的"恶意软件通常不会影响医院的运作，而且可以无限期地保持不被发现。

安全公司 TrapX 的研究人员在一家医疗机构安装了他们的安全产品后发现了一个经典的例子。研究人员注意到，他们的软件发出警报，显示放射科使用的图片档案和通信系统（PACS）遭到了黑客攻击。攻击最初来自医院其他地方的一个用户工作站，该工作站中的用户浏览了一个恶意网站，并引发了一次经典的由"下载"驱动的攻击。一旦 PACS 被感染，攻击者就通过该场所的网络横向移动，感染了一名护士的工作站。

根据《威瑞森的数据泄漏调查报告》，24% 的医疗泄漏事件是在事件发生数月或数年后被发现的。虽然一半以上是在几天或更短的时间内被发现的，但研究人员指出："不幸的是……我们发现，其中大多数涉及信息传递错误或资产被盗的泄漏行为。"由于缺乏有效的内部监测系统，对电子健康记录的不当查阅根本不能被迅速发现⊖。

"大多数组织往往只关注外围防御，但最有效的安全战略需要包括……整个网络、机器分析、行为分析。"皮尔斯说。他认为，整个医疗行业的预算紧缩是一个主要障碍。"医疗保健的利润率非常低……目前有监控工具，但大多数有资金的组织往往只关注外围防御。"⊖

在复杂的全天候医院环境中，成功部署自动化入侵检测系统而不产生持续不断的误报警报可能是一个挑战。传统上对外围防御的依赖不再有效。

提示：投资组织

医疗保健环境极其复杂，复杂性导致不安全性。好消息是，目前有许多软件工具和产品对数据、IT 资产、临床设备、物联网设备以及医疗环境中使用的其他

⊖ "Verizon's 2017 Data Breach Investigations Report," Verizon Enterprise, 2017, http://www.verizonenterprise.com/resources/reports/rp_DBIR_2017_Report_en_xg.pdf.
⊖ 与皮尔斯的谈话。

设备进行跟踪和组织。然而，医疗保健实体常常没有对组织进行足够的投资，这可能导致昂贵的安全问题（更不用说效率低下了）。

有效的组织与有效的安全密切相关。投资于可以通过你的网络跟踪和管理敏感数据与设备的软件。定期审核文件并确保其是最新的。如果需要，请外部顾问来帮助处理企业范围的组织项目。这些任务通常是安全团队在最后才来处理的，但是会影响整个企业的安全性。

9.5.3   第三方依赖关系

医疗保健组织严重依赖第三方来供应、管理和维护专用的软件和设备。因此，它们承受了外部制造商和供应商引入的安全风险。在本节中，我们将回顾临床设备和供应商远程访问所带来的风险，并强调美国卫生与公众服务部、食品和药物管理局（FDA）对数据泄漏的监管方式存在严重的不一致。同时，我们将提供减少第三方引入的安全风险的提示，并讨论这些组织对数据泄漏响应的影响。

9.5.3.1   时间冻结

医疗设备和软件可能会给医疗保健提供商带来巨大的网络安全风险。通常，制造商会优先考虑功能而不是安全性，一旦产品发布，其安全性更新可能很少。即使安全性是开发阶段的优先选项，但一旦部署好了系统，所有的赌注就都没有了。

谁负责管理系统安全并不总是很清楚（是制造商还是购买者的 IT 人员）。如果买方负责处理安全，这可能是一个压倒一切的任务。健康保健提供者中很少有工作人员或很少对设备有足够的了解来持续适当地保护所有的临床设备（特别是考虑到在任何一个医疗机构中都有大量的临床设备）。

布鲁金斯技术创新中心的一项研究报告称："这些设备的制造商……与医疗保健提供者签订合同，以免除它们在此类设备的安全方面的所有责任。因此，医疗保健提供者自己应该承担保护这些设备的责任。许多较小的医疗机构没有能力做到这一点，因此仍然很容易受到潜在的网络攻击。"[⊖]

更重要的是，供应商可能不能保证它们的软件可以在更新后的系统上运行。每当安装软件更新时，都存在这样的风险，即新代码可能会"破坏"由供应商编写的软件的功能，

⊖ Center for Technology Innovation at Brookings, *Hackers, Phishers, and Disappearing Thumb Drives: Lessons Learned from Major Health Care Data Breaches* (Washington, DC: Brookings Institution, May 2016), https://www.brookings.edu/wp-content/uploads/2016/07/Patient-Privacy504v3.pdf.

有时甚至是以意想不到的方式。这就抑制了本地 IT 人员修改设备的积极性，即使是为了安装重要的安全更新。因此，在可利用的漏洞已被广泛公布很长一段时间之后，临床设备仍然没有得到修补。

即使在最佳情况下，从发布新补丁到管理员能够测试和安装它之间仍然存在延迟。忙碌的医疗保健提供者依赖昂贵的医疗设备全天候为患者提供治疗，它们可能很难挤出测试和安装软件补丁所需的停机时间。

在制造商提供安全更新的情况下，仍然存在许多挑战。制造商通常与依赖它们的医疗保健专业人员有不同的安全标准和优先级。理想情况下，制造商会时刻保持警惕，积极主动地测试新的漏洞，并不断确保软件得到更新，以适应最新的更新。在实践中，这将需要制造商进行昂贵的（或许是高得离谱的）持续投资，而许多企业不能或不愿这样做。

此外，多年来，许多供应商在不同的医疗设施的不同操作系统和版本上安装了软件，却没有一个强大的补丁管理程序。特别是当设备用于病人的日常护理时，很难保证所有这些不同的平台上的程序都是最新的。

考虑到临床设备经常被安全漏洞困扰，它们很容易被黑客入侵就不足为奇了。不幸的是，调查临床设备的潜在漏洞同样具有挑战性。安全公司 TrapX 的研究人员在识别出被恶意软件感染的临床设备后指出："根据时间安排和对制造商资源的访问安排，处理这些安全事件可能需要数周时间。一旦恶意软件被移除，我们发现医疗设备可能很快又被重新感染。"研究人员还指出，网络防御软件产品，如杀毒软件和基于主机的 IDS，通常不适合安装在医疗设备上[一]。

最终，网络中的临床设备常常没有关键的安全补丁，即使在安全漏洞被广为人知之后很久。这些脆弱的系统通常被放置在与医院其余网络部分分离的网段上，希望通过内部网络分段降低感染恶意软件的概率。然而，在实践中，网络分段并不总是有效的，因为临床设备仍然需要与其他医疗保健提供者系统相连接。一旦感染，临床设备很难"清洁"，并容易再次感染。

美国食品和药物管理局已经公开了这个问题，强烈鼓励设备制造商采取"积极的而不是被动的售后网络安全方法"。2016 年 12 月，该机构发布了指导意见，明确指出制造商应该在其上市后的设备管理程序中包含网络安全漏洞。

多年来，医疗设备制造商一直声称它们不能发布安全更新，因为这需要美国食品和药物管理局重新认证设备[二]，然而，美国食品和药物管理局努力打破了这个神话，反复强调

[一]　Steve Ragan, "Attackers Targeting Medical Devices to Bypass Hospital Security," CSO, June 4, 2015, https://www.csoonline.com/article/2931474/attackers-targeting-medical-devices-to-bypass-hospital-security.html.

[二]　J. M. Porup, "Malware in the Hospital," *Slate*, January 25, 2016, http://www.slate.com/articles/technology/future_tense/2016/01/malware_not_malicious_hackers_is_the_biggest_danger_to_internet_connected.html.

只要更新不会"显著影响医疗设备的安全性或有效性能",制造商可以在无须重新认证的情况下使用常规的安全补丁[⊖]。

提示：预防临床设备数据泄漏

对医疗机构来说，管理临床设备非常具有挑战性，因为每个设备都是高度专业化的，通常由第三方供应商生产。医疗 IT 人员要有效管理用于治疗患者的令人眼花缭乱的临床设备，即使不是不可能，也是非常困难的。因此，这些设备往往对医疗场所构成了巨大的安全风险。

以下是一些降低泄漏风险的经验法则：
- 在采购合同中明确指定临床设备的安全责任。
- 在可能的情况下，确保制造商负责及时发布软件补丁和更新。专用的临床设备需要 IT 人员投入大量的时间、资源来进行单独的测试和安全保证，因此将这个负担完全压在医疗机构的 IT 人员身上是不合理的。
- 确保临床设备已包含在网络安全测试中，并在设备不安全时向供应商提供反馈。
- 与同行就临床设备管理进行沟通，并考虑合作解决具有挑战性的设备安全性问题。

9.5.3.2　FDA 与 HIPAA

美国食品和药物管理局建议制造商采取基于风险的方法来管理医疗设备的网络安全漏洞和更新。该机构称[⊖]：

在整个医疗设备生命周期中，制造商应建立、记录和维护一个持续的过程，以识别与医疗设备网络安全相关的危害，估计和评估相关风险，控制这些风险，并监控控制的有效性……建议将这一过程的重点放在评估对患者的伤害的风险上。

[⊖] U.S. Food and Drug Administration (FDA), *Postmarket Management of Cybersecurity in Medical Devices* (Silver Spring, MD: CBER, December 28, 2016), https://www.fda.gov/downloads/MedicalDevices/ DeviceRegulationandGuidance/GuidanceDocuments/ucm482022.pdf.

[⊖] U.S. Food and Drug Administration (FDA), *Postmarket Management of Cybersecurity in Medical Devices* (Silver Spring, MD: CBER, December 28, 2016), https://www.fda.gov/downloads/MedicalDevices/ DeviceRegulationandGuidance/GuidanceDocuments/ucm482022.pdf.

这里有一个问题：根据在撰写本书时的美国食品和药物管理局的指导，"机密信息的丢失，包括受保护的健康信息的损坏"并不被视为"对患者的伤害"[⊖]。这意味着，根据美国食品和药物管理局的指导方针，设备制造商在评估漏洞和决定是否发布安全补丁时，不需要考虑数据泄漏的风险。相比之下，HIPAA 要求医疗服务提供者进行风险评估，其中包括对受保护的健康信息的保密性进行风险评估。

在临床设备安全问题上，医疗保健提供者进退两难。一方面，HIPAA 要求它们保证病人数据的机密性。另一方面，美国食品和药物管理局不认为"机密信息的丢失"是临床设备制造商的优先风险。这就造成了医疗实体所需的风险管理计划与它们所依赖的临床设备制造商所需的风险管理计划之间存在巨大差距，而这些制造商的设备在医疗保健环境中到处都是。这个差距直接影响着数据泄漏的风险。

2018 年 10 月，FDA 发布了医疗设备在上市前提交的指南草案，其中对"对患者的伤害"的定义包括机密性缺失。要了解在本书出版后的进一步更新，请访问作者的网站 hackeralien.com。

应对临床设备数据泄漏

当临床设备被黑客入侵时，调查人员很难及时进入设备，以控制损害并收集证据。有时是因为昂贵的临床设备通常对病人的护理至关重要，而计划中的停机可能很难安排；其他时候，是因为供应商控制着对设备的访问权限或掌握着专门的知识，调查人员可能很难获得适当的资源。以下是一些建议，可以确保对临床设备数据泄漏的响应尽可能顺利：

- 确保数据泄漏计划明确包括临床设备。

- 记录每个设备处理的数据类型。不同的临床设备包含不同类型的数据，很多还包含受保护的健康信息，但有些没有。

- 计划中断，以适应潜在的数据泄漏事件中的证据收集和清理。

- 确保知道如何快速访问受感染的设备以保存证据。记住，当涉及受保护的健康信息时，你可能需要证据来证明它的泄漏风险很低。收集证据的速度越快，你所寻找的记录就越有可能存在。

- 与对每种设备都具备专门知识的专家保持联系，并确保在发生潜在的泄漏时随时可以与他们联系。

⊖ U.S. Food and Drug Administration (FDA), *Postmarket Management of Cybersecurity in Medical Devices* (Silver Spring, MD: CBER, December 28, 2016), https://www.fda.gov/downloads/MedicalDevices/DeviceRegulationandGuidance/GuidanceDocuments/ucm482022.pdf.

9.5.3.3　供应商远程访问

无数的医疗泄漏事件可以追溯到与供应商相关的安全问题。为什么？首先，医疗保健提供者依赖于许多类型的供应商提供的设备，这些设备连接到场所网络以支持远程管理和维护。除了诸如 HVAC（通常配置有默认密码）等常见设备外，医院还拥有一大批昂贵的临床设备，从核磁共振成像设备（MRI）、超声波设备到 X 光机。配药系统、冰箱、输液泵、呼吸机等设备都与网络相连。必须部署和维护不同部门使用的专门软件，这通常需要签约供应商支持团队的帮助。

医疗保健机构通常会在防火墙上戳很多洞，以允许供应商远程连接，也便于进行自动化的设备通信。"它们必须管理自己的设备，它们还有现场设备。"福特解释道，"通常，它们的设备会传信息回去，所有这些设备都会向互联网发送遥测信息，比如冰箱和医疗设备……现在它们所有的供应商都'绕过'了它们的前门。"[⊖]

9.5.4　消失的边界

"一个组织的典型安全模型是，只有一个接到互联网的连接，有防火墙。打开想允许的端口，然后关闭不想允许的端口。你打开城堡的大门，然后关上城堡的大门。"福特在采访中解释道，"现在，这个概念已经不存在了。"

福特指的是由信息安全专家比尔·切斯维克（Bill Cheswick）和史蒂夫·贝洛文（Steve Bellovin）在他们 1994 年的著作《防火墙和互联网安全：击退威利黑客》中首创的边界安全模式。在书中，他们提出了一个明确的模式，通过建立一个强大的边界来保护网络。他们写道："如果一个社区的每栋房子都难以保障，或许居民们可以联合起来，在城镇周围筑起一道墙。戒备森严、训练有素的警卫可以在门口站岗，而人们则可忙自己的事……这种方法被称为边界安全。"本质上，网络管理员通过限制流量在组织的网络周围建立了一堵虚拟的墙，并安装了防火墙作为大门。"要想有效。"作者提醒道，"城墙应该环绕整个城镇，且要足够高、足够厚，以抵御攻击。它也不能有能让攻击者避开警卫的洞或秘密入口。"[⊜]

多年来，边界安全模型一直作为保护许多组织的基础，至今仍在使用。然而，福特的论点是，该模式不再适用于医疗保健行业的大部分领域，尤其是医院网络，因为这些环境中的"边界"已经不复存在。他指出，"正在消失的边界"是医疗行业数据泄漏背后的关键驱动因素之一。

⊖　与福特的谈话。

⊜　W. R. Cheswick, S. M. Bellovin, and A. D. Rubin, *Firewalls and Internet Security: Repelling the Wily Hacker*, 2nd ed. (Boston: Addison-Wesley Professional, 2003), 11.

首先，医疗保健提供者长期以来都有一个松散的物理边界：它们在整个场所中接待病人，包括检查室、住院病房、食堂、手术室和实验室（再次，与银行相比，银行有特定的、有限的、对公众开放的区域）。虽然这种物理上的松散并不是什么新鲜事，但这些年来，在这些环境中对数据的访问已经呈指数级增长。

敏感数据可以通过连接到滚动推车、平板电脑和分布在广泛地域上的工作站的笔记本电脑即时访问。整个场所中的网络插孔可连接医疗设备、临床系统、安全摄像头等，并可能为未经授权的人提供一个访问点。无处不在的无线网络为临床医生使用移动设备提供了便利，也为病人及其家人提供了客户访问服务。

虚拟的边界也变得越来越松散。工作人员经常收到可能包含恶意附件或链接的电子邮件。"用户打开它，电脑就会被感染，现在在内部出现了一个据点，它打开了一条便于外部发出命令和进行控制的通道。"福特解释说[⊖]。

多个医疗保健机构使用站点到站点的虚拟专用网络（VPN）进行连接，使医疗保健提供者能够共享数据和网络资源。供应商网络也通过站点到站点的VPN或其他远程连接进行连接。

以这种方式，医院的"村庄"已经发展成包含非常多的其他村庄和城镇，以至于边界安全模式不再有意义。事实上，切斯维克和贝洛文自己也提醒人们注意这个问题："如果城镇太大，边界防御方法就没有效果。"[⊖]

> **提示：集成方法**
>
> 　仅使用边界安全模式已不再是保护医疗保健组织的有效方法。相反，安全需要贯穿整个企业，包括移动设备、物联网和云。考虑利用企业级的集成了移动设备、物联网、云提供商和其他数据源的安全产品。确保利用自动发现工具，它可以在不需要任何手动干预的情况下检测环境中的系统。在当今复杂的组织中，这是跟上形势的唯一方法。

9.5.4.1　移动员工

一般来说，医院环境必须支持员工的高流动性和灵活性。医务人员通常在多个场所或远程办公室工作。现代的员工希望——有时也需要——能够在家里、业余时间或上下班途中工作。这在医疗保健行业中尤其重要，因为患者需要全天候获得医疗服务，而专家要为

⊖　与福特的谈话。

⊖　W. R. Cheswick, S. M. Bellovin, and A. D. Rubin, *Firewalls and Internet Security: Repelling the Wily Hacker*, 2nd ed. (Boston: Addison-Wesley Professional, 2003), 11.

多个组织服务。

个人移动设备、家用电脑和电子邮件等技术已经在我们的日常生活中根深蒂固，它为移动工作场所提供了便利，而移动工作场所正是当今医疗保健提供商迫切需要的。与此同时，移动工作者的兴起传播了敏感信息，增加了数据暴露的风险。

在某些情况下，医疗保健系统会发放从业者可以随身携带的移动设备。在其他情况下，从业人员安装特殊的应用程序来存储健康数据，或者他们甚至可以从个人设备远程访问健康信息。

将信息存储在用户的家用电脑或其他个人设备上存在严重风险，因为医疗保健组织无法控制对用户个人电脑的访问。此外，当员工与组织分开时，不能保证他们个人设备上的任何数据会被适当地归还或销毁。

"想象我是一名医生，住在海边的房子里，随时待命。"福特在采访中建议道，"我需要下载一些病人的数据，所以登录 VPN，将数据下载到我的笔记本电脑上，为病人做咨询。现在病人的数据在医院外面，在我的设备上。"

当受保护的健康信息最终出现在个人设备上，包括家用电脑或手机，就可能构成数据泄漏，导致这家医疗保健机构面临巨额罚款和声誉受损。

9.5.4.2　要不要自带设备办公

许多医疗系统都有明文禁止员工在个人移动设备上获取受保护的健康信息的政策。医生和护士不得向同事发送介绍病人情况的短信，也不得用自己的智能手机或平板电脑拍摄病人的照片。（事实上，由于 SMS 消息传递是不被加密的，所以无论设备的所有者是谁，用短信发送受保护的健康信息通常都是被禁止的。）

一些医疗保健提供商甚至提供了"安全"短信替代服务，比如 Imprivata Cortext，它既有桌面应用程序，也有智能手机应用程序。护士可以登录工作站，给医生发信息，之后医生的手机即可收到通知。

即使是在有此类工具存在的环境中，临床医生也常常"绕过"安全控制——有时是有充分理由的。应用程序可能会有一些对开发者来说似乎不太严重的问题，但对已经负担沉重的医疗保健提供商来说，这些问题可能会增加延迟，比如额外的密码（当提供商处理多个账户时很容易忘记），或者严重消耗设备电池。半夜时分，护士可能会发现，想要通过电话联系医生，唯一的选择就是用个人手机发一条短信，然后接受指令，把病人的照片用短信发过去，而这在医院的工作站上是不可能完成的任务。在这种非常常见的情况下，护士不得不在向医生提供尽可能好的数据和避免违反 HIPAA 之间做出选择。

Medigram 的首席执行官雪莉·杜维尔说："你必须考虑用户体验。"她的公司提供了一款 HIPAA 合规的通信应用程序，医疗保健从业者可以把它安装在自己的设备上。"如果

临床医生不使用它，那么就不安全。"⊖

9.5.4.3　违反电子邮件和 HIPAA 规定

即使是一名雇员将受保护的健康信息通过电子邮件发送给家用电脑，也会被归类为数据泄漏。例如，2014 年，宾夕法尼亚州立大学好时医院（Penn State Hershey hospital）的一名临床技术人员将患者的个人健康信息下载到 USB 上，并将 USB 连接到他的家用电脑上，此外，他还通过个人邮箱向两名医生发送了患者信息，随后该医院通知了近 2000 名患者数据被泄漏的情况⊜。*HIPAA Journal* 解释说："员工的家庭系统不在医疗中心的控制范围内，这些信息可能已经暴露给了外部人员。"⊜

即使医疗管理部门制定了明确的政策，禁止将受保护的健康信息转移到个人设备上，工作人员也常常试图"绕过"这些限制，以远程工作。特别是医生，他们经常在与经授权的远程访问系统做斗争，在多个医疗保健系统 VPN 和电子邮件系统的密码上纠结。许多医生通常会将受保护的健康信息传输到他们的个人系统中以备日后使用，通常是将医疗保健提供商的工作站中的电子邮件附件发送到自己的个人账户中。例如，2010 年，盖辛格医疗系统在"胃肠病学家通过电子邮件将其患者的姓名、医疗记录编号、手术适应症和对所提供的护理的简要印象发送至他的家用电脑后"，通知了大约 3000 名患者这一泄漏行为®。

上述事件被归类为违反了 HIPAA 规定有两个原因：

1）由于电子邮件本身没有加密，受保护的健康信息在传输过程中也没有加密。

2）受保护的健康信息被存储在不安全的系统中，不受医疗组织的控制，并且可能被不恰当地访问了。

数据防泄漏系统

医疗保健提供商可以（确实）安装数据防泄漏（Data Loss Prevention，DLP）系统来阻止发送包含受保护的健康信息的电子邮件，但这些系统有几个弱点。首先，健康信息可以以多种格式存储。结构化文本数据（如社会保障号码和医疗记录 ID）很容易使用自动化工具来进行检测和阻止。使用自动化工具很难检测提供

⊖　作者与雪莉·杜维尔的谈话，2017 年 6 月 20 日。

⊜　Erin McCann, "Staff Blunder Leads to HIPAA Breach," *Healthcare IT News*, June 9, 2014, http://www. healthcareitnews.com/news/staff-blunder-leads-hipaa-breach.

⊜　"Penn State Hershey Medical Center Announces HIPAA Breach," *HIPAA Journal*, June 22, 2015, http:// www.hipaajournal.com/penn-state-hershey-medical-center-announces-hipaa-breach-7092.

®　Howard Anderson, "Unencrypted E-Mail Leads to Breach," *Data Breach Today*, December 28, 2010, http:// www.databreachtoday.com/unencrypted-e-mail-leads-to-breach-a-3213.

者的笔记之类的非结构化数据。图像，如电子医疗记录或放射科扫描结果的屏幕截图，分析起来很有挑战性，而且常常被排除在基于文本的软件规则之外。

此外，DLP 系统可能会阻止合法的流量，导致医护人员向 IT 部门投诉，使 IT 部门负担过重（众所周知，IT 部门人手不足）。DLP 系统的规则越"严格"，就越可能出现假阳性结果。因此，虽然许多医疗保健提供者投资于 DLP 系统，但只将其设置为仅阻止明显的违规行为，或简单地将其配置为生成 IT 人员很少去检查的警报。在后一种情况下，DLP 系统是一种不利因素，而不是一种有用的安全工具。

个人从业者也可以利用加密的电子邮件系统"绕过"DLP 系统，通过安全门户将受保护的健康信息发送到他们自己的个人电子邮件账户。虽然数据在传输过程中被加密（通常是一件好事），但根据具体的设置情况，加密能防止 DLP 系统检查消息的内容，从而允许受保护的健康信息在未被检测到的情况下"逃离"环境。

9.5.4.4　云计算

今天，医疗保健提供商正在向云转移，越来越多地利用软件即服务（SaaS）平台，如 Amazon Web Services、Azure、Office365 等。"基本上，你的基础设施已经在你的网络之外虚拟化了。"福特在采访中评论道，"你怎么在它周围设置边界？"

基于云的服务能使工作人员和临床医生远程访问数据，也可能增加数据传播到受控医疗系统之外的风险。风险因控制措施的不同而不同。例如，医生可能被指示仅从医疗保健提供商或附属机构拥有的设备访问云资源，但在实践中，他们可能有能力违反政策，从个人设备访问云资源。因此，敏感信息可能会出现在个人设备上。

在其他情况下，通过技术手段将对云资源的访问进行了部分限制。例如，员工可以从个人设备查看工作电子邮件，但不能下载附件。这仍然会使敏感信息处于危险之中，因为消息的内容可以被复制或截图。

最后，还有一些低风险配置，其中将对云资源的访问限制在特定的、严格受控的设备上，并使用强身份验证（如客户端证书）进行约束。

我们将在第 13 章中进一步讨论云数据泄漏。

9.5.4.5　社交媒体

"我现在要离开医院，因为我必须离开这里。"纽约长老会医院外的护士凯蒂·杜克

（Katie Duke）抽泣着说，"我在社交媒体上发了一个帖子……我因此被解雇了。"在医院急诊室工作了七年之后，杜克拍下了一张脏乱的急救室的照片，并发布在 Instagram 上，配文为"#Man vs 6 train"。那天晚些时候，她的工作被终止了。在一个典型的社交媒体反转中，杜克声称她最初根本就没有拍这张照片，相反，她转发了一位医生的 Instagram 帖子⊖。虽然这张照片并没有违反 HIPAA，但杜克的上司告诉她，她"因为漠不关心而被解雇"⊜。

有些不恰当的分享并不那么微妙。例如，在芝加哥的西北纪念医院（Northwestern Memorial Hospital），一位年轻的女性患者正在接受药物治疗，这时一位医生拍下了她的照片。这位医生将照片发布在他的 Facebook 和 Instagram 社交媒体账户上，并附上了诸如"#bottle#service#gone#bad"之类的评论⊜。病人后来起诉了这家医院和这位医生。

在另一例中，Spectrum Health 急诊室（密歇根州大急流城）的一名雇员拍了一张女性患者裸露的臀部的照片，并将其张贴在 Facebook 上，并说："我喜欢我喜欢的东西。"从照片中看不见女人的脸，帖子中也没有用名字标识她。多名员工点赞了 Facebook 上的照片，并发表了一些评论。紧急服务部的副医学主任发布了"我的天，那是结核病吗？"的帖子，之后，他与医生本人、登记员和助手一起被开除了。该副医学主任后来以受到了不当解雇为由起诉了医院⑱。

在这两起事件中，工作人员的瞬间判断失误导致了数据泄漏和随之而来的后果，以及媒体对医疗机构的负面关注，从而导致重大的潜在责任。

医生、护士、看门人和其他医护人员经常带着个人智能手机和平板电脑在医疗机构最敏感的区域穿行。从前，手术室的四面墙能提供可靠的安全保护，使人们免于窥探，而现在，工作人员的微型记录设备可以"绕过"物理安全边界。即使在禁止工作人员携带智能手机的场所，病人自己也可以携带设备。医疗保健提供者及其员工正在努力应对这个新的现实。在这个现实中，摄像头无处不在，患者的隐私可以被点击一个按钮所破坏。

9.5.4.6 医疗众包

许多医疗保健提供者使用社交媒体分享案例研究和来自同行的关于病人治疗方案的

⊖ Liz Neporent, "Nurse Firing Highlights Hazards of Social Media in Hospitals," *ABC News*, July 8, 2014, http://abcnews.go.com/Health/nurse-firing-highlights-hazards-social-media-hospitals/story?id=24454611.

⊜ Liz Neporent, "Nurse Firing Highlights Hazards of Social Media in Hospitals," *ABC News*, July 8, 2014, http://abcnews.go.com/Health/nurse-firing-highlights-hazards-social-media-hospitals/story?id=24454611.

⊜ "Woman Sues Northwestern after Doctor Posted Drunk Photos," *CBS Chicago*, August 21, 2013, http://chicago.cbslocal.com/2013/08/21/woman-sues-northwestern-after-doctor-posted-drunk-photos.

⑱ Sue Thoms, "Physician Terminated after Facebook Comment Sues Spectrum," *MLive*, March 15, 2014, http://www.mlive.com/news/grand-rapids/index.ssf/2014/03/physician_terminated_after_fac.html.

"众包"意见。到 2011 年，一项研究发现，超过 65% 的医生"出于职业目的"使用社交媒体。⊖从那时起，大量信息共享社区出现，鼓励从业者加入。除了通用的社交媒体服务，如 Facebook 和 Twitter（在这些社交媒体上，医疗专业人士可能会选择与他们的网络好友来讨论病人的情况），针对医生的社交网站也已经出现。

一个流行的例子是 SERMO，它宣传自己是"美国乃至全球医生的头号社交网络"。该网站提供了一个论坛，在其上，医生可以参与医疗众包（通过分享和解决有挑战性的案例来帮助同行），查看治疗方案，参与讨论，甚至获得"酬金"——经济报酬——作为开展调查的回报。医师提供的病例详情将成为 SERMO 永久数据库的一部分，世界各地的其他成员也可以访问该数据库。医生上传的资料包括"患者的匿名信息，包括图片、文字结果等相关信息"⊜。

当然，这就引出了一个问题，即"匿名"的具体案例究竟可以是什么样的，特别是当实验室图像和其他独特的数据被张贴出来的时候。患者不会被告知他们的数据已被上传到社交媒体网站，在许多情况下，医疗保健提供者可能也没有监督或参与这一过程。如果不按 HIPAA 商业伙伴协议上传数据，对于社交媒体提供商很可能没有报告泄漏事件的联邦法律义务。此外，上传数据的行为很可能违反了 HIPAA，具体取决于个别从业者选择上传什么数据。

但是谁会发现呢？

9.5.4.7　病人管理的数据

随着病人用更多的工具来监控他们的健康和访问他们的数据，他们对自身安全也负有更多的责任。患者和医护人员越来越多地利用可穿戴式监测仪来跟踪血糖水平、心率、氧气水平或其他因素。与依靠医疗机构收集的数据不同，越来越多的病人在家里收集数据，并允许提供商通过云访问。

作为一个例子，福特描述了一个场景："约翰尼（Johnny）去医院，医生说：'给你一个传感器，你可以在家里戴着它，该传感器通过移动设备和家庭无线网络接口，将数据发送到云端……约翰尼和他的父母是创建数据的人。医院对你的数据不承担责任，因为它没有储存你的数据。"⊜

许多医疗保健提供者还引入了患者门户，旨在让患者远程访问他们的预约时间表、健

⊖　M. Modahl, L. Tompsett, and T. Moorhead, *Doctors, Patients & Social Media* (Waltham, MD: Quantia MD, September 2011), 1, http://www.quantiamd.com/q-qcp/social_media.pdf.

⊜　"FAQ: How Does SERMO Crowdsourcing Work?" SERMO, accessed January 18, 2018, http://www.sermo.com/what-is-sermo/faq.

⊜　与福特的谈话。

康记录和实验室结果。当然，患者门户可能会因为提供者的应用程序中的缺陷而被黑客攻击。莫利纳医疗保健（Molina Healthcare）公司就遭遇了这种情况，它是一家顶级的医疗补助和平价医疗法案保险公司。该公司在 2017 年 5 月报告称，其在线患者门户网站出现了一个漏洞，任何人都可以进入该网站的任意患者账户，而该公司拥有超过 480 万名客户⊖。

但是，如果病人的账户因为自己的个人电脑被感染或账户密码被盗而发生泄漏，该怎么办呢？许多患者更喜欢用简单的身份验证策略和简短、容易记住的密码，这很方便，但很不安全，而硬件令牌既昂贵又不方便。提供第二个认证因素的现代"应用程序"——比如代码或确认按钮——很有前途，尤其是考虑到在 2019 年，美国 81% 的成年人携带智能手机。然而，了解如何利用这些工具的患者相对较少⊖。

"这不再是一个技术范围，而是一个责任范围。"福特说。就目前而言，医疗保健提供者被拉向不同的方向，一方面是患者希望便捷地远程访问他们的健康数据，另一方面是要求有强大的安全和隐私性。

9.6 泄漏之后

涉及个人健康数据（如诊断、处方和手术）的泄漏，会对受害者个人、他们的家人和更广泛的社区造成有害的连锁反应。遭遇数据泄漏的组织在努力减少伤害和赔偿受害者，尽管在许多情况下，损害无法恢复（甚至不能被完全理解）。与此同时，法院对健康数据泄漏案件的裁决还不一致。

如果没有明确的解决方案，医疗保健提供商可能会考虑将在医疗事故（已经处理过了）中使用的技术应用到数据泄漏上。一个明确的道歉、开放的心态和改善的承诺有时是最好的良药。

9.6.1 有什么危害

健康数据泄漏引发了以下犯罪：

- **医疗身份盗窃**，指人们利用受害者的个人信息获取欺诈性的医疗服务、保险或处方。除了经济损失和进一步的数据披露外，这还可能导致受害者的医疗记录出现错误，例如增加了另一个人的疾病或身体特征。在波耐蒙研究所（Ponemon Institute）

⊖ Chad Terhune, " Molina Healthcare, Top Obamacare Insurer, Investigates Data Breach, " *Orange County Register*, May 26, 2017, http://www.ocregister.com/2017/05/26/molina-healthcare-top-obamacare-insurer-investigates-data-breach.

⊖ Pew Research Center, " Mobile Fact Sheet, " *Pew Internet and Technology*, 2019, http://www.pewinternet.org/fact-sheet/mobile.

进行的一项研究中，大多数医疗保健提供者没有任何纠正医疗记录错误的流程⊖。

- **保险诈骗**，指的是滥用受害者的健康保险覆盖范围。这种类型的欺诈会导致受害者在需要保险赔付时被拒之门外。"拥有私人医疗保险的病人通常会有终身的保险上限，或者在他们的保险政策下的其他福利限制。因此，每次以病人的名义支付虚假索赔时，金额就会计入病人的终身保险额或其他限制中。"美国医疗保健反欺诈协会报道说，"这意味着，当一个病人确实最需要保险福利时，额度可能已经被用完了。"⊜在医疗和保险分散化的美国，欺诈行为尤其难以发现和预防。

- **药物欺诈**，它是医疗身份盗窃的一个具体后果，它会对社会产生广泛影响，导致用药过量和医疗成本增加。

- **勒索**，犯罪分子以不泄漏敏感信息为条件来索要赎金。在某些情况下，罪犯试图从病人身上勒索钱财；其他时候，他们会联系遭遇数据泄漏的组织。

- **出售或未经授权地使用个人健康信息**，罪犯将医疗、疾病、处方详情等信息出售给新闻媒体、营销公司或数据经纪人等组织。

此外，健康数据泄漏对受害者和整个社会都会产生负面影响，这些影响本身可能不属于犯罪，但会在伦理和法律方面埋下隐患。

- **经济剥削**是一个难以追踪的负面后果。除了被直接勒索的可能性外，有特定疾病或问题的患者还可能成为某些公司追逐利润的目标。Medigram 移动智能公司的首席执行官雪莉·杜维尔说："市场营销人员和其他人可根据人们的健康信息对他们进行分类，从而将数据货币化。"⊜

- **歧视**是最阴险、最难以衡量的后果之一。患者的医疗记录可以揭示性取向、遗传风险、出勤率等。纵观人类历史，健康信息一直被用来在婚姻、约会、就业、政治和无数其他领域做出歧视性决定。美国已经制定了一些法律来保护残疾人和基于性别的歧视，但仍有许多漏洞，而私下做出的歧视决定往往不会被发现。

在采访中，杜维尔补充道："每个公司都想要一个从未有过心理健康问题、从未有过高血压病史的完美员工，他们想要一个完美的小机器人。"

"因为歧视，人们可能会失去工作，支付更多的保险费用，在监护权争夺战中表现不

⊖ Ponemon Institute LLC, *Sixth Annual Benchmark Study on Privacy & Security of Healthcare Data* (research report sponsored by ID Experts, May 2016), https://media.scmagazine.com/documents/232/sixth_annual_benchmark_study_o_57783.pdf.

⊜ National Health Care Anti-Fraud Association, " The Challenge of Health Care Fraud, " accessed January 17, 2018, https://www.nhcaa.org/resources/health-care-anti-fraud-resources/the-challenge-of-health-care-fraud.aspx.

⊜ 与杜维尔的谈话。

佳，并遭遇个人尴尬。"彭博社《商业周刊》报道说〇。

不可能列举出健康数据泄漏的所有潜在负面后果，尤其是在法律和技术不断发展的情况下。机密信息发生泄漏可能会导致就业困难、尴尬、骚扰、歧视等。受害者可能永远都不会知道他们的健康信息已被窃取并被用来对付他们。

9.6.2　赔礼道歉

由于个人健康信息有可能以非常多的方式影响人们的生活，因此很难想象有什么补偿或纠正措施能够真正修复受影响数据对象的开放式风险。虽然遭遇数据泄漏的组织经常试图补偿受害者，但在其他行业中的常见提议在健康数据泄漏方面可能会无用。

例如，2015 年 3 月，位于华盛顿州的一家大型健康保险提供商 Premera Blue Cross 宣布了一起数据泄漏事件，其中，罪犯"可能已获得姓名、出生日期、电子邮件地址、家庭地址、电话号码、社会保障号码、会员识别号、银行账户信息以及理赔信息，包括临床信息"〇。据报道，罪犯侵入 Premera 的系统将近一年。与大多数健康数据泄漏公告一样，"临床信息"被埋在列表的末尾，但人们注意到了。

作为补偿，Premera 为受影响的人提供"两年免费的信用监测和身份保护服务"。当然，虽然信用监控和身份盗窃保护服务可以帮助降低金融欺诈风险，但它并不能解决受保护的健康信息暴露带来的长期伤害风险。美国参议院卫生、教育、劳工和养老金委员会的资深成员帕蒂·默里（Patty Murray）在泄漏事件公布后的几天里，起草了一封致 Premera Blue Cross 医院的信。她在信中说：

"据我所知，Premera 现在已经开始通知每一个在这次攻击中受影响的人，并为这些客户提供两年的信用监控。我很高兴 Premera 代表它的客户采取了行动。然而，我仍然担心这次巨大的泄漏可能造成的损害，以及 Premera 将如何确保弥补任何损害。"〇

不幸的是，目前还不清楚是否存在一种有效的能减轻私人健康信息暴露可能造成的潜在危害的方法。整个医疗行业一直在努力解决这个问题。

福特在接受采访时表示："对于涉及医疗数据的泄漏事件，信用监控并不能解决医疗细节暴露可能带来的潜在尴尬或歧视。"一旦私人健康信息从医院、保险公司或第三方供应商那里被盗，可能就没有办法再把精灵放回瓶子里了。

〇　Jordan Robertson, "States' Hospital Data for Sale Puts Privacy in Jeopardy," *Bloomberg*, June 5, 2013, https://www.bloomberg.com/news/articles/2013-06-05/states-hospital-data-for-sale-puts-privacy-in-jeopardy.

〇　Premera, "Premera Has Been the Target of a Sophisticated Cyberattack," accessed January 17, 2018, https://web.archive.org/web/20150330101405/http://www.premeraupdate.com.

〇　U.S. Senate Comm. on Health, Education, Labor & Pensions, "Murray Demands Answers from Premera Blue Cross Following Cyberattack that Impacted Millions of Washington State Residents," press release, March 20, 2015, https://www.help.senate.gov/ranking/newsroom/press/murray-demands-answers-from-premera-blue-cross-following-cyberattack-that-impacted-millions-of-washington-state-residents.

9.6.3 健康数据泄漏诉讼

具有讽刺意味的是，健康数据泄漏风险的开放性正是受害者难以成功起诉的原因。"HIPAA 中没有提及私人诉讼权。"克拉克希尔律师事务所的数据泄漏律师戴维·G. 里斯（David G. Ries）解释说，"但在很多州，如果有一部旨在保护你的法律，而有人违反了保护你的义务，你可以对他提起侵权诉讼。"⊖

为了获得法庭上的地位，受害者通常必须证明他们已经受到了伤害，或者因为数据泄漏而面临即将受到伤害的风险。在数据泄漏的情况下，这是一个挑战，特别是在健康数据方面。被歧视或失去工作机会等损害可能很难与具体的泄漏事件联系起来，特别是在信息被数据经纪人中介提取、出售和转售后。一个求职者怎么可能知道雇主利用了数据经纪人提供的就业能力"分数"而拒绝了自己，而这些分数又是基于本该保密的数据的。更重要的是，由于健康数据一直有价值，实际的伤害可能会在数年或数十年后发生，而那是在数据泄漏案件已得到解决或被驳回的很久之后。

在加州健康网（Health Net）有限责任公司的案例中，该供应商的供应商 IBM 丢失了大约 200 万人的个人数据，包括医疗和财务数据。几周内，十名受害者对健康网和 IBM 提起了惩罚性的集体诉讼，声称这两家公司都违反了加州的《医疗信息保密法》（CMIA），健康网也违反了《客户记录法》（CRA）。

加州的地方法院驳回了该案件，称"这两家公司的数据丢失所造成的任何损害恰恰是一种推测性和假设性损害，不足以构成指控"。（有趣的是，该地方法院还将盗窃和数据丢失进行了区分，指出没有能表明第三方获取了数据的证据。）

布里克 & 埃克勒律师事务所的律师布里吉特·A. 普渡·里德尔（Bridget A. Purdue Riddell）总结道："原告必须自己受到了伤害，而这种伤害不能是假设性的。"⊜

相反，健康网的受害者成功地在加州高等法院提起了集体诉讼，并于 2014 年达成和解⊜。

里斯很快指出，美国联邦和州法院对数据泄漏的裁决很复杂，而且并不总是一致的。"这仍在发展中。"他说。

⊖ 作者与戴维·里斯的谈话，2018 年 12 月 3 日。

⊜ Bridget A. Purdue Riddell, "California Class Action over Loss of Server Drives Storing Personal and Medical Information Dismissed for Lack of Standing," *Lexology*, February 7, 2012, https://www.lexology.com/library/detail.aspx?g=51aec218-acc1-4797-9975-4883182b4dbd.

⊜ Marianne Kolbesuk McGee, "Health Net Breach Lawsuit Settled," *Data Breach Today*, July 24, 2014, https://www.databreachtoday.com/health-net-breach-lawsuit-settled-a-7099; Shurtleff v. Health Net of California, Inc., No. 34-2012-00121600 (County of Sacramento, CA, 2013), https://eclaim.kccllc.net/caclaimforms/HBS/Documents/HBS_Preliminary%20Approval%20Order.pdf.

9.6.4   从医疗事故中学习

造成永久性伤害的事故在医疗保健行业中并不新鲜。来自约翰霍普金斯大学的一组研究人员发现，"医疗事故"每年导致 25.1 万人死亡，是美国第三大死亡原因[一]。

供应商如何处理这些可怕的情况？许多人采取了"否认和辩护"的方式，尽可能地沉默和少发布信息[二]。这也是如今披露数据泄漏的标准程序：如果存在法律要求，患者会收到一封措辞简短的通知信，除此之外，别无其他。

与医疗事故一样，在响应数据泄漏时保持沉默也会带来严重的负面影响。缺乏透明度会导致错误的延续。患者与医疗保健提供者之间的信任可能会受到损害，导致患者拒绝向医疗保健提供者提供信息，从长远来看，这将导致公共卫生问题。愤怒的受害者更有可能提出诉讼。

在医疗事故响应中出现了一种新的方法。据《华盛顿邮报》报道，许多医疗保健提供者现在不采用"否认和辩护"方法，而是"建立旨在通过提供及时的信息披露、道歉和对错误的赔偿来规避诉讼的程序，以作为渎职诉讼的替代选择"[三]。一个例子是沟通和最佳解决（CANDOR）方法，它的特点是"迅速调查错误，与受害者共享结果，以及道歉和进行伤害赔偿"[四]。

医疗保健提供者及其泄漏响应团队可能会考虑借鉴行业自身的做法。密歇根大学卫生系统的首席风险官理查德·C. 布斯曼（Richard C. Boothman）说："你必须让诚实成为常态，以创造一种持续改进的文化。"[五]

即使数据泄漏变得越来越普遍，医疗保健安全团队仍然在孤立和沉默中挣扎。"当出现数据泄漏时……你在新闻上读到它，但之后一切只是猜测。"皮尔斯说，"没有人愿意解释'事情是这样的'，这样你就能从中吸取教训。从意识和教育的角度来看，弄清楚真相将大有帮助，因为组织可以从彼此的不幸中吸取教训。"[六]

与医疗事故一样，人们对数据泄漏也有很大的担忧，但保证透明度和公开性有助于降低整个系统的长期风险。

[一] Ariana Eunjung Cha, "Researchers: Medical Errors Now Third Leading Cause of Death in the United States," *Washington Post*, May 3, 2016, https://www.washingtonpost.com/news/to-your-health/wp/2016/05/03/researchers-medical-errors-now-third-leading-cause-of-death-in-united-states.

[二] Sandra G. Boodman, "Should Hospitals—and Doctors—Apologize for Medical Mistakes?" *Washington Post*, March 12, 2017, https://www.washingtonpost.com/national/health-science/should-hospitals{and-doctors–apologize-for-medical-mistakes/2017/03/10/1cad035a-fd20-11e6-8f41-ea6ed597e4ca.

[三] Sandra G. Boodman, "Should Hospitals—and Doctors—Apologize for Medical Mistakes?" *Washington Post*, March 12, 2017, https://www.washingtonpost.com/national/health-science/should-hospitals{and-doctors–apologize-for-medical-mistakes/2017/03/10/1cad035a-fd20-11e6-8f41-ea6ed597e4ca.

[四] Sandra G. Boodman, "Should Hospitals—and Doctors—Apologize for Medical Mistakes?" *Washington Post*, March 12, 2017, https://www.washingtonpost.com/national/health-science/should-hospitals{and-doctors–apologize-for-medical-mistakes/2017/03/10/1cad035a-fd20-11e6-8f41-ea6ed597e4ca.

[五] Sandra G. Boodman, "Should Hospitals—and Doctors—Apologize for Medical Mistakes?" *Washington Post*, March 12, 2017, https://www.washingtonpost.com/national/health-science/should-hospitals{and-doctors–apologize-for-medical-mistakes/2017/03/10/1cad035a-fd20-11e6-8f41-ea6ed597e4ca.

[六] 与皮尔斯的谈话。

9.7　小结

医疗数据泄漏是一种流行病。技术进步促进了更好的信息共享、医疗设备的进步和复杂的临床决策,但同样也为数据泄漏创造了极高的风险。

健康数据被参与病人护理的许多提供者访问,因此,它变得极具流动性。个人健康数据的副本激增,并被长期保存。人工智能和数据分析的惊人进步为病人的健康数据和衍生数据产品创造了新的市场。从医疗技术的快速发展来看,这些风险因素在短期内都不太可能下降。

医疗行业资源的缺乏也增加了挑战。资金紧张的医疗保健提供者经常不得不在投资购买更好的设备、雇用更多的员工、改善场所和实施网络安全措施之间做出选择。

虽然 HIPAA/HITECH 和类似的美国州法律以罚款和公开谴责的形式为数据泄漏提供了抑制措施,但围绕健康数据泄漏的监管和法律体系极其复杂和不一致。法规的拼凑和不一致的法律意见极大地减缓了泄漏响应过程,在响应团队中造成了不确定性和冲突。此外,当不合规的成本差异很大时,很难证明在网络安全方面的财务投资是合理的。

现行的泄漏通知法规通常会惩罚披露泄漏事件的机构,这显然不利于在响应泄漏事件时的透明度和公开性。当一场泄漏事件发生时,由于担心声誉受损和病人变得愤怒,医疗保健提供商不愿透露细节,甚至对同行也不愿透露。这使得医疗行业的网络安全从业者孤立无援,面临着网络安全的严峻挑战,而又无法获得强大的全行业知识库。病人也常常被蒙在鼓里,因为他们只能得到一些关于他们个人隐私泄漏的蛛丝马迹。

在美国民权办公室加大执法力度、加大针对泄漏的罚款力度的同时,个人健康数据也越来越多地扩散到医疗行业以外。健康追踪器、社交媒体、软件公司和数据经纪人都在收集、提炼和传播健康信息。具有讽刺意味的是,尽管已经捉襟见肘的医疗机构会因泄漏事件受到罚款,但也可能暴露了同样的敏感数据的其他机构却不受处罚。现今有一个日益扩大和丰富的可识别的健康信息池,它未被泄漏通知法覆盖,因此仍然处于黑暗领域。

解决方案是什么?在未来很长一段时间内,数据泄漏仍将是医疗行业要面临的一个巨大问题。只有为医疗网络安全提供更多的资源和明确的激励措施的改革组合,才能降低泄漏风险。这可能包括法律变化,如需要更多的积极的审计和公众问责,医疗设备供应链网络安全的改善(可能是受 FDA 的刺激),加强社区在网络安全问题和泄漏响应方面的开放性和透明度,以及在病人健康信息的整个生命周期中帮助管理网络安全的技术进步。

数据仍然会逃逸。医疗保健体系是丰富的。虽然我们当然可以制定更有效的控制措施,但数据泄漏的五个风险因素将继续使医疗机构面临更高的风险。

最终,最好的解决方案可能是承认医疗数据泄漏会继续发生,并规范医疗信息的使用——不仅是在医疗行业内部,而且在不可避免地发生泄漏之后。

| 第 10 章 |

曝光和武器化

数据曝光已成为各种组织的主要风险。出于各种目的，比如黑客行为、举报等，失窃数据被有意地公开了。在本章中，我们将讨论与曝光有关的关键策略和技术。特别是，我们将展示维基解密（WikiLeaks）是如何引入一种用于托管和分发大量泄漏数据的新模型的，该模型引发了"大解密"。我们还将概述关键的响应策略，包括验证、调查、数据删除和公共关系。

2016 年 3 月 19 日，星期六，希拉里·克林顿（Hillary Clinton）的总统竞选团队的主席约翰·波德斯塔（John Podesta）收到了一份貌似来自谷歌的安全通知。那时，美国总统大选正如火如荼。希拉里·克林顿赢了 19 场初选，但她的对手伯尼·桑德斯（Bernie Sanders）的势头正盛。竞选过程中的每一天都很重要。

"你好，约翰，"这条通知被发送到了波德斯塔的个人 Gmail 账户⊖："有人用你的密码试图登录你的谷歌账户 john.podesta@gmail.com……谷歌阻止了这个登录尝试，你应该马上更改密码。"然后给出了一个点击按钮，上面写着"更改密码"。然而，这个按钮并没有链接到谷歌的网页，而是链接到一个缩短的 URL 服务，其将读者转到一个陌生的域，该域的国家代码是托克劳（属于新西兰的领土）⊜。它实际上并不是来自谷歌。

波德斯塔没有立即点击。他的办公室主任将这封邮件转发给了竞选团队的 IT 服务台经理查尔斯·德拉万（Charles Delavan）。"这是一封合法的邮件。"德拉万错误地回复道，"约翰需要立即更改他的密码，并确保他的账户启用了双因素认证。"在服务台经理的保证下，波德斯塔（或其他协助他的人）点击了这个链接。

这是一个让希拉里竞选团队付出沉重代价的错误。竞选工作人员不知道的是，黑客窃取了波德斯塔的电子邮件，并分享给了致力于发布"需经审查或以其他方式被限制的官方材料"的国际组织维基解密⊜。维基解密绝不是中立的第三方。维基解密的创始人朱利安·阿桑奇（Julian Assange）毫不掩饰自己的反克林顿立场，在 2016 年 2 月他甚至在维基解密上发表声明，称："今天投票给希拉里·克林顿，就是投票给一场无休止的愚蠢战争。"⑳

维基解密的黑客没有立即公布波德斯塔的电子邮件，他们等待着。

2016 年 10 月 7 日，就在美国总统大选前一个月，维基解密公布了"波德斯塔邮件"的前 2050 封。波德斯塔本人推测，这一时机"可能不是巧合"。

这些电子邮件被放在一个可搜索的索引数据库中，公众可以完全访问来自波德斯塔个人 Gmail 账户的 58 660 封电子邮件。波德斯塔显然在工作中大量使用了他的个人账户，邮件中包含大量——有时令人尴尬的——内部对话、电话号码、密码，以及捐赠者的 SSN 和个人信息。

维基解密没有一次性公布全部 58 660 封电子邮件，而是将数据分成 36 部分。在接下

⊖ Podesta Emails, "Re: Someone has your password," *WikiLeaks*, accessed March 14, 2018, https://WikiLeaks. org/podesta-emails/emailid/36355.

⊜ Bitly, accessed March 14, 2018, https://bitly/1PibSU0+.

⊜ "What Is WikiLeaks?," WikiLeaks, November 3, 2015, https://WikiLeaks.org/What-is-*WikiLeaks*.html.

⑳ Julian Assange, "A Vote Today for Hillary Clinton is a Vote for Endless, Stupid War," WikiLeaks, February 9, 2016, https://WikiLeaks.org/hillary-war.

来的四周里，它通过每天发布一两部分来引起媒体的注意。这不仅仅是数据泄漏，还是一场基于被盗数据的全面媒体宣传——对任何组织来说，这都是一场最骇人的噩梦。

政治评论员哈里·恩顿（Harry Enten）写道："被黑邮件一点一点地泄漏出来……使得精确测量它们的影响几乎不可能，但我们可以确定两件事——美国人对维基解密公布的邮件很感兴趣；希拉里在民意调查中支持率下降的时间大致与邮件公布的时间相吻合。"[⊖]

波德斯塔的事情并非孤案。在 2016 年美国总统大选期间，希拉里竞选团队（Hillary for America）、民主党全国委员会（DNC）、民主党国会竞选委员会（DCCC）以及其他政治和知名组织的内部活动中，有许多官员遭到黑客攻击，他只是其中之一。

不管黑客是谁，也不管他们的动机如何，有一件事是清楚的：2016 年美国总统大选遭受黑客入侵表明，被盗数据的利用方式发生了根本性转变。在过去的几十年里，许多政客和高级官员都曾遭到黑客攻击。传统上，黑客像夜间的老鼠一样悄悄地窃取数据，挖掘出数据的碎片，然后出于自身利益考虑秘密地利用它们。突然之间，犯罪分子利用复杂的公共关系策略，肆无忌惮地将偷来的赃物公诸于众。

在本章中，我们将讨论数据曝光的不同动机，并分析响应策略。在此过程中，我们将展示信息公开技术是如何发展的。最后，我们将研究"大解密"现象的出现，并讨论它如何影响泄漏响应策略。

10.1　曝光泄漏

数据曝光已经成为各种组织的主要风险。回顾第 5 章，曝光的定义如下：

把数据披露给世界，从而损害对手的声誉、揭露非法或令人反感的活动或降低对手的信息资产的价值。

在本节中，我们将讨论数据泄漏的动机以及相关关键技术和策略的发展。

10.1.1　动机

从青少年到首席执行官，每个人都不得不担心数据曝光的威胁。被窃取的数据被故意用于各种目的，包括：

- 黑客行为
- 泄密

⊖　Harry Enten, " How Much Did WikiLeaks Hurt Hillary Clinton? " *FiveThirtyEight*, December 23, 2016, https://fivethirtyeight.com/features/WikiLeaks-hillary-clinton.

- 政治
- 其他

也有意外曝光事件，我们将在第 13 章中详细讨论。

10.1.2 人肉搜索

"人肉搜索"的概念指在互联网上曝光一个人的敏感细节，这是最早的武器化数据曝光形式之一。公布受害者的 SSN、出生日期和其他细节可能会导致受害者身份被盗，并造成令人沮丧的经济后果。人肉搜索也是网络霸凌的罪魁祸首，因为被曝光的联系信息可能被用来打恶作剧电话、发送骚扰信息，甚至发送死亡威胁。

用于承载数据的任何站点都可以用于人肉搜索。例如，"粘贴"（pasting）网站允许世界上的任何人发布任意文本。这些网站经常被用来人肉搜索受害者或泄漏敏感数据。Pastebin.com 是一个流行的主流粘贴网站。粘贴网站有许多合法的用途，而且许多粘贴网站（包括 Pastebin.com）并不允许数据泄漏。

随着时间的推移，人肉搜索策略变得更加复杂。"黑客活动家"将人肉搜索的概念作为武器，并用来对付公司和其他实体。《赫芬顿邮报》报道："黑客活动家已经盯上了每一个人。美国的警察部门、医院、小城镇、大城市和州都受到了袭击。网络活动人士曾成功地冻结了政府服务器，破坏了网站，侵入数据或电子邮件，并将获得的信息在网上发布。"[⊖]

泄密者利用数据曝光来寻求他们所谓的"变革"。心怀不满的员工泄漏数据，损害公司和政府机构的利益。部分政治活动人士公布窃取的数据，以影响外交关系和选举，从而符合自己的利益。

肇事者很快发现，数据曝光是影响被曝光者的有效工具，这引发了更多的泄漏行为。

10.1.3 匿名

"匿名"运动使使用数据曝光作为引发事端或实施报复的工具得以普及。

2003 年，"匿名者"最早出现在 4chan 图像板网站上。（4chan 中最受欢迎的是 "/b/"版块，这个版块上随机发布的帖子是 "lolcats" "rickrolling" 和其他无数网络表情包的起源。）在 4chan 中，用户可以自由地以任意的用户名——或者根本没有用户名——发布图片、思考和想法。如果用户没有输入特定的名字，他的帖子将自动被归为"匿名"。

结果，4chan 上无数的帖子都被冠以"匿名"的名字，成千上万的用户发布的广泛而

⊖ Jenni Bergal, "'Hacktivists' Increasingly Target Local And State Government Computers," *Huffington Post*, January 11, 2017, https://www.huffingtonpost.com/entry/hacktivists-increasingly-target-local-and-state-government_us_587651e8e4b0f8a725448401.

多样的帖子都有此标签。"匿名者不是一个人，而是代表了 4chan 的整体。"该网站的 FAQ 解释道[⊖]。

多年来，4chan 的用户联合起来，对其他网络组织采取集体行动——通常是出于政治或社会原因。

2008 年初，"匿名者"发起了针对山达基教会（Church of Scientology）的"Chanalogy 项目"（Project Chanalogy），原因是山达基教会试图迫使 YouTube 删除一段被泄漏的汤姆·克鲁斯（Tom Cruise）的视频。"匿名者"被互联网审查的概念激怒，于是宣战，并发动了包括人肉搜索在内的各种攻击。黑客们公布了该教会的大量"秘密"内部文件，以及关键人物的联系信息，让教会领导层不断接到恶作剧电话和传真[⊜]。

随着"匿名者"的追随者越来越多，并对越来越多的目标发起攻击，公众很难理解"匿名者"到底是什么：一个组织？一场运动？《卫报》的技术编辑查尔斯·亚瑟（Charles Arthur）说："这更像是一群蜂拥而来的人，他们不确定自己想要什么，但确定自己不会忍受任何阻碍，直到遇到无法跨越的障碍，在这种情况下，他们就会转向别的东西。"[⊜]

这群人——或者不管是什么——经常自诩致力于促进信息的自由交流，从而猛烈抨击他们所感受到的不平等、审查制度和反盗版运动。数据曝光是一种常见的策略，经常与拒绝服务攻击一起来破坏目标。

10.1.4　维基解密

被曝光的数据也可能由专门发布被盗数据的网站托管。维基解密就提供这样一种服务。由朱利安·阿桑奇于 2006 年创建的"维基解密"整合了托管和营销被泄漏信息的新方法，在数据曝光方面开辟了新领域。在接受《明镜周刊》采访时，阿桑奇称该网站是"一座巨大的图书馆，它为世界上最受'迫害'的文件提供庇护。我们分析它们、推广它们，进而获取更多文件"[⊗]。

多年来，维基解密从一个初生的、任何人都可以提交或编辑泄密材料的维基式网站，

⊖　"FAQs: Who Is 'Anonymous'?," 4Chan.org, accessed March 16, 2018, https://www.4chan.org/faq#anonymous.

⊜　Tony Ortega, "DOX: The FBI's 2008 Investigation of Anonymous and its Attacks on the Church of Scientology," *Underground Bunker*, August 26, 2017, https://tonyortega.org/2017/08/26/dox-the-fbis-2008-investigation-of-anonymous-and-its-attacks-on-the-church-of-scientology; Ryan Singel, "War Breaks Out Between Hackers and Scientology: There Can Be Only One," *Wired*, January 23, 2008, https://www.wired.com/2008/01/anonymous-attac; Mark Schliebs, "Internet Group Declares War on Scientology," *News.com.au*, January 25, 2008, https://web.archive.org/web/20080128185211/http://www.news.com.au/technology/story/0,25642,23107452-5014239,00.html.

⊜　David Leigh and Luke Harding, *WikiLeaks: Inside Julian Assange's War on Secrecy* (London: Guardian, 2013), 207.

⊗　Michael Sontheimer, "We Are Drowning in Material," *Spiegel Online*, July 20, 2015, https://www.spiegel.de/international/world/spiegel-interview-with-wikileaks-head-julian-assange-a-1044399.html.

发展成为一个复杂、冗余、高度互联的全球性文档泄漏和分析网站。它让匿名消息持有者能够发布和揭露那些原本可能被埋在地下的文件；随后，它向世界各地的记者提供被曝光的数据，将网络极客的神秘世界与主流媒体连接了起来。仅仅几年的时间，维基解密就成长为一个全球性的网站，被世界各地的数据泄密者用来揭露政府、公司、政治实体等。

今天，维基解密向潜在泄密者开放以下功能：

- 匿名提交
- 可靠的弹性托管平台
- 与主流媒体的联系
- 能够使读者高效分析信息的可搜索数据库

自从维基解密成为公众关注的焦点以来，许多类似的网站也纷纷效仿，利用类似的技术在全球范围内传播大量被曝光的数据。

10.1.5　武器化

随着时间的推移，数据曝光肇事者变得越来越精明。他们发现，与其一次性发布所有数据，不如以小块、精心定时的方式公开数据，从而有效地为他们选择的目标制造一场坏新闻发布行动。此外，他们学会了创建衍生数据产品，突出最具破坏性的信息，并以对主流媒体和普通受众具有吸引力的方式呈现这些信息。对他们攻击的目标来说后果是严重且痛苦的。

索尼影视娱乐公司（Sony Pictures Entertainment）就是一个例子，它说明了一系列定时发布的数据会如何把一个糟糕的数据曝光事件变成一场公关噩梦。

10.1.5.1　索尼影视娱乐公司 2014 年的泄漏事件

2014 年 11 月 24 日，周一，索尼影视娱乐公司的员工走进办公室时，看到了一幅令人震惊的画面：他们的电脑被锁住，原本正常的屏幕背景被一个可怕的骷髅图取代。上面写道："我们已经警告过你了，这只是一个开始。我们已经获得了你们所有的内部数据，包括你的秘密和最高机密。如果你不服从我们，我们将向世界公布如下数据。"这条信息后面是一个最后期限，然后是一个数据链接列表⊖。

索尼影视娱乐公司的运作完全瘫痪了。攻击者安装了恶意软件，从该公司半数的工作站、服务器以及数千个系统上彻底清除了数据。员工无法访问电子邮件或重要文件。公司被迫简化为使用传真机进行通信，通过发送信息进行交流，并用支票给 7000 名员工发工

⊖　Kim Zetter, " Sony Got Hacked Hard: What We Know and Don't Know So Far," *Wired*, December 3, 2014, https://www.wired.com/2014/12/sony-hack-what-we-know.

资。索尼影视娱乐公司的团队建立了一个"作战"房间，每天召开两次会议，昼夜不停地工作以恢复运营。黑客给的最后期限临近了，然后过了最后期限，但没有任何重大的破坏行动——至少看起来是这样的[一]。

在最初那些痛苦的日子里，几乎没有人会想到这只是黑客展开对索尼公司努力抵制威胁的报复的开始。

10.1.5.2　内部数据转储

截至最后期限那周周末，黑客们已经将五部尚未发行的索尼电影放到了互联网上。接下来的一周，黑客公布了索尼高管和数千名员工的工资情况。这引发了一场关于性别薪酬差距的大讨论，因为人们发现男性员工的薪酬明显高于女性员工。

接下来，黑客泄漏了一份包含索尼近 4000 名员工的姓名、社会保障号码和出生日期的电子表格，触发了美国国家数据泄漏通知法和一场人力资源危机。《名利场》报道："员工们排队申请信用保护和欺诈警报，以及设置新的电子邮件和电话。FBI 来这里为受害者提供咨询，并就身份盗窃向受害者提供培训。"[二]黑客还公布了数百台内部服务器的密码、银行账户信息、内部事件报告和大量的额外数据。

10.1.5.3　邮件曝光

在数据曝光案例发生的早期，安全团队专注于保护个人身份信息、支付卡数据、受保护的健康信息和其他受监管的数据。大多数人对黑客入侵电子邮件的想法不屑一顾。人们常说："不在乎是否有人进入我的邮箱，我没有攻击者想要的任何东西。"

索尼影视娱乐公司的泄漏事件表明，当一名高管的电子邮件曝光给外界时，可能会造成广泛的损害。12 月 9 日，黑客们又发布了另一份数据转储，其中包含索尼影视娱乐公司电影组的负责人艾米·帕斯卡（Amy Pascal）的全部内部电子邮件。这些电子邮件中有煽动性的评论，包括种族主义言论，以及对好莱坞知名演员的尖刻斥责。

一些评论人士对这些高管竟然会以书面形式发表具有如此煽动性的言论感到震惊。"他们在想什么？"《时代》杂志的唐娜·罗萨托（Donna Rosato）写道："公司会定期监管员工的交流，电子邮件经常被用作诉讼和刑事调查的证据，现在黑客攻击也成为另一个威胁，电子邮件并不是私有的，每个人都知道。"[三]

[一] Mark Seal, "An Exclusive Look at Sony's Hacking Saga," *Vanity Fair*, March 2015, https://www.vanityfair.com/hollywood/2015/02/sony-hacking-seth-rogen-evan-goldberg.

[二] Mark Seal, "An Exclusive Look at Sony's Hacking Saga," *Vanity Fair*, March 2015, https://www.vanityfair.com/hollywood/2015/02/sony-hacking-seth-rogen-evan-goldberg.

[三] Donna Rosato, "Why Smart People Send Stupid Emails That Can Ruin Their Careers," *Time*, December 15, 2014, http://time.com/money/3632504/smart-people-stupid-email-pascal-rudin.

影响一直持续到 2015 年初。帕斯卡被迫辞职。索尼曾向托管其被盗数据的网站发送撤下通知，并向报道其泄漏事件的媒体机构发送威胁信，试图把魔鬼放回瓶子里。但索尼的尝试是无效的。2015 年 4 月，维基解密公布了数十万份被盗文件和电子邮件，彻底击溃了这家公司。阿桑奇解释说："这些档案显示了一家有影响力的跨国公司的内部运作。这是有新闻价值的，也是地缘政治冲突的中心。它们属于公共领域。维基解密将确保它们留在那里。"⊖

索尼影视娱乐公司的数据泄漏事件是数据泄漏领域的一个具有重大标志性的破坏事件，它向世界各地的高管表明，电子邮件的曝光可能会导致一位备受尊敬的高管下台，并引起全球媒体的负面关注。读着新闻头条，各地的经理们一想到自己的电子邮件账户里可能包含的内容就不寒而栗。在索尼影视娱乐公司泄漏事件发生之后，在将有争议的想法放入电子邮件并点击"发送"之前，更多的人会选择三思而后行。

10.2　响应

如第 4 章所述，使用数据泄漏管理的如下 DRAMA 模型，可以有效地管理数据泄漏事件：

- 开发（Develop）数据泄漏响应功能。
- 通过识别一些迹象并逐步上呈、调查和确定问题的范围，意识到（Realize）潜在的数据泄漏。
- 迅速、合乎道德、富有同情心地行动（Act）起来，以管理危机和认知。
- 在整个蔓延期（可能是长期的）维持（Maintain）数据泄漏响应工作。
- 主动和明智地调整（Adapt），以应对潜在的数据泄漏。

在数据曝光的情况下，响应团队必须在"意识到"和"行动"阶段处理不同的任务，包括：

- 验证数据是否真实。
- 调查这次泄漏事件，以确定肇事者，防止进一步的泄漏，并帮助确定这次泄漏的范围。
- 尽快从互联网上删除数据。
- 进行有效的公关活动，以最小化曝光带来的声誉或政治影响。

在早期的数据曝光案例中，实现这些目标通常是相对简单的，并且可以由一个有效的

⊖　Brett Lang, "WikiLeaks Publishes Thousands of Hacked Sony Documents," *Variety*, April 16, 2015, https://variety.com/2015/film/news/wikileaks-sony-hack-1201473964; WikiLeaks, "Sony," press release, April 16, 2015, https://wikileaks.org/sony/press.

响应团队来完成。然而，后来像"维基解密"这样的分发系统使得确认来源或从互联网上删除数据变得非常困难。

在本节中，我们将分析数据曝光案例的响应策略，包括验证、数据删除、源标识、公共关系策略等。

10.2.1　验证

在任何潜在数据曝光案例中，响应者第一步应当检查曝光的数据是否真实，是否来自你的组织。如果不是，那么受害组织可以简单地指出数据是不合法的，这是一个非常有力的防御。如果根本未发生数据泄漏，就没有理由花费时间、金钱和精力去调查。

验证策略取决于被窃取数据的类型和数量。通常情况下，响应者应获取被曝光数据的样本，并将其与内部数据库进行比较，以确定二者是否匹配。此比较涉及检查被曝光数据的以下全部或部分特征：

- 被盗数据的结构和格式（如数据库中的字段、顺序等）
- 文件名
- 密码校验和
- 内容

最棘手的情况是，被曝光的数据转储同时包含部分真实的内容和一些经伪造或篡改的内容。在当今时代，只需点击几下鼠标，就可以制作出逼真的文档或进行篡改。被泄漏的数据可能会遭到微妙的篡改，以更有效地迎合媒体兴趣或激发公众愤怒。

在适当的时候，可以考虑让数字取证分析师或 IT 人员使用密码校验和或其他技术来审查泄漏的数据，以主动检测数据是否被篡改。在某些情况下，被曝光的文档甚至可能包含密码签名，这可以帮助审查人员验证文档真伪。例如，许多邮件服务器（如由谷歌运行的服务器）使用 DomainKeys 标识邮件（DKIM）签名对邮件进行加密。DKIM 签名包含在收到的电子邮件的标题中。审查者可以使用签名以及签名者的公钥来验证消息的内容是否被更改且是否确实来自发件人所在的域。

对于希望私下交流的人来说，密码签名可能是一把双刃剑：一方面，它使人们能够远程验证消息的发送者和内容，这对日常决策来说非常重要；另一方面，加密签名的消息一旦发出，事后则难以否认。

密码学的反扑

对于遭受破坏性数据泄漏的组织来说，声称被泄漏的数据缺乏真实性是首选的防御手段——然而，只有确属伪造泄漏，这种方式才是有用的。在 2016 年希拉里·克林顿竞选团队的邮件泄漏事件中，CNN 评论员唐娜·布拉齐尔（Donna Brazile）被指控提前向克林顿竞选团队发送了一个辩论问题。布拉齐尔被指控有偏见，她告诉一位采访者："你的信息是假的。"并暗示这些邮件是"伪造的"[⊖]。

密码学并不支持布拉齐尔。虽然布拉齐尔的电子邮件不支持 DKIM，但 HillaryClinton.com 的回复支持 DKIM，而且经过验证的回复清楚地表明，克林顿竞选团队已经与布拉齐尔交换了电子邮件，这表明他们提前了解了辩题[⊜]。布拉齐尔因此被 CNN 解雇[⊜]。

数据泄漏是对人品的考验。在危机面前，只有诚实才能保持和修复信任。

如果被曝光数据的真实性未得到验证，那么公开指出这一点可能是明智的。请记住，在确定被泄漏的材料是否真实方面，记者们面临着艰难的抉择，特别是当被泄漏的材料源自籍籍无名的匿名者时难以确定真伪。与被泄漏的组织本身不同，记者无法将被泄漏的数据与原始数据进行比较，以确定它是否真实合理。对文件取证分析可以得到数据被伪造或修改的线索，但通常无法排除其中任何一个。

即使被曝光的数据是真实的，也要考虑它是否是你所在的组织所独具的信息。在涉及知识产权或电子邮件的案件中，这可能是显而易见的。其他时候，被曝光的数据可能包括个人身份信息或其他记录，这可能存在于很多机构中。这些数据也可能是从供应商或关联公司窃取的。即使数据被贴上了某个标签，也不要认为就一定来自某个特定的组织；攻击者为了达到自己的目的，可能会试图欺骗人们，让他们相信发生了数据泄漏。

提示：验证泄漏

当被曝光的数据和你的组织联系在一起时，可能会引起激烈的反应。在将其作为泄漏事件进行响应之前，一定要验证被曝光的数据是真实的，并且的确来自你的组织。在数据曝光的情况下，从长远来看，尽早发现被伪造或篡改的数据可以节省大量的时间，避免日后的麻烦。

⊖　Ian Schwartz, "Megyn Kelly vs. Donna Brazile: Did You Receive Debate Question Beforehand?; Brazile: I Will Not Be 'Persecuted,'" *Real Clear Politics*, October 19, 2016, https://www.realclearpolitics.com/video/2016/10/19/megyn_kelly_vs_donna_brazile_did_you_receive_debate_question_beforehand_brazile_i_will_not_be_persecuted.html.

⊜　Podesta Emails, "Re: From time to time I get the questions in advance," WikiLeaks, March 12, 2016, https://wikileaks.org/podesta-emails/emailid/5205.

⊜　Michael M. Grynbaum, "CNN Parts Ways with Donna Brazile, a Hillary Clinton Supporter," *New York Times*, October 31, 2016, https://www.nytimes.com/2016/11/01/us/politics/donna-brazile-wikileaks-cnn.html.

10.2.2　调查

调查数据曝光对于识别肇事者、防止未来的泄漏和确定泄漏范围非常重要。响应小组需要尽快保存证据，因为肇事者可能正在想方设法地隐藏他们的踪迹。

确定数据泄漏者，可以帮助响应者正确界定泄漏的范围，并确保泄漏已被成功阻止。响应策略因泄漏者和泄漏发生方式的不同，而存在很大差异。例如，如果数据的来源是被授权的内部人员，那么 HR/ 法务部应该介入，以删除访问权限并采取可能的法律措施。另一方面，如果泄漏是由外部黑客引起的，那么响应者可能需要清除网络上的恶意软件，更改密码，并采取其他技术响应措施。

在跟踪肇事者时，有两个明显的起点：发布数据的源或托管提供商。

10.2.2.1　溯源

调查人员可以分析来自被入侵的组织的证据，以确定谁有权限访问数据，以及数据是如何被窃取的。这可能涉及该组织的网络日志、入侵检测系统警报、Web 浏览历史、硬盘证据、物理访问记录和任何其他细节。许多组织将数据存储或分析外包给第三方供应商（而第三方供应商可能会将数据存储或分析外包给第四方甚至第五方供应商）。在这种情况下，可能需要与供应商的 IT 团队进行协调。

通常情况下，被入侵组织的管理层会积极地投入资源来收集内部证据并确定泄漏的原因。然而，被入侵的组织经常未收集或保留足够的证据来最终确定罪魁祸首，甚至在收集证据时，因证据可能分散在许多不同的地方或者数量太多而无法快速分析，从而导致延迟。在供应商系统数据被盗的情况下，获取证据可能是一个缓慢而困难的过程。

10.2.2.2　托管

调查人员可以分析来自曝光数据的托管提供商的证据，以识别向提供商站点提交数据的个人或团体，并最终追溯至始作俑者。有用的证据可能包括账户名和 IP 地址等细节。

从托管提供商那里获得证据可能是一个挑战。有信誉的供应商在发布能够识别出用户的数据之前，通常需要传票，这就需要提起诉讼。法律行动需要时间，当时钟滴答作响时，关键证据可能被覆盖或删除。在美国，如果预料到会发生诉讼，你可以向托管提供商发送保全申请，要求托管提供商保留可能与案件相关的数字证据（参见第 13 章中从云提供商获取证据的更详细讨论）。

跨境数据泄漏是另一个挑战：一个国家的犯罪行为在另一个国家可能是稀松平常的。如果从一个国家窃取数据，并将其托管在另一个国家，走他国的法律程序可能是缓慢而艰难的。语言差异本身就会给响应团队、执法部门和法律顾问造成障碍，更不用说法律和文化上的实际差异了。最后，托管提供商可能会同情肇事者（甚至本身就是肇事者），在这种情况下，请求证据的结果可能是无响应（最好的情况）或触发上呈（最坏的情况）。

即使响应团队能够从托管提供商处获得可用来识别上传数据的个人或团体的证据，也不能保证他们就是最初的数据窃取者。正如我们所看到的，被泄漏的数据经常在地下犯罪分子那里买卖。黑客或内部攻击者可能会窃取数据并将其卖给买方，而买方反过来又会曝光这些数据以损害受害组织。尽管识别出选择向世界曝光数据的实体可能是有用的，但这本身并不能使调查人员确定数据是如何被窃取的或确定泄漏的范围。

10.2.2.3 匿名提交

匿名通信技术使得调查人员几乎不可能追踪到上传数据的人或组织。通常，肇事者故意使用匿名代理将数据泄漏给托管提供商、记者或其他中间人。根据不同情况，数据曝光肇事者可能会面临法律诉讼、声名扫地、人身暴力或其他伤害。匿名则可以帮助肇事者逃避前述风险。

维基解密宣称它"没有记录任何来源识别信息，而且所提供的许多提交机制可以处理甚至是最敏感的国家安全信息"[一]。这使得世界各地的人们可以提交数据而不用担心遭到惩罚。

阿桑奇在罕见地接受谷歌执行主席埃里克·施密特（Eric Schmidt）的采访时解释说："我们的立场是，我们需要一个公开系统，匿名则是它唯一的防御手段。"[二]

维基解密使用洋葱路由（Tor）软件进行匿名提交（有关洋葱路由的详细信息，请参阅第 5 章）。泄密者通过一个 TLS 加密的 Tor 提交表单将数据上传到维基解密，以保持机密性。技术熟练的用户可以使用维基解密的公共 PGP 密钥，在提交数据之前对其进行强端到端加密[三]。

对于担心潜在数据泄漏的组织来说，Tor 流量的存在可能是一个危险信号（尽管根据环境的不同，Tor 有许多合法的用途）。也就是说，许多泄密者以其他方式（如使用 USB 驱动器或远程黑客工具）窃取被入侵的数据，然后通过 Tor 使用个人或公共网络提交数据，使之流于被入侵组织的视野之外。

维基解密：溯源的故事

　　具有讽刺意味的是，由于 Tor 的安全漏洞，维基解密最初的"提交"可能被不自觉地捕获。Tor 旨在为用户提供互联网上的匿名通信。但是，它不包括确保机密

[一] "WikiLeaks: Submissions," WikiLeaks, accessed June 1, 2019, https://wikileaks.org/wiki/WikiLeaks:Submissions.
[二] Julian Assange, *When Google Met WikiLeaks* (New York: OR Books, 2014), 73–74.
[三] "Submit Documents to WikiLeaks," WikiLeaks, accessed March 16, 2018, https://wikileaks.org/#submit.

性的内置支持。据报道，阿桑奇或他的同事运行了一个 Tor 出口节点（一个将 Tor 用户的流量路由至最终目的地的服务器），并发现他们可以读取用户流量的内容。

Tor 曾经（现在也是）被用于各种各样的目的——从网络罪犯试图隐藏他们的来源，到情报人员将敏感材料传回他们的办公室。阿桑奇意识到，通过运行一个 Tor 出口节点，可以从大量的数据流中获取高度敏感的文档。

从 Tor 的海量数据中，阿桑奇开始窃取机密资料。维基解密在 2006 年 12 月发布了第一份被曝光的文件：一份由索马里叛军领袖谢赫·哈桑·达希尔·阿赫威斯（Sheik Hassan Dahir Ahweys）签署的"秘密决定"⊖。这些被泄漏的数据只是一场改变世界的洪水的开始。

10.2.3　数据删除

当数据曝光时，大多数响应者会立即试图尽快从互联网上删除数据。正如我们将看到的，这可能是一个快速和简单的过程，也可能是几乎不可能完成的，具体取决于数据是如何发布的。

10.2.3.1　删帖请求

像 Pastebin 这样的主流网站经常在收到数据被窃报告时撤下数据。Pastebin.com 是最古老和受众最广的数据曝光网站之一，网站中的每篇文章的上方都有一个"报告"链接，让读者有机会报告滥用和要求删除。由于数据泄漏变得越来越普遍，Pastebin 雇用了工作人员来主动监控网站上的被盗数据，以使自己远离黑客⊖。作为回应，与 Pastebin 风格类似的网站激增，比如 Doxbin，它旨在存放非法和被窃取的数据（Doxbin 在 2014 年被执法部门取缔，但很快在新领导层的领导下重新露面，并在 2016 年发布源代码后催生了许多克隆版）。

提示：询问之前先问声好

许多用于曝光数据的网站实际上会听从一个简单的请求就删除那些令人反感的内容。如果你不幸发现你的敏感数据已被张贴在网上，请列出它出现的网站名

⊖ Kim Zetter, "WikiLeaks Was Launched with Documents Intercepted from Tor," *Wired*, June 1, 2010, https://www.wired.com/2010/06/wikileaks-documents.

⊖ Adi Robertson, "Pastebin Hiring People to Proactively Remove 'Sensitive Information,' Says Owner," *Verge*, April 3, 2012, https://www.theverge.com/2012/4/3/2922151/pastebin-hiring-people-to-proactively-remove-sensitive-information.

单，并与任何有信誉的服务提供商联系，要求删除（要小心——联系与罪犯或黑客组织有关的网站管理员可能是不明智的）。有信誉的服务提供商通常会提供一个表单或电子邮件地址，你可以使用它来自动提交删除请求。

10.2.3.2　法律行动

许多法域有要求服务提供商直接从互联网上删除有害材料的直接法律程序。此外，服务提供商可能有义务（通过法律机制）提供有助于追踪泄漏来源的证据，比如账户信息、IP 地址和其他有助于识别来源的细节。

但瑞典并非如此。这个一贯中立的北欧国家的宪法站在了记者和新闻媒体这一侧，对防止揭露消息来源者身份提供了强有力（虽然不是防弹般的）保护。因此，在 2007 年，维基解密将其服务器转移到一家瑞典网络服务提供商[⊖]。

除了管辖权之外，法律行动的有效性往往取决于被窃取数据的具体类型。例如，在美国，受版权保护的信息受到 1998 年《千禧年数字版权法》（DMCA）的保护，因此，托管提供商经常接收并处理从互联网上删除受保护数据的请求。然而，正如我们已看过的足球运动员吉恩·皮埃尔·保罗和 ESPN 案例（见第 9 章），第三方可能没有法律义务阻止其他类型信息的传播，如个人健康数据（尽管根据政策，许多组织自愿选择不托管被盗的数据）。

即使有法律的支持，被入侵的组织也会面临一个问题，那就是采取法律行动需要时间。当正义之轮转动时，非法数据可能会在网上保留几天、几周、几个月或几年。

> **提示：受版权保护的材料**
>
> 在美国，DMCA 保护受版权保护的材料。与版权数据曝光作斗争的组织经常会援引 DMCA，促使迅速删除数据。像 Pastebin、GitHub 和其他论坛等信誉良好的网站都有标准的 DMCA 声明表单，这些表单可以被快速和常规地处理[⊖]。

10.2.3.3　言论自由与被盗数据

托管被窃取的数据和从源头窃取数据有着极大区别。在许多国家，记者和媒体机构享

⊖　David F. Gallagher, "BITS; WikiLeaks Has Friend in Sweden," *New York Times*, February 25, 2008, https://query.nytimes.com/gst/fullpage.html?res=9B01E5D7173CF936A15751C0A96E9C8B63.

⊖　"Digital Millenium Copyright Act Form," Pastebin.com, accessed November 11, 2018, https://pastebin.com/dmca.php.

有特殊保护，这使其有余地再次发布材料，无论其来源如何。声称旨在保护言论自由的法律，也可以保护发布被窃取数据的托管提供商。这对于试图从互联网上删除其被曝光数据的组织来说具有致命的影响：你可能对黑客有法律追索权，但对再次分发你的被窃信息的第三方却没有法律追索权。

这一重要区别早在1971年的"五角大楼文件"（Pentagon Papers）泄漏事件发生之前就得到了证明。在美国这起极具代表性的联邦案件中，当时受雇于兰德公司的军事分析师丹尼尔·埃尔斯伯格（Daniel Ellsberg）泄漏了一份美国国防部对越战期间政府决策过程的绝密研究报告。《纽约时报》和《华盛顿邮报》于1971年6月披露了这些被称为"五角大楼文件"的文件⊖。政府试图钳制报纸的言论，但最高法院很快裁定，美国的《宪法第一修正案》保护了报纸重新发布被泄漏机密信息的权利，除非政府能够证明这样的发布会造成"严重和不可挽回的"危害⊜。

10.2.3.4　技术行动

可以通过技术手段关闭发布被盗数据的网站。一种常见的方法涉及联合域的注册商（管理注册域信息的组织）。有了相应的文件（如法院命令），注册商可以将域名的控制权从当前所有者手中移交给另一个实体（如执法机构）。新所有者可以选择是否保持网站运行（查封和运行），暂停DNS解析以使访问不成功（查封和删除），或将网站的URL重定向到通知页面（查封和发布通知）⊜。

> **史翠珊效应**
>
> 　　歌手芭芭拉·史翠珊（Barbra Streisand）发现，试图从互联网上删除被泄漏的数据可能会适得其反。2003年，史翠珊发现她在马里布家中的航拍照片被公布在网上，并被作为该州海岸线纪录片项目的一部分，她起诉了加州海岸纪录片项目。这位歌手声称这些照片侵犯了她的隐私，并要求5000万美元的赔偿⑳。
>
> 　　史翠珊的诉讼引起了轰动。在提出诉讼之前，史翠珊所有的照片共被下载了

⊖　"Washington's Culture of Secrets, Sources and Leaks," *Frontline*, PBS, February 13, 2007, https://www.pbs.org/wgbh/pages/frontline/newswar/part1/frankel.html.

⊜　New York Times Co. v. United States, 403 U.S. 713 (1971), https://www.oyez.org/cases/1970/1873.

⊜　Dave Piscitello, "Guidance for Preparing Domain Name Orders, Seizures & Takedowns," Internet Corporation for Assigned Names and Numbers (ICANN), March 2012, https://www.icann.org/en/system/files/files/guidance-domain-seizures-07mar12-en.pdf.

⑳　Allan J. Goodman, "Case No. SC 077 257, Ruling on Submitted Matters, Tentative Decision and Proposed Statement of Decision," Superior Court of the State of California, County of Los Angeles, West District, December 3, 2003, https://www.californiacoastline.org/streisand/slapp-ruling-tentative.pdf.

六次（其中两次被认为是史翠珊的律师所为）。在史翠珊提起诉讼后的媒体风暴中，超过一百万的访问者下载了这些照片。美联社（Associated Press）也下载了这些照片，世界各地的无数新闻报道更是多次使用了这些照片⊖。

博客《技术丑闻》（TechDirt）的创始人迈克·马斯尼克（Mike Masnick）写道："如果你试图从互联网上隐藏什么，通常只会让更多人看到它，所以最好不要捅马蜂窝。随着案件越来越接近审判，很明显，照片永远不可能从网上消失了，因为每个人都在查看它们并下载了自己的副本。"⊜

最后，法官驳回了诉讼，并命令史翠珊支付被告的律师费。两年后，当另一个组织提交了"禁止令"，试图从互联网上删除数据时，马斯尼克进一步确认了史翠珊在数据泄漏史上的地位，他打趣道："要过多久，律师们才会意识到，简单地试图在网上隐藏他们不愿示人的东西，希望使它成为大多数人永远不会看到的东西……但现在不是被更多的人看到了吗？我们称之为史翠珊效应。"⊜

10.2.4　公共关系

数据曝光本质上是一件公共事务。通常情况下，肇事者会试图损害受害者的声誉，因此积极主动地进行沟通是关键。

在曝光情况下，公关团队应该考虑：

- **受害者**。哪些个人或组织主要受到曝光的影响？通常情况下，受负面宣传和声誉损害的并不限于被入侵的组织。

- **粉饰**。对数据的解释。攻击者经常通过有选择地发布或修改数据来左右公众舆论，他们也可能会仔细权衡数据发布的时机以影响事件。

- **攻击者反应**。攻击者如何对新闻发布或受害组织的其他响应做出应对。在某些情况下，攻击者在公布数据后可能无法公开发言。在其他情况下，他们可能奚落、威胁或进一步使受害组织难堪。

在本节中，我们将提供处理受害者沟通、粉饰和攻击者反应的技巧和示例（关于数据泄漏危机沟通的详细讨论，请参见 3.2 节和 3.3 节）。

⊖　Stacy Conradt, "How Barbra Streisand Inspired the 'Streisand Effect,'" Mental Floss, August 18, 2015, http://mentalfloss.com/article/67299/how-barbra-streisand-inspired-streisand-effect.

⊜　Mike Masnick, "Photo of Streisand Home Becomes an Internet Hit," *TechDirt* (blog), June 24, 2003, https://www.techdirt.com/articles/20030624/1231228.shtml.

⊜　Mike Masnick, "Since When Is It Illegal to Just Mention a Trademark Online?," *TechDirt* (blog), January 5, 2005, https://www.techdirt.com/articles/20050105/0132239.shtml.

10.2.4.1　受害者

数据曝光案例通常会影响许多人，而不仅仅是被入侵的组织。客户、患者、员工和其他各方都有可能会被波及。其影响取决于被曝光的确切内容，受害者可能会遭遇尴尬、欺诈、经济损失或人身伤害。在补救曝光问题时，被入侵的组织应承担什么责任并不明确，尤其是在损失无法弥补的情况下。

在巴拿马文件案中，Mossack Fonesca 律师事务所被入侵，2.6 TB 的高度敏感数据被曝光。该公司的许多客户都受到了严重影响。

梳理巴拿马文件的记者们还发现了一个由可疑公司和金融交易构成的复杂网络，《卫报》等媒体制作了便于读者阅读的图表，列出了该网络中的资金流向，报道了参与其中的人、银行和公司的名字。

> **提示：主动联系受害者**
>
> 当数据曝光发生时，受害者可能不仅包括被入侵的组织，还包括与被泄漏数据相关的任何人：客户、患者、员工等。为了减少潜在的伤害，应考虑尽快联系受害者，使他们能够做好准备。

10.2.4.2　粉饰

故意泄漏数据的人往往会声称其事出有因。通常，"粉饰"是这种游戏的名字。从特定角度有选择地编辑录音、视频、文档和对话并进行曝光；中介机构和泄漏数据的来源通常会过滤他们获得的数据缓存，只释放一部分数据。主流媒体等接受者的目标是全面呈现事态经过，但很少提出这样的问题：在被曝光的数据中，哪些内容被故意遗漏了？

在巴拿马文件案中，据报道，数据是由一位匿名人士泄漏的，他声称自己是出于道德原因而转储了这些数据。"我想公开这些罪行。"然后，在泄漏事件曝光一个月后，国际调查记者协会发表了一份由该匿名消息人士撰写的长达 1800 字的声明，其中提供了解释，并试图为其泄密行为辩护。"收入不平等是我们这个时代的决定性问题之一。"文章开头写道。实际上，他声称揭露巴拿马文件是出于崇高的目的，旨在揭露广泛存在的系统性腐败。

> **提示：雇一个公关专家**
>
> 越来越多的情况下，数据曝光是有特定目的的。攻击者变得越来越精明，在某些情况下，他们会寻求专业的公关专家的帮助，以实现他们的目标。数据曝光背后的真实动机可能与公开报道的故事大相径庭。任何组织都可能陷入由巨额财

力支持的政治博弈或经济竞争所引发的网络攻击之中。

如果你的组织受到数据曝光的影响（无论是作为被入侵的组织还是因为你的数据受到了影响），不要认为你可以独自处理公共关系，请立即聘请有处理网络安全相关案件经验的专业公关团队。

10.2.4.3 攻击者的反应

在许多数据曝光案例中，肇事者公开嘲弄或威胁受害组织，以获得回应，增加曝光率，或只是出于扭曲的乐趣。例如，"黑客活动分子"历来都会与受害组织进行广泛的公开交流，来为他们的活动提供助力或提出要求。受害者的公开响应（或缺乏公开响应）可能会极大地影响行凶者的行为，要么使争斗升级，要么使势头减弱。

应对数据曝光的黄金法则是：不与攻击者公开接触。曾经受人尊敬的安全公司 HB Gary Federal，在其首席执行官亚伦·巴尔（Aaron Barr）开始公开吹嘘自己知道"匿名者"运动主要领导人的名字时，才从惨痛的教训中明白了这一点。随着媒体开始报道巴尔的故事，"匿名者"成员开始在这些故事下留下负面评论，并对该公司发起分布式拒绝服务攻击⊖。作为回应，巴尔的方法是升级公开斗争。"我打算公布一些已经被逮捕的人的名字。"他在给同事的电子邮件中写道，"无论如何，这场斗争将有助于扩大宣传。"

这确实刺激了公众关注。不久之后，"匿名者"闯入了 HB Gary Federal 和 HB Gary 公司的服务器，窃取了 6 万多封电子邮件和文件（包括与客户的大量敏感信件），篡改了 HB Gary Federal 的网站，并留下了一份供全世界下载的数据副本。成群结队的人还删除了超过 1TB 的 HB Gary 公司的备份文件，据报道，他们甚至还清空了巴尔 iPad 上的全部信息⊜。

HB Gary 公司泄漏事件曝光了与该公司客户有关的敏感甚至令人震惊的通信，其中一个客户是代理美国银行和美国商会的律师事务所。《福布斯》称，没过几天，HB Gary 品牌就变得"有毒"⊜。一年后，HB Gary Federal 被迫关闭，其姊妹公司 HB Gary 被出售。

⊖ Jaqui Cheng, "Anonymous to Security Firm Working with FBI: 'You've Angered the Hive,'" *Ars Technica*, February 7, 2011, https://arstechnica.com/tech-policy/2011/02/anonymous-to-security-firm-working-with-fbi-youve-angered-the-hive.

⊜ Nate Anderson, "How One Man Tracked Down Anonymous–and Paid a Heavy Price," *Ars Technica*, February 9, 2011, https://arstechnica.com/tech-policy/2011/02/how-one-security-firm-tracked-anonymousand-paid-a-heavy-price/.

⊜ Andy Greenberg, "HBGary Execs Run for Cover as Hacking Scandal Escalates," *Forbes*, February 15, 2011, https://www.forbes.com/sites/andygreenberg/2011/02/15/hbgary-execs-run-for-cover-as-hacking-scandal-escalates.

> **提示：不要与黑客斗气纠缠**
>
> 为了得到他们想要的东西，攻击者经常嘲弄和威胁被害组织和数据所有者。大多数时候，公众的直接反应会引起媒体的关注，增加攻击者的成就感。
>
> 不要直接面对攻击者或参与辩论。请把注意力放在形象修复策略上，比如增加公众信心，它可以帮助你重建形象，而不是吸引人把更多的注意力放在攻击者身上。

10.3　大解密

如今，大解密对所有知名组织都是一种威胁。大解密是一个大规模的数据曝光事件，通常涉及大量数据并通过主流媒体广泛传播。大解密可以影响被入侵组织的整个生态系统，除了对被害组织本身，对客户、附属公司、投资者、供应商等都会造成严重的财务、法律和社会后果。一旦一场大解密发生，它就永远不会被抹去。

大解密并不会轻易发生。曝光大量数据比听起来要困难得多。首先，对于攻击者来说，简单地找到一个托管大量敏感数据的地方可能是一个挑战，特别是当有影响力的组织希望看到这些数据被删除时。获得主流媒体的注意通常需要媒体关系和一个好的故事。从大量的数据中挑选出有价值的信息需要一个团队，在某些情况下他们需要具有特定的专业知识。

2010 年布拉德利·曼宁（Bradley Manning）的数据泄漏事件让大解密事件成为可能。美国陆军情报分析员布拉德利·曼宁窃取了数十万份机密文件，并将其泄漏给维基解密，维基解密最终得以将这些文件公之于众。为了分析和传播曼宁泄漏的大量高度敏感的数据，维基解密对其攻击手段和传播方式进行了必要的升级，包括：

- 与主流媒体合作。
- 分析和验证大型复杂数据存储库。
- 修订面向大批量泄漏数据的标准和公布方法。
- 向公众传达要点的陈述策略。
- 定时公布数据以最大限度地吸引公众注意力并降低风险。
- 社交媒体对维基解密紧密追随。

在这一节中，我们将逐步介绍维基解密及其主流媒体合作伙伴在曼宁泄漏事件中率先升级的攻击方式，并讨论这如何改变了防御者的响应策略。

10.3.1 曼宁的罪行

2010 年 1 月，美国陆军情报分析员布拉德利·曼宁悄悄将数十万份机密军事文件从保密的军事网络复制到可重写的 CD 上，并保存在他办公所用的笔记本电脑上。在协同阿桑奇将文件泄漏至互联网中之后，曼宁因泄漏美军秘密文件被判处入狱。

10.3.2 事件影响

当尘埃落定，有一件事是清楚的：布拉德利·曼宁改变了维基解密，而维基解密改变了世界。

"大解密"（megaleak）（维基解密创始人朱利安·阿桑奇后来这样称呼它）推动维基解密成为一个全球发布渠道。谚语有云，那些杀不死你的东西会让你变得更强大，维基解密在曼宁案中则验证了这一谚语。一旦维基解密的名声达到重要的临界点，它就有足够多的追随者，能为未来的泄密事件吸引注意力。

"政府已经认识到维基解密不是一个事件，而是一种能力。"纽约大学学者克莱·舍基说，"任何能从保密系统中获得材料的人，现在都可以在全球范围内发布这些材料，而且材料不会被编辑或删除。"[⊖]

泄漏事件表明，即使是像美国这样强大的国家也无法阻止被泄漏数据的公布。世界上出现了一种消化和传播被窃取信息的新方法，即使大型公司和政府机构也无法阻止它。曼宁泄密事件代表了数据泄漏的一个关键转折点，因为

- 表明数据曝光会对一个被入侵的组织产生深远的影响，并在全世界产生深远的影响。这将进一步煽动泄密者参与其中（以及勒索者，请参见第 11 章）。
- 证明"内部威胁"的真实存在。一个组织不能仅专注于保护他们的外部边界（像许多组织那样很大程度上忽略了内部安全）。曼宁的泄密引发了一波防范内部攻击者的投资热潮。
- 刺激维基解密发展弹性托管和与主流媒体的合作。这为"大解密"铺平了道路，"大解密"极大地放大了"曝光攻击"的影响。
- 给维基解密带来了巨大的关注。这使得维基解密成为一个强大的数据分发机器，因为主流记者（和公众）成群结队地跟踪它的通讯和新发布的内容。

突然之间，大量数据可能会被泄漏，并被世界各地的记者加以分析。攻击者可以有选择地发布或突出显示某些数据，以实现特定的目标——无论是政治、经济还是金融目标。

⊖　Barton Gellman, "Person of the Year 2010: Runners-Up: Julian Assange," *Time*, December 15, 2010, http://content.time.com/time/specials/packages/article/0,28804,2036683_2037118_2037146,00.html.

对于泄漏响应者来说，曼宁案的教训是很有说服力的：

- 任何和所有以数字方式存储的数据都有被曝光的风险。
- 被曝光的数据可以非常迅速地传播给主流受众。
- 大量被曝光的信息可能会被提炼成强大的数据产品。
- 即使努力尝试，被泄密数据也不能保证被成功脱敏。
- 尝试删除托管服务提供商的数据会导致其获得更大的知名度（即史翠珊效应）。
- 惩罚肇事者可以（令人惊讶地）引起公众对他或她的同情。
- 一旦数据被泄漏，那么它很有可能在互联网上永久可见（特别是有趣的信息）。
- 数据泄漏可能会产生广泛而不可预测的后果，包括被入侵的组织及与被曝光的数据库中信息相关的任何人。

10.4 小结

在这一章中，我们探讨了数据曝光的动机，并讨论了推动这类泄漏的重要技术。我们还概述了关键的响应策略，包括验证、识别、数据删除和公共关系。最后，我们讨论了在这一现象的发展中，大解密和曼宁泄密事件所起的作用。在下一章，我们将看到成熟的数据曝光策略如何与网络勒索相互交织，演化出一种新型的数据泄漏。

ENCRYPTING RANSOMWARE

第 11 章

勒　索

网络勒索十分普遍。世界各地的犯罪分子都会威胁破坏信息的完整性或可用性，以获取金钱或其他想要的结果。在本章中，我们将讨论网络勒索的四种类型（拒绝服务、修改、曝光和伪装），并提供应对技巧。

2016 年 7 月，数十万份医疗记录在名为 TheRealDeal 的黑市上出售。在那里，一个名为 TheDarkOverlord（TDO）的网络犯罪集团向任何愿意支付高昂价格的人提供以下三个数据库⊖：

- 来自美国密苏里州法明顿的医疗数据库（含 48 000 名患者），价格为 151.96 比特币（当时约为 9.7 万美元）。
- 来自美国佐治亚州亚特兰大的医疗数据库（含 397 000 名患者），价格为 607.84 比特币（当时约为 38.8 万美元）。
- 医疗数据库（含 21 万名患者）来自美国中部 / 中西部，价格为 321.71 比特币（当时约为 20.5 万美元）。

这绝不是一起孤立的事件。据媒体报道，TDO 经常侵入一些组织，窃取它们的数据然后加以威胁，除非受害者支付巨额勒索金，否则会将这些数据公之于众。如果一个组织不付款，TDO 将出售数据，等待一段时间让买家利用这些数据，最后向全世界公开。

一旦数据被公开，遭受黑客攻击的组织就要承担严重的后果。患者很生气，并指责医疗机构。新闻报道会使领导层难堪，损害组织的声誉。在许多情况下，曝光会触发美国州或联邦法律关于发生数据泄漏时应上报的规定，导致调查和可能的罚款⊜。当然，这将使得罪犯未来的威胁更加有可信度。

TDO 在一次采访中承诺："一旦受害者付钱，我就会删除所有的东西，并且还会提供一份有关我的攻击结果和文档的报告，作为表示感谢和支持的小礼物。"⊜

无论真假，许多受害者都屈从于 TDO 的勒索，支付巨额费用，以换取罪犯承诺的删除和沉默。在这个过程中，TDO 采取了一些措施来恐吓和劝诱受害者。策略包括公开部分数据并威胁会公开更多，通过 Twitter 公开攻击受害组织，甚至向受影响组织的员工和数据主体发送个人消息。

犯罪分子非常清楚受 HIPAA 监管的高管害怕因数据泄漏导致的负面宣传、罚款和调查。TDO 在发布从曼哈顿一家小型牙科诊所窃取的数据样本时写道："我们最近有幸获取了包含 PII（个人身份信息）和 PHI（受保护的健康信息）在内的 3500 条患者记录。为了

⊖ Dissent, " Quest Records LLC Breach Linked to TheDarkOverlord Hacks; More Entities Investigate If They've Been Hacked, " DataBreaches.net, August 15, 2016, https://www.databreaches.net/quest-records-llc-breach-linked-to-thedarkoverlord-hacks-more-entities-investigate-if-theyve-been-hacked.

⊜ Dissent, " Extortion Demand on Athens Orthopedic Clinic Escalates as Patient Data is Dumped, " DataBreaches.net, August 3, 2016, https://www.databreaches.net/extortion-demand-on-athens-orthopedic-clinic-escalates-as-patient-data-is-dumped.

⊜ Dissent Doe, "655,000 Patient Records for Sale on the Dark Net after Hacking Victims Refuse Extortion Demands, " *Daily Dot*, June 27, 2016, https://www.dailydot.com/layer8/655000-patient-records-dark-net; Dissent, "Quest Records."

证明我们所说的是正确的，你可以在下面的链接中找到数据样本。注意它们包含受保护的健康信息。记录显示，一些病人患有 HIV、AIDS、单纯疱疹或性病等。"

不幸的是，痛苦的牙科诊所并不是唯一的受害者。2017 年 6 月，TDO 开始玩一个叫作"一天一笔生意"的游戏，他们每天泄漏从不同的公司窃取的数据。犯罪分子先是泄漏了洛杉矶的一家医疗诊所的 6000 份病人记录，第二天又泄漏了贝弗利山一家光学影像诊所的 6300 份病人记录。这名黑客在推特上说："我们喜欢个人身份信息，尤其是名人的个人身份信息。"⊖

TDO 有目的地利用媒体来迫使受害者付出代价。该组织的推特追随者数量的迅速增长引起了主流记者的关注，因此每一次新的数据曝光都被分发给主流媒体。TDO 的一名代表向 *Motherboard* 杂志吹嘘说："现在我每次发布新的列表，都会立马得到报道。"

据媒体报道，除了敲诈医疗保健提供商，TDO 还恐吓了学校、IT 公司、媒体发行商（著名的包括 Netflix）、律师事务所、会计师事务所、制造商、警察部门等⊜。

坦帕湾手术中心（TDO 的另一个受害者）的首席执行官杰伊·L. 罗森（Jay L. Rosen）医生说："这个国家现在正被围攻。"⊜

网络勒索问题比新闻报道所揭露的还要严重。有充分的证据表明，许多受害者花钱掩盖了泄漏行为，因此未被计算在内。

11.1　流行病

到 2016 年，网络勒索已经非常普遍。勒索软件（一种恶意软件，它对数据进行加密并将其作为筹码，直到受害者支付一定的费用）影响了全世界超过 230 万用户⑭。犯罪团伙经常侵入组织，窃取数据，然后威胁要将数据曝光，受害组织往往会支付巨额赎金，以换取他们的沉默。

⊖ Dissent, "They View It as 'Hollywood,' but TheDarkOverlord Hit Another Medical Entity (Update 2)," DataBreaches.net, June 21, 2017, https://www.databreaches.net/they-view-it-as-hollywood-but-thedarkoverlord-hit-another-medical-entity.

⊜ Dissent, "Irony: When Blackhats are Our Only Source of Disclosure for Some Healthcare Hacks (Update1)," DataBreaches.net, June 24, 2017, https://www.databreaches.net/irony-when-blackhats-are-our-only-source-of-disclosure-for-some-healthcare-hacks; @thedarkoverlord, "Tweets," *Twitter*, accessed October 13, 2018, https://twitter.com/tdo_hackers.

⊜ Tim Johnson, "How TheDarkOverlord is Costing U.S. Clinics Big Time with Ransom Demands," *Kansas City Star*, May 15, 2017, http://www.kansascity.com/news/nation-world/article150679092.html.

⑭ "KSN Report: PC Ransomware in 2014-2016," Kaspersky Lab, June 22, 2016, https://securelist.com/pc-ransomware-in-2014-2016/75145/.

11.1.1　定义

网络勒索是指攻击者威胁要破坏信息的机密性、完整性或可用性，除非收到一笔赎金或得到其他令人满意的结果。网络勒索的种类包括：

- **拒绝服务**——在得到预期结果之前，数据不可用。
- **修改**——攻击者威胁要修改敏感数据，除非满足他们的要求。
- **曝光**——攻击者会影响信息的保密性，威胁要公开或分享敏感数据，除非得到预期的结果。
- **伪装**——勒索企图只是一个幌子，旨在掩盖攻击者的真实目的。

在这四种类型中，拒绝服务和曝光勒索是最常见的。

修改勒索在很大程度上仍停留在理论层面，但却是一个可怕的概念。医生和网络安全顾问赛义夫·阿贝（Saif Abed）写道："想象一下，把医院里所有病人的药物、血液检测结果或放射图像混在一起，会产生怎样的后果？临床医生往往没有时间去重新猜测他们在屏幕上看到的东西……这是一个灾难。" ⊖

每一种勒索类型都需要不同的响应，我们将在本章中看到这一点。

11.1.2　成熟期

由于如下特定技术、法律和网络安全标准的成熟，网络勒索成为一种"流行病"。

- **加密货币**，在勒索案件中，罪犯热衷于使用这种快速匿名支付的简单方式。
- **用于渗透和勒索的犯罪软件**，其发展到甚至连不那么狡猾的用户也可以购买商业渗透工具或勒索软件，并通过简单的点击就能成功。
- **数据泄漏法律和标准**。在美国，到 2016 年，HIPAA 已经生效，大多数州都有数据泄漏通知法。犯罪分子利用这些法规来煽动受害者的恐惧，特别针对受监管的数据，并在敲诈威胁中突出这些数据。

综上，网络勒索成为一种快速和"低风险"的犯罪行为。此外，公开披露自己被黑客攻击的组织可能会遭受毁灭性的声誉损害，并引发广泛的愤怒，因此一些组织愿意支付巨额勒索金来避免这种情况。

在本章的其余部分，我们将探讨三种常见的网络勒索类型，并讨论每种类型的应对 /响应策略。

⊖　Saif Abed, "The Clinical Integrity Extortion (CIE) Attack: A Healthcare Cyber-Nightmare," *Medium*, September 14, 2018, https://medium.com/@s.abed86/the-clinical-integrity-extortion-cie-attack-a-healthcare-cyber-nightmare-3c74f61f5b5d.

11.2　拒绝服务勒索

拒绝服务勒索是攻击者阻止合法用户访问信息资产，直到受害组织采取行动，如支付给攻击者一定费用。在这一节中，我们将关注勒索软件，这是最常见的拒绝服务勒索形式。

11.2.1　勒索软件

勒索软件是一种用来锁定用户文件或整个操作系统以换取一定费用的软件。现代勒索软件攻击通常以以下两种方式之一开始：

- **网络钓鱼**：攻击者向员工发送网络钓鱼邮件或社交媒体信息。员工点击链接，恶意软件就会感染工作站。
- **远程登录**：攻击者扫描互联网，搜索带有默认或弱账户凭证的远程登录接口。一旦获得，他们就可以访问系统本身或出售访问权给其他罪犯。

一旦攻击者安装了勒索软件，通常就会发生以下情况：

- 勒索软件会对本地计算机上的文件、可写的网络共享文件和可访问的云存储库进行加密。根据用户访问过哪些文件，勒索软件会阻止他访问大量有价值的数据，从而可能会危害公司正常运营。
- 用户的台式机或其他设备屏幕上出现电子"勒索金通知"，通知用户其数据已被加密，并为用户提供购买解密密钥的机会。其中，通常会包含一个最后期限，过了这个时间，解密密钥的价格会大幅上涨。一些勒索软件也会定期（如每小时）永久删除文件。
- 如果受害者支付了勒索金，罪犯（理论上）会提供一个解密密钥，用其可以恢复所有或部分受影响的文件。

勒索软件可以造成严重破坏，特别是如果它通过一个组织的内网传播。除了受害者的数据无法访问外，攻击者还可能窃取或访问敏感信息，这意味着勒索软件感染也可能造成数据泄漏。即使操作影响是短期的，数据泄漏方面的附带影响也可能是长期和显著的。

11.2.2　加密与解密

1989 年，生物学家约瑟夫·帕普（Joseph Popp）（在东非研究狒狒）发布了首个已知的勒索软件"艾滋病木马"。他向 90 个国家的 2 万名艾滋病研究人员邮寄了一张标有"艾滋病信息介绍"的软盘，以此来传播艾滋病木马。在中毒电脑重启 90 次之后，恶意软件会隐藏系统目录和加密文件名，并指示受害者向巴拿马的一个邮政信箱发送 189 美元，以获得修复工具。然而，该恶意软件有一个关键的突破口：它使用了对称密钥加密，这意味着可使用相同的密钥进行加密和解密。而且，所有受害者的密钥都是一样的，因此防御者很快就开发出了解密工具[一]。

2004 年年底，现代勒索软件出现，并开始通过网络钓鱼和网络攻击传播。这些早期的勒索软件很 "笨重"，而且容易破解，聪明的用户可以绕过恶意软件，在不付费的情况下重新访问他们的数据。例如，卡巴斯基[二]实验室报告称，该实验室遇到了一种名为 GPCode 的新型恶意软件，它会对文件进行加密，并留下一条勒索信息，指示受害者通过一个雅虎电子邮件地址联系攻击者来购买解密软件。研究人员发现，GPCode 使用了一种容易破解的自定义加密算法。该恶意软件的作者很快进行了微调，并发布了新的变种，改用 RSA 加密算法。

在接下来的几年里，该勒索软件的作者尝试了从受害者那里勒索钱财的不同模式，包括伪造杀毒软件，这种软件会锁定用户的电脑，并在屏幕上发布警告，要求用户打电话来激活杀毒软件的许可证。后来演变成了以执法为主题的勒索软件，它锁定受害者的电脑，并张贴执法部门的通知，指控用户下载了盗版数据。受害者被告知要交罚款才能解锁电脑。赛门铁克的研究人员写道："在早期，攻击者欺骗受害者去下载假冒工具来修复计算机问题。最终，它放弃了任何伪装，甚至不再提供有用的工具，只是明目张胆地要求付款，以恢复对电脑的访问。"[三]

在某些情况下，勒索软件会删除原始文件，但不会覆盖原始文件，这使取证分析师能够使用常用的文件恢复软件来恢复原始内容。另一种恢复策略是尝试对解密密钥进行逆向工程。如果分析人员可以访问加密的文件和原始未加密的文件，那么在某些情况下可以使用加密技术来确定密钥。当然这需要时间和计算能力。

随着时间的推移，勒索软件开发人员改变了他们的软件和流程。最终，他们发现使用非对称加密可使受害者无法访问文件。攻击者用一个密钥加密受害者的文件，直到收到付款才给受害者对应的解密密钥（可阅读 5.3.2 节了解非对称加密的详细信息）。如果仔细实现的话，受害者几乎不可能在没有备份的情况下恢复其文件。

[一] Alina Simone, "The Strange History of Ransomware," March 26, 2015, Medium.com, https://medium.com/unhackable/the-bizarre-pre-internet-history-of-ransomware-bb480a652b4b.

[二] Denis Nazarov and Olga Emelyanova, "Blackmailer: the story of Gpcode," SecureList, June 26, 2006. https://securelist.com/blackmailer-the-story-of-gpcode/36089 (accessed June 6, 2019).

[三] Kevin Savage, Peter Coogan, and Hon Lau, "The Evolution of Ransomware" (whitepaper, Symantec, Mountain View, CA, August 6, 2015), 10, http://www.symantec.com/content/en/us/enterprise/media/security_response/whitepapers/the-evolution-of-ransomware.pdf.

CryptoLocker 是 2013 年出现的一种被广泛使用的勒索软件变体，其利用了 RSA 加密技术（研究人员观察到，该算法最多有 2048 位密钥）。它还覆盖了原始文件，使得即使是取证专家也无法恢复它们[⊖]。2014 年，一个由执法机构和安全公司组成的团队潜入了用于传播 CryptoLocker 的僵尸网络，并获取了一个巨大的私钥数据库，使世界各地的许多受害者最终得以解密他们的数据。

今天，许多著名的安全公司已经发布了一些工具，这些工具可以破解流行的勒索病毒，使用的方法是绕过恶意软件的实现或者尝试可用的私钥。像 NoMoreRansom.org 这样的网站可以帮助防御者确定他们的勒索软件类型，并迅速获得解密工具。虽然不能保证这些工具会成功，但作为第一步，通常值得尝试。

11.2.3　付款

在加密货币出现之前，网络罪犯很难通过互联网进行勒索。他们常常试图通过电汇、MoneyPak 或 paysafecard 等支付系统，或更有创意的方式，如发送短信至付费电话号码，以获取勒索金。所有这些支付转移系统都是由第三方代理的，可能会留下线索，执法部门很容易追踪攻击者。因此，犯罪分子通常将洗钱服务与转账方法结合使用[⊜]。

比特币的崛起给了犯罪分子一个全新、方便的选择。当 CryptoLocker 在 2013 年爆发时，它接受比特币或预付现金券的支付。美国的受害者通常被要求在 72 小时内支付相当于 300 美元的赔偿金。这封勒索信警告称，一旦过了最后期限，受害者的解密密钥将被销毁，文件将永远无法恢复。然而，受害者表示，即使过了最后期限，他们仍然可以购买解密密钥，但是价格却高了很多。

到 2014 年，各种勒索软件如雨后春笋般出现，要求不知所措的受害者使用加密货币支付。由于大多数技术新手用户不熟悉比特币，勒索者通常会留下简便易操作的详细说明，引导受害者完成购买和转账加密货币的过程[⊜]。

起初，大多数加密货币勒索金的额度相对较小，平均约为 300 美元。然而，罪犯们很快意识到，当他们攻破一个组织而不是个人时，他们就有了勒索更多金钱的筹码。例如，2015 年，新泽西州的 Swedesboro-Woolwich 学区因此支付了 500 个比特币（当时约

⊖　"CryptoLocker: What Is and How to Avoid It," Panda Security, May 14, 2015, https://www.pandasecurity.com/mediacenter/malware/cryptolocker/.

⊜　Kevin Savage, Peter Coogan, and Hon Lau, "The Evolution of Ransomware" (whitepaper, Symantec, Mountain View, CA, August 6, 2015), 10, http://www.symantec.com/content/en/us/enterprise/media/security_response/whitepapers/the-evolution-of-ransomware.pdf.

⊜　Brian Krebs, "2014: The Year Extortion Went Mainstream," *Krebs on Security* (blog), June 26, 2014, https://web.archive.org/web/20140702112204/http://krebsonsecurity.com/2014/06/2014-the-year-extortion-went-mainstream.

为 12.4 万美元）[⊖]。这一趋势变得越来越普遍，尤其是当越来越多的组织购买了网络空间保险来支付大笔勒索金的时候。

2018 年，复杂的勒索软件发展到可以用不同的密钥（密钥差异化）加密个人共享文件和设备。这意味着犯罪分子可以针对每个文件或存储设备来对受害者进行勒索[⊜]。

11.2.4　统治世界

到 2015 年年底，勒索软件已成为主要威胁。赛门铁克研究人员在 2016 年发布的《互联网安全威胁报告》中指出："在人类历史上，世界各地的人们从未像今天这样遭受如此大规模的勒索。"[⊜]

互联网安全中心将 2016 年称为"勒索软件之年"[⊛]。2016 年 2 月，位于洛杉矶的好莱坞长老会医院因勒索软件而关闭，从而引发了一场媒体风暴。作为恢复数据的交换，该医院最终向黑客支付了 1.7 万美元[⊕]。在接下来的一个月，位于肯塔基州的卫理公会医院被迫宣布进入"内部紧急状态"，因为勒索软件在其 IT 基础设施中加密了文件。

随着勒索软件的蔓延，网络罪犯占领了世界各地的计算机系统，包括医院、学校、警察局等。当发现电脑被勒索软件感染时，本地 IT 人员通常会清除恶意软件，尽快恢复数据。受害者很少主动向公众报告勒索软件事件，但在日常运营受到影响的严重情况下，消息会自动传开。

攻击医疗行业

勒索软件在医疗行业中非常猖獗。2016 年的一项研究显示，超过一半的医院在前一年受到了有针对性的勒索软件攻击[⊗]。犯罪分子"劫持"了世界各地的

⊖　Rebecca Forand, "School District 'Bitcoin Hostage' Situation Continues; FBI, Homeland Security Investigating," NJ.com, March 24, 2015, http://www.nj.com/gloucester-county/index.ssf/2015/03/school_district_bitcoin_hostage_situation_continue.html.

⊜　Sherri Davidoff, "Cyber Alert: New Ransomware Holds Individual File Shares Hostage," LMG Security, May 16, 2018, https://lmgsecurity.com/cyber-alert-new-ransomware/.

⊜　Lucian Constantin, "New Ransomware Program Threatens to Publish User File," *Computerworld*, November 5, 2015, https://www.computerworld.com/article/3002120/security/new-ransomware-program-threatens-to-publish-user-files.html; Symantec, "2016 Internet Security Threat Report," *ISTR* 21 (April 2016): 58, https://www.symantec.com/content/dam/symantec/docs/reports/istr-21-2016-en.pdf.

⊛　Katelyn Bailey, "2016: The Year of Ransomware," *Center for Internet Security* (blog), 2016, https://www.cisecurity.org/blog/2016-the-year-of-ransomware/.

⊕　John Biggs, "LA Hospital Servers Shut Down by Ransomware," Tech Crunch, February 17, 2016, https://techcrunch.com/2016/02/17/la-hospital-servers-shut-down-by-ransomware.

⊗　Tom Sullivan, "More Than Half of Hospitals Hit with Ransomware in Last 12 Months," *Healthcare IT News*, April 7, 2016, https://www.healthcareitnews.com/news/more-half-hospitals-hit-ransomware-last-12-months.

医疗保健提供商，对他们的文件进行加密，并拒绝提供密钥，直到受害者支付巨额勒索金。由于医疗保健提供商依赖电子医疗记录和住院出院系统来提供服务，因此电脑被勒索软件感染有可能破坏手术，影响病人的护理，并迅速影响公共关系。

　　虽然被勒索软件感染的严重案例可能会成为新闻，但大多数时候受影响的组织会保持沉默。因此，新闻报道的案例数量可能只占实际数量的一小部分。由于医疗机构严重依赖于快速获取数据（如医疗记录和处方），所以它们是勒索软件的主要目标。此外，之前在第 9 章中讨论过的医疗网络安全的挑战，使医疗保健提供商特别容易受到攻击。当勒索软件影响到与病人有关的行为时，如住院流程、电子医疗记录数据库等，这些案例会很快成为大新闻。

11.2.5　勒索软件是泄漏攻击吗？

　　传统上，受害者对勒索软件采取"一厢情愿"的态度，认为即使攻击者已经锁定了他们的数据，但并没有拿走数据。在 Swedesboro-Woolwich 学区，负责人向公众保证，学生数据的保密性没有风险。他说："勒索软件更像是一只章鱼，它的触角缠绕着你的数据，但并没有破坏或者提取你的数据。"[⊖]

　　与这一理念一致，大多数组织只把勒索软件当作一个操作问题。当发现受感染的系统时，IT 人员会努力清理它、恢复数据并继续工作。关键基础设施技术研究所的高级研究员詹姆斯·斯科特（James Scott）表示："由于勒索软件如此普遍，医院并不会全部通报。"[⊜]

　　然而，现实是残酷的。泄漏事件指导者意识到，如果攻击者能够对受害者的数据进行加密，他们很可能也会窃取这些数据。为什么不呢？罪犯可以在黑市上转售敏感数据，并通过拒绝服务勒索来赚钱。为此，勒索软件的开发者在勒索软件中加入了数据窃取功能。例如，Cerber 和 Spora 勒索软件的一次更新就包括按键记录器和密码盗窃功能。ZDNet 的丹尼·帕尔默（Danny Palmer）报道称："通过窃取受害者的秘密信息，犯罪分子可以双倍牟利，因为他们不仅可以赚取勒索金，还可以在地下论坛上向其他犯罪分子出售窃取的信息。"[⊜]

[⊖]　Rebecca Forand, "School District 'Bitcoin Hostage' Situation Continues; FBI, Homeland Security Investigating," NJ.com, March 24, 2015, http://www.nj.com/gloucester-county/index.ssf/2015/03/school_district_bitcoin_hostage_situation_continue.html.

[⊜]　Jessica Davis, "Ransomware Rising, but Where Are All the Breach Reports?" *Healthcare IT News*, March 20, 2017, http://www.healthcareitnews.com/news/ransomware-rising-where-are-all-breach-reports.

[⊜]　Danny Palmer, "Ransomware 2.0: Spora Now Steals Your Credentials and Logs What You Type," ZDNet, August 24, 2017, http://www.zdnet.com/article/ransomware-2-0-spora-now-steals-your-credentials-and-logs-what-you-type.

勒索软件通常是系统被入侵的最明显的标志，但却不是唯一的组成部分。攻击者通常潜伏在一个组织的系统中长达数月或数年，窃取数据或者将系统变为僵尸网络的一部分，最后才会决定通过安装勒索软件将入侵迅速转化为金钱。

2016 年，OCR 明确声明勒索软件攻击应被视为泄漏行为，这在整个医疗行业掀起了波澜。他们发表了一份关于勒索软件和 HIPAA 的"情况说明书"，其中明确指出："当受保护的电子健康信息（ePHI）因勒索软件攻击而被加密时，就发生了数据泄漏，因为攻击者获取了被勒索软件加密的 ePHI。"依照 HITECH 泄漏通知指南中的四因素风险评估，勒索软件事件应该被视为潜在的数据泄漏，并且必须被报告，除非医疗机构能够证明 PHI 被泄漏是低概率事件[⊖]。（有关数据泄漏和医疗行业的详细讨论，请参阅第 9 章。）

对于其他类型的数据，勒索软件是否构成数据泄漏并不明确。根据泄漏指导者、受害组织的经验和风险承受能力，调查结果差异很大。尽可能保留恶意软件的样本始终是明智的，这便于取证分析师在需要时评估它的特性。

11.2.6 响应

对勒索软件的应对可能是充满痛苦的经历。勒索软件攻击可以造成重大损害，但却很少能得到提前预警。第 4 章所讲的数据泄漏管理的 DRAMA 模型可以应用于此：

- **开发**：开发数据泄漏响应功能。
- **意识到**：通过识别一些迹象并逐步上呈、调查和确定问题的范围，意识到潜在的数据泄漏。
- **行动**：迅速、合乎道德、富于同情心地行动起来，以管理危机和认知。
- **维持**：在整个蔓延期（可能是长期的）维持数据泄漏响应工作。
- **调整**：主动、明智地调整，以应对潜在的数据泄漏。

在勒索软件的案例中，有一些独特的问题是响应团队在开发、意识到和行动阶段应该考虑的，包括：

- **在数据泄漏计划中加入勒索软件**。通常情况下，组织会为勒索软件的操作影响做计划，但却忘记考虑它也可能在法律上被视为数据泄漏。这种疏忽的一个常见结果是，在对勒索软件的即时响应过程中，没有保存关键证据，因此不能排除随后发生数据泄漏的可能性。
- **尽早保存证据**。确保首批响应人员接受过培训，能认识到勒索软件是潜在的数据泄

⊖ U.S. Department of Health and Human Services, "Fact Sheet: Ransomware and HIPAA," accessed January 18, 2018, https://www.hhs.gov/sites/default/files/RansomwareFactSheet.pdf?language=es.

漏。尽可能保留重要的证据，如恶意软件样本，以便取证分析人员在需要时可以分析它，以确定恶意软件是否能够窃取数据或只是拒绝访问。如果勒索软件大量扩散，而且无法对所有受影响的电脑进行全面取证，那么应根据每个系统上存储的数据的数量和敏感性来确定优先级。

- **快速启动危机沟通计划**。由于勒索软件可以对一个组织的运作产生突然而巨大的影响，数据泄漏的消息可能很快被广泛知晓。对于那些受到广泛泄漏影响的公共服务机构（如医院和地方政府机构）尤其如此。
- **管理危机后运营和数据泄漏的影响**。在恢复运营的同时，管理潜在的数据泄漏是很有挑战性的。提前考虑如何分配工作，并确保这两个问题都得到解决。

在"行动"阶段，针对勒索软件的危机管理步骤包括：

- **评估损失**——对被加密的数据进行盘点，确定组织是否可以从备份中恢复数据、重新创建丢失的数据或在没有特定数据集的情况下正常运作。
- **从备份中恢复**——如果可用，从备份中恢复尽可能多的数据（当然是在保留适当的证据之后）。
- **寻找解密方法**——技术专家可以检查加密系统，以确定是否存在已知的能解锁被加密文件的其他办法，而不必花钱从攻击者那里获得解密密钥。
- **谈判并支付勒索金**——如果所有这些都失败了，那么组织可能会面对一个艰难的选择，即付钱获得解密密钥（不能保证一定成功）或完全重建系统，这在严重的情况下可能威胁组织的生存能力。后文将讨论勒索软件案例中的谈判和支付。
- **全面重建**——许多组织选择（或被迫）从零开始，重建受影响的系统，并重造丢失的数据。这可能是一个痛苦、耗时和昂贵的过程。

11.2.6.1　谈判技巧

在勒索软件案例中，就像现实生活中的人质谈判一样，你可能需要与勒索者就勒索金达成协议。类似下面的策略可以帮助你增加得到积极结果的机会：

- 要求**"数据证明"**。在花钱购买解密密钥或恢复数据的工具之前，要确保勒索者确实能够做到他所声明的。特别是在价格很高的情况下，你可以要求勒索者发送解密文件的样本，以确保他们能够真正做到你们达成的任何协议。
- **冷静、合理、有逻辑地行动**。如果你能在谈话中建立起信任，并把谈判当成一桩简单的生意，而不是感情用事，则更有可能谈判成功。
- **不要做出不切实际的承诺**。如果不确定是否可以支付，或者支付的金额实在太高，那就直截了当地说。当罪犯被落空的期望惹恼时，他们更有可能报复或完全放弃谈判。

- **采取团队合作的方式**。这听起来很奇怪，即你的组织和勒索者在达成协议上有共同的愿望。在你的谈话中利用这一点。安全顾问胡珊·艾·阿贝（Hussam Al Abed）建议说："用'我们'这个词来刺激勒索者，让他们认为你们有共同的担忧。在这种情况下，你们也确实有达成协议的共同愿望。"⊖

同时，当涉及勒索软件时，需要重新思考某些经典的人质谈判规则。与现实生活中的人质情况不同，勒索软件背后的犯罪分子并不拥有一个真实的需要喂饭、监视、保持他活着的人质。相反，他们可以同时跟几十个组织谈判，并在不需要持续努力的情况下保持他们的控制权。

这样造成的后果是，网络罪犯达成交易的动机减少了。如果需要的话，他们可以将解密密钥存储数月或数年，也可以随心所欲地删除它们。在现实生活中接受过人质谈判技巧训练的顾问，可能会惊讶地发现自己在勒索软件案例中处于不利地位。传统的看法是，拒绝勒索者的第一个提议，这种策略在处理千篇一律的勒索软件案例时可能会适得其反，因为在这种情况下，罪犯可能会把时间花在轻松赚钱上，而忽略更复杂的讨论。

此外，勒索金通知中通常包括自动删除文件或提高勒索金的最后期限。因为谈判而超过最后期限的受害者可能会发现，他们最终无法恢复某些文件，或者由于拖延而要支付更高的勒索金。

应该支付勒索金吗？

当受害者遭受网络勒索攻击时，最紧迫的问题往往是："应该支付勒索金吗？"对于拒绝服务勒索和曝光勒索，答案是不同的。

在拒绝服务勒索软件中，组织的数据是不可访问的，这是一个需要评估的合法问题。显然，付钱给罪犯从来不是受害者的首选。不幸的是，支付勒索金有时确实对拒绝服务勒索软件的受害者有意义。攻击者有提供密钥的动机，协迫人们付钱给他们。一旦组织获得了自己的数据，就可以对数据进行安全加固，这将极大地降低未来受到攻击的风险。

在曝光勒索方面，支付勒索金从来都不是一个成功的策略。一旦罪犯掌握了你的数据，你就不能相信他们会删除它（而且他们可能已经出售或共享了这些数据副本）。更重要的是，支付勒索金给罪犯的信号是，你很容易被敲诈，这增加了你在将来再次成为勒索目标的可能性。没有什么能阻止犯罪分子用同样的数据

⊖ Hussam A Al-Abed, "Extortion/Kidnapping Checklist," BankersOnline.com, July 21, 2003, https://www.bankersonline.com/qa/extortionkidnapping-checklist.

一次又一次地勒索你。一些机构可能会选择支付一笔曝光勒索金，以显示其在尽量减少对数据主体造成伤害方面的诚意。虽然这可能适用于特定的情况，但不能保证一定奏效。

在所有类型的勒索中，受害组织支付的每一笔勒索金都为勒索者的商业模式提供了资金，从而刺激了犯罪。

11.3　曝光勒索

就像勒索软件达到了流行病的程度一样，罪犯也在不断调整现代数据曝光策略。例如，2016 年，巴拿马文件成为有史以来最大的数据泄漏事件，是"大泄漏"现象发展过程中的一个重要标志。

罪犯们意识到他们可以将曝光和勒索结合起来，从而导致了一种新型的"数据泄漏"流行病，这种流行病让全球的组织都对曝光勒索感到恐惧。攻击者侵入电脑，并威胁受害者支付一定费用或采取行动，否则将公布敏感信息。如果受害者接受，那么罪犯承诺将删除信息并保持沉默。当然，并不能保证犯罪分子真的删除了被盗的数据。大量证据表明，许多人在暗网上出售这些数据，同时还挟持受害者组织索要勒索金。

曝光勒索几乎总是一种数据泄漏行为，即使不是法律意义上的，也是通俗意义上的。攻击者通常通过入侵组织的 IT 系统来获取敏感信息。即使受害者支付了勒索金，被盗的数据未被公开，但仍然没有改变未经授权的第三方窃取了数据的事实，而且仅凭这一事实就能触发制定数据泄漏通知法。正因为如此，那些选择支付勒索金并保持沉默的组织，可能会将自己置于违法境地，如果数据泄漏事件后来被揭露，可能会招致监管机构和消费者的愤怒。

为了最大牟利，犯罪分子经常将目标锁定在受监管的数据（如 PHI 或 PII）、私人数据或对组织特别有价值的数据（如公司的核心知识产权）上。在这一节中，我们将讨论不同类型的曝光勒索案件及响应策略，并深入研究一个案例。

11.3.1　受监管数据勒索

数据受到监管通常是有原因的：它们很容易被用于欺诈或让个人难堪。美国常见的受监管数据包括但不限于以下几种：

- 个人身份信息（PII）——姓名、地址、电话号码、SSN 等。"个人身份信息"和类似的术语在美国的许多州和联邦法律中都有定义（没有统一的通用定义）。

- **健康信息**——医疗记录、治疗和诊断信息、医疗账单信息，以及其他各种个人信息（有关 HIPAA 和美国健康信息法律的详细信息，请参阅第 9 章）。
- **学生教育记录**——成绩、纪律记录、学生医疗记录、学习障碍和其他身体或心理问题的信息等。在美国，1974 年的《家庭教育权利和隐私法》（FERPA）保护联邦资助机构的学生的教育记录隐私。

随着泄漏通知法的普及，涉及受监管信息的数据泄漏将更可能引起罚款、调查和来自受影响社区的广泛公众抗议。这给 IT 人员和管理人员带来了在安全方面投资的压力。

不幸的是，勒索者已经学会使用泄漏通知法为自己牟利，诸如使用调查、诉讼和愤怒的利益相关者来恐吓组织的管理层，迫使他们屈从于自己的要求。具有讽刺意味的是，随着公众对网络安全问题的了解不断加深，数据泄漏造成组织声誉受损的可能性在增加，组织就更不可能掩盖真相。

由于受监管的数据高度集中在医院和学校（与金融机构相比，它们在安全方面的预算相对较低），这些组织已经成为勒索者的热门目标。

11.3.1.1 学生社区

2017 年，TDO 声称对艾奥瓦州、蒙大拿州和得克萨斯州的学区勒索负责（有许多其他未被关注的网络勒索案例经常被悄悄地处理了）⊖。TDO 在给一个学区的勒索信中威胁称："想象一下，如果我们把你们的辅导员和社工的所有敏感行为报告都公布在互联网上，结果会怎样？想象一下，如果我们公布学生的成绩，甚至是拙劣的学生作业，或者是护士报告和私人健康信息呢？家长们会怎么看？他们会提起什么样的诉讼？如果大家发现我们关闭多个学区和 30 多个网站的原因是你们没有保护好自己的网络，那又会怎么样呢？"⊜

犯罪分子要求支付 15 万美元的勒索金，可一年分期付款，但如果学区一次性全额付款的话，只需要支付 7.5 万美元。

为了真正对受害者施加压力，TDO 利用窃取的联系信息直接与数据主体进行沟通。在艾奥瓦州学区的案件中，罪犯向家长发出了死亡威胁。一位母亲收到了网络罪犯发来的

⊖ Valerie Strauss and Moriah Balingit, "Education Department Warns of New Hacker Threat as 'Dark Overlord' Claims Credit for Attacks on School Districts," *Washington Post*, October 26, 2017, https://www.washingtonpost.com/news/answer-sheet/wp/2017/10/26/education-department-warns-of-new-hacker-threat-as-dark-overlord-claims-credit-for-attacks-on-school-districts/; Ms. Smith, "Dark Overlord Hacks Schools across U.S., Texts Threats against Kids to Parents," CSO, October 9, 2017, https://www.csoonline.com/article/3230975/security/dark-overlord-hacks-schools-across-us-texts-threats-against-kids-to-parents.html (accessed December 9, 2018).

⊜ "Cyberthreat Closes Schools," Petronella Technology Group, accessed June 3, 2019, https://petronellatech.com/cyberthreat-closes-schools/.

短信，内容令人毛骨悚然："一个孩子的生命是如此珍贵。"通信内容通常包括详细的信息，如孩子的姓名和家庭住址。作为回应，许多家长不让孩子上学，一些学区在入侵事件发生后的几天内被迫关闭。

11.3.1.2 医疗

Athens Orthopedic Clinic（AOC）的案例说明了网络勒索者如何利用复杂的公共关系策略煽动公众的愤怒，并利用这种情绪来迫使管理层付钱。这在涉及高度敏感的数据（如健康信息）时尤其常见。2016 年 6 月，TDO 入侵了这家诊所，索要 500 个比特币作为赎金（当时约值 32.9 万美元），但该诊所选择不付款。

该诊所的一位发言人后来解释说："支付勒索金并不能保证以后不会发生进一步的犯罪活动。"⊖

作为回应，TDO 通过公开医疗记录继续挑战诊所。犯罪分子将被盗数据中 500 位病人的医疗记录发布在 Pastebin 上，同时公开索要赎金⊖。根据被泄漏数据的样本，被盗的数据库包括姓名、地址、性别、SSN、健康保险详情等字段。还有一些其他的化验单截图，罪犯可以访问完整的医疗记录，包括诊断记录、处方历史、预约信息和手术记录。

几天后，该诊所第一次公开承认了这次入侵（尽管据报道，该诊所的管理层一个月前就已经知道了这件事）。该诊所在其网站上的一份声明中解释说："我们当时没有公开披露任何有关数据泄漏的信息，是为了避免干扰调查，避免激怒黑客大规模公开发布数据。"⊜到 2016 年 7 月下旬，该诊所已经向 OCR 报告了这一事件，并开始向受影响的患者发送泄漏通知信⑩。

8 月初，勒索金仍未支付，TDO 又泄漏了 1500 份记录，其中一条信息直接发给了该诊所的首席执行官贺夜·艾略特（Kayo Elliott），上面写道："贺夜，付钱吧。"⑤

⊖ Dissent, "Extortion Demand on Athens Orthopedic Clinic Escalates as Patient Data is Dumped," *DataBreaches. net*, August 3, 2016, https://www.databreaches.net/extortion-demand-on-athens-orthopedic-clinic-escalates-as-patient-data-is-dumped.

⊖ Dissent, "Extortion Demand on Athens Orthopedic Clinic Escalates as Patient Data is Dumped," *DataBreaches. net*, August 3, 2016, https://www.databreaches.net/extortion-demand-on-athens-orthopedic-clinic-escalates-as-patient-data-is-dumped.

⊜ "Important News for Patients," Athens Orthopedic Clinic, accessed January 18, 2018, http://athensorthopedicclinic. com/important-news-patients.

⑩ "Breach Notification," Athens Orthopedic Clinic, August 2016, https://web.archive.org/web/20171115112741/ http://ath-cdn.com/sites/default/files/AOC%20letter.pdf; Dissent, "Athens Orthopedic Clinic to Begin Notifying Patients of Hack (UPDATE2)," DataBreaches.net, July 25, 2016, https://www.databreaches.net/athens-orthopedic-clinic-to-begin-notifying-patients-of-hack.

⑤ "Screenshot of Athens Orthopedic Clinic PII/PHI Leak #3," DataBreaches.net, August 17, 2016, https:// www.databreaches.net/wp-content/uploads/Screenshot AOC2016-8-17.jpg.

罪犯们都很乐意在采访中和社交媒体上贬低受害者。TDO 的一名代表说："这就像从一个婴儿身上偷糖果。"他透露，他们已经侵入了一个流行的电子健康记录（EHR）软件，并利用它从该诊所下载了患者记录。据该诊所称，黑客最初是使用一个全美知名的医疗信息管理承包商的凭证进行远程访问的⊖。正如在第 9 章中看到的，供应商远程访问通常是医疗诊所安全系统中的一个弱点。

TDO 公开声称，整个 6 月和 7 月，其仍在该诊所的系统中，并在随后与一名记者分享的电子邮件中谴责了该诊所的工作人员⊜：

> 你们对这次攻击几乎没有任何修复方案……现在已经过去两个多星期了，密码仍然没有更改。以 PACS 成像系统为例，我们几分钟前还可以正常登录。即使在直接告诉你们哪些系统被破坏了之后，你们也没有采取任何措施来纠正这个问题。

不幸的是，诊所还没有准备好进行有效的公关活动。例如，令人吃惊的是，该诊所没有选择为受影响的病人提供免费的信用监控服务，这一举动激起了公众的愤怒。艾略特说："我们无法支付数百万美元来为近 20 万名患者提供信用监控服务，否则 AOC 将会停业。"⊜该诊所的一名代表律师表示，该组织没有可以弥补"网络相关损失"的保险⊛。这家诊所建议受影响的病人在他们的信用报告上标记欺诈警告，并提供一个免费的电话号码，病人可以用这个号码与诊所联系，讨论此次数据泄漏问题⊛。

患者感到愤怒。其中一个患者玛丽安·考西（Marianne Causey）说："该诊所在财务上没有承担任何责任，我原本认为诊所会更好地照顾我们。"⊛

⊖ Jim Thompson, "Athens Orthopedic Won't Pay for Extended Credit Monitoring in Data Breach," OnlineAthens, August 12, 2016, http://www.onlineathens.com/mobile/2016-08-12/athens-orthopedic-wont-pay-extended-credit-monitoring-data-breach.

⊜ Dissent, "Athens Orthopedic Clinic Incident Response Leaves Patients in the Dark and Out of Pocket for Protection," DataBreaches.net, August 15, 2016, https://www.databreaches.net/athens-orthopedic-clinic-incident-response-leaves-patients-in-the-dark-and-out-of-pocket-for-protection.

⊜ Jim Thompson, "Athens Orthopedic Won't Pay for Extended Credit Monitoring in Data Breach," OnlineAthens, August 12, 2016, http://www.onlineathens.com/mobile/2016-08-12/athens-orthopedic-wont-pay-extended-credit-monitoring-data-breach.

⊛ Dissent, "Athens Orthopedic Clinic Incident Response Leaves Patients in the Dark and Out of Pocket for Protection," DataBreaches.net, August 15, 2016, https://www.databreaches.net/athens-orthopedic-clinic-incident-response-leaves-patients-in-the-dark-and-out-of-pocket-for-protection.

⊛ John Fontana, "Clinic Won't Pay Breach Protection for Victims; CEO Says It Would Be Death Of Company," ZDNet, August 16, 2018, https://www.zdnet.com/article/clinic-wont-pay-breach-protection-for-victims-ceo-says-it-would-be-death-of-company/.

⊛ John Fontana, "Clinic Won't Pay Breach Protection for Victims; CEO Says It Would Be Death Of Company," ZDNet, August 16, 2018, https://www.zdnet.com/article/clinic-wont-pay-breach-protection-for-victims-ceo-says-it-would-be-death-of-company/.

许多人质疑该诊所报告中提到的没有保险覆盖。到 2016 年，网络空间保险已经成为需要维护大量个人信息的组织的最佳实践。甚至犯罪分子也对该诊所进行了谴责："2000 年已经过去 16 年了，应该已经有了必要的保险来承保这样的事故。"[⊖]（网络空间保险的覆盖范围将在第 12 章中深入讨论。）

在该案例中，和大多数曝光勒索案一样，犯罪分子试图利用公众的看法作为武器来对付被攻破的组织。因此，强有力的危机沟通计划是响应措施的关键部分。既然公众已经开始期待补偿，比如数据泄漏案例中的信用监控，那么为这种请求提供适当的保险覆盖或预算就显得非常重要了，除非你有更好的形象修复策略。

11.3.2　性勒索

近年来，性相关信息已成为勒索案件背后的主要驱动因素。这种形式的勒索有多种形式，如"网络摄像头勒索"，攻击者获取受害者的淫秽照片或视频，并威胁受害者缴纳一定费用，否则就会发布这些图像或与受害者的亲朋好友分享。

罪犯很快意识到，他们实际上并不需要真正的录像来向受害者勒索钱财。相反，他们发送了大量的钓鱼邮件，声称从收件人的网络摄像头中获得了不雅视频，并威胁要将其公布给所有联系人。在一个案例中，犯罪分子在电子邮件中公开了受害者的密码（从其他数据泄漏事件偷来的）。许多收件人感到害怕和羞愧，悄悄地付了钱，而没有意识到攻击者只有他们的电子邮件地址，这段视频实际上并不存在[⊖]。

11.3.3　知识产权

企业数据也是敲诈者的目标。严重依赖数字知识产权的公司（如网络游戏供应商、软件公司或媒体公司）尤其容易受到攻击，因为知识产权的突然泄漏可能威胁到公司的利润，甚至会损害整个组织的价值。在本节中，我们将研究两起公司勒索案件：好莱坞的"网飞"（Netflix）公司入侵事件和彭博社的早期泄漏事件。

11.3.3.1　网飞公司被入侵

2016 年圣诞节的早晨，好莱坞的拉森（Larson）工作室遭到了网络勒索，当时公司的所有者瑞克·拉森（Rick Larson）和吉尔·拉森（Jill Larson）夫妇收到了来自 TDO 的一

⊖　Dissent, "Athens Orthopedic Clinic Incident Response Leaves Patients in the Dark and Out of Pocket for Protection," DataBreaches.net, August 15, 2016, https://www.databreaches.net/athens-orthopedic-clinic-incident-response-leaves-patients-in-the-dark-and-out-of-pocket-for-protection.

⊖　Brian Krebs, "Sextortion Scam Uses Recipient's Hacked Passwords," *Krebs on Security* (blog), July 12, 2018, https://krebsonsecurity.com/2018/07/sextortion-scam-uses-recipients-hacked-passwords/.

封电子邮件，威胁要公开公司的所有数据。这家小公司负责大量影视剧的音频后期制作，据报道，被盗的数据包括几十部来自 ABC、NBC、E！、Fox、FX、IFC、迪士尼频道、网飞等的电影和电视剧。犯罪分子索要 50 个比特币来保持沉默并销毁被盗数据，当时 50 个比特币大概价值 5 万美元。罪犯们威胁说，如果拉森一家不付钱，他们就会发布这些电视剧，首先是网飞的 *Orange is the New Black*。

出于对生计的担忧，拉森夫妇向警方报案，并支付了勒索金。这样做的一个原因是 TDO 遵守约定。瑞克·拉森说："他们会归还材料，销毁材料，然后就结束了，这就是他们的工作方式。"这是一个很有吸引力的提议：如果拉森夫妇付了钱，一切就都结束了。

但是拉森的噩梦才刚刚开始。到 2017 年 3 月底，FBI 说，犯罪分子利用从拉森工作室窃取的文件勒索几大电视网。拉森夫妇从来没有向他们的客户告知这次入侵，部分原因显然是相信黑客们自己会保持沉默。突然之间，企业所有者发现自己受到了来自他们服务的主要厂商的安全团队的严格审查。这次不仅是公司的网络被入侵，与客户之间建立的信任也在慢慢消失。

2017 年 4 月，TDO 在 Twitter 上公开嘲讽网飞，要求支付勒索金，否则就公开 *Orange is the New Black*。当时网飞公司没有就范，罪犯们在该电视剧预定的上映日期之前就在网上公开了全部十集。

在黑客入侵之后，拉森工作室的一些客户离开了。留下来的大厂商要求工作室进行广泛的审计并增加额外的安全措施。具有讽刺意味的是，尽管在安全方面投入了"六位数"的资金以应对黑客入侵，拉森工作室却在此后很长一段时间里没有安全感[⊖]。

11.3.3.2 彭博早期泄漏事件

曝光勒索并不是什么新鲜事，原因很简单，随着时间的推移，犯罪分子的手段变得越来越复杂。但早期案例中的许多经验教训今天仍然适用。例如，1999 年，彭博遭到一起网络勒索。黑客奥列格·泽泽巫（Oleg Zezev）利用一家小企业注册了彭博的服务，导致彭博向泽泽巫发送了进入该公司系统所需的软件。泽泽巫拥有了这个软件后，就利用它来发现系统中的漏洞，然后获得了未经授权访问员工和客户的账户（包括创始人迈克尔·布隆伯格（Michael Bloomberg）的账户）的权限。

泽泽巫收集了该公司电子邮件的屏幕截图、信用卡卡号和内部数据，然后将这些样本

⊖ Janko Roettgers, "Netflix Hackers Could Have Three Dozen Additional TV Shows, Films from Other Networks and Studios," *Variety*, April 30, 2017, https://variety.com/2017/digital/news/netflix-hackers-additional-shows-movies-1202404171/; Janko Roettgers, "How Hollywood Got Hacked: Studio at Center of Netflix Leak Breaks Silence," *Variety*, June 20, 2017, https://variety.com/2017/digital/features/netflix-orange-is-the-new-black-leak-dark-overlord-larson-studios-1202471400/.

通过电子邮件发送给迈克尔·布隆伯格。他威胁要向媒体和彭博的客户披露这些漏洞和盗窃行为，除非彭博支付给他 20 万美元。泽泽巫用化名"亚历克斯"（Alex）写道："世界上有很多聪明但刻薄的人会利用这些数据来破坏你公司的系统，损害你公司的全球声誉，你公司的安全和声誉掌握在你的手中。"⊖

迈克尔·布隆伯格同意支付 20 万美元，条件是泽泽巫在伦敦与他会面，解释他是如何侵入系统的。令人惊讶的是，黑客同意了。在与彭博团队会面后，泽泽巫和他的一个同伙在伦敦被捕。最终，他们被引渡到美国，泽泽巫以勒索和电脑入侵罪被判处四年多监禁⊜。

彭博案是一个网络勒索者被抓的罕见案例。就像拉森工作室的案例一样，罪犯通常会首先向受害者施压，要求他们不要向执法部门报告。即使在执法人员调查着的严重案件中，勒索者也往往能隐藏自己的身份，或者干脆待在非引渡国。

当时担任纽约南区联邦检察官的詹姆斯·科米（James Comey）利用对彭博黑客的定罪为执法部门带来了正面公关的机会。这很不寻常，因为网络勒索通常是保密的。当然，受害者不希望任何人知道其系统是脆弱的，或者攻击者可以访问其敏感信息。如果攻击者成功地勒索到了一笔钱，通常没有人会发现。对于受影响的数据没被数据泄漏通知法覆盖的情况尤其如此。

或许是因为执法部门成功地抓获了勒索者，彭博案才得以报道。科米说："在帮助国际商务方面，互联网是一个强大的交流工具。这起案件表明，执法部门决心对那些试图利用这一工具达到自己目的的人进行有力起诉，无论他们身在何处。"⊜

11.3.4　响应

对曝光勒索最有效的响应，本质上是将其视为数据曝光案例（详见第 10 章）。毕竟一旦数据落入罪犯之手，你就永远不知道它什么时候会重新出现或者被公开。

响应小组需要考虑的主要行动包括：

- 验证：验证数据是否是来自组织的真实数据。正如我们所看到的，在曝光勒索案件中，犯罪分子可能会把从其他泄漏事件中收集到的信息作为欺骗受害者的手段，让

⊖　U.S. Department of Justice, "US Convicts Kazakhstan Hacker of Breaking into Bloomberg LP's Computers and Attempting Extortion," press release, February 26, 2003, https://www.justice.gov/archive/criminal/cybercrime/press-releases/2003/zezevConvict.htm.

⊜　U.S. Department of Justice, "Kazakhstan Hacker Sentenced to Four Years Prison for Breaking into Bloomberg Systems and Attempting Extortion," press release, July 1, 2003, https://www.justice.gov/archive/criminal/cybercrime/press-releases/2003/zezevSent.htm.

⊜　U.S. Department of Justice, "US Convicts Kazakhstan Hacker of Breaking into Bloomberg LP's Computers and Attempting Extortion," press release, February 26, 2003, https://www.justice.gov/archive/criminal/cybercrime/press-releases/2003/zezevConvict.htm.

他们以为自己掌握了比实际更多的数据。

- **主动沟通**：主动与受影响的利益相关者沟通，如数据主体和数据所有者。这一点尤其重要，因为勒索者可能会向他们施加压力，迫使被入侵的组织支付勒索金。请记住，如果你保持沉默，不向受影响的利益相关者知会泄漏事件，你将承担失去信任的风险，并可能将你的组织置于违法境地。通过主动联系利益相关者，你能在双方关系中保持更好的信任，如果消息还没有传出去，你可能有机会掌握主动。这也给了利益相关者更多的时间来准备应对任何潜在的后果。

- **进行有效的公关活动**。这一点尤其重要，因为勒索者经常公开贬低受害者，并试图损害他们的声誉。如果泄漏还没有被公开，随时准备好进行泄漏事件被曝光后的公关活动。

- **提供灾后咨询**：为受影响的利益相关者（如管理层、IT 员工和受害者）提供灾后咨询。勒索可能是一种令人恐惧和情绪化的经历。曝光勒索案件往往会对整个组织和周围社区产生不良影响。对许多人来说，这是一次永远不会忘记的痛苦经历。就像在经历过"死亡"后组织雇用情绪调节顾问给团队员工进行心理咨询一样，在遭遇曝光勒索后给员工提供第三方咨询服务也是一个明智的选择。

11.4　伪装勒索

伪装勒索，即攻击者实际上想要的并不是表面上所要求的东西，尽管它不像拒绝服务勒索或曝光勒索那么普遍，但在全世界范围内仍有发生。

11.4.1　案例研究：NotPetya

2017 年 6 月，NotPetya 恶意软件从乌克兰开始迅速传播，该国大多数组织的员工电脑被锁定了，屏幕上出现的勒索信写着："如果你看到了这条信息，你的文件就已经被加密从而无法访问了……只要你向我们付款购买解密密钥，我们就可以保证你安全、轻松地恢复所有的文件。"⊖

NotPetya 利用两个从国家安全局偷来的渗透工具入侵了受害者电脑，并迅速传播。《连线》杂志的安迪·格林伯格（Andy Greenberg）报道说："在第一次出现的几个小时内，这个蠕虫就从乌克兰蔓延到了世界各地的无数机器上，从宾夕法尼亚州的医院到塔斯马

⊖ "NotPetya Technical Analysis—A Triple Threat: File Encryption, MFT Encryption, Credential Theft," *Crowd-Strike* (blog), June 27, 2017, https://www.crowdstrike.com/blog/petrwrap-ransomware-technical-analysis-triple-threat-file-encryption-mft-encryption-credential-theft/.

尼亚的巧克力工厂都遭到破坏。它重创了大批跨国公司，包括 Maersk、制药巨头 Merck、联邦快递欧洲子公司 TNT 快递、法国建筑公司 Saint-Gobain、食品生产商 Mondelēz 和制造商 Reckitt Benckiser。"[⊖]

但是，尽管有勒索通知信的保证，人们最终仍没有成功找回自己的文件。这个恶意软件根本不是勒索软件，它单纯是用来搞破坏的。安全分析师证实，用于获取解密密钥的安装 ID 是随机生成的假数字。安全公司 CrowdStrike 的技术分析师建议不要支付勒索金，即使支付了勒索金，文件也无法恢复[⊜]。

经过广泛的调查，情报机构得出结论，勒索信息只是一个幌子，用以隐藏该恶意软件的真正目的[⊜]。

11.4.2　响应

对于伪装勒索的恰当响应因罪犯的真实动机和罪行的影响而各有不同。从数据泄漏管理的角度来看，如果有证据表明罪犯可能访问了组织的敏感数据，那么应该将其视为潜在的曝光案例。

要求罪犯提供数据解密证明可以帮助响应人员快速判断其是否真的想谈判。如果罪犯忽略了这一请求或拒绝证明数据可以解密，那么响应人员可以忽略罪犯的请求并快速转向另一种恢复策略。

11.5　小结

加密货币和傻瓜式犯罪软件的发展促使网络勒索成为一种主要威胁。在这一章中，我们讨论了三种不同类型的网络勒索：拒绝服务、曝光和伪装。在下一章中，我们将讨论如何将风险转移给保险公司，并在它们的帮助下应对泄漏危机。

⊖ Andy Greenberg, " The Untold Story of NotPetya, the Most Devastating Cyberattack in History," *Wired*, August 22, 2018, https://www.wired.com/story/notpetya-cyberattack-ukraine-russia-code-crashed-the-world/.

⊜ " NotPetya Technical Analysis—A Triple Threat: File Encryption, MFT Encryption, Credential Theft," *Crowd-Strike* (blog), June 27, 2017, https://www.crowdstrike.com/blog/petrwrap-ransomware-technical-analysis-triple-threat-file-encryption-mft-encryption-credential-theft/.

⊜ Andy Greenberg, " The Untold Story of NotPetya, the Most Devastating Cyberattack in History," *Wired*, August 22, 2018, https://www.wired.com/story/notpetya-cyberattack-ukraine-russia-code-crashed-the-world/.

第 12 章

网络空间保险

网络空间保险已经成为一个重要的新市场，但是它给保险公司和消费者都带来了挑战。尤其是泄漏响应保险已经从根本上改变了行业最佳实践，赋予了保险人重要的（通常是非常有益的）角色。本章旨在给出对不同类型的网络空间保险覆盖范围的清晰描述，为选择网络空间保险提供指导，并讨论使组织保单价值最大化的策略。

2014 年 5 月，蒙大拿州公共卫生与公众服务部（DPHHS）宣布了迄今为止报道过的最大规模的医疗数据泄漏事件之一。其中，超过 130 万人的档案可能被曝光，比当时只有 100 万居民的全州人口还多。该部门的某台服务器在 2013 年 7 月被黑客入侵，且直到 10 个月之后才被发现。根据蒙大拿州的通知，该服务器中可能有居民姓名、地址、出生日期、SSN，以及"与健康评估、诊断、治疗、健康状况、处方、保险和银行账号相关的信息"⊖。

一旦发现对服务器有未经授权的访问，蒙大拿州的响应是迅速和有效的，这很大程度上归功于外在的帮助。蒙大拿州的首席信息安全官林恩·皮齐尼（Lynne Pizzini）说："我们是第一个有网络空间保险的州。"有 27 年 IT 行业从业经验的皮齐尼创建了该州的信息安全项目（在一个门卫为了使用真空吸尘器把她服务器的插头拔掉之后，她对信息安全产生了浓厚的兴趣）。在 2012 财年，该州通过专业保险公司比兹利（Beazley）增加了一项 200 万美元的泄漏响应保单。

当该事件发生时，泄漏响应保险被证明是非常宝贵的。皮齐尼说："我们立即切断了服务器的网络连接，并联系了我们的保险公司。他们很快给我们派来了一个法律联系人，每天与我们见面，并根据美国 50 个州的要求制订了沟通计划。我们开始与 DPHHS 进行每日事故会议。在我们通知保险公司的第二天，律师就飞了过来。"⊜这家保险公司还联系了该州的一家取证公司协助进行技术调查。

由于服务器上的信息包括州法律定义的个人信息以及受保护的健康信息，所以对于公开通知要求的时间非常紧迫。蒙大拿州的数据泄漏法要求：没有合理理由不得延迟通知。HIPAA 法案规定最长 60 天的通知期限（从发现之日计算）。

不到十天，取证调查就完成了，这是取证案件的一个快速转变，但对于州的管理团队来说仍然十分缓慢。据报道，取证调查人员没有发现任何表明数据确实被访问过的证据，但也没有足够的证据来排除数据没有被访问。该州不得不决定是否通知公众。

皮齐尼说，州长史蒂夫·布洛克（Steve Bullock）最终决定"出于高度谨慎的目的"通知公众。该州发布了一份新闻稿，描述了这起事件，并设立了一条专门的求助热线，个人可以在周一至周五早 7 点至晚 7 点之间拨打热线。皮齐尼在接受我的采访时解释说："由于保险公司的泄漏响应小组有多次与客户合作的经验，其知道我们应该回答哪些常见问题，还建立了一个呼叫中心和一个以 800 开头的电话号码，让人们可以及时跟我们沟

⊖ Montana Department of Health and Human Services (DPHHS), "Notice Regarding DPHHS Computer Server," accessed January 19, 2018, http://web.archive.org/web/20150105200535/http://dphhs.mt.gov/Portals/85/Documents/ComputerServerNotice.pdf.

⊜ 作者与林恩·皮齐尼的谈话，2017 年 5 月 22 日。

通。如果没有保险的话，我们不可能及时得到这些东西，因为我们没有提供这些服务的供应商。"⊖

美联社报道了一些高管的声明，这些声明与通知完全一致，这说明他们的响应是协调一致的。蒙大拿州公共卫生与公众服务部的主任理查德·奥珀（Richard Opper）表示："没有任何信息和迹象表明，黑客真的获取了这些信息，或者不当使用了这些信息。"⊜

蒙大拿州当时面临着向 130 万人邮寄通知信的艰巨挑战。皮齐尼解释说："保险公司帮助我们发出了通知，根据服务器上存储数据的不同，我们有 7 种不同的信件。"其中包括一份信用监控提议。到 6 月下旬，邮件处理中心已经收到了一份经批准的并附有姓名和地址的通知书模板，以供投递。7 月 3 日，邮件处理中心开始以每天 20 万封的速度向受影响的个人发送信件⊜。

公共关系受影响的情况是短暂的，相对于受影响的人的数量，只有少量的新闻报道和相对较少的关注，也没有任何诉讼。该州的保单涵盖了绝大多数的取证、法律和通知费用。就像汽车保险一样，在泄漏事件发生后，蒙大拿州为网络空间保险支付的保费上升了，但皮齐尼说："仅仅为了保住保险也是很值得的。"

2014 年蒙大拿州发现公共卫生与公众服务部泄漏事件时，网络空间保险已经改变了游戏规则。当许多组织在努力找出潜在的泄漏，试图弄清楚该怎么做以及如何处理对公共关系的影响时，那些能够获得泄漏响应服务的组织有幸地发现它们有一个经验丰富的团队在身边。专家团队的即时支持、快速接入呼叫中心、批量邮递信件和其他重要服务的接入，意味着蒙大拿州能够快速响应，满足法律，并实施有效的危机公关计划。

皮齐尼很快指出网络空间保险并不能代替预防措施，尽管她说网络空间保险可以帮助促进网络安全项目的发展。她说："除非你有一个好的防护措施，否则你不可能得到它，我们之前上保险的时候，要求没有那么严格。现在你必须要有防火墙，必须进行入侵检测，以及必须要有策略，进行安全培训。所有这些都是良好安全计划的一部分……这也是可以理解的，因为保险公司不想为事故买单。"⑩

⊖　与皮齐尼的谈话。

⊜　Lisa Baumann, "Montana to Notify 1.3 Million of Computer Hacking," Associated Press, July 2, 2014, https://insurancenewsnet.com/oarticle/Montana-to-notify-13-million-of-computer-hacking-a-525670#.XPcPZxZKipo.

⊜　NASCIO, "Are You Ready? Disruptive Change Is the New Norm" (NASCIO Mid Year 2015 Conference, Alexandria, VA, April 16–29, 2015), https://www.nascio.org/dnn/portals/17/2015MY/Cybersecurity%20Insurance.pdf (accessed January 19, 2018).

⑭　与皮齐尼的谈话。

12.1   网络空间保险的增长

截至 2017 年底，保险公司每年为网络空间保险承保的全球保费约为 45.2 亿美元。研究人员预计，到 2023 年，这一数字可能飙升至 175.5 亿美元[⊖]。根据普华永道的说法，"随着人们对网络威胁的认识不断提高，未被渗透的行业和国家对网络空间保险的参与度持续增长，企业面临着需要披露是否有网络空间保险的要求（例如《美国证券交易委员会的披露指导》的相关规定）。"[⊖]

网络空间保险的增长是由不断增加的成本、监管和媒体对数据泄漏的关注驱动的。当组织争相降低它们的风险时，它们面临两个选择：缓解风险或转移风险。缓解风险是网络安全难题的重要组成部分，但就像车祸一样，糟糕的事情注定会发生，保险允许你将残留风险转移给第三方，以保护组织。

网络空间保险通常是为了转移与数据的机密性或可用性损失有关的风险而设计的。由于本书的主题是"数据泄漏"，所以我们将主要关注与机密性损失相关的风险，尽管这些风险通常与业务影响和中断密切相关。

12.2   工业挑战

尽管网络空间保险颇具吸引力，但对保险公司和消费者而言，这个行业充满了挑战。网络威胁在不断变化。以前的网络保单可能主要覆盖由于网络中断或数据暴露造成的损失，而如今的高风险威胁主要包括勒索软件、挖矿劫持等。

IT 基础设施也在改变，风险也随之变化。保险业的 CRO 论坛列举了影响威胁格局的五个因素[⊜]：

- 云
- 影子 IT（当业务功能在不涉及 IT 部门的情况下获得 IT 解决方案时）
- 办公方式机动灵活
- 自带设备办公
- 物联网（如智能建筑、可穿戴设备、家电等）

⊖ " Global Cyber Security Insurance Market 2018, " *Reuters*, May 16, 2018, https://www.reuters.com/brandfeatures/venture-capital/article?id=36676.

⊖ PwC, *Insurance 2020 & Beyond: Reaping the Dividends of Cyber Resilience* (London: PwC, 2015), https://www.pwc.com/gx/en/insurance/publications/assets/reaping-dividends-cyber-resilience.pdf.

⊜ CRO Forum, *Cyber Resilience: The Cyber Risk Challenge and the Role of Insurance* (Amsterdam, Netherlands: CRO Forum, December 2014), 7, https://www.thecroforum.org/wp-content/uploads/2015/01/Cyber-Risk-Paper-version-24-1.pdf.

最后，覆盖选项不是标准化的，而且常常含糊不清。网络空间保险可能与标准的财产保险和责任保险重叠，这就导致了谁应该为损失负责，甚至是否有人应该对此负责的问题。"保单措辞目前也不一致，有的明确写了包含哪些，不包含哪些……但也有很多保单非常不明确。"⊖保险覆盖范围的细节差别很大，某些类型的保单因提供方的不同而被归纳为不同的名称，而诸如"个人信息"等常用术语的定义也有很大差异。

12.3　保险覆盖范围的类型

网络空间保险可以包括第一方保险和第三方保险。第一方保险面向于被保险机构本身的损失，如数据破坏、操作中断造成的收入损失，以及直接影响投保人的其他方面的损失。第三方保险涉及因网络安全事故或数据泄漏而产生的与其他方相关的责任，如因个人数据泄漏而受到影响的消费者、因支付卡数据泄漏而受到影响的银行和信用卡品牌，或对罚款进行评估的监管机构等⊖。

常见的覆盖范围如下：

- **信息安全和隐私责任**——由于数据泄漏或计算机安全故障而向当事人提出的索赔和损失赔偿。这甚至可以覆盖明确违反隐私或安全相关法律的情形，包括在泄漏事件发生后未能及时通知受影响方的责任。法律费用和其他调查费用往往包括在赔偿范围内。

- **响应 / 补救服务**——这包括与泄漏响应相关的成本。在某些情况下，保险公司将提供泄漏响应服务，包括：
  - 取证服务
  - 法律顾问
  - 危机管理
  - 呼叫中心服务
  - 公共关系
  - 通知
  - 提供信用监控 / 身份盗窃保护服务

⊖ CRO Forum, *Cyber Resilience: The Cyber Risk Challenge and the Role of Insurance* (Amsterdam, Netherlands: CRO Forum, December 2014), 7, https://www.thecroforum.org/wp-content/uploads/2015/01/Cyber-Risk-Paper-version-24-1.pdf.

⊖ "A Buyer's Guide to Cyber Insurance," Law360, October 23, 2013, https://www.law360.com/articles/480503/a-buyer-s-guide-to-cyber-insurance.

在某些情况下，上述项目可能被分割成单独的承保范围。保险公司还可以免费提供主动的泄漏响应培训，如桌面演练、培训视频等。

- **监管辩护和处罚**——与监管行动相关的成本，如因违反隐私或安全法规而引起的调查、评估或处罚。例如，这可能包括民权办公室评估的因违反 HIPAA 法案的罚款或与上诉处罚相关的法律费用。

- **支付卡行业罚款和费用**——由于支付卡行业是受合同约束的，而不是受法律规定约束，相关罚款和费用通常不包括在监管辩护和处罚里面。许多保单明确排除了合同义务。处理或存储支付卡数据的组织应考虑获得支付卡行业特定的保险覆盖范围。

- **网络中断**——由于网络事件造成的收入损失，例如对零售商网站的拒绝服务攻击。

- **媒体责任**——由于版权侵犯、剽窃、污蔑、诽谤或其他与媒体发表相关的疏忽行为，投保人需要支付的费用。

- **公共关系 / 声誉管理**——与负面宣传事件管理相关的公关和危机公关费用。这通常包括通过数字媒体、电视和印刷品进行响应广告宣传的成本，还有社交媒体活动和形象监测的成本。在某些情况下，主动的声誉管理计划和培训也包括在内。

- **信息资产**——在数据遭受损坏、毁坏或其他损失后恢复、修复或重新创建数据的费用。

- **网络勒索**——与数字资产勒索相关的赎金和其他费用。这种类型的保险通常包括聘请安全专业人员来帮助解决事故的费用。

- **网络恐怖主义**——根据美联邦恐怖主义风险保险法的定义，针对网络恐怖主义行为造成的损失进行赔偿。这意味着损失总额必须超过 500 万美元，并且是"暴力行为或对人的生命、财产或基础设施构成危险的行为"，而且是为了"胁迫美国公民或影响美国的政策或行为"犯下的罪行⊖。恐怖主义（战争）通常被明确排除在承保范围之外，除非购买了网络恐怖主义相关保单。

- **主动的风险管理**——网络空间保险的一个较新的发展是，将风险管理工具和服务与网络空间保险相结合。除了标准的泄漏响应服务之外，它还包括安全控制评估、企业风险管理评估、响应准备状态评估、漏洞扫描和其他服务。

⊖ Terrorism Risk Insurance Act §102(1), 15 U.S.C. §6701 note (2002); see also Alex Reger, *Terrorism Risk Insurance Program* (Research Report 2016-R-0208, Connecticut General Assembly, Office of Legislative Research, November 1, 2016), https://www.cga.ct.gov/2016/rpt/pdf/2016-R-0208.pdf.

从咖啡到网络

我站在伦敦劳合社的二楼，倚在玻璃护栏上。楼下，西装革履的男男女女们在锃亮的木制包厢里忙着交谈，包厢上方的灰色牌子上写着"Advent""Chaucer""Beazley"等。到处都有一小群专业人士在站着交谈，小小的打印机和复印机散布在地板上。

我的导游向我解释说，劳合社在17世纪的时候是一家咖啡店，为了吸引托运人和商人，老板爱德华·劳埃德（Edward Lloyd）提供船舶到达、离开和沉没的消息，以及其他的新消息。一群顾客坐在木箱子上，喝着咖啡交谈着。一艘沉船对船主和商人来说可能是毁灭性的，他们不仅会失去船只，还会失去非常昂贵的货物。随着时间的推移，劳埃德咖啡馆的常客们联合起来，开始互相投保，这样一来，如果有船只沉没，许多人就会凑钱弥补损失。最终，伦敦劳合社应运而生。

在大厅的中央是卢廷（Lutine）钟，这是从沉没的 HMS Lutine 残骸中找到的。1779年，德国经济濒临崩溃，HMS Lutine 上载有价值120万美元的黄金（按2017年的美元计算价值超过1.3亿美元），驶往德国以支援银行。一场暴风雨袭来，这艘船连同宝贵的货物一起沉没。这艘船和船上的货物都是通过劳合社投保的，令人惊讶的是，劳合社的联合会在两周内就支付了巨额索赔。"正是 Lutine 沉船事件为劳合社带来了声誉，大家知道它能够支付合理的索赔，而且有足够的资金来承受如此巨大的损失。"⊖

1858年，从海底打捞出了挂在劳合社中心的船钟，它的钟声表示重要消息：一次表示坏消息（如沉船），两次表示好消息（如船只返航）。

如今，交易大厅里的经纪人不仅要为船只遭到破坏做准备，他们还要为数据被破坏做准备。劳合社的保险集团专门从事特种保险业务，承保许多不寻常的风险，如绑架、政治动荡、战争，甚至著名的身体部位，如凯斯·理查兹（Keith Richards）的手指等。因此，这是了解网络空间保险这种新型且快速变化的保险类型的最佳场所。

12.4　商业化的泄漏响应方案

网络空间保险已经改变了数据泄漏响应的游戏规则，但原因并不像大多数人认为的那

⊖　"HMS Lutine," *Lloyd's*, https://www.lloyds.com/about-lloyds/history/catastrophes-and-claims/hms-lutine.

样。虽然网络空间保险已经以这样或那样的形式存在了20年，但所有的保单基本都是对那些因网络事件引起的索赔或损失的财务赔付。大约在2009年左右，发生了一个划时代的变化：保险公司开始提供数据泄漏响应服务。也就是，保险公司不是简单地支付费用，而是为成千上万的投保人提供响应团队，其中可能包括保险公司直接聘用的泄漏响应专业人员，以及来自第三方供应商的数字取证分析师、律师和其他专家。

比兹利集团的技术、媒体和商业服务的全球负责人迈克·多诺万（Mike Donovan）在2007年提出了泄漏响应保险的想法。那时候，数据泄漏监管已经有了很大的发展。许多州都有通知法，数据泄漏事件也在不断增加。

但很少有组织能够接触到经验丰富的数据泄漏调查和响应方面的专家，如熟悉美国所有50个州的数据泄漏通知法的律师，或知道如何保存和分析稳定的、不稳定的或基于网络的证据的取证调查人员。即便是那些没有保险也能支付得起这些服务的机构，通常也没有时间或人脉来建立自己专门处理数据泄漏的供应商小组。

多诺万和他的团队意识到，许多组织都在网络安全事故响应方面表现得很挣扎。他在接受独家采访时表示："要开发泄漏响应能力并不容易，这在中端市场领域尤其如此，几乎是不可能的事情。如你试图在一次大规模数据泄漏事件发生后建立信用监控系统，但是你与服务提供商没有任何关系，不知道合理的价格是多少，而且你必须在一周内完成。另外，你必须发送通知并且不知道该雇用谁，你需要想办法把他们找出来。"⊖

处理不当的数据泄漏事件的成本和代价远比响应迅速、高效和有严格管理的数据泄漏事件要高得多。通常情况下，你会面临消费者的诉讼、负面的公共关系关注以及监管部门的罚款，这都是由于延迟通知或缺乏有效的危机沟通造成的（如塔吉特案例所示，参见第7章）。有些时候，如果证据保存得当的话，"泄漏"可能根本不会被宣布为泄漏事件。

多诺万和他的团队意识到，客户需要在泄漏事件发生时快速获得服务，而保险公司在这方面有着得天独厚的优势。多诺万解释说："在普通的保险中，一旦发生事故，你就会对事故的结果进行保险。比如发生交通事故，保险公司就会对当时出现的任何损失做出响应。当事故正在发生时，保险公司是无能为力的。而在网络空间，损失发生的方式则完全不同，这些都是危机事件，它们是实时发生的。"

所以，多诺万设想了一种不同的模式。他的团队本质上就像一个情报交换所，在客户最需要帮助的时候，将他们与经验丰富的专家联系起来。他解释说："当一次泄漏事件发生时，我们已经有了各方面的专家。我们有呼叫中心、信用监控。我们有客户所需要的一切，并能以有效的方式做出反应。这一切可以马上拿给他们。他的目标是减少大家的损

⊖ 作者与多诺万的谈话，2017年5月25日。

失。如果处理得当，客户遭受声誉损害和诉讼的概率就会小得多。"[一]

如今，许多保险公司都提供泄漏响应服务（律师事务所、征信机构和网络安全公司也提供）。当投保人向保险公司提出存在疑似数据泄漏事件时，团队成员会迅速做出响应，并根据需要请来第三方专家，如法律顾问或取证调查员。保险公司维护着一批服务提供商，包括取证分析师、数据泄漏律师、呼叫中心、公关公司和其他专门从事数据泄漏响应的供应商，并可在短时间内提供协助。对于中小型企业或没有数据泄漏危机日常管理的那些组织来说，经验丰富的第三方泄漏响应团队的服务可能是非常宝贵的。

当数据泄漏事件得到有效处理后，响应和责任成本大大降低，损失也会降到最小。在危机时刻，通过为投保人提供快速、便捷的接触经验丰富供应商的服务，保险公司可以提高数据泄漏响应的质量和速度，从而减少损失。这对保险公司和投保人都是双赢的。

12.4.1　评估泄漏响应小组

选择保险时，要考虑保险公司在你的泄漏响应过程中所扮演的角色。你会利用保险公司或受认可的供应商提供的响应服务吗？如果是，请问以下问题：

- **联系方便**——你的保险公司联系起来是否容易？它是每周 7×24 小时都可以联系上，还是有时间限制？

- **响应能力**——你期待的响应时间是多久？一些保险公司可能在几分钟内做出响应，而另一些公司可能需要数天或数周的时间来处理你的请求和指定供应商。响应速度会对数据泄漏调查的结果产生很大的影响，尤其是考虑到证据随时都有可能被破坏。

- **认可的供应商**——保险公司提供的供应商的经验如何？有些保险公司会根据工作质量仔细审查它们的供应商，以确保雇用的是专家。其他保险公司可能会根据有利的费率、市场地位或其他关系选择供应商。

即使你的保险公司提供的供应商是优秀的，但你也可能更喜欢与已经建立合作关系的法律顾问或取证调查员一起工作，或者从一个值得信赖的人那里获得推荐。风险顾问理查德·S.贝特利（Richard S. Betterley）写道："对于投保人来说，选择顾问仍然是一个微妙的问题，但正如我们在其他新的保险项目中经常看到的，保险公司通常保留选择法律顾问的权利，或者至少是批准法律顾问的权利。"[二]

确保在购买保险的阶段就解决供应商选择问题，而不是在疑似泄漏事件发生时再去解

[一]　作者与多诺万的谈话，2017 年 5 月 25 日。

[二]　Richard R. Betterley, *Cyber/Privacy Insurance Market Survey: 2017* (Sterling, MA: BRC, 2017), https://www.irmi.com/online/betterley-report-free/cyber-privacy-media-liability-summary.pdf.

决。仔细查看已批准的服务提供商名单，并了解使用自己选择的供应商所需要的条件，并考虑要求你的供应商的预先批准，以便在发生疑似泄漏的情况下，就可以立即采取行动。

12.4.2   保密方面的考虑

请注意，当你购买泄漏响应保险时，可能需要向你的保险供应商披露事件的详细信息，以便获得保险保障。毕竟，保险公司将为你买单，而且可能有权审查你的服务协议、与供应商的沟通和报告。与你合作的供应商（包括取证调查人员）可能与保险公司有合同义务，被要求向保险公司提供你的报告副本或其他有关你案件的信息。

与任何类型的保险一样，一个负面事件可能会影响未来保单的承保范围和费用。以索尼影业娱乐公司为例，在 2011 年发生泄漏事件时，该公司根据保单向 Hiscox 提出了 160 万美元的索赔。（具有讽刺意味的是，索尼的保险索赔和谈判细节在其 2014 年的下一次重大泄漏事件发生后被公之于众。）*CSO* 杂志的史蒂夫·拉根（Steve Ragan）对泄漏的文件进行了分析，并确定"由于数据被曝光，以及索尼要求的 160 万美元索赔，Hiscox 不想签订新的保单，因此在续保时拒绝报价"[⊖]。

12.5   如何选择合适的网络空间保险

网络空间保险不是万能的，但一个好的保单可以帮助你：
- 将风险转移给第三方
- 有效响应泄漏事件
- 从一开始就降低发生泄漏的风险

然而，与你的风险状况或业务需求不一致的保单只会浪费金钱。如何选择适合自己的保单呢？以下是一份简单的检查表。

> **网络空间保险检查表**
> ☑ 让合适的人参与进来
> ☑ 盘点敏感数据
> ☑ 进行风险评估
> ☑ 检查现有的保险覆盖范围
> ☑ 获得报价

⊖ Steve Ragan, "Breach Insurance Might Not Cover Losses at Sony Pictures," CSO, December 15, 2014, http://www.csoonline.com/article/2859535/business-continuity/breach-insurance-might-not-cover-losses-at-sony-pictures.html.

☑ 审查和比较报价

☑ 调研保险公司

☑ 选择

买错保险

一家金融咨询公司的办公室经理詹恩（Jenn）差点就做了错误的决定。某天，该公司接到了来自银行的电话，通知其资金管理电脑中出现了病毒。一名工作人员点击了一个链接，意外下载了恶意软件，该恶意软件的目的是窃取银行凭证。幸运的是，银行及时发现了可疑的活动。

公司的管理团队被吓坏了。詹恩说："我们在网络上管理很多钱，我们需要保险来弥补账户被黑客入侵造成的现金损失。"几天后，公司的保险代理人送来了一份报价。报价单又长又复杂。

詹恩问道："你能不能审查一遍，然后告诉我这是不是适合我们公司的保险？"这名代理人推荐了这个保单，但管理团队希望获得网络安全专业人士的意见。

和代理人谈过之后，我看了一下报价，认为这份保单根本不合适。该保单涵盖了 HIPAA 违规、PCI 违规以及适用于受这些法规约束的组织的泄漏响应服务。然而，该公司不受 HIPAA 监管，也很少处理信用卡卡号。

经过进一步的研究，我发现该公司现有的犯罪保单已经覆盖了其网上银行账户被盗取资金的风险。在与公司的 IT 团队深入讨论后发现，该公司还存在其他一些不在管理团队的关注范围之内的关键风险，但可以通过一种不同类型的网络空间保险加以解决。

大多组织一次又一次地向它们的代理人询问网络空间保险，结果得到的保单完全不合适，但许多组织还是购买了，直到出现问题时才意识到该保单并没有覆盖最关键的风险。

为什么会发生这种情况？首先，客户可能和保险公司没有明确沟通甚至不理解自己的投保需求。有时候它们只是告诉代理人，需要网络空间保险，然后就不管了。

反过来说，代理人通常也不会问正确的问题，他们不是网络安全专家，很少对最新的安全威胁或合规要求有很深的了解。网络空间保单本身就千差万别，任何人都很难进行比较，况且相关产品还在不断地发展。

了解你需要防范哪些风险，并让合适的人参与网络空间保险的选择过程中来。这样，你就可以选择对你的组织真正有价值的保单。

12.5.1 让合适的人参与进来

选择网络空间保险的第一步是，让企业内部和外部的合适人员参与进来。网络空间保险涉及组织的每个部分，因此，在决策过程中，需要来自不同职能部门的意见。通常，网络空间保险是由管理、财务和法务部门选择的，然后事后才告诉 IT 部门，这可能导致所选的保单并不能反映组织的真实需求。

具体参与人员的选择应该根据行业、组织规模和独特的环境而有所不同。通常，明智的做法是，让那些能为你处理以下业务的人员参与进来（是内部人员还是外部服务提供商，取决于你的组织）：

- **信息安全**——如果有专门的信息安全人员，让他们参与进来当然是好主意，这样他们就可以提供有关关键网络安全风险的意见。此外，信息安全人员还负责实施新的安全控制措施，并跟踪不断变化的威胁情况，组织需要他们来实施维持保险覆盖需求范围的技术（如移动设备加密），并在安全控制措施或威胁情况发生重大变化时让组织随时了解最新情况，以便及时按要求修改保险覆盖范围。最后，信息安全人员的任务通常是响应潜在的数据泄漏，因此他们需要了解保险的触发条款，以及如何、何时移权给保险公司和第三方服务提供商。

- **IT**——系统管理员、咨询服务提供商和网络工程师应该对组织的网络基础设施的优缺点有一个深入的了解。与信息安全人员非常相似，他们也可能参与实施任何技术，并且对改动 IT 基础设施导致的风险变化有第一手认知。当数据泄漏发生时，IT 人员通常是最先看到这些迹象的人，他们需要了解如何识别数据泄漏的指示以及需要保留和传达哪些信息，以便最有效地利用保单。

- **法律**——法律顾问将提供来自合同或监管要求的相关风险的建议，如支付卡行业、美国泄漏通知法或安全法律等。虽然让组织的法务总监参与进来总是正确的，但咨询一位在美国各个州以及任何与你相关的特定行业或区域的在安全和泄漏通知法方面有经验的专业律师也是明智的。

- **财务**——财务部门可以帮助你制订网络空间保险预算，计划支付免赔额，并为组织的网络空间保险报价提供成本 - 效益分析。此外，许多网络安全风险与财务部门创建、传输、存储或处理的数据直接相关，包括银行信息、纳税申报单、员工 SSN、网上银行凭证等。

- **风险管理**——风险管理人员可以帮助你确定风险的优先级，协调风险评估流程，确定承保需求。

- **人力资源**——人力资源部门可以帮助评估和管理与员工数据被盗（如 SSN 和报税

表）、内部攻击等有关的风险。人力资源部门的员工经常在泄漏发生的情况下被要求管理员工的沟通，以确保员工得到明确的指示，并知道如何回应外部的询问。

- **公共关系**——危机沟通和声誉保护等服务，通常作为网络空间保险的一部分被提供，这自然属于公关团队的专业领域。公关团队可以帮助组织审查保险提供商，并评估承保需求。

- **管理团队**——通常情况下，执行团队可以鸟瞰整个组织，并可以监督网络空间保险的选择过程。

- **董事会**——最终，董事会应该在所选择的所有保单上签字。保险是关于风险转移的，董事会应该有机会了解并提供关于保险选择的建议，特别是当重大的残留风险仍然存在的时候。

- **保险代理人**——你应该与一位有经验的保险代理人一起工作，他会详细审查保单，并就承保方案提出建议。

- **网络安全专家**——当涉及网络空间保险时，光有代理人审核保单报价是不够的。当购买网络空间保险时，请使用伙伴系统。聘请一位经验丰富的网络安全专业人士与组织的代理人一起来评估风险、确定需求并详细审查保单报价，这是很值得的。这样，就可以确保保单的覆盖范围真正符合组织的需求。

这并不是说上述每个人都应该对网络空间保险选择有平等的投票权。相反，决策过程应该设计为，从所有这些领域获取建议，以便准确地评估组织的风险状况和所收到的保单的有效性。从广泛的领域获取信息将有助于确保在全组织范围内解决网络风险问题，还将有助于获得关键利益相关者的支持，他们随后将负责整合和利用你的网络空间保险单。

12.5.2　盘点敏感数据

当你购买房屋保险时，明智的做法是对你的财产列一个清单，这样就知道要买多少保额以及需要什么类型的保险。如果确实需要提出索赔，这份清单也有助于加快索赔过程⊖。

同样地，当你购买网络空间保险时，应该基于几乎相同的原因对你的数据进行盘点。参考第 2 章，可以获得盘点数据的指导。

12.5.3　进行风险评估

网络空间保险使你能够将风险转移给第三方。为了选择正确的保险，首先需要列举出

⊖　"Home Inventory," Farmers.com, accessed January 19, 2018, https://www.farmers.com/inner-circle/home-tool-kit/how-to-create-a-home-inventory.

风险，并确定风险的轻重缓急。太多的组织选择保险是基于管理者对风险的直觉，而不是采取有条不紊的方法。网络空间保险并不便宜！进行正式的风险评估有助于确保在网络空间保险方面的投资能得到有效回报。

如果有敏感信息，那么应该按照 HIPAA、PCI、NIST 的网络安全框架指南，定期进行风险评估。然而，有一点要注意。许多风险评估是基于网络的一个子集。例如，HIPAA 风险评估可能只关注与受保护的电子健康信息相关的风险。当选择网络空间保险时，请确保你的决策是基于企业范围的风险评估。

很多人把风险评估和控制评估混为一谈，但两者不是一回事。控制评估本质上是将你现有的控制与已知的检查表（如 ISO 27001 或 NIST 网络安全框架）进行比较，你将收到一个报告，里面会说明现有和缺失的控制措施。

相比之下，NIST 的《风险评估指南》（SP 800—30）指出："风险评估的目的是为决策者提供信息，并支持风险响应措施，具体做法是确定这几方面——对组织的相关威胁，或通过组织对其他组织的威胁；组织内部和外部的漏洞；考虑到潜在的利用漏洞的威胁可能对组织造成的伤害和影响；发生伤害的可能性。最终的结果是确定风险（一般表示成伤害程度和伤害发生的可能性的函数）⊖。

还有其他有效的可以用来评估和沟通风险的模型。例如，在洛斯阿拉莫斯国家实验室，安全团队使用"攻击树"模型。威胁和漏洞被记录为树上相互连接的叶子，根据所有叶子的总风险计算出一个方案的总体风险。该模型使团队能够评估整个系统的风险，而不是孤立地评估单个部分的风险⊖。

一旦进行了风险评估，你就可以制订一个风险管理计划。通常情况下，一个三到五年的计划是很常见的（会根据环境和威胁的变化至少每年更新一次）。对于每一种风险，确定是否可以减轻或消除风险。有些风险可以通过相对较少的工作来降低甚至消除，而对于另一些风险，如果没有非常大的投资，就无法解决。每个组织的资源都是有限的，因此在解决风险时需要进行成本 – 效益权衡。组织将需要接受一些残留风险。

组织本身无法消除但又不想接受的风险是最适合通过保险转移的。

⊖　National Institute of Standards and Technology (NIST), *Guide for Conducting Risk Assessments: Information Security*, Special Pub. 800–30, rev. 1 (Washington, DC: NIST, September 2012), http://nvlpubs.nist.gov/nistpubs/Legacy/SP/nistspecialpublication800-30r1.pdf.

⊖　Steven G. Howard, "Risk Based Information Security Model," Los Alamos National Laboratory, *National Laboratory Information Technology Conference* (*NLIT*), June 15, 2011, https://permalink.lanl.gov/object/tr?what=info:lanl-repo/lareport/LA-UR-11-03062.

12.5.4　检查现有的保险覆盖范围

在你寻求保单报价之前，一定要检查一下你现有的保险覆盖范围。你现有的保险可能已经覆盖了一些网络相关的风险。例如，商业犯罪保单通常为投保人因第三方恶意活动而遭受的直接损失提供保障。因此，如果黑客入侵你的银行账户并转走了 1 万美元，你的商业犯罪保单可能会弥补你的现金损失。另一方面，如果黑客还窃取了你员工的 SSN，并以他们的名义开了信用卡，由员工或其他第三方招致诉讼或损害不在你的商业犯罪保单承保范围内。

还有其他领域的网络相关风险可能已经被你现有的保险覆盖。怡安风险解决方案（Aon Risk Solutions）的全球业务主管凯文·加里尼奇（Kevin Kalinich）表示："如果网络攻击对财产造成了有形的损害，你的财产保险可承保。如果网络攻击给第三方造成了有形的损害，你的一般责任保险可承保。"⊖

一旦确定了高风险情景，检视现有的保单，看是否已经有了相应保险。重叠的保单意味着你要为相同的保险支付两次费用。此外，如果这两个保单都被触发，你可能会面临对立的保险公司，这可能会延缓赔付进程。

尽管如此，还是要小心行事。标准的保险单对电子数据和泄漏行为的适用方式往往模棱两可，这可能会导致投保人与保险公司之间的纠纷。例如，在"美国国家汽车财产保险公司诉中西部电脑公司"（State Auto Property & Casualty Insurance Co. v. Midwest Computers）一案中，被告所投保的保险涵盖了"有形财产的物理损坏"。法院裁定："单独而言，计算机数据不能被人的思想所触及、持有或感觉到，它不具有实物形态，所以不是有形财产。"然而，保险覆盖范围还包括"无法使用没有物理损坏的有形资产"和失去了电脑使用权的客户。因此，法院还指出："由于计算机显然是有形财产，因此所称的计算机无法使用在原告保单的解释下构成了'财产损害'。"⊜

商业一般责任保险可以为与数据泄漏相关的损失提供一些补偿。例如，2013 年，葛兰佛斯（Glen Falls）医院的两名患者发现，在谷歌搜索他们各自的名字时，他们的医疗记录作为第一个结果出现。葛兰佛斯医院已经与一家服务提供商波特尔医疗解决方案有限公司（Portal Healthcare Solutions，LLC）签订了管理和存储患者电子健康档案的合同。患者们发起了集体诉讼。波特尔公司试图触发该公司的商业一般责任保险（由旅行家

⊖　"Where Cyber Insurance Underwriting Stands Today," *Insurance Journal*, June 12, 2015, http://www.insurancejournal.com/news/national/2015/06/12/371591.htm.

⊜　American Online, Inc. v. St. Paul Mercury Insurance Co., 207 F. Supp. 2d 459, 470 (E.D. Va. 2002) (quoting State Auto Property & Casualty Insurance Co. v. Midwest Computers & More, 147 F. Supp. 2d 1113 (W.D. Okla. 2001), http://law.justia.com/cases/federal/district-courts/FSupp2/207/459/2346018.

（Travelers）公司提供）来支付诉讼费用，因为它覆盖了"人身和公布伤害"[⊖]。保险公司拒绝了这一请求，认为"不存在保单所定义的'人身伤害'或'公布'，因为公布这些记录不是故意的，也没有被第三方查看"。

弗吉尼亚州的联邦上诉法院判决旅行家公司败诉，称无意的公布仍然是公布。法院还表示，公布的定义并不取决于第三方的访问。因此，旅行家公司需要承担波特尔公司在集体诉讼中的法律辩护费用（由于商业一般责任保险不包括对第三方的责任，因此任何由此产生的和解或罚款将由波特尔公司承担）。

科技作家小约翰·P. 梅洛（John P. Mello Jr. ）在 2016 年上诉法院宣布裁决后评论道："这项裁决的重要意义在于……公司可能有一些它们自己都不知道的数据泄漏覆盖范围。"[⊜]

另一方面，当索尼游戏机网站（Playstation）在 2011 年被黑客入侵且 7700 万用户的个人信息被盗时，该公司试图利用商业一般责任保险中的"人身和公布伤害"来要求保险公司赔付，但最终没能如愿。纽约最高法院的华裔法官翁家驹（Jeffrey K. Oing）给出判决，认为该保单不覆盖泄漏成本，因为该条款仅覆盖索尼直接发布的机密材料，而不是窃取信息的黑客发布的机密材料[⊜]。

困惑吗？不止你一个人。史蒂文斯 & 杨（Stevens & Young）律师事务所的数据管理者简娜·兰登（Jana Landon）写道："几家法院一直在为'公布'的定义而努力……但近几次，结果各不相同。"[㉿]

随着网络空间保险行业的成熟，保险公司已开始明确将数据泄漏和网络相关的承保范围排除在商业一般责任保险之外。兰登写道："考虑到法院在这些问题上的混乱和第三方外部黑客入侵事件的迅速增加，标准的商业一般责任保险现在已经更新，为投保人提供了进一步的说明。例如，商业一般责任保险现在都已经包含 2014 ISO 格式，即'访问或披露机密或个人信息除外'。这一排除明确限制了'人身和公布伤害责任的覆盖范围'，并排除了'专利、商业秘密、处理方法、客户名单、财务信息、信用卡信息、健康信息或任

⊖ Andrew G. Simpson, " Federal Court Rules CGL Insurance Covers Data Breach," *Insurance Journal*, April 12, 2016, http://www.insurancejournal.com/news/national/2016/04/12/404881.htm.

⊜ John P. Mello Jr., " Insurance Industry Buzzes Over Data Breach Ruling," *TechNewsWorld*, April 21, 2016, http://www.technewsworld.com/story/83403.html.

⊜ Latham & Watkins, " Cyber Insurance: A Last Line of Defense When Technology Fails, " (Client Alert White Paper No. 1675, April 15, 2014), 7, https://www.lw.com/thoughtLeadership/lw-cybersecurity-insurance-policy-coverage.

㉿ Jana Landon, " Where Does Sony Settlement Leave CGL Insurance for Data Breaches? " *Legal Intelligencer*, May 13, 2015, https://www.law.com/thelegalintelligencer/almID/1202726345560/where-does-sony-settlement-leave-cgl-insurance-for-data-breaches.

何其他类型的非公开信息'等内容的获取或披露。换句话说，大部分在数据泄漏期间泄漏的信息都被排除在保险覆盖范围之外。"[一]

如果你有一个较旧的保单，它里面的数据泄漏和相关费用的承保范围可能比新的保单更广。然而，如果有任何模棱两可的地方，就不要指望它了。

你希望你的网络空间保险与现有的保险和平共处。了解现有的保险是否覆盖了高风险的场景。在确保你的需求得到满足的同时，尽量不要重复投保同样的范围。考虑从负责你的商业一般责任保险或财产保险的相同保险公司购买网络空间保险，以最小化在一次事件中触发多个保单时发生冲突的风险。

网络空间保险之塔

在伦敦劳合社，我和导游站在阳台上，看着楼下那些小小的保险经纪人讨价还价。对于小型或中型组织来说，购买保险是一个相当简单的过程：与经纪人交谈，获得报价，然后选择一个。像零售商塔吉特这样的大型机构需要购买数亿美元的网络空间保险。几乎没有保险公司能一次性提供这么多的网络空间保险。相反，该组织必须建立一个由许多层级组成的网络空间保险"塔"。

在构建网络空间保险塔时，面临的挑战之一是，让保单的上层条款与第一层条款匹配。这可能涉及与数十家不同的承保公司进行协调。保险经纪公司洛克顿公司（Lockton Companies）的助理副总裁瑞安·吉布尼（Ryan Gibney）分享说，他正在与一位"新入市"的客户合作，这位客户想要一座价值2亿美元的保险塔。为了建造这座塔，他正在与27家美国保险公司、9家在伦敦的保险公司、9家在百慕大的保险公司协作。"所以，我们正在与45家不同的承保商进行谈判以满足客户需求。"[二]

我的导游说："如果所有人都在一个房间里，那么建一座塔就容易多了。当然，经纪人可以通过电话和电子邮件协商复杂的保单，但我们看到的是，经纪人们聚集在劳合社，从一个包厢移动到另一个包厢。一个经纪人对应一家保险公司，比如说比兹利公司的鲍勃（Bob）承保了第一笔500万美元的保单，然后，

[一]　Jana Landon, "Where Does Sony Settlement Leave CGL Insurance for Data Breaches?" *Legal Intelligencer*, May 13, 2015, https://www.law.com/thelegalintelligencer/almID/1202726345560/where-does-sony-settlement-leave-cgl-insurance-for-data-breaches.

[二]　Erin Ayers, "Higher and Higher: Cyber Insurance Towers Take Careful Construction," *Advisen*, September 24, 2015, http://www.advisenltd.com/2015/09/24/higher-and-higher-cyber-insurance-towers-take-careful-construction.

吉布尼可能会找 ACE 公司的苏（Sue）说：'嘿，你认识鲍勃吗，就是昨天和你一起吃午饭的那位？他承保了第一笔 500 万美元的保单，你想接手下一个 1000 万美元吗？'当你能面对面交谈时，事情就更容易完成了。很多事情都是在这个房间里发生的。"

12.5.5　获取报价

一旦确定了高风险场景并了解了现有的承保范围，你就可以开始咨询报价了。这个过程将根据你所寻求的保险类型和保险金额的不同而有所不同。在开始之前，花点时间以书面形式确定你所寻求的保险覆盖范围，这样所有人的意见会一致。对此，可征求你的保险代理人和合格的网络安全专家的意见。

通常情况下，你会被要求填写一份旨在评估你的需求和风险级别的申请表。这将包括关于你的组织存储的数据的数量和类型、现有的策略（以及是否遵循这些策略）、访问控制、备份、监控系统等问题。

随着数据泄漏事件的不断增加，越来越多的机构开始寻求高额保险，保险公司也在更仔细地进行审查。威达信（Marsh）保险经纪公司的网络业务主管托马斯·里根（Thomas Reagan）表示："承保商已开始提出更深思熟虑的问题。"他补充说，承保商正在审查申请人的风险管理方案，并就申请人是否利用了加密、芯片 – PIN 卡和令牌化等风险管理技术提出具体问题。"承保商只是另一个侧面，说明企业本身必须注重网络风险管理。"⊖

你的申请表准确无误是非常重要的。如果你的网络安全控制和风险与申请表所述的有很大差异，那么保险公司可能有理由声称你隐瞒或虚报了重要事实，并据此拒绝理赔。保险公司还可以要求对你的网络安全基础设施进行审计，以评估和核实你的风险状况。

在南加州墅屋保健系统（Cottage Health System）公司的案例中，当审计人员发现由第三方供应商 inSync 公司管理的面向互联网的服务器上的 11 000 份患者记录被泄漏时，一次例行的安全审计变成了一场噩梦。墅屋的保险公司哥伦比亚事故公司（Columbia Casualty Company）拒绝了这家医疗机构的索赔，称其对申请表中的一项"风险控制自我评估"给出了"虚假的答复"。这些问题和墅屋公司的答复如下⊖：

⊖ Erin Ayers, " Higher and Higher: Cyber Insurance Towers Take Careful Construction," *Advisen*, September 24, 2015, http://www.advisenltd.com/2015/09/24/higher-and-higher-cyber-insurance-towers-take-careful-construction.

⊖ Columbia Casualty Co. v. Cottage Health System, No. 2:16-cv-3759 (C.D. Cal. 2016), https://www.insideprivacy.com/wp-content/uploads/sites/6/2016/06/CNA-v-Cottage-Health-2016-complaint.pdf.

4. 你是否至少每周检查系统的安全补丁，并在 30 天内进行打补丁？——是的

5. 你是否替换了出厂默认设置以确保你的信息安全系统已安全配置？——是的

6. 你会否至少每年重新评估你所面对的信息安全及隐私威胁，并加强风险控制以应对变化？——是的

11. 你是否将你的信息安全管理外包给了一家有资质的专门从事安全工作的公司，或者让员工负责并接受信息安全方面的培训？——是的

12. 当你将敏感信息委托给第三方时，是否做到

a. 合同要求所有第三方至少要像你自己一样保护这些信息。——是的

b. 对每个第三方进行尽职调查，以确保其保护敏感信息的安全措施符合你的标准（例如，进行安全/隐私审计或审查独立的安全/隐私审计员的调查结果）？——是的

c. 每年至少审核所有第三方一次，以确保其持续满足你保护敏感信息的标准？——是的

d. 要求第三方拥有充足的流动资产，或维持充分的保险，以覆盖因违反隐私或保密而导致的损失？——是的

13. 你是否有方法来检测未经授权的访问或访问敏感信息的企图？——是的

23. 你是否控制和跟踪对网络的所有更改，以确保网络安全？——是的

哥伦比亚公司辩称，这些都是"重大的失实陈述或事实的遗漏，因此，该保险公司有权取消该保单，因为它从一开始就无效"[⊖]。最终，该案因另一个原因被驳回：该保单要求各方在诉诸法庭之前，首先尝试用替代性争端解决方法解决问题[⊖]。

12.5.6　审查和比较报价

现在，有趣的部分来了！一旦你收到保险公司的报价，你就可以开始审查和比较它们了。你可能想先对收到的所有报价做一个高层次的筛选，然后，一旦缩小了范围，对剩下来的报价可进行详细的检查。确保你的保险代理人和网络安全专家都仔细检查了报价。然后，在做出最终决定时，让组织内的关键利益相关者也参与进来。

⊖　Columbia Casualty Co. v. Cottage Health System, No. 2:16-cv-3759 (C.D. Cal. 2016), https://www.insideprivacy.com/wp-content/uploads/sites/6/2016/06/CNA-v-Cottage-Health-2016-complaint.pdf.

⊖　Joe Van Acker, "Insurer's Failure to Mediate Kills Its $4M Data Breach Claims," Law360, July 20, 2015, https://www.law360.com/articles/680863/insurer-s-failure-to-mediate-kills-its-4m-data-breach-claims.

12.5.6.1　保险覆盖范围的类型

请记住，在比较网络空间保险时，完全不像拿苹果和苹果进行比较。有时你会觉得自己是在拿苹果和章鱼做比较！一个承保商所说的"通知费用"在另一份保单中可能是完全不同的意思。

例如，一份网络空间保单覆盖了发生泄漏事件时的"隐私通知费用"，然而，该保单在"隐私通知费用"的定义中包括"信用监控或其他类似服务"。"隐私通知费用"的限额与其他保险公司提供的类似名称的保险覆盖范围的限额相当，但其他保险公司将信用监控分到了不同类别。鉴于与简单的通知费用相比，信用监控费用非常昂贵，一旦发生泄漏事件，其成本将很快超过隐私通知费用的子项限额。

12.5.6.2　触发器

为了收到网络空间保单规定的赔付或服务，必须首先触发保单。在这种情况下，什么是触发？根据国际风险管理协会（IRMI）的说法，保险触发是"在特定责任保单适用于特定损失之前必须发生的事件"[○]。

请仔细注意哪些类型的事件会触发你的保单，哪些不会。例如，许多网络保单直到出现正式诉讼或要求金钱赔偿时才会被触发。这意味着，任何法律费用、罚款、响应政府的调查或监管行动进行的工作可能不包括在内。丘博（Chubb）保险公司的网络安全保单将"索赔"定义为[○]：

> A. 下列任何一项
> – 1. 要求赔偿金或非金钱救济的书面要求或书面请求；
> – 2. 书面的仲裁请求；
> – 3. 以送达诉状或类似的方式启动的民事诉讼程序；
> – 4. 由送达起诉书而开始的刑事诉讼，针对投保人的伤害而提起的上诉，包括由此引起的任何上诉。
>
> B. 投保人收到的与 A 所述的潜在索赔相关的费用或放弃诉讼时效的书面请求。

正如你所看到的，政府的调查可能不会触发保单。此外，即使最终提起诉讼，该保单

○　International Risk Management Institute (IRMI), " Coverage Trigger," accessed January 20, 2018, https://www.irmi.com/online/insurance-glossary/terms/c/coverage-trigger.aspx.

○　" Cybersecurity by Chubb," Chubb.com, accessed January 20, 2018, https://web.archive.org/web/20180712175705/http://www.chubb.com/businesses/csi/chubb10308.pdf.

也不包括在事件符合索赔定义之前产生的任何费用。

马纳特·菲尔普斯和菲利普律师事务所（Manatt Phelps & Phillipps LLP）的律师史蒂夫·拉普蒂斯（Steve Raptis）专长于保险咨询和纠纷。他建议"不论什么原因（例如，任何未能保护机密信息的原因），都应该寻求投保人未能保护机密信息的触发语言"[一]。

12.5.6.3 自留额

仔细检查保单上的免赔额或自留额。大多数人都熟悉免赔额，因为它在车险和健康保险中很常见。你的保险公司负责每项索赔，而免赔额就是要自己承担的金额。

自保自留额（SIR）是指在某项保险生效前，你需要支付的金额。例如，在塔吉特公司案例中，据报道，该公司的首期 1000 万美元的网络空间保险是自保的，在付清自己承担的部分之前，保险公司根本不会介入。

12.5.6.4 可申请给付费用

确保你准确地了解在发生泄漏事件时，哪些费用可以被承保，例如，美国国际集团（AIG）的一份 CyberEdge 保单将"损失"定义为"合理和必要的费用和成本"，这些费用和成本发生在"发现"符合资格的事件之后的一年内，包括取证调查、公共关系、危机管理、通知、身份盗窃服务等方面的费用。这个最后期限隐藏在定义中，对保险覆盖范围有很大的影响，尤其是在数据泄漏诉讼可能会拖延数年的情况下。此外，"损失"的定义明确排除了"内部费用"，这意味着你最好尽量聘请外部顾问，而不是在公司内部开展工作[二]。

正如比兹利数据泄漏响应保单中所表达的一个非常常见的限制——网络空间保险可覆盖"实际、合理和必须发生的费用和开支，比如以下这些行为产生的费用：从备份或原件中还原数据资产或从其他来源收集、组装和回收该数据资产，使其恢复到受更改、损坏或破坏前的水平或状态。它将不包括更新、更换数据资产或计算机系统或将其提升到超出该数据资产被更改、破坏前的水平而产生的费用"[三]。

12.5.6.5 时机

通常情况下，数据泄漏是在事件实际发生数月甚至数年后才被发现的，比如 2016 年公布的雅虎泄漏事件，它实际上第一次发生在 2013 年和 2014 年。然而，许多网络空间保

[一] Steve Raptis, " Analyzing Cyber Risk Coverage," *Risk & Insurance*, March 13, 2015, http://riskandinsurance.com/analyzing-cyber-risk-coverage.

[二] AIG CyberEdge, Security Failure/Privacy Event Management Insurance, December, 2013 (insurance policy, on file with author).

[三] Beazley, *Beazley Financial Institutions and Breach Response Services Policy* (Report, Beazley, April 2014), 35, https://www.beazley.com/documents/Wordings/beazley-financial-institutions-and-breach-response-services-uk.pdf.

险单将覆盖在保单起始日期或与投保人协商的"追溯日期"之后发生的泄漏而造成的损失或索赔。此外，事件通常必须在保单有效期内发现并报告给保险公司。

这意味着，如果一个数据泄漏发生在三年前，也就是在你的保险生效之前，但你今天发现了它，你目前的网络空间保险可能就不会承保这次泄漏事件。此外，如果你更换了保险公司，后来发现在使用以前的保单期间发生了泄漏事件，但你没有及时发现或报告，你可能也无法获得承保。

如果一个泄漏事件正在进行中，例如在 TJ Maxx 案例中，黑客访问该公司的网络长达一年半（见第 6 章），一些保险公司专门针对这种案例进行了处理，例如，一个比兹利公司的泄漏响应保单明确指出："一系列持续的安全泄漏、相关或重复的安全泄漏，或计算机安全存在持续漏洞导致的多个安全泄漏，应当被认为是一次泄漏事件，并将事件的起始时间定为第一次安全泄漏发生时的时间。"⊖

考虑到你的资源和保险覆盖范围，确保将追溯日期尽可能合理地往前推。另外，一定要了解报告要求，并制订强有力的检测程序，这样你就不会意外地错过报告窗口而失去保险赔偿。

12.5.6.6   限额

确保你的保险限额与你所保留的数据量和数据敏感度相一致。当安森保险公司在 2015 年宣布自己遭到黑客攻击时（见第 9 章），其中最令人震惊的一个方面是，它很快突破了 1 亿美元网络空间保险塔的限额。安森保险公司的首席执行官约瑟夫·史威迪史（Joseph Swedish）证实，7880 万人的个人信息被曝光，包括姓名、生日、医疗 ID、SSN 等。

1 亿美元似乎是一笔很大的数目，但当近 8000 万人的个人信息受到影响时，情况就不一样了。据 Presidio Insurance Solutions 报道："这个数额甚至不足以支付邮费，更不用说支付由数据泄漏造成的损失了⊖。安森保险公司将不得不再花费数百万美元来解决自身的安全问题，并重建声誉。"

据 *Insurance Insider* 报道称，安森保险公司的网络空间保险塔是由 Lexington（AIG 成员）作为第一层保险公司建造的，随后是 8 个上层，如图 12-1 所示。请注意，这些细节都是匿名消息人士提供的，并没有得到安森保险公司的公开证实。

当然，保单的总保额限制是重要的，但也要注意子项限额。这些是保单内特定类型的保障的限额。正如前面的"隐私通知费用"保障中所说明的，子项限额会对你的保单价值产生很大的影响。

⊖   Beazley, *AFB Media Tech* (Report F00437, Beazley, September 2014), https://www.beazley.com/documents/TMB/Media%20Tech/MediaTechPolicy_SurplusLines_F00437092014ed.pdf.

⊖   Presidio Insurance Solutions, "What the Anthem Data Breach Means for Malpractice Insurance", http://www.presidioinsurance.com/news/anthem-data-breach (accessed January 20, 2018).

$105 million

$10 million	Markel Specialty
$10 million	Safehold Special Risk
$10 million	Ironshore（Liberty Mutual 公司）
$10 million	CNA Insurance
$10 million	Liberty Mutual
$10 million	XL Catlin
$15 million	Zurich Insurance Group
$15 million	Safehold Special Risk
$10 million	Lexington Insurance Co.（AIG 成员）
$5 million	Self-Insured Retention (SIR)

图 12-1　安森保险公司的网络空间保险塔，基于非官方的细节

来源：Adam McNestrie and Jenny Messenger,“Anthem Breach Could Exhaust $100mn Cyber Programme,” *Insurance Insider*, February 16, 2015, https://web.archive.org/web/20150219100116/http://www.insuranceinsider. com/-1253434/10.

每项记录的泄漏成本估计值有很大的差异，这增加了计算泄漏事件潜在成本以及相应的保险覆盖范围、限额和子项限额的难度。根据波耐蒙研究所的数据，2015 年，美国公民的人均泄漏成本平均为 217 美元。同年，威瑞森公司的报告显示，美国公民的人均泄漏成本仅为 58 美分。这是一个相当大的差异，尤其是在计算近 8000 万人的泄漏潜在成本时。

有些保单提供不与特定金额挂钩的子项限额。例如，通知可能限制为 100 万人，或者呼叫中心服务可能限制为每天 2 万次呼叫。这些类型的限额对投保人来说风险较小，因为它们不需要将受影响的个人数量转换为特定的美元限额，而这些限额可能随着泄漏响应的最佳实践、要求和服务的变化而波动。

对于你的组织来说，合适的限额在一定程度上取决于所持有的数据的敏感性、法律诉讼、罚款和长期冲突的可能性，以及组织的风险承受能力。参考为组织创建的数据清单，并考虑通知、信用监控和对其他潜在受影响人员进行潜在补偿的成本。研究对持有与你的

组织的敏感信息类似的数据的组织的罚款或处罚，如医疗文件或支付卡数据。确保考虑了你持有的所有信息，包括存档数据和员工记录。最重要的是，正如第 2 章所讨论的，要记住数据是有害材料。

当比较各种保单的费用时，请考虑是否有可以销毁的数据，这样就不必担心在这些数据被泄漏时你需要支付费用。

12.5.6.7 免责

网络保单通常包含一系列的免责条款，从而免除了保险公司在某些情况下提供保险的义务。其中许多条款都简单易懂，例如，明确规定了由投保人故意犯罪导致的索赔是排除在保险公司的承保范围之外的。然而，有一些免责条款会大大改变保单的价值。

我们以 P. F. 张中国酒馆（P. F. Chang's China Bistro）支付卡数据泄漏事件及后续的保险诉讼为例，来分析一下。这起案例与合同义务的免责有关。

合同义务免责

P. F. 张中国酒馆是一家亚洲风格的连锁餐厅，每年处理 600 多万次支付卡交易。2014年，P. F. 张中国酒馆通过美国联邦保险公司购买了一份丘博公司的网络安全保单，该保单被宣传为"由网络风险专家设计的灵活的保险解决方案，以应对在当今科技发达的世界中开展业务所带来的全方位风险"，包括"网络安全泄漏造成的直接损失、法律责任和间接损失"[一]。该连锁餐厅每年缴纳的保费为 134 052 美元。

2014 年 6 月 10 日，调查记者布莱恩·克雷布斯爆出了 P. F. 张中国酒馆遭遇了严重的信用卡泄漏的消息："6 月 9 日，数千张新被盗的信用卡和借记卡在地下商店 rescator.so 出售，克雷布斯联系到的几家银行表示，它们从这批新卡中获取了多张之前发给客户的信用卡，并发现所有的卡在 2014 年 3 月初至 2014 年 5 月 19 日期间都在 P. F. 张中国酒馆的网点使用过。"[二]两天后，P. F. 张中国酒馆发布声明证实了这一漏洞。调查人员随后确定，有 6.6 万个支付卡卡号被泄漏。

P. F. 张中国酒馆立即通知了其保险公司，后者承保了约 170 万美元的取证调查费用和因客户和一家发卡行提起的诉讼而产生的诉讼辩护费用。2015 年 3 月，P. F. 张中国酒馆还要求保险公司承担万事达卡评估的 190 万美元的罚款和处罚。该信用卡品牌向 P. F. 张中国酒馆的支付处理商 BAMS 征收了费用，而 BAMS 随后又向 P. F. 张中国酒馆发出了以下信件[三]：

[一] P. F. Chang's China Bistro, Inc. v. Federal Insurance Co., No. CV-15-01322, 1 (D. Ariz. 2016), https://cases.justia.com/federal/district-courts/arizona/azdce/2:2015cv01322/934023/45/0.pdf.

[二] Brian Krebs, "Banks: Credit Card Breach at P. F. Chang's," *Krebs on Security* (blog), June 10, 2014, http://krebsonsecurity.com/2014/06/banks-credit-card-breach-at-p-f-changs.

[三] P. F. Chang's China Bistro, Inc. v. Federal Insurance Co., No. CV-15-01322, 4 (D. Ariz. 2016), https://cases.justia.com/federal/district-courts/arizona/azdce/2:2015cv01322/934023/45/0.pdf.

万事达卡公司对 P. F. 张中国酒馆账户的数据泄漏事件的调查现已结束。万事达卡公司已通知 BAMS，因数据泄漏事件，将对 BAMS 进行案件管理费、账户数据泄漏（ADC）业务偿付和欺诈追偿（ORFR）的核定。根据你的总服务协议，你有义务向 BAMS 偿还以下核定的费用：

- 50 000.00 美元的案件管理费
- 163 122.72 美元的 ADC 业务偿付
- 1 716 798.85 美元的 ADC 欺诈赔偿 2
- 合计 1 929 921.57 美元

P. F. 张中国酒馆支付了这笔费用，以维持其处理信用卡的能力，并向保险公司要求偿付，但保险公司拒绝了。

美国的一名联邦法官分析了丘博公司的网络安全保险单，其中有一项免责条款："关于所有保险条款，保险公司不对任何投保人因任何合同或协议规定的任何责任引起的任何索赔、所造成的任何损失或任何费用承担责任。"[⊖] 法官还分析了 P. F. 张中国酒馆与其支付处理商的总服务协议，其中至少有三处指出 P. F. 张中国酒馆同意报销或补偿信用卡协会向 BAMS 收取的任何"费用""罚款""罚金"或"评估费用"，换句话说，同意对 BAMS 进行赔偿[⊖]。

由于保单明确排除了因合同义务造成的索赔或损失，法院裁定："上述免责条款禁止保险公司承保 P. F. 张中国酒馆所主张的所有三项核定的费用。"

这是一个非常常见的免责条款，由于支付卡行业相关的罚款不是由监管机构或法院评估的，而是合同义务，因此，寻求信用卡泄漏事件保险的组织应确定明白保险公司对 PCI 相关罚款和处罚的承保范围。

12.5.7 调研保险公司

你的保单的价值不仅仅取决于保单内容本身。保险公司的供应商的质量会影响投保人在泄漏事件发生后获得的服务的水平，最终会直接影响结果。此外，许多保险公司为投保人提供增值服务和资源，这有助于降低网络安全风险。

⊖ P. F. Chang's China Bistro, Inc. v. Federal Insurance Co., No. CV-15-01322, 4 (D. Ariz. 2016), https://cases.justia.com/federal/district-courts/arizona/azdce/2:2015cv01322/934023/45/0.pdf.

⊖ P. F. Chang's China Bistro, Inc. v. Federal Insurance Co., No. CV-15-01322, 4 (D. Ariz. 2016), https://cases.justia.com/federal/district-courts/arizona/azdce/2:2015cv01322/934023/45/0.pdf.

12.5.7.1　保险小组和事先核准

确保审查保险公司的核准供应商名单中的供应商，这可以在发生泄漏事件的情况下帮助你与合格的、经验丰富的服务提供商一起工作。

例如，在 2014 年，索尼影业娱乐公司与美国索尼公司就新的网络空间保险承保范围进行了谈判（扩大美国索尼公司的保险承保范围到包括索尼影业娱乐公司）。索尼影业娱乐公司的风险管理总监审查了经批准的律师名单，并通过电子邮件将结果发给美国索尼公司，以确保在签约保单之前，索尼影业娱乐公司的供应商得到了核准，如下图所示⊖：

发件人：唐娜·特茨拉夫（Donna Tetzlaff）

发送时间：2014 年 8 月 13 日，星期三下午 6:39。

凯瑟琳（Kathryn）你好：

在美国索尼公司的供应商名单中有瑞格律师事务所（Ropes & Gray LLC），它也是我们的律师事务所之一。我们还在美国国际集团的律师名单上看到了奥斯顿伯德律师事务所（Alston Bird）和贝克豪思律师事务所（Baker Hostetler），我们也在使用这些事务所。另外，我们还想补充贝克麦肯齐（Baker Mackenzie）。

谢谢你！

唐娜

发件人：凯瑟琳·图克·罗斯（Kathryn Turck Rose）

发送时间：2014 年 8 月 14 日，星期四下午 1:22

唐娜你好：

我们已经得到通知，美国国际集团确认可以将贝克麦肯齐加入律师名单中，但其必须遵守美国索尼公司保单上已经列出的 500 美元 / 250 美元 / 100 美元的费率。

问好！

凯瑟琳·图克·罗斯

风险管理总监

美国索尼公司

⊖ "EM from K Turck-Rose to DT 8-13-14 AIG accepted Baker-Mackenzie.docx," WikiLeaks, accessed August 8, 2019, https://wikileaks.org/sony/docs/03_03/RISKMGMT/POLICIES/E%26O-Media-Tech-Cyber%20Liab/14-15%20Renewal/Cyber/Correspondence/SCA/EM%20from%20K%20Turck-Rose%20to%20DT%208-13-14%20AIG%20accepted%20Baker-Mackenzie.docx.

在签约一份保单之前或者你的首选供应商发生变化时，都要进行检查。确保不仅要检查律师的名单，还要检查任何你希望使用的取证调查人员、公关公司等供应商。如果你确实需要添加供应商，请注意保险公司可能会设置费率，就像美国国际集团对索尼公司所做的那样。费率上限通常是合理的，但你应该与你的首选供应商弄明白任何费率限制和付款条件，以确保不存在任何问题。当泄漏发生时，你希望能够尽快得到帮助，按照上述做法就不会在一个已经很敏感的时间里遇到不必要的谈判或冲突。

12.5.7.2　增值服务

今天的网络空间保险公司提供的远不止是承保范围，许多保险公司还提供有价值的资源和服务，从员工培训视频到漏洞扫描，这些都是免费或打折提供给投保人的。对保险公司和投保人来说，这是一个双赢的局面：通过积极主动的培训和使用安全产品，保险公司降低了风险，想必还节省了赔付费用。

在你审查保单报价和定价时，请查看每个供应商的增值服务。其中一些服务可以帮你省钱。例如，许多保险公司为投保人提供了一个门户网站，提供旨在降低风险的资源，可能包括：

- 安全意识培训——通过在线培训视频和小测验对员工进行培训；
- 新闻中心——及时更新网络风险、安全信息和合规性声明，以及即将举行的活动和有用的链接；
- 风险管理工具——用于评估和管理风险的有用工具，如在线自我评估、泄漏成本计算器和保单模板；
- 学习中心——白皮书、文章和录制的网络研讨会。

其他积极的免费或打折服务如下：

- 漏洞扫描
- 积极的法律建议
- 桌面演练
- ……

12.5.8　选择

你已经完成了所有的艰苦工作，现在该做决定了！当然，选择网络空间保险提供商通常是一个反复迭代的过程，你可能希望由一两个人来牵头缩小名单范围。在做最终决定之前，确保再次咨询你的主要利益相关者，以验证没有错过任何重要的内容，并确保得到了他们的支持。同样重要的是，对于任何不包括在保险内的残留风险，都需要获得管理团队或董事会的批准。

12.6 充分利用好网络空间保险

不要刚买完网络空间保险，就让你的保单落满灰尘。网络空间保险保单是你的网络安全和数据泄漏响应计划的关键要素之一。为了让你的网络空间保险投资发挥最大的效益，需要将保险公司的服务整合到组织的政策和流程中，并与他们团队中的关键成员建立关系。

之前说过要管理数据泄漏，你的组织必须具备以下能力：

- 开发数据泄漏响应功能。
- 通过识别一些迹象并逐步上呈、调查和确定问题的范围，意识到潜在的数据泄漏。
- 迅速、合乎道德、富于同情心地行动起来，以管理危机和认知。
- 在整个蔓延期（可能是长期的）维持数据泄漏响应工作。
- 主动和明智地调整，以应对潜在的数据泄漏。

让我们来讨论一下你的网络空间保险是如何发挥这些功能的。

12.6.1 开发

一旦签订了一份新的网络空间保险，一定要把它与组织的数据泄漏响应功能整合起来。以下是需要采取的一些关键步骤：

- 如果可以的话，考虑与保险公司的泄漏响应小组开一次初步会议。
- 当泄漏发生时，了解如何以及何时通知保险公司。了解保险公司需要你做什么，并明确你在响应时间和相关人员方面的预期。确保仔细检查了所有的通知和文件要求，以免不小心错过任何通知的最后期限。
- 注意所要求的任何合同义务，如你需要与第三方供应商维护文件，在发生泄漏事件的情况下，你可能需要向保险公司提供这些文件。确保你的法律顾问了解这些要求，并有一个保持合规性的计划。
- 制订一份你希望与保险公司事先明确达成一致的事项清单，如获批准的法律服务或泄漏响应服务供应商的名称，以及任何其他应当预先批准的事项。理想情况下，在签约前你的首选供应商已获得了批准，但是上述清单可能会随着时间的推移而变化，你需要让其保持最新。
- 为你的 IT 管理整理一个列表，其中包括所需要的任何技术要求（比如移动设备加密），并将其记录下来，以使保险发挥最大的效力。
- 审查保险公司的网络服务和工具，并制订计划以便利用任何培训机会、保单模板、网络安全新闻提醒或其他资源。

12.6.2　意识到

当你注意到潜在的泄漏迹象和症状时，需要迅速采取行动，通知内部和外部的响应团队。如果你的保险公司也为你提供泄漏响应服务，那么你的团队就需要联系保险公司。

给响应人员的一个提示：在内部通信中，将潜在的泄漏事件称为"异常"（incident）或"事件"（event）。根据美国的州和联邦法律，被非正式地称为"泄漏"的事件实际上可能不符合法律定义。一个常见的错误是，响应人员在早期会以书面形式提及"泄漏"，尽管实际的数据曝光尚未得到证实。如果你被监管机构调查或起诉，存在涉及"泄漏"的电子邮件线索或文档可能会加重你的负担。

下一步是调查和确定范围。通常情况下，你将与一位合格的律师一起管理调查，并就是否需要通知做出最后决定。你可能还需要使用数字取证团队的服务来进行证据保存和分析。你的保险公司可以给你指定服务提供商，或者在事先获得批准的情况下，你可以使用自己的服务提供商。

12.6.3　行动

迅速采取行动，将声誉、财务和运营损失降至最低。例如，行动可能包括与公关公司合作发布有关网络安全攻击的新闻稿。你的保险可能覆盖通知、呼叫中心服务、信用监控或其他赔偿的费用。

12.6.4　维持

在数据泄漏的长期阶段，保险能否覆盖法律费用和调查响应尤为重要。当你进入这个阶段时，制订一个计划来管理潜在的长期费用和与数据泄漏相关的人力资源。你的保险公司会预付当前的法律费用，还是你需要计划一个偿付周期？如果你雇用外部顾问，而不是利用内部资源，这算是在更好地利用你的保险吗？请记住，一旦泄漏事件被公开，诉讼和调查可能会持续数年。尽早制订计划，以维持你的响应措施，并与保险公司保持长期合作。

12.6.5　调整

在发生泄漏事件后检查你的保险覆盖范围。看一下哪些覆盖到了，哪些没有？你需要更高的保险额度还是不同类型的保险覆盖？你的保险公司是否容易合作，或者你是否遇到了挑战？

12.7   小结

确保在组织的环境或所面对的威胁发生重大变化时，至少每年对组织的网络空间保险的覆盖范围进行审查和调整。新的网络威胁出现得如此之快，以至于可能要对一年前还适用的保单做出重大改变来满足当前的需求。此外，网络空间保险的环境变化得非常快，可能会出现更适合你的需求的新产品。

网络空间保险就像技术本身一样，你不应该只是"设置好了就忘记它"。积极监控你的保险和行业状况，确保你有应对当前风险的保障。

第 13 章

云　泄　漏

　　云是数据泄漏的新兴场景。各个组织机构正在将敏感数据快速迁移到云中，而可见性和调查资源则没有得到重视。在本章中，我们将概述造成云泄漏的常见原因，包括安全漏洞、权限错误、缺乏控制和认证问题。我们以商务电子邮件泄漏（BEC）事件为例，研究了诸如缺乏可见性之类的关键响应问题。好消息是，如果云提供商提高可见性和对数字证据的访问权限，基于云的监控和泄漏响应就有可能变得高度可扩展和高效。

2016 年，当雅虎极其错误地处理了一次大规模的用户密码泄漏事件时，它成了当年数据泄漏的典型代表。数据泄漏的传言始于 2016 年 7 月，当时 *Motherboard* 杂志报道称："一名臭名昭著的网络罪犯在暗网上推销 2 亿个雅虎用户凭证。"雅虎承认它知道这一传言，但既不证实也不否认被窃取的数据是真实的⊖。

当时这家陷入困境的科技巨头正在与威瑞森进行收购谈判。2016 年 7 月，就在被盗的雅虎密码被在暗网上售卖的时候，两家公司宣布，已达成威瑞森以 48.3 亿美元的价格收购雅虎⊜。在接下来的几个月里，随着雅虎大规模数据泄漏事件的细节浮出水面，它成为一个展示数据泄漏会如何影响一项重大收购的案例⊜。

当时，雅虎为大约 30 亿用户提供云服务。除了为消费者提供服务，雅虎还大量服务于小企业，提供域名托管、商务电子邮件、电子商务网站和营销服务㉇。

最终，雅虎披露了持续数年的多次泄漏。首先是 5 亿，然后是 10 亿，最后是全部 30 亿账户都包括在内㊄。这是世界上已知的最大的数据泄漏事件，这家科技巨头花了数年时间才发现并报告。

雅虎的泄漏事件立即引发了人们对雅虎安全计划有效性的质疑。黑客们不止一次，而是多次攻破了这家科技巨头的安全系统。不久之后，更多的细节浮出水面，揭示了雅虎在安全方面的糟糕实践。雅虎的前雇员讲述了雅虎的内部斗争（这让人联想起塔吉特泄漏事件，而且同样具有破坏性）。路透社报道："当安全团队请求新的工具和功能（如加强密码保护）时，他们有时会遭到拒绝，理由是这些请求会花费太多钱，太复杂，或者只是优先级太低。"㊅

此外，围绕雅虎通知发布时间的道德和法律问题也闹得沸沸扬扬。即使早在 2016 年

⊖ Joseph Cox, "Yahoo 'Aware' Hacker Is Advertising 200 Million Supposed Accounts on Dark Web," *Motherboard*, August 1, 2016, https://motherboard.vice.com/en_us/article/aeknw5/yahoo-supposed-data-breach-200-million-credentials-dark-web.

⊜ Todd Spangler, "Verizon Announces $4.83 Billion Yahoo Acquisition," *Variety*, July 25, 2016, http://variety.com/2016/digital/news/verizon-yahoo-acquisition-announcement-1201821960.

⊜ Richard Lawler, "Yahoo Hackers Accessed 32 Million Accounts with Forged Cookies," Engadget, March 1, 2017, https://www.engadget.com/2017/03/01/yahoo-hackers-accessed-32-million-accounts-with-forged-cookies/.

㉇ Julie Bort, "Yahoo Builds Ultimate Private Cloud," *NetworkWorld*, July 19, 2011, https://www.networkworld.com/article/2179359/yahoo-builds-ultimate-private-cloud.html; "Yahoo! Small Business," Yahoo, February 1, 2014, https://web.archive.org/web/20140201051421/http://smallbusiness.yahoo.com/.

㊄ Bob Lord, "An Important Message About Yahoo User Security," Yahoo, September 22, 2016, https://yahoo.tumblr.com/post/150781911849/an-important-message-about-yahoo-user-security.

㊅ Joseph Menn, Jim Finkle, and Dustin Volz, "Yahoo Security Problems a Story of Too Little, Too Late," *Reuters*, December 18, 2016, https://www.reuters.com/article/us-yahoo-cyber-insight/yahoo-security-problems-a-story-of-too-little-too-late-idUSKBN1470WT.

7月在暗网上发现雅虎的凭证之后，雅虎也没有发表任何公开声明，也没有提供近两个月的调查细节。与此同时，用户继续使用相同的账户密码登录，并且不知道网络犯罪分子可能也在访问他们的账户。

2016年9月，也就是最初的传言出现大概两个月后，雅虎突然宣布，2014年底，在一起可能与此无关的案件中，公司网络中有5亿用户的账户信息被盗。其中有姓名、电子邮件地址、电话号码、生日、加密过的密码、安全问题及其答案㊀。

令人震惊的是，就在两周前雅虎刚刚向美国证券交易委员会递交了一份文件，称其不知道"有第三方声称的未经授权访问客户个人数据的事件发生"。进一步的报道显示，雅虎"在2014年就知道了发生了一起重大的安全泄漏，但直到2016年9月，公司才向用户披露了那次泄漏事件。"㊁

路透社报道称："数千名用户在社交媒体上表达愤怒。"㊂美国参议员称这种滞后是"不可接受的"。就在雅虎宣布网络泄漏的第二天，它就遭到了一名客户的起诉，称该公司存在"严重疏忽"㊃。随后又有几十起诉讼。

屋漏偏逢连夜雨。2016年11月，执法人员向雅虎公司提供了被盗文件的副本，据报道，这些文件包含更多被泄漏的雅虎用户数据。经过调查，雅虎随后在12月披露："2013年8月，一个未经授权的第三方窃取了超过10亿用户账户的相关数据。"㊄

《华盛顿邮报》报道称："周三披露的雅虎的第二次网络泄漏的规模令人震惊。但是，更令人震惊的是，这起盗窃案发生在3年前，而且直到现在才被报道。"近一年后，也就是2017年秋天，雅虎将泄漏范围扩大到所有30亿用户账户㊅。

弗吉尼亚州的参议员马克·沃纳（Mark Warner）说："如果发生了数据泄漏，消费者不应该在3年后才知道。及时的通知可使用户有可能限制这种泄漏的危害，特别是当可能

㊀ Reuters, "Some Furious Yahoo Users Close Accounts After Data Breach," *Fortune*, September 23, 2016, http://fortune.com/2016/09/23/yahoo-customers-data-breach.

㊁ U.S. Securities and Exchange Commission (SEC), "Yahoo! Inc.," Form 10-Q, 2016, https://www.sec.gov/Archives/edgar/data/1011006/000119312516764376/d244526d10q.htm; Charlie Nash, "Yahoo Admits It Knew About Security Breach in 2014," Breitbart, November 10, 2016, https://www.breitbart.com/tech/2016/11/10/yahoo-admits-it-knew-about-security-breach-in-2014/.

㊂ David Shepardson, "Verizon Says Yahoo Hack 'Material,' Could Affect Deal," *Reuters*, October 13, 2016, http://www.reuters.com/article/us-verizon-yahoo-cyber-idUSKCN12D2PW.

㊃ Reuters, "Yahoo Is Sued for Gross Negligence Over Huge Hacking," *Fortune*, September 23, 2016, http://fortune.com/2016/09/23/yahoo-is-sued-for-gross-negligence-over-huge-hacking.

㊄ "Important Security Information for Yahoo Users," *Business Wire*, December 14, 2016, http://www.businesswire.com/news/home/20161214006239/en/Important-Security-Information-Yahoo-Users.

㊅ Hayley Tsukayama, "It Took Three Years for Yahoo to Tell Us about Its Latest Breach. Why Does It Take So Long?" *Washington Post*, December 19, 2016, https://www.washingtonpost.com/news/the-switch/wp/2016/12/16/it-took-three-years-for-yahoo-to-tell-us-about-its-latest-breach-why-does-it-take-so-long.

暴露了他们在其他网站上使用过的安全问题答案等身份验证信息时。"⊖这反映出公众对数据泄漏的理解有了显著的进步：到 2016 年底，许多人终于认识到，他们的账户凭证被一家供应商泄漏，可能会让攻击者获得对他们其他账户的访问权限。

在此期间，雅虎的高管们却奇怪地缺席了。没有一个发言人替公司露面，没有公开的新闻发布会或采访。后来，雅虎的首席执行官玛丽莎·梅耶尔（Marissa Mayer）取消了雅虎的季度分析师电话会议，记者斯图亚特·劳赫兰（Stuart Lauchlan）写道："我们当中比较愤世嫉俗的人可能会怀疑这是否是……一种避免任何棘手问题的权宜之计……比如梅耶尔什么时候发现了泄漏事件……"⊖

根据发现雅虎泄漏事件的时机，有可能精确地量化泄漏事件对公司价值的影响程度。这是一次罕见的、令人大开眼界的事件，巩固了该公司在数据泄漏史上的地位。2016 年 7 月，威瑞森和雅虎最初宣布的收购价为 48.3 亿美元⊜，到了 10 月，威瑞森表示，安全泄漏的影响是"重大的"，可能引发对收购价格的重新谈判，或导致威瑞森完全退出交易⊛。

最终，交易达成了，但由于数据泄漏事件，直接从雅虎的价格中扣除了 3.5 亿美元⊕（作为比较，这大致相当于梵蒂冈的年度总预算）。梅耶尔在交易结束后辞职。

雅虎数据泄漏事件对公司的价值产生了实质性的、可量化的影响，甚至有可能扼杀这笔交易，这一事实向美国各地的公司董事会和管理团队发出了强烈的信息，网络安全随后成为并购中一个重要的因素。潜在的收购方意识到，它们需要加大尽职调查力度，尽早发现潜在的泄漏行为，并降低未来发生意外责任的风险⊗。

但雅虎数据泄漏的全部代价并不是由雅虎或威瑞森承担的，而是由整个社会承担的：无数人的密码被窃取，并被用来访问他们的账户；无数第三方企业被使用雅虎密码数据库的黑客入侵；无数数据主体的信息被窃取。

⊖ Hayley Tsukayama, "It Took Three Years for Yahoo to Tell Us about Its Latest Breach. Why Does It Take So Long?" *Washington Post*, December 19, 2016, https://www.washingtonpost.com/news/the-switch/wp/2016/12/16/it-took-three-years-for-yahoo-to-tell-us-about-its-latest-breach-why-does-it-take-so-long.

⊖ Stuart Lauchlan, "Missing Marissa Mayer Leaves Yahoo! Questions Conveniently Unanswered," *Diginomica*, October 19, 2016, http://diginomica.com/2016/10/19/missing-mayer-leaves-yahoo-questions-conveniently-unanswered.

⊜ Todd Spangler, "Verizon Announces $4.83 Billion Yahoo Acquisition," *Variety*, July 25, 2016, http://variety.com/2016/digital/news/verizon-yahoo-acquisition-announcement-1201821960.

㊃ David Shepardson, "Verizon Says Yahoo Hack 'Material,' Could Affect Deal," *Reuters*, October 13, 2016, http://www.reuters.com/article/us-verizon-yahoo-cyber-idUSKCN12D2PW.

㊄ Vindu Goel, "Verizon Will Pay $350 Million Less for Yahoo," *New York Times*, February 21, 2017, https://www.nytimes.com/2017/02/21/technology/verizon-will-pay-350-million-less-for-yahoo.html.

㊅ Kim S. Nash and Ezequiel Minaya, "Due Diligence on Cybersecurity Becomes Bigger Factor in M&A," *Wall Street Journal*, March 5, 2018, https://www.wsj.com/articles/companies-sharpen-cyber-due-diligence-as-m-a-activity-revs-up-1520226061.

在整个事件中，雅虎都在淡化客户数据的潜在风险。该公司的泄漏公告提供了最低限度的必要信息，以满足许多州对披露泄漏事件的法律要求。例如，雅虎在 2016 年 12 月的声明中表示："被盗的用户账户信息可能包括姓名、电子邮件地址、电话号码、出生日期、散列密码（使用 MD5），在某些情况下，还可能包括加密或未加密的安全问题及其答案。调查显示，被盗信息不包括明文密码、支付卡数据或银行账户信息。支付卡数据和银行账户信息没有存储在该公司认为受到影响的系统中。"⊖

显而易见的是，雅虎系统上大量的客户账户中的数据可能已经被罪犯窃取。在被窃取数据的 30 亿用户中：

- 有多少是通过电子邮件向客户发送纳税申报单、SSN 和财务信息的会计师？
- 有多少是医生，他们把病人信息从医院账户转到个人电子邮件账户，以便在家工作？
- 有多少是房地产中介，他们会在交易完成后，将客户的银行账号通过电子邮件发送给产权公司？
- 有多少小型在线零售商会收到客户发来的带有信用卡信息的电子邮件？
- 有多少是律师，他们经常与他们的企业和个人客户交换各类高度敏感的数据，用于处理家庭法律案件、医疗纠纷诉讼、商业谈判等？

这些只是医疗信息、SSN、银行账号、信用卡卡号、商业秘密等信息进入电子邮件账户的方式中的一小部分。事实是，一个拥有数十亿账户的电子邮件系统绝对包含所有这些类型的信息，发件人和收件人通过电子邮件交换这些信息。所有这些数据都受到了犯罪分子的密切关注。

当雅虎表示："支付卡数据和银行账户信息没有存储在公司认为受到影响的系统中。"这只能被描述为故意忽视。该公司将事件的范围缩小到只包括直接提供给雅虎的客户账户数据，它完全忽视了这样一个事实：30 亿用户将他们的敏感信息托付给了雅虎，就像数据分析软件公司 NCSS 对数据存储在客户账户中的风险避而不谈一样（见第 2 章），雅虎也忽视了这个问题。公众没有向其提出质疑。

雅虎建议用户"审查所有的在线账户，寻找可疑活动……更改他们使用与雅虎账户相同或类似的信息的任何其他账户的密码、安全问题及其答案"。然而，它没有提供关于用户如何检查"可疑活动"的细节，雅虎也没有提出协助识别可疑活动的建议，尽管它的整个数据集的自动日志分析要比让每个用户检查自己的个人账户有效得多。

人们可能会有理由怀疑，雅虎是否真的不想让用户发现自己的账户被未经授权的用户

⊖ "Important Security Information for Yahoo Users," *Business Wire*, December 14, 2016, http://www.businesswire.com/news/home/20161214006239/en/Important-Security-Information-Yahoo-Users.

访问过。毕竟，雅虎没有动力来帮助用户发现自己的账户是否被不当访问，因为这只会导致许多其他令人震惊的问题，并可能导致更大的责任。

雅虎泄漏事件只是云账户泄漏事件在全球范围内蔓延的开始。在更易盗取密码和验证方法薄弱的推动下，犯罪分子开发了可扩展的、有组织的方法来入侵云账户并挖掘其中的有价值的数据。在接下来的几年里，云环境中的可见性和可控性问题急需解决。

云泄漏为响应团队带来了一系列新问题，包括从基于云的数字证据问题到通知要求等。在本章中，我们将列举不同类型的云数据泄漏和常见的响应注意事项。我们将讨论控制和可见性问题，包括证据采集和道德考虑。最后，我们将讨论云安全被破坏的方式及其如何导致了数据泄漏的蔓延，同时作为一个社会问题，我们还可以做出哪些选择来降低所有人的风险。

13.1　云计算的风险

在过去的十年中，从医疗、政府到金融等各类组织都纷纷转向云计算，以充分利用云计算带来的诸多优势，比如最先进的软件、可扩展性和较低的维护成本。根据迈克菲的数据，多达 97% 的组织以某种形式或方式使用云服务，83% 的组织报告称在云中存储"敏感数据"，包括个人客户信息、支付卡数据、政府身份数据、医疗记录、知识产权等[⊖]。

但是云计算的好处也伴随着巨大的风险。25% 的组织报告称遭受过"公有云中的数据盗窃"。云服务提供商及其客户的安全是紧密交织在一起的，一位首席执行官打趣道："我们的泄漏就是它们的泄漏，它们的泄漏也是我们的泄漏。"[⊜]

通常，云端发生数据泄漏的原因有以下几种：

- 安全漏洞
- 权限错误
- 缺乏控制
- 认证问题

在本节中，我们将讨论云泄漏发生的常见原因，以及响应者面临的挑战和最佳实践。

⊖　"Navigating a Cloudy Sky," McAfee, April 2018, https://www.mcafee.com/enterprise/en-us/solutions/lp/cloud-security-report.html.

⊜　"Navigating a Cloudy Sky," McAfee, April 2018, https://www.mcafee.com/enterprise/en-us/solutions/lp/cloud-security-report.html.

13.1.1　安全漏洞

云提供商努力塑造一种坚不可摧的形象，因为客户会自然地寻求将它们的数据托管在一个安全的地方。然而，与其他组织一样，云提供商也面临着漏洞和数据泄漏的问题。这些问题的发生可能是由于云提供商开发的软件存在漏洞、第三方应用程序有问题或员工犯错。

例如，全球数百万人使用的 Dropbox 文件共享服务就遭遇了一连串广为人知的安全问题，这些问题可能会导致数据泄漏。2011 年，Dropbox 向客户推送了一项代码更新，意外地取消了客户账户的认证要求，这意味着，即使没有正确的密码，任何人也可以访问客户的敏感数据。在 Dropbox 实施修复之前，客户数据被公开了近 4 个小时[⊖]。

次年，Dropbox 的客户们开始收到垃圾电子邮件，其中某些客户的邮件地址是他们专门针对 Dropbox 创建的[⊖]。Dropbox 调查并宣布，一名员工的密码被窃取，攻击者利用该密码访问了一份包含客户电子邮件地址的文件。

据报道，这名 Dropbox 员工的 LinkedIn 账户和工作账户重复使用了同一个密码。在 LinkedIn 被攻破后，犯罪分子利用该员工的 LinkedIn 密码登录了该员工的工作账户，这也很好地说明了泄漏事件会导致更多的泄漏[⊜]。这起事件触发了对 Dropbox 内部安全和密码管理实践的审查。作为响应，Dropbox 宣布，除了其他安全措施外，它还将引入双因素认证以作为客户的一个选项。

四年后，该发生的终于发生了。2016 年，暗网上的网络犯罪分子被发现兜售了一个包含 6800 万 Dropbox 用户密码的数据库。Dropbox 向客户发送了一条轻描淡写的消息，解释说："我们了解到被兜售的是 Dropbox 的一组旧的用户凭证（电子邮件地址加上经过哈希加盐处理的密码），我们认为这些凭证是在 2012 年被盗的，经分析，这些凭证与当时披露的一起事件有关。"四年过去了，Dropbox 从未表明过客户的密码可能已被窃取。现在，Dropbox 自信地宣称："基于我们的威胁监控和密码保护方式，我们不认为有任何账户被不当访问过。"尽管该公司没有提供任何证据来支持这一说法[⑳]。

⊖　Ed Bott, " Why I Switched from Dropbox to Windows Live Mesh, " ZDNet, July 4, 2011, https://www.zdnet. com/article/why-i-switched-from-dropbox-to-windows-live-mesh/; Arash Ferdowsi, "Yesterday's Authentication Bug, " *Dropbox Blog*, June 20, 2011, https://web.archive.org/web/20110718041143/http://blog.dropbox. com/?p=821.

⊖　Ed Bott, " Dropbox Gets Hacked . . . Again, " ZDNet, August 1, 2012, https://www.zdnet.com/article/dropbox- gets-hacked-again/; Emil Protalinski, " Dropbox Finds No Intrusions, Continues Spam Investigation, " ZDNet, July 20, 2012, https://www.zdnet.com/article/dropbox-finds-no-intrusions-continues-spam-investigation/.

⊜　Samuel Gibbs, " Dropbox Hack Leads to Leaking of 68m User Passwords on the Internet, " *Guardian*, August 31, 2016, https://www.theguardian.com/technology/2016/aug/31/dropbox-hack-passwords-68m-data-breach.

⑳　Joseph Cox, " Hackers Stole Account Details for Over 60 Million Dropbox Users, " *Motherboard*, August 30, 2016, https://motherboard.vice.com/en_us/article/nz74qb/hackers-stole-over-60-million-dropbox-accounts.

第三方软件也可能导致云端数据泄漏。例如，在 2016 年，一个名为自定义内容类型管理器的 WordPress 插件在更新时安装了一个恶意后门后开始窃取管理员凭证。类似地，在 2018 年，一个名为 Browsealoud 的流行网站无障碍插件也被感染，并被用来在美国和英国的数千个网站上安装加密货币矿机。该插件的开发者 Texthelp 表示，它是"网络攻击"的受害者，这展示了一个单一的脆弱的产品如何在现代软件生态系统中引起更广泛的、连锁的破坏⊖。

> **提示：检查你的服务提供商的泄漏历史**
>
> 　　在将任何敏感数据上传到云服务提供商之前，请调研该提供商的数据泄漏历史。虽然许多知名组织都会发生数据泄漏，但多次发生数据泄漏应该足够让人警醒。更重要的是，需要分析云服务提供商是如何响应每一次数据泄漏事件的。提供商是否公开、诚实、及时地进行了沟通？云服务提供商是否有强有力的监控计划？或者，是否有迹象表明，提供商没有了解泄漏的全部范围，甚至故意淡化或隐藏了重要的细节？请确保只选择你信任的云服务提供商，它们将及时通知你发生了数据泄漏，并提供给你需要做出合适响应的证据。

13.1.2　权限错误

当数据已经在云端时，一个复选框就可以在适当的安全性和严重的数据泄漏之间产生差异。太多不幸的系统管理员在发现敏感数据被谷歌索引或被异常好奇的网络访问者发现时，都会突然心有余悸，这往往是由一个简单的权限错误造成的。

例如，从 2017 年开始，UpGuard 的安全研究员克里斯·维克里（Chris Vickery）报告了一系列涉及亚马逊 S3 存储桶（数据存储仓库的一种类型）的数据泄漏事件。道琼斯（Dow Jones）公司暴露了 220 万客户的个人数据；Booz Allen 公司暴露了超过 6 万份包含高度敏感数据的文件，其中有拥有绝密设施许可的承包商使用的明文密码；咨询公司埃森哲暴露了四个包含"高度敏感数据"的存储桶，包含与主要客户的云账户相关的密码。这样的例子不胜枚举。

这些泄漏发生的原因是，在每个案例中，都有人把敏感数据放在一个公众可以访问的亚马逊存储桶中，或者说，在这个过程中，有人错误地取消了限制访问的复选框。这个问

⊖　Matt Burgess, " UK Government Websites Were Caught Cryptomining. But It Could Have Been a Lot Worse," *Wired*, February 12, 2018, https://www.wired.co.uk/article/browsealoud-ico-texthelp-cryptomining-how-cryptomining-work.

题非常严重：安全公司 Skyhigh Networks 估计，所有的亚马逊 S3 存储桶中有 7% 是可以公开访问的[一]。

这种类型的泄漏经常被公众发现和报告。只需在浏览器的地址栏中输入存储桶的名称作为 URL 的一部分，就可以很容易地检查亚马逊存储桶是否为公共的。近年来，出现了大量的开源工具，可用来快速枚举公共存储桶并检查它们的内容。一旦报告有问题，第一步是尽快删除未经授权的访问。如果存在访问日志，调查人员可以对其进行分析，以确定数据是否真的被未授权方访问过。细粒度的日志数据可以使调查人员排除泄漏的可能性。然而通常在一开始不收集访问日志，或者即使收集了，这些日志也只能追溯到很短的时间前。在这种情况下，响应团队需要尽快收集和保存云访问日志，以最大限度地排除泄漏的可能性。

在许多情况下，第三方服务提供商要为错误负责，但是发生泄漏的组织仍然要承受声誉受损的冲击。例如，第三方供应商简柏特（Genpact）在公开的亚马逊 S3 存储桶中留下了 2 万条客户记录，导致史考特证券（Scottrade）银行遭遇了尴尬的数据泄漏事件[二]。还有类似的案例，在 2017 年 7 月的一份泄漏公告中，威瑞森的供应商之一耐斯系统公司（NICE Systems）不小心将 1400 万用户的个人信息（包括姓名、电话号码、账户详细信息和 PIN 码）留在了一个可以公开访问的亚马逊 S3 存储桶中，这让威瑞森蒙羞。

对于响应方而言，第三方的介入可能会使泄漏响应急剧复杂化。首先，你的组织可能无法直接访问配置错误的云账户，这会延长事态发展的时间。这也会导致证据保全的延迟，从而导致证据丢失，使排除泄漏变得更加困难。

提示：数据暴露并不总是数据泄漏

意外的云数据暴露是非常常见的，但它并不总是导致数据泄漏。当由于权限错误或类似问题而错误地暴露了数据时，调查人员应该留存并检查任何现有的访问日志和文件元数据，以确定是否真的发生了未经授权的访问。在某些情况下，数据可能根本没有被访问过，或者访问可以追溯到授权用户，从而使组织能够避免代价高昂的泄漏声明。

[一] Catalin Cimpanu, "7% of All Amazon S3 Servers Are Exposed, Explaining Recent Surge of Data Leaks," *BleepingComputer*, September 25, 2017, https://www.bleepingcomputer.com/news/security/7-percent-of-all-amazon-s3-servers-are-exposed-explaining-recent-surge-of-data-leaks/.

[二] Steve Ragan, "Scottrade Bank Data Breach Exposes 20,000 Customer Records," CSO, April 5, 2017, http://www.csoonline.com/article/3187480/security/scottrade-bank-data-breach-exposes-20000-customer-records.html (accessed February 19,2 019).

13.1.3　缺乏控制

数据泄漏最常见也是最不容易被发现的形式之一是，员工将敏感文件上传到他们的个人电子邮件或云存储账户。通常，他们这样做是出于好意，是为了远程工作或与协作者共享文件，却没有意识到这可能会导致严重的安全问题。一旦员工点击"发送"，数据实际上就超出了组织的控制范围。它可能被第三方云服务提供商分析、被黑客窃取、被存储在员工的家用电脑上，或者被不当地丢弃。

简单地将文件上传到错误的云服务提供商可能会引发数据泄漏，这取决于数据的类型和适用的法律框架。因为云服务提供商可能会例行性地访问用户数据、向第三方出售或与第三方共享数据，甚至创建衍生数据产品。与此同时，不知情的用户可能会愉快地上传受监管的数据，想当然地以为这些数据是私有的，却不知道后果。

例如，俄勒冈健康与科学大学被处以创纪录的 270 万美元罚款，部分原因是对云计算技术的不当使用。2013 年，一名教职工发现，一名实习医生将一份病人数据的电子表格上传到谷歌，以便"相互提供谁在他们部门的护理下入院的最新信息"⊖。尽管住院医生们的出发点是好的，结果却并不理想。医院展开了一项调查，在其他的科室也发现了类似的做法，最终发现 3000 多名患者的信息未经授权被上传到云端。

当时，谷歌的一般服务条款包括以下声明⊜：

> 当你上传或以其他方式向我们的服务提交内容时，你授予谷歌（以及我们的合作伙伴）在全球范围内使用、托管、存储、复制、修改、创建衍生作品……传播、发布、公开表演、公开展示和分发这些内容的许可。你在本许可中授予的权利仅限于运营、推广和改进我们的服务，以及开发新服务的有限目的。即使你停止使用我们的服务，本许可仍将继续有效。

俄勒冈健康与科学大学的代表试图确认谷歌不会以其所描述的方式使用数据，但是没有成功。由于没有能力排除未经授权的使用，俄勒冈健康与科学大学通知了公众和卫生与公众服务部。后来，民权办公室进行了一项调查，得出的结论是："根据诊断内容的敏感性，这些人中的 1361 人有受到伤害的重大风险。"⊜

⊖　Oregon Health & Science University, "OHSU Notifies Patients of 'Cloud' Health Information Storage," July 28, 2013, https://www.ohsu.edu/xd/about/news_events/news/2013/07-28-ohsu-notifies-patients-o.cfm.

⊜　"Terms of Service," Google, March 1, 2012, https://www.google.com/intl/en_US/policies/terms/archive/20120301/.

⊜　U.S. Department of Health and Human Services, Office for Civil Rights, "Breach Portal: Notice to the Secretary of HHS Breach of Unsecured Protected Health Information," July 28, 2013, https://ocrportal.hhs.gov/ocr/breach/breach_report.jsf; U.S. Department of Health and Human Services, Office for Civil Rights, "Widespread HIPAA Vulnerabilities Result in $2.7 Million Settlement with Oregon Health & Science University," July 18, 2016, https://web.archive.org/web/20160813124846/https://www.hhs.gov/about/news/2016/07/18/widespread-hipaa-vulnerabilities-result-in-settlement-with-oregon-health-science-university.html.

当然，谷歌并不是唯一分析和利用用户上传的数据的公司。医院里的实习医生也不例外。许多敬业的员工为了方便与同事合作或在家办公，会独立决定将工作数据上传到云端。不幸的是，当涉及云服务时，员工的好意可能会带来大问题。

控制云的使用非常困难，尤其是在医院和学术界这样的复杂环境中。用户渴望云的便利，但如果没有强有力的技术控制或安全的替代方案，员工可能会在不知不觉中造成数据泄漏。

提示：主动控制云的使用

在发现泄漏的情况下，与云服务提供商合作可能颇具挑战性。沟通和获取数字证据可能成为调查的主要障碍。当你的数据被上传到与你没有正式关系的云服务提供商时，这些挑战可能是无法克服的。

最好的防御措施是预防。确保所有的员工定期接受培训，强调只使用经过批准的云服务提供商的重要性。只要有可能，就实施技术措施来控制数据的传播，使用 DLP 工具来阻止数据传输到未经批准的站点，或监控云应用程序使用只允许经批准的连接的软件。

13.1.4　认证问题

通常情况下，犯罪分子入侵云账户的最简单的方法是利用盗取的密码或其他身份验证漏洞直接登录。近年来，密码盗窃已成为一种广泛的流行病，导致了无数的数据泄漏。2017 年，威瑞森报告称，81% 的与黑客入侵相关的泄漏都是利用弱密码或被盗密码[⊖]。这并不奇怪，因为在以前的泄漏事件中暴露的密码的数量惊人，而且网络罪犯的密码窃取工具也很复杂。

在 2017 年的一份报告中，谷歌的研究人员透露，他们在一年的时间里，在暗网中发现了 14 亿个唯一的用户名和密码组合。这些凭证中的绝大多数都是在 MySpace、LinkedIn 或 Dropbox 等云服务的数据泄漏中暴露出来的。研究人员还发现，罪犯平均每周使用钓鱼工具包收集 234 887 个凭证，每周使用按键记录程序收集 14 879 个凭证。

虽然这听起来像是被盗了很多密码，但毫无疑问，这只是冰山一角。研究人员写道："我们的数据集严格来说是地下活动的样本，然而，即使是样本，也显示了已经发生了的

⊖ "Verizon's 2017 Data Breach Investigations Report," Verizon Enterprise, 2017, http://www.verizonenterprise.com/resources/reports/rp_DBIR_2017_Report_en_xg.pdf.

大规模凭证失窃。"⊖截至 2017 年 10 月，雅虎宣布 30 亿用户账户受到了数据泄漏的影响，这只是单一提供商，与谷歌的研究报告中暴露的账户数量相比，这些数据就相形见绌了⊜。

被盗的密码被不法分子在暗网上买卖或直接公开，他们利用这些密码来侵入受害者的账户，通常进行金融诈骗或窃取更多的数据。由于许多人的多个账户重复使用相同或相似的密码，被盗密码造成的损失被无限放大。如今，网络犯罪分子经常进行"凭证填充"攻击（也称撞库攻击），获取被暴露的凭证列表，并自动在其他网站上进行尝试，以便入侵更多的账户。

双因素认证可以通过要求第二种身份验证来显著降低账户被攻破的风险，这样仅凭密码犯罪分子是无法进入你的账户的。然而，根据多实验室（Duo Labs）发布的 *State of the Auth* 报告，到 2017 年底，只有 28% 的人在使用双因素认证⊜，而且那些使用双因素认证的人通常依赖于一个微弱的第二因素，比如通过短信发送的验证码，它可以被拦截或捕获。用户在应用程序或设备中输入验证码作为他们的第二个因素，也可能被骗进钓鱼网站，让犯罪分子能够实时访问受害者的账户。

共同的责任

通常，云服务提供商不会对权限错误或身份验证凭证的滥用导致的数据泄漏负责。例如，亚马逊支持"共享责任"模型，其宣称对"云的安全性"（例如软件、硬件、全球基础设施）负责，而客户负责"云中的安全性"（如身份和访问管理、权限等）⑩。

尽管这看起来是合理的责任分工，但客户应该认识到，权限错误和账户泄漏的风险（从而导致数据泄漏的风险）很大程度上取决于云软件的设计和功能、培训资源的可用性、默认选项的设定以及审计实用工具的易用性等。

尽管客户无疑在防范数据泄漏方面发挥了作用，但他们履行职责所依赖的工具在很大程度上是由云服务提供商控制的，这既影响了数据泄漏风险，也影响了数据泄漏的结果。

⊖ Kurt Thomas et al., *Data Breaches, Phishing, or Malware? Understanding the Risks of Stolen Credentials* (research paper, Google, Mountain View, CA, 2017), https://static.googleusercontent.com/media/research.google.com/en//pubs/archive/46437.pdf.

⊖ Nicole Perlroth, "All 3 Billion Yahoo Accounts Were Affected by 2013 Attack," *New York Times*, October 3, 2017, https://www.nytimes.com/2017/10/03/technology/yahoo-hack-3-billion-users.html.

⊜ Olabode Anise and Kyle Lady, *State of the Auth* (Duo Labs Report, 2017), 5, https://duo.com/assets/ebooks/state-of-the-auth.pdf.

⑩ " Shared Responsibility Model, " Amazon, accessed February 19, 2019, https://aws.amazon.com/compliance/shared-responsibility-model/.

13.2 可见性

迈克菲公司的 2018 年云计算使用状况报告在开篇写道:"低可见性是航海家面临的最大挑战之一。"迈克菲公司的研究人员对全球 1400 名 IT 决策者进行了调查,发现各地的组织都在全力推进云计算。现在高达 83% 的组织将敏感数据存储在云端。令人震惊的是,每四个组织中就有一个报告说其经历过数据盗窃。考虑到组织了解实情的能力非常有限,这个数字就更令人吃惊了,近三分之一的受访者表示,他们"很难清楚地了解自己的云应用程序中有哪些数据"⊖。从逻辑上讲,为了知道数据被盗,你必须要首先意识到数据存在。

随着云数据泄漏事件的激增,可见性问题变得至关重要。迁移到云端有很多好处,但是在这个过程中,组织失去了对大量认证日志、应用日志和网络数据的直接访问,而这些数据是检测和调查网络安全事件所必需的。客户受限于云服务提供商的能力和响应速度。客户经常向云提供商请求数字证据以解决网络安全问题,但却发现证据并不存在,或者请求被忽略、延迟或拒绝。当证据确实以一种有用的格式存在时,导出日志的费用可能会高得令人望而却步,从而妨碍了入侵检测和取证分析工作。

在本节中,我们将以商务电子邮件泄漏(Business Email Compromise,BEC)为例,将讨论云中的可见性问题及其对泄漏检测和响应的影响。具体来说,我们将深入探讨一些棘手的问题,如证据采集、取证数据的质量和道德方面的考虑。

13.2.1 商务电子邮件泄漏

电子邮件账户被入侵的频率似乎和普通的感冒一样高,但用户往往对此不屑一顾。商业电子邮件包含有价值的数据,比如银行信息、SSN、密码、信用卡卡号,以及其他可以在暗网上出售或用于诈骗的详细信息。侵入电子邮件账户的犯罪分子会发现大量有价值的数据,而这些数据随时可以被获取。

到 2018 年,Office 365 被广泛认为是领先的云办公软件供应商,当时一项针对全球 13.5 万个公司域的调查显示,它的市场份额达到了 56.3%,远高于第二大服务提供商 G Suite ⊖。许多罪犯为了更好地利用 Office 365 的云功能,设计了模仿该服务登录页面的钓鱼页面,并修改了被入侵用户账户的设置,隐藏自己的踪迹,进而实施诈骗。

⊖ "Navigating a Cloudy Sky," McAfee, April 2018, https://www.mcafee.com/enterprise/en-us/solutions/lp/cloud-security-report.html.

⊖ Bitglass, "Cloud Adoption: 2018 War," p. 4, https://pages.bitglass.com/rs/418-ZAL-815/images/Bitglass_Cloud_Adoption_2018.pdf

在一个常见的骗局中，攻击者侵入受害者的电子邮件账户，并搜索即将进行的交易（如发票或电汇指令）。然后，攻击者创建一个伪造的发票或电汇通知，并发送电子邮件请求将资金转移到新的位置。通常情况下，攻击者的电子邮件与通信中的真实当事人的电子邮件非常相似，因为它是在现有交易的上下文中发送的，所以收件人通常在钱被骗走且为时已晚时才发现这个骗局。狡猾的犯罪分子增加了邮件过滤规则，将真实收件人的邮件发送到系统存档中，这进一步延长了骗局被发现的时间。

一旦犯罪分子侵入电子邮件账户，他们通常会将目标锁定在相关账户上，比如同事、客户或联系人。在很多情况下，犯罪分子会下载整个通信账户，以便离线挖掘数据。

13.2.1.1　商务电子邮件泄漏响应

响应商务电子邮件泄漏的第一步是切断攻击者的访问权限，通常是更改用户的密码。在其他账户可能已被泄漏的情况下，最好是重置所有可能受影响账户的密码，即便该账户没有被入侵。在发现商务电子邮件泄漏之后，许多组织会在紧急情况下立即实施双因素认证。虽然这不是实施双因素认证的理想方法，但它可以显著降低电子邮件账户进一步被攻破的风险。

响应人员还应该检查受影响账户的邮件转发规则。通常，攻击者会设置一条规则，将所有的电子邮件转发到他们控制的第三方账户，比如 Gmail 或雅虎账户。

最后，明智的做法是立即对受影响的邮箱进行法律控制，这样一来涉案的重要邮件就不会被意外地（或有意地）删除。

13.2.1.2　商务电子邮件泄漏调查

过去的情况是，当企业收到未经授权的电子邮件的访问警告时，它们只是重置用户的密码，然后在没有调查潜在数据泄漏的情况下照常工作（受雅虎邮件泄漏事件影响的绝大多数企业账户无疑都是如此）。大多数 IT 员工或高管并没有意识到电子邮件入侵可能也属于数据泄漏。此外，数据泄漏可能会导致罚款、声誉受损或其他负面后果，因此只要忽视风险并正常工作，就可以避免这些后果。

随着商务电子邮件泄漏案例数量的增加，以及网络空间保险的普及，更多的企业能够接触到了解商务电子邮件泄漏风险且经验丰富的数据泄漏响应团队，因此这种情况发生了改变。企业开始通知他们的保险公司，并将这些事件作为潜在的数据泄漏事件进行调查，而不是将商务电子邮件泄漏事故掩盖起来。当黑客攻击涉及经济损失（如电汇欺诈）或对第三方造成损害时，这点表现得尤为明显。

如今，商务电子邮件泄漏调查一般包括以下活动：
- 确定哪些账户被泄漏。这通常涉及检查身份验证日志、邮件过滤规则，在某些情况下还要查看邮件内容。通常情况下，对一个组织的电子邮件系统进行彻底的调查，会发现比原来预期的更多的被盗账户。

- 识别存储在受影响账户中的敏感信息，如受保护的健康信息或个人身份信息。通常，首先需要自动搜索邮箱中常见的术语或模式，并且可能需要对无法通过程序分析的文档进行人工检查。

- 确定犯罪分子是否访问了任何敏感信息。如果存在个别信息的读取日志，那么可以通过确定犯罪分子实际访问了哪些信息，来缩小受影响数据的范围。不幸的是，犯罪分子经常通过 IMAP 下载全部的电子邮件，这导致所有的数据遭到泄漏。

由于许多人在电子邮件账户中存储的数据的量级和敏感度都很高，针对商务电子邮件泄漏案例的响应成本可能是天文数字。比兹利公司在 2018 年 7 月的商务电子邮件泄漏案例报告中解释道：“应对这些攻击的代价高昂，因为为了让目标公司了解其全面影响，以及受保护的健康信息或个人身份信息是否面临风险，往往需要对多年的电子邮件进行程序化和人工搜索，以查找敏感信息。对于更大规模的电子邮件泄漏，如果大多数用户发送和接收受保护的健康信息或个人身份信息，那么法律、取证、数据挖掘、人工审查、通知、呼叫中心和信用监控的总成本可能超过 200 万美元。即使是规模较小的邮件泄漏，成本也很容易超过 10 万美元。”[⊖]

当涉及受 HIPAA 监管的受保护的健康信息时，商务电子邮件泄漏案例尤其具有挑战性和耗时。这是因为 HIPAA 泄漏通知规则假定数据被泄漏，除非该组织“证明数据被泄漏的可能性很低”。如果攻击者获得了对用户电子邮箱的访问权，那么一般情况下，它所包含的数据会被推定为已被泄漏，除非细粒度的日志数据可以确凿地表明特定的邮件或附件没有被访问。必须仔细分析任何被泄漏的数据，以便列举并通知所有受影响的数据主体。

在不涉及受保护的健康信息的情况下，解决商务电子邮件泄漏问题的过程可能会有所不同。在美国，律师通常会考虑攻击者的意图。有时，调查人员可以提供攻击者在邮箱中搜索的术语的记录，如“发票”或“电汇”。“当攻击者的意图似乎是财务欺诈，而不是盗窃个人身份信息时，律师可能会判定，数据主体面临的风险很低，不需要通知。”

13.2.2　证据采集

为了排除数据泄漏，采集证据对于商务电子邮件泄漏案例来说至关重要。在没有证据

⊖　" Beazley Breach Insights-July 2018, " Beazley, July 31, 2018, https://www.beazley.com/usa/beazley_breach_insights_july_2018.html.

的情况下，组织面临着艰难的选择，具体可以选择以下举措中的一种：

1）**进行广泛的通知**，这可能导致过度通知和不必要的财务、声誉或法律损害。

2）**避免通报**，但如果这次泄漏后来被发现并得到证实的话，组织将面临高额罚款和公众的谴责。

就商务电子邮件泄漏案例而言，有用的证据通常包括：

- 登录事件，包括日期、时间、持续时间、IP 地址和浏览器类型。
- 搜索事件，按会话 ID 记录并与用户账户访问挂钩的搜索事件。
- 所有的电子邮件活动，包括读取事件、消息查看时长、编写、发送等。
- 查看附件事件。

不幸的是，云电子邮件提供商很少能够提供与完善的企业内部安装可以提供的日志具有相同深度和种类的日志数据。在许多情况下，其并没有收集细粒度日志数据，如果收集了，从云服务提供商获取这些日志可能需要大量的对话或法律行动，即使这样，响应团队也可能不会成功。

基于云的证据采集面临的挑战包括：

- **缺乏日志**——云服务提供商可能根本没有记录解决潜在数据泄漏所需的活动。即使云服务提供商确实有日志，通常也只是身份验证或应用日志，而不是本地企业环境提供的完整深度活动日志。
- **导出功能有限或不一致**——云服务提供商可能会限制一次导出的日志数据量，延缓调查或引发错误。
- **日志导出的高成本**——从云中导出数据可能会有成本，日志数据也不例外。不幸的是，数据在被迁移到云服务提供商时，通常不会将日志导出成本内置在预算中（甚至不会考虑到）。
- **更改日志格式**——云服务提供商可以（并且确实）随时更改其日志格式。这可能会给调查人员带来特殊的挑战，因为他们需要一个标准格式来批量解析数据。
- **缺乏文档**——调查人员需要了解日志中重要字段的含义，但是日志数据的格式往往没有很好地文档化，或者现有的文档已经过时或不正确。

自从 Office 365 成为特别的攻击目标以来，许多调查人员发现他们正在从微软的本地云日志系统或微软支持团队的电话中收集证据。然而，直到 2019 年初，在 Office 365 中，邮箱活动的细粒度日志记录功能在缺省情况下还未启用。这意味着许多组织可能已经遭受了泄漏，却发现自己没有必要的证据（细粒度日志记录）来排除任何泄漏发生的可能性。即使对于希望实现日志记录的组织，许多组织也没有意识到必须在两个不同的地方完成设置才能启用邮箱日志，而且在启用后，产生的证据对商务电子邮件泄漏调查的价值也十分有限。

2019 年，"魔法独角兽工具"（Magic Unicorn Tool）的传奇故事公之于众后，微软对所有新的企业账户实施了默认记录邮箱活动的功能。更高级别的客户可以使用更多的日志，但是所有的企业用户都可以使用基本级别的日志，这极大地方便了调查。

13.2.3　道德

为网络攻击响应者、取证分析师和更广泛的网络安全社区抛出了重要的道德问题，如下。

- **云服务提供商对支持取证调查有哪些责任？**

涉及云账户的数据泄漏就像城市火灾一样是不可避免的。然而，当数据泄漏发生时，客户可能无法得到所需要的检测、控制或调查危机的相关信息。取证证据是发现和解决数据泄漏问题的关键。然而，云服务提供商往往不向客户提供这些证据，或者用许多客户无法承受的高昂价格来提供给客户。客户通常没有意识到，如果将数据转移到云端，其将很容易失去对关键日志数据的访问权限，而这些数据是可以从企业内部部署的软件中随时访问的。

因此，许多组织缺乏可见性来支持云中的数据泄漏的早期检测。当它们被黑客攻击时，由于没有详细的证据来充分了解发生了什么，因此最终会出现过度通知或通知不足的情况。对于拮据的组织来说，这是一个特别具有挑战性的问题，因为它们无法为更多的日志支付额外的费用。

就像火灾一样，数据泄漏不仅仅伤害个人，其影响还扩大到更广泛的社区。例如，当一个电子邮件账户被黑客入侵，数千被盗的个人记录被用来实施欺诈时，其影响可能会蔓延到金融机构、商家、保险公司，并最终影响到这些公司所服务的客户。当 100 万个云账户密码被盗时，欺诈者就会利用这些密码作为弹药，侵入数不清的其他账户，比如银行账户、医疗门户网站、电子商务网站等，造成影响深远的后果。任何个人或其他组织如果遇到潜在的敏感信息被泄漏，都可能会直接经历后续攻击、欺诈、勒索或其他不良后果。

有很多方法用于可以降低火灾的风险，控制和防止火势蔓延。社会已经集体投资于减轻火灾，并利用社区资源制定了预防和响应策略。健康的城市在建筑规范中规定了有效的防火策略，并建立了快速报警和响应系统。整个城市都安装了标准化的消防栓，以确保无论身处何地，救援人员都能获得所需的水。大楼电梯装有防火钥匙，在紧急情况发生前会被分发给救援人员。所有这些措施都是大多数单个组织永远无法单独实施的。

同样，社会也有办法降低与数据泄漏相关的风险。如果任何云平台的客户都能随时获得适当级别的日志，那么数据泄漏事件就能更快地被发现，调查工作也会更有效，从而降低所有人的风险。

云服务提供商不向客户提供日志数据的原因有很多。收集、维护和交付日志数据是需要成本的。首先是配置系统来生成日志的成本。与存储相关的成本包括硬件、软件授权、电费等。还有为客户开发接口以检索数据的成本和支持日志数据交付所涉及的人力资源成本。客户通常不将日志记录作为首选因素。简而言之，云服务提供商目前几乎没有动力投资于取证日志数据收集和生产，因为如果将增加的成本转移给客户，只会使其竞争力下降。

同样，在火灾管理方面也有相似之处。例如，灭火系统和其他物理安全机制是建筑物业主的成本。想象一下，如果房东只把灭火系统作为一种选择（而不是要求），并向租户收取额外的安装和维护费用，许多最贫穷和最脆弱的租户会为了省钱而选择自己承担风险，从而导致更多的火灾，最终让更大的社区付出代价。现在的云服务日志数据基本上都是这样的情况。

云泄漏检测和响应是一个团队的工作，这必然需要云服务提供商本身的支持。与房东一样，云服务提供商也处于控制基础设施的独特地位，其可以决定向客户提供何种类型和数量的证据。为了降低风险，所有的云服务提供商都需要默认向客户提供适量的日志记录。如果这成为标准做法，那么将增加早期发现泄漏的机会，提高所有人的调查速度和准确性。

云提供了一个不可思议的机会，可以集中和标准化日志记录、泄漏响应策略以及训练有素的人员。为了利用这一点并降低风险，云服务提供商及其客户需要联合起来，开发访问日志和其他关键资源的标准化方法，并确保响应方快速有效地获得所需的资源。

- **是否应该使用"未经授权的"证据源来确定是否发生了数据泄漏？**

即使在魔法独角兽工具被揭露了之后，微软的工作人员在与客户和泄漏响应人员的对话中也坚持说，云日志系统中的数据"不是用于取证的，云中的信息是准确的，但记录不全，因为它们是用于不同目的的后端日志"⊖。如果存在一些记录不全的可能性，调查人员就不能可靠地使用将这些数据作为排除未经授权访问敏感数据的方法。然而，取证公司长期以来一直将此吹捧为可靠的日志来源，律师根据这些数据做出决定，保险公司为此支付费用。在云服务提供商无法或不愿确认数据源是否准确或完整的情况下，响应团队在使用这些数据作为得出结论的依据时，应该非常谨慎。

⊖ 作者与微软全球事故响应和恢复团队以及 DaRT（Diagnostics and Recovery Toolset）小组的代表之间的对话，2019 年 2 月。

- **对于披露"零日取证工具"，取证专业人士应该遵循哪些标准？律师、保险公司和其他可信赖的信息提供者在传播关键信息方面有什么责任？**

在网络安全领域，零日漏洞是防御者尚不了解的漏洞。零日是指防御者（如软件制造商或企业安全专业人员）拥有的消除该漏洞的天数。公开披露零日漏洞会使无辜的组织处于极大的风险中，因为攻击者可以立即开始利用该漏洞，而防御者却没有时间去修复它。多年来，关于漏洞披露的道德问题一直存在着广泛的争论，通常认为，在向世界公开漏洞之前，先私下通知软件制造商和其他防御者，给其时间来解决问题，是一种良好的道德实践。

"零日取证工具"是一个较新的概念。这个术语指的是不为公众所知的取证工具，例如微软的 Activities API。在某些情况下，提供证据的组织甚至可能不知道证据存在。取证工具对于调查数据泄漏和其他涉及数字证据的案件至关重要。取证工具越多，取证数据越详细，调查人员就越有可能得出正确和完整的结论。

在这种情况下，很多组织无法获得此类信息（甚至不知道这种信息存在），它们只能根据不完整的资料做出决定，不仅对它们自己的组织，也给受影响的数据主体带来了不必要的风险。

显然，对数据泄漏受害者和取证社区隐瞒关键信息是有害的。许多组织由于缺乏证据而通知不足或者过度通知，而实际上证据可能已经存在，只是它们不知道而已。由于商务电子邮件泄漏案例是一种大规模的流行病，因此也造成了经济损失。无法使用这个秘密工具的取证公司和律师被莫名其妙地排除在市场之外，这对小公司尤其不利。与此同时，那些能够使用这个秘密工具的公司提高了价格，在某些情况下，它们向那些没有其他选择的客户和保险公司漫天要价。

在此之后，许多关于秘密数据的完整性和准确性的问题仍然存在，特别是微软团队自己也多次表示，秘密数据不是为取证而设计的。证据的秘密来源无法得到更广泛的取证社区的审核，这就增加了调查中出现遗漏、误解和错误的风险。

很明显，鼓励取证工具公开透明有很多好处，就像漏洞公开一样。通过共享有关取证工具的信息，可以让更广泛的取证社区对其进行审核，并提供给所有需要它们的数据泄漏受害者。透明度还创造了一个健康的、竞争激烈的市场，确保根据服务质量，以合理、公平的价格雇用取证公司和律师。最后，透明性确保云服务提供商本身能够提高自身数据源的质量。

13.3　拦截

很多云泄漏并不一定非要发生。现有的技术可以更好地保护云中的数据，但由于政治和商业上的原因，这些技术还没有被广泛使用。在某些情况下，安全技术被故意限制或被积极破坏，造成了现今的云泄漏的泛滥。

13.3.1　端到端的加密之美

端到端加密就是一个完美的例子。真正的端到端加密可以让除了持有密钥的人之外，任何人都无法访问数据。这是一个非常强大的云安全工具。从理论上讲，用户可以将数据上传到云端，同时确保任何人，甚至是云服务提供商，都无法读取数据。为了实现这一目标，解密密钥将被存储在由用户或组织的 IT 团队而不是由云服务提供商控制的设备上。（为了达到最高的安全性，密钥甚至可以存储在 Yubikey（一种 USB 硬件令牌）等物理可移动媒体上。）

如果能广泛而正确地部署端到端的电子邮件加密，那么像商务电子邮件泄漏事件就会大幅减少。试想一下：即使攻击者入侵了一个电子邮件账户，也只有邮件头（如发件人、收件人和主题行）是可读的。如果没有解密密钥，内容将无法访问（这可以通过公钥加密来实现，在第 5 章中有详细的讨论），响应者也无须担心那些含有 PHI、报纳税申报单或 SSN 信息的电子邮件被读取。只要解密密钥是单独存储的，第三方就无法读取任何邮件内容。

如果约翰·波德斯塔（John Podesta）使用了端到端电子邮件加密，他的邮件内容将无法被攻击者读取。如果俄勒冈健康与科学大学的住院医生在上传电子表格到谷歌之前使用端到端加密来保护他们的电子表格，那么病人的医疗信息就不会被暴露。如果 Booz Allen 公司在其亚马逊 S3 存储桶中使用端到端的数据加密，那么权限设置错误就不会有那么大的影响，因为内容不会被读取。

使用支持端到端电子邮件加密的技术，也就是公钥加密，可以防止钓鱼攻击。使用公开密钥，发送者可以在邮件上进行数字签名，而收件人则可以验证发送者。用户不需要仔细检查拼写错误和字母换序的语言，只需验证邮件签名，就可以确定电子邮件是否真的是由他们所期望的人发送的。

13.3.2　端到端加密的丑陋一面

虽然在理论上，端到端加密可以解决很多安全问题，但在实践中，实现端到端加密有很多挑战。密钥管理尤其棘手。为了读取加密的电子邮件，用户需要将自己的私钥存储在所使用的任何设备上，或者存储在他们的所有设备都可以访问的地方。为了发送加密的电子邮件，用户首先需要收件人公钥的副本，这要求一种分发机制。这只是在实现端到端加密时遇到的几个问题，还有许多其他的细节需要考虑，比如为防止数据丢失和恶意软件检测而进行的密钥托管和企业访问等。

更复杂的是，电子邮件和基于云的存储产品在过去 20 年里不断发展和成熟，但端到端加密技术并没有在这一过程中得到整合。

随着 HIPAA 和其他法规的出现，这一趋势开始转向，并逐渐得到了重视。这些法规鼓励医疗诊所等机构部署加密的电子邮件和文件传输解决方案，以保护敏感的个人信息。

与其实施真正的端到端加密解决方案，不如利用现有的解决方案，如安全的门户网站或加密的 PDF 等。组织部署了"假"电子邮件加密，在这种情况下，收件人会收到存储在安全的门户网站或加密的 PDF 中的"安全"消息的链接。假的电子邮件加密是笨拙的、烦人的，而且（讽刺的是）不是很安全。当它在网站门户中实现时，收件人通常会选择弱密码或重用密码，而当它作为加密的 PDF 实现时，密码通常是弱密码或在随后的电子邮件消息中被发送，从而使加密变得毫无意义。然而，这项技术的效果足够好，足以满足合规性要求，因此它仍然存在。

现在，将端到端加密集成到流行的服务中是一个比在行业初期要难得多的问题，因为相对于在早期原型中构建功能，在事后"融合"技术解决方案更加困难。在某些环境下，目前部署端到端加密是可行的。例如，在笔者所在的咨询公司，所有的内部电子邮件都是自动进行 GPG 加密的，因为企业对端点有完全的控制权，而且用户数量相对较少。然而，在医院等较为复杂的环境中，这仍然是一个困难的挑战。近年来，端到端加密又重新引起了人们的兴趣，原因将在接下来的章节中讨论。

13.3.3　投资加密

随着互联网信息安全事件频发，世界各地的开发者和用户投资于更强大的云安全项目。

谷歌很快推出了一个"端到端"加密项目，发布了一个开源的浏览器插件，可以使用 PGP 对 Gmail 邮件信息进行加密⊖。虽然该项目在最初被大力吹捧，但谷歌最终放弃了这个项目的开发，导致《连线》杂志宣布该项目为"雾件"（指已宣布但未实现的产品）⊜。

⊖　" FlowCrypt: Encrypt Gmail with PGP," Chrome Web Store, accessed June 5, 2019, https://chrome.google.com/webstore/detail/flowcrypt-encrypt-gmail-w/bnjglocicdkmhmoohhfkfkbbkejdhdgc

⊜　Andy Greenberg, " After 3 Years, Why Gmail's End-to-End Encryption Is Still Vaporware," February 28, 2017, https://www.wired.com/2017/02/3-years-gmails-end-end-encryption-still-vapor.

与此同时，一群来自世界各地的科学家创建了"Protonmail"，这是一个支持多级加密的网络邮件系统，包括只有终端用户才能访问加密密钥的"偏执狂"选项⊖。据报道，Protonmail 无法访问用户的电子邮件，也无法向第三方提供访问权限，因为它们一开始就不持有解密密钥。

此后出现的大量新的通信和云产品（包括 WhatsApp、Signal 和其他流行的工具），都增加了端到端的加密功能。虽然主流的电子邮件和云文件共享产品仍然难以实现端到端加密，但数据泄漏事件的流行已经引发了讨论，并为投资于云计算和其他领域的强加密创造了新的动力。

13.4　小结

云计算是数据泄漏的新战场。云计算如此受欢迎的原因就是，可以从世界任何地方轻松访问数据，但这也使其特别容易受到攻击。经过多年的密码泄漏和网络钓鱼工具包的开发，有组织的犯罪集团已经可以通过用户登录界面来入侵。如今，犯罪分子已经有了可重复的、可扩展的入侵云账户和利用数据牟利的流程。由于种种原因，像端到端加密这样的强大安全技术还没有在云端广泛部署，因此防御者处于劣势。

要减少云数据泄漏，就必须减少五大数据泄漏风险因素中的一个或全部。如今，云服务提供商和政府机构都在以惊人的速度积累数据，推动了产品和服务的发展，而这些产品和服务现在已经深深扎根于我们的社会结构中。要控制数据泄漏的蔓延，就需要解决云数据的访问、扩散和保留问题，这也是需要权衡的。通过投资，降低数据泄漏的风险是有可能的，但许多潜在的问题是系统性的，必须在全球范围内解决。

好消息是，防御者迟早可以将云计算转化为优势。如果云服务提供商提高了客户的可见性，并实现了标准的日志格式和导出选项，那么基于云的监控和响应就有可能变得高度可扩展和高效。

⊖ Hollie Slade, "The Only Email System the NSA Can't Access," *Forbes*, May 19, 2014, https://www.forbes.com/sites/hollieslade/2014/05/19/the-only-email-system-the-nsa-cant-access.

后　记

在十多年的时间里，数据泄漏已从一个无名的问题发展成为一种普遍的流行病。如今，被泄漏的数据数量极其巨大，而许多泄漏事件从未被公开报道过。数据泄漏会影响我们的经济，浪费资源，并破坏其他重要职能组织的声誉。世界上的每个组织都有遭受数据泄漏的风险，因此开发有效的、可扩展的策略来管理它们是至关重要的。

这本书的目的是为数据泄漏管理建立一个实用、持久的基础。在此过程中，我们研究了真实的数据泄漏案例，确定了关键的决策点，总结了经验教训。

本书的主要内容包括：

- **数据 = 风险**（第 2 章）：存储、处理或传输数据会给组织带来风险。减少数据泄漏风险的最有效方法是，最大限度地减少所收集的数据并小心控制剩余数据。

- **五个数据泄漏风险因素**（第 2 章）：保留时间、扩散、访问、流动性和价值。

- **数据泄漏是危机**（第 3 章）：每次危机都是机遇。重要的是要认识到数据泄漏是危机，依据响应方式的不同，危机有可能带来负面或正面的后果。

- **管理 DRAMA**（第 4 章）：为了成功地应对数据泄漏，你的组织必须做到以下几点。

  - **开发**：开发数据泄漏响应策略。

  - **意识到**：通过识别一些迹象并逐步上呈、调查和确定问题的范围，意识到潜在的数据泄漏。

  - **行动**：快速、合乎道德、公开、富有同情心地采取行动，以最大限度地减少泄漏的影响。

  - **维持**：在整个蔓延期（可能是长期的）维持数据泄漏响应工作。

  - **调整**：主动和明智地调整，以应对潜在的数据泄漏。

- **被泄漏的数据很有价值**（第 5 章）：被泄漏的数据通常被用于欺诈、销售、情报、曝光或勒索。

- **针对特定行业的数据泄漏的响应策略**（第 6 章、第 7 章和第 9 章）：涉及支付卡数据或医疗保健信息的泄漏行为，通常受行业特定法规和标准（例如 PCI 和 HIPAA）

的影响。

- **牵一发动全身**（第 8 章和第 13 章）：数据泄漏的风险位于由供应商、客户和同行组成的庞大而复杂的网络中，在全球范围内转移。随着组织越来越多地将敏感数据转移到云中，共享基础设施的风险和回报变得越来越明显。

- **曝光和勒索策略**（第 10 章和第 11 章）：在过去几年中，涉及数据曝光和网络勒索的策略已经成熟。今天，世界各地的专业团体出于各种不同的目的从事数据曝光和勒索活动。

- **转移风险**（第 12 章）：网络空间保险为我们提供了转移风险的新方法，同时从根本上改变了泄漏响应实践。

在数据泄漏管理成熟之前，有许多悬而未决的问题需要解决。例如：

- 在未来几年，毫无疑问会出现更多的监管。理想情况下，各国家、地区和国际法规的混乱拼凑将合并成一个更统一的方法来处理数据泄漏，尽管复杂性可能让这个统一的方法在一开始很糟糕，但慢慢会变得更好。

- 社会需要为数据泄漏制定一个全面、统一的定义，以便建立预防、管理和响应数据泄漏的标准。

- 除了供应商报告和新闻报道外，还需要开发跟踪和衡量数据泄漏事件的有效方法。

- 需要定义和实施用于监控、记录和控制云中数据的标准，以改进对日益严重的云中泄漏的响应。

我们正处于一个行业的起步阶段。这既是一个充满压力的时代，也是一个充满潜力的时代。现在，每个参与数据泄漏管理的人都有发言权，都有机会发起积极的变革。这本书为理解数据泄漏的当前状态提供了坚实的基础，其目标是帮助所有人为实现更美好的未来而努力。